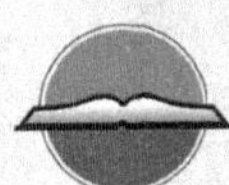

全国高职高专教育"十二五"规划教材
国家级示范性（骨干）高职院建设成果系列教材

牛羊病防制

● 刘俊栋
● 张庆山
主编

【畜牧兽医及相关专业使用】

中国农业科学技术出版社

图书在版编目（CIP）数据

牛羊病防制/刘俊栋，张庆山主编．—北京：中国农业科学技术出版社，2012.8

ISBN 978-7-5116-0989-2

Ⅰ.①牛…　Ⅱ.①刘…②张…　Ⅲ.①牛病－防治②羊病－防治 Ⅳ.①S858.2

中国版本图书馆 CIP 数据核字（2012）第 158021 号

责任编辑　闫庆健　刘　建
责任校对　贾晓红　范　潇

出版发行　中国农业科学技术出版社
北京市中关村南大街 12 号　邮编：100081
电　　话　（010）82106632（编辑室）（010）82109704（发行部）
（010）82109709（读者服务部）
传　　真　（010）82106632
社 网 址　http://www.castp.cn
经　　销　各地新华书店
印　　刷　北京建宏印刷有限公司
开　　本　787mm×1092mm　1/16
印　　张　20.5
字　　数　496 千字
版　　次　2012 年 8 月第 1 版　2019 年 7 月第 3 次印刷
定　　价　32.00 元

《牛羊病防制》编委会

主　　编　刘俊栋　（江苏畜牧兽医职业技术学院）
　　　　　张庆山　（黑龙江畜牧兽医职业学院）
副 主 编　俞锦禄　（上海农林职业技术学院）
　　　　　王　强　（黑龙江生物科技职业学院）
　　　　　梁军生　（辽宁医学院畜牧兽医学院）

编　　委（按姓氏笔画为序）
　　　　　于　枫　（山东畜牧兽医职业学院）
　　　　　付志新　（河北科技师范学院）
　　　　　刘纪成　（信阳农业高等专科学校）
　　　　　赵永旺　（江苏畜牧兽医职业技术学院）
　　　　　姜莉莉　（辽宁医学院畜牧兽医学院）
　　　　　崔晓文　（黑龙江民族职业学院）
　　　　　路　浩　（西北农林科技大学）
　　　　　舒永芳　（江苏新沂市动物卫生监督所）

主　　审　刘新武　（铜山县国家动物疫情测报站）
　　　　　郭志刚　（现代牧业集团）

前言

本教材是在《教育部关于加强高职高专教育人才培养工作的意见》《关于加强高职高专教育教材的若干意见》《关于全面提高高等职业教育教学质量的若干意见》等文件精神的指导下，并集国家级示范性（骨干）高职院建设的成果编写而成的。

在编写过程中，编者结合我国农业产业结构调整的实际情况，针对高职学生的特点和就业面向，以强化应用、突出实践、阐明基本理论为重点，以适用、够用、实用为度，在内容上适当扩展知识面、增加信息量，并突出了生产实践环节。力争教材内容具有科学性、针对性、应用性和实用性，并能反映新知识、新方法和新技术。

教材注重理论知识和临床实践的密切结合，反映了牛羊养殖生产中最为常见、多发和危害严重的疾病，按照内科病、产科病、外科病、传染病、寄生虫病防治等模块和实验实训技能编排教材内容，并阐述了发病原因、发病机制、病理变化、症状以及诊疗方法，尽可能增加了中兽医疗法。本书不仅作为高职高专教材，也可作为广大反刍动物养殖场兽医、基层兽医的参考用书。

本教材由全国10所高等农牧院校具有多年从事牛羊病临床防制和教学科研经历的12位教师、1名行业专家参加编写，由铜山县国家动物疫情测报站刘新武主任、现代牧业集团兽医中心郭志刚主任主审。教材还引用了国内外同行已发表的论文、著作，谨向他们表示最诚挚的感谢！

限于编者的水平和经验有限，加之时间仓促，书中缺点和错误在所难免，恳请广大同行、师生多提宝贵意见。

编者

2012年4月

序

在任何一种教育体系中，课程始终处于核心地位。高等职业教育是高等教育的一种重要类型，肩负着培养面向生产、建设、服务和管理第一线需要的高素质高技能人才的使命。职业教育课程是连接职业工作岗位的职业资格与职业教育机构的培养目标，即学生所获得相应综合职业能力之间的桥梁。而教材是课程的载体，高质量的教材是实现培养目标的基本保证。

江苏畜牧兽医职业技术学院是教育部、财政部确定的“国家示范性高等职业院校建设计划”骨干高职院校首批立项建设单位。学院以服务“三农”为宗旨，以学生就业为导向，紧扣江苏现代畜牧产业链和社会发展需求，动态灵活设置专业方向，深化“三业互融、行校联动”人才培养模式改革，创新“课堂—养殖场”、“四阶递进”等多种有效实现形式，积极探索和构建行业、企业共同参与教学管理运行机制，共同制定人才培养方案，推动专业建设，引导课程改革。行业、企业专家和学院教师在实践基础上，共同开发了《动物营养与饲料加工技术》等40多门核心工学结合课程，合作培养就业单位需要的人才，全面提高了教育教学质量。

三年来，项目建设组多次召开教材编写会议，认真学习高等职业教育课程开发理论，重构教材体系，形成了以下几点鲜明的特色：

第一，以就业为导向，明确课程建设指导思想。设计导向的职业教育思想，实践专家与专业教师结合的课程开发团队，突出综合职业能力培养的课程标准，学习领域“如何工作”的课程模式，涵盖职业资格标准的课程内容，贴近工作实践的学习情境，工学交替、任务驱动、项目导向和顶岗实习相协调的教学模式，实践性、开放性和职业性相统一的教学过程，校内成绩考核与企业实践考核相结合的评价方式，毕业生就业率与就业质量、“双证书”获取率与获取质量的教学质量指标等，构成了高等职业教育教学课程建设的指导思想。

第二，以工作为目标，系统规划课程设计。人的职业能力发展不是一个抽象的过程，它需要具体的学习环境。工学结合的人才培养过程是将“工作过程中的实践学习”和“为工作而进行的课堂学习”相结合的过程，课程开发必须将职业资格研究、个人职业生涯发展规划、课程设计、教学分析和教学设计结合在一起。按照行业企业对高职教育的需求分析、职业岗位工作分析、典型工作任务分析、学习领域描述、学习情境设计、课业文本设计等6个步骤系统规划课程设计。

第三，以需要为标准，选择课程内容。高等职业教育课程选择标准，应该以职业工作情境中的经验和策略习得为主、以适度够用的概念和原理理解为辅，即以过程性知识和操作性技能为主、陈述性知识和验证性技能为辅。为全程培养学生“知农、爱农、务农”的综合职业能力，以畜牧产业链各岗位典型工作任务为主线，引入行业企业核心技术标准和职业资格标准，分析学生生活经验、学习动机、实际需要和接受能力的基础上，针对实际的职业工作过程选择教学内容，设计成基于工作任务完成的职业活动课程。

第四，以过程为导向，序化课程结构。课程内容的序化是指以何种顺序确立课程内容涉及到的知识、技能和素质之间的关系及其发展。对所选择的内容实施序化的过程，也是重建课程内容结构的过程。学生认知的心理顺序是由简单到复杂的循序渐进自然形成的过程序列，能力发展的顺序是从能完成简单工作任务到完成复杂工作任务的过程序列，职业成长的顺序是从初学者到专家的过程序列，这三个序列与系统化的工作过程，构成了课程内容编排的逻辑形式。

第五，以文化为背景，突出技术应用。高等职业教育的职业性，决定了要在教育文化与企业文化融合的环境中培养具有市场意识、竞争意识的高素质人才。这套教材的编写以畜牧产业、行业、企业的文化为背景，系统培养学生在学校和企业两个不同学习场所的“学、做、用”技术应用的能力。

“千锤百炼出真知”。本套特色教材的出版是“国家示范性高等职业院校建设计划”骨干高职院校建设项目的重要成果之一，同时也是带动高等职业院校课程改革、发挥骨干带动作用的有效途径。

感谢江苏省农业委员会、江苏省教育厅等相关部门和江苏高邮鸭集团、泰州市动物卫生监督所、南京福润德动物药业有限公司、卡夫食品（苏州）有限公司、无锡派特宠物医院等单位在编写教材过程中的大力支持。感谢李进、姜大源、马树超、陈解放等职教专家的指导。感谢行业、企业专家和学院教师的辛勤劳动。感谢同学们的热情参与。教材中的不足之处恳请使用者不吝赐教。

是为序。

江苏畜牧兽医职业技术学院院长：何正东

2012年4月18日于江苏泰州

目　　录

项目三　消化系统疾病

项目四 产科疾病

项目五 外科病

项目六 传染病

项目七　寄生虫病

项目八　实验实训技能

项目一

内科疾病诊治

模块一　营养代谢性疾病诊治

任务一　奶牛酮病

【任务简介】 奶牛酮病是高产奶牛常见的代谢性疾病，主要表现为产奶下降、体重减轻、食欲不振等，有时不表现任何症状。实验室检查结果主要为酮血、酮尿、酮乳，还可见低血糖、血浆游离性脂肪酸升高、脂肪肝、肝糖原水平降低等。可通过调整饲料、补充血糖及生糖物质或激素疗法进行治疗。

【任务要求】 掌握奶牛酮病的发病特点、诊断技术及防治措施。

【工作任务】

一、诊断

依临床症状（如异嗜、前胃驰缓、产奶减少，迅速消瘦、呼出气、口气、尿及皮肤均有丙酮味）可初诊，但需全面了解病畜的病史、产犊时间、产乳量变化及日粮组成和喂量，同时对血酮、血糖、尿酮及乳酮作定量和定性测定，要全面分析，综合判断，一般血清酮含量在每 10～20mg/100ml 为亚临床指标，超过 20mg 血清为临床酮病指标。

本病有消耗型和神经型两种类型，以消耗型常见。

1. 消耗型　主要见于食欲降低或废绝。病初几天，食欲减退，拒食精料、青贮，仅采食少量干草，继而食欲废绝；产奶量明显下降，乳汁易形成泡沫；精神倦怠，不愿运动。虽然体重下降，但通常体温、呼吸、心跳等表现正常。前胃弛缓、蠕动微弱。皮肤弹性降低。病情严重时，呼出气、乳汁、尿液中可闻到烂苹果样的丙酮气味，多数病例不易闻到。消耗型酮病极少死亡，但如治疗不及时，病程延长，产奶量很难恢复到正常水平。

也有的病例症状轻微，仅表现产奶量轻微下降，病初血糖含量下降不显著，尿酮浓度升高，一直到相当消瘦时产奶量才有明显的下降，病程可持续 1～2 个月，后期血酮浓度才升高，这种情况只有通过检测酮体和血糖水平才能确诊。

2. 神经型　这种类型少见，典型病例症状明显。常在消耗型的基础上突然发病，起初表现为兴奋，精神高度紧张、不安，大量流涎，磨牙、空口咀嚼，食欲废绝、反刍停止。视力下降，运动不稳，横冲直撞。个别病例全身肌肉紧张，四肢叉开或相互交叉，吼叫、震颤、感觉过敏，通常持续 1～2h。这种兴奋过程一般持续 1～2d 后转入抑制期，反应迟钝，精神高度沉郁，严重者处于昏迷状态。少数轻微病例仅表现为精神沉郁、低头耷耳，对外界刺激反应下降。

特征为低血糖症、酮血症，尿中和乳中出现酮体。血糖水平降至 1.4mmol/L（25mg/100ml），血酮水平升高到 5mmol/L（30mg/100ml），血浆游离性脂肪酸水平也有所升高。

虽然很少死亡，患病奶牛肝脏可见脂肪浸润和变性。

二、治疗

治疗原则主要有三条：尽快恢复血糖水平；补充肝脏三羧循环中必需的草酰乙酸，使体脂动员产生的脂肪酸完全氧化，从而降低酮体的产生；增加饲料中的生糖先质，特别是丙酸。

1. 调整饲料 增加粗纤维饲料，减少高蛋白、高脂肪饲料，同时结合健胃、助消化，增加病牛食欲。

2. 补充血糖及生糖物质 40%～50% 葡萄糖溶液，2 000～3 000ml/d，分 4～6 次静注，或 50% 葡萄糖溶液 500ml1 次静注，2 次/d。也可内服甘油 500g 或丙酸钠 120～250g。

3. 激素疗法 体质好的患牛可用激素疗法，目的在于促进糖代谢。应用促肾上腺皮质激素 ACTH 200～600IU，一次肌肉注射。肾上腺糖皮质激素类可的松 1 000mg 肌肉注射对本病效果较好，注射后 40h 内，患牛食欲恢复，2～3d 后泌乳量显著增加，血糖浓度增高，血酮浓度减少。值得注意的是，糖皮质激素类药物会影响食欲和产奶量。

采用以下方案可有较好疗效：首先静脉注射 50% 葡萄糖溶液 500ml；接着注射一次剂量糖皮质激素；最后口服丙二醇 150g，2 次/d，连用 3～4d。如果大群奶牛同时发病，在日粮中添加玉米粉，可迅速提高血糖水平。

4. 对症治疗 神经型酮病可口服水合氯醛，首次剂量为 30g，随后用 7g，2 次/d，连服数日；有酸中毒的病例，可用 5% 碳酸氢钠液 500～1 000ml，一次静脉注射。为促进皮质激素分泌，可口服维生素 A，每千克体重 500IU；维生素 C2～3g 内服；为防止不饱和脂肪酸生成过氧化物，可用维生素 E1 000～2 000mg，一次肌肉注射；加强前胃消化功能，促进食欲，可灌服人工盐 200～250g 和酵母粉 500g；维生素 B_1 20ml，一次肌肉注射；酮病病牛可疑与辅酶 A 缺乏有关，可使用辅酶 A 的前体–半胱胺 750mg 静脉注射，每隔 1～3d 静脉注射一次，连续注射 3 次。

5. 中药疗法 可选用当归、川芎、砂仁、赤芍、熟地、神曲、麦芽、益母草、广木香各 35g，研末，开水冲调灌服，每日或隔日一次，连服 3～5 次。

三、预防

关键在于避免在产前、产后泌乳早期一切影响奶牛采食量的因素。

根据奶牛不同生理阶段进行分群管理，随时调整营养比例。干奶期应供应充足的并有一定长度的粗饲料，刺激瘤胃功能，并防止过肥，奶牛产犊时体况以 2.5～3 分为宜（5 分制）。饲料的改变应逐步进行，避免应激。产前 2 周开始增加精料，以调整瘤胃微生物内环境，并逐步向高产日粮转变。

对年老、高产、食欲不振及有酮病病史的牛只，于产前 1 周开始补 50% 葡萄糖液和 20% 葡萄糖酸钙液各 500ml，一次静脉注射，每日或隔日一次，共补 2～4 次。对高产而又有酮病发生的牛群，应加强日粮的供应。保证有足够的能量水平；减少生酮饲料的喂量，考虑应用生糖物质的补饲。

建立酮体监测制度。产前 10d，隔 1～2d 测尿酮 pH 值一次；产后 1d 可测尿 pH 值、乳酮。隔 1～2d 一次，凡阳性反应，除加强饲养外，立即对症治疗。

【知识拓展】

一、病因

酮病的本质在于血液和体内的葡萄糖缺乏，主要见于奶牛泌乳早期产奶水平较高，而能量供应不能满足泌乳消耗，使机体大量动员脂肪，产生过量酮体，超过机体利用能力。影响因素主要有以下几个方面：

1. 产奶量　奶牛的产奶高峰多在分娩后 4～6 周出现，而此时奶牛的食欲和干物质采食量还未达到高峰，摄入的能量不能满足泌乳需要，进而导致该病的发生，这种情况在临床中常见。

2. 饲料因素　奶牛采食质量低下饲料、突然换料或大量青贮饲料，均可降低干物质采食量，导致该病的发生。一般而言，青贮饲料含生酮物质（例如丁酸）多，大量采食可直接导致酮病。饲料中钴、碘、磷等矿物质的缺乏也可使酮病的发病率提高。

3. 分娩时母牛体况　体况超标影响产后食欲的恢复，而产前营养过剩还可引起脂肪肝，进而导致肝脏代谢紊乱、糖元合成障碍，血中酮体含量增高。

4. 继发于其他疾病　在泌乳早期，任何可影响食欲的疾病均可引发继发性酮病，其中真胃变位、创伤性网胃炎最为突出。

二、发病机制

酮体（β-羟丁酸、乙酰乙酸、丙酮）为脂肪代谢的中间产物，在肝内产生后，由血液运送至肌肉、心脏、脑和肾脏等组织，被氧化利用，生成 CO_2 和 H_2O，正常情况下，血中含量极少。当机体血糖下降、大量脂肪酸进入肝脏时，脂肪酸经氧化所产生的乙酰辅酶 A，因血糖低、草酰乙酸含量减少，不能在肝中进入三羧循环被氧化，致使血中酮体过高。当血中酮体含量超过正常范围和肝外组织氧化酮体的能力降低时，血酮在体内蓄积而引起酮病。

酮体中的 β-羟丁酸、乙酰乙酸都是较强的有机酸，若体内聚积过多，可引起代谢性酸中毒，并因使细胞外液的晶体渗透压升高，引起水和电解质的平衡失调。乙酰乙酸脱羧变为丙酮，还原为 β-羟丁酸。丙酮的还原或 β-羟丁酸的脱羧，都生成异丙醇，则可引起奶牛的神经症状，患畜表现沉郁或兴奋。

一般认为碳水化合物缺乏所引起的低血糖是奶牛酮病发生的主要因素。

【病例讨论】

病例一：某养殖场一 4 岁乳牛于分娩后第 3 周发病，出现产乳量下降，食欲减少，仅吃少量干草，有时采食污秽的垫草，反刍减少，瘤胃蠕动减弱，粪便干硬或腹泻，粪恶臭。随后病牛出现初期兴奋不安，听觉过敏，背腰皮肤也敏感，有时横冲直撞，狂躁不安，不久转为抑制，精神沉郁，步态不稳，后肢瘫痪，有时头弯于一侧呈昏睡状态。

请问：该牛可能发生了那种疾病？诊断依据？如何防治？

任务二　奶牛妊娠毒血症

【任务简介】 奶牛妊娠毒血症（又称奶牛肥胖综合征、牛的脂肪肝、肥胖牛的酮病），临床上以食欲减退、进行性消瘦，黄疸为特征。围产期多发，不仅影响病牛肝功能，而且降低机体免疫力和繁殖力。

【任务要求】 掌握奶牛妊娠毒血症的诊断技术和防治措施。

【工作任务】

一、诊断

根据流行病学、临床症状、酮体检验可确诊。

1. 急性型　随分娩而发病。病牛表现精神沉郁，食欲废绝，少乳或无乳，可视黏膜发绀或黄染，体温初期升高至39.5～40℃，步态强拘，目光呆滞，反应迟钝，拉黄色恶臭稀粪，对药物无反应，于2～3d内卧地不起或死亡。剖检可见肝、肾严重的脂肪变性。

2. 亚急性型　多于分娩3d后发病，患牛主要呈现为产后酮病。病程较长，呈渐进性消瘦，有的病牛伴发乳房炎、胎衣不下。产道内蓄积多量褐色具臭味恶露。药物治疗无效，后期卧地不起，呻吟，磨牙，衰竭死亡。

二、防治

原则为抑制脂肪分解，减少脂肪酸在肝脏中的积存，加速脂类的利用。

1. 加强饲养管理，供应平衡日粮　干奶期牛应限制精料量，增加干草喂量。每天饲喂混合料3～4kg、青贮料15kg，干草自由采食。根据不同生理阶段，随时调整营养比例，为避免进食精料过多，可将干奶期牛与泌乳期牛分开饲喂。为增强母牛体质，减少产后胎衣不下、子宫弛缓的发生，干奶期牛每天应有1～1.5h运动时间。

2. 加强产前、产后母牛的健康检查　建立酮体监测制度，提早发现病牛。产前1周，隔天测1次尿酮和pH值，产后1d，可测尿pH值、酮体，隔1～2d1次，凡阳性者，立即治疗。定期补糖、补钙，对年老、高产、食欲不振和有酮病史的母牛，于产前1周静脉注射1～3次20%葡萄糖针剂和20%葡萄糖酸钙针剂各500ml。

3. 防止产后发生酮病　于日粮中补喂：烟酸4～8g，产前7d加喂，每天1次；丙二醇200ml或丙酸钠125～250g，产前8d饲喂，每天1次，连服15～30d。

4. 及时配种、防漏掉发情牛，提高受胎率，以防奶牛因干奶期过长而致肥

5. 药物治疗　原则是解毒、保肝、补糖。可用50%葡萄糖液500～1 000ml，静脉注射；50%右旋糖酐，第一次注射500ml，每天注射2～3次，静脉注射；尼克酰胺（烟酸），12～15g，1次内服，连服3～5d，可抗解脂作用和抑制酮体的生成；氯化钴或硫酸钴每天100g，内服；丙二醇，170～340g，口服，每天2次，连服10d，喂前静脉注射50%左旋糖酐500ml，可提高效果。氯化胆碱50g，1次内服，日服2次；防止继发感染，可使用广谱杭生素，常选用金霉素或四环素200万～250万IU，1次静脉注射，每天2次；防止氮血症，可用5%碳酸氢钠500～1 000ml，1次静脉注射。

【知识拓展】

一、病因

主要原因是干奶期母牛日粮精料过多、能量和蛋白质水平过高，母牛实际进食量超过实际营养需要量，而分娩后进食量下降，造成能量负平衡，导致动员体脂肪分解，游离脂肪酸（FFA）升高和酮体增加。本病与产奶量、品种也有关，产奶量越高发病率越高，娟珊奶牛易发。

二、发病机制

脂肪动员过程中形成大量的FFA浸润于肌细胞间隙和子宫肌层，引起骨骼肌和平滑肌运动障碍，诱发母牛卧地不起、真胃移位、胎衣停滞、子宫炎等综合征，血中FFA含量增多，促使Ca^{2+}向脂肪细胞转移，加至FFA与Mg^{2+}形成螯合物，不仅可诱发低镁血症，还影响钙的动员，致使低血钙症发生；由于脂肪肝影响雌激素和孕酮的代谢，临床上表现出不孕症、产犊间隙延长等繁殖障碍。

任务三 牛产后血红蛋白尿病

【任务简介】产后血红蛋白尿病，是由于缺磷等非传染性因素所致的以急性血管内溶血、血红蛋白尿、贫血、低磷酸盐血症为特征的高产分娩母牛的代谢病，也称红尿病。多发于奶牛和水牛，偶发于奶山羊。奶牛多发生在产后4d至4周的3～6胎高产牛，死亡率可达50%，病愈的母牛产犊后有复发的可能。

【任务要求】掌握牛产后血红蛋白尿病的发病特点、诊断技术及防治措施。

【工作任务】

一、诊断

本病常与分娩有关，多发生寒冷季节，呈地区性。临床上有红尿、贫血、低磷酸盐血症等典型症状，饲料中磷缺乏或不足，且磷制剂疗效显著。根据采食低磷及十字花科植物的病史、血红蛋白尿、贫血、低血磷等临床症侯及实验室检查可确诊。

红尿为典型症状，甚至是早期唯一的症状。病牛奶产量下降，而体温、呼吸、食欲均无明显变化。最初1～3d内尿液逐渐由淡红向红色、暗红色直至紫红色和棕褐色转变，以后又逐渐消退。尿液做潜血试验，呈强阳性反应，而尿沉渣中很少或不见红细胞。随着病程的延长，贫血加重，可视黏膜及皮肤变为淡红色或苍白色，或黄染。血液稀薄，凝固性降低，血清呈樱桃红色。3～5d后病牛高度衰竭，步行不稳，最后躺卧不起。重型病例，贫血及全身症状明显，精神委顿、躺卧，肌肉震颤并有痛感；心跳快而弱，可达100～130次/min；呼吸快而喘，可达80～120次/min。最后体表发凉，知觉、痛觉减弱或消失；轻型病例于数天内尿色恢复正常，但需3周以上方可完全恢复。

急性严重的病例，经3～5d死亡，死亡率可达50%～70%；若治疗措施得当，可以治愈，但有些奶牛产奶量只能恢复到原来的50%。患病后的妊娠母牛产犊后大部分有胎盘滞留、子宫复旧不全、子宫内膜炎、卵巢疾病及不孕症等后遗症。

病死牛只尸体消瘦，全身黄疸，黏膜苍白；肝、胆囊肿大，胆囊内积满浓稠带颗粒的胆汁；脾肿大，肾色淡似胶冻样，髓质松软，易于刮取；肾肿大，肾盂黏膜肿胀，皮、髓质界限不清；膀胱内积有褐色血红蛋白尿；淋巴结肿大，切面多汁外翻，呈褐色；胃肠道有卡他性炎症。

可见红细胞数量减少、大小不匀并出现网状红细胞，血红蛋白含量由50%~70%降至20%~40%，血清中无机磷测定由正常7mmol/L降至3mmol/L。

二、治疗

原则为尽快补磷，以提高血磷水平；输入新鲜血液以扩充血容量；静脉输液以维持水分。

1. 20%磷酸二氢钠溶液300~500ml，1次静注，1~2次/d。对重病牛可2~4次，在静脉注射的同时，可用相同剂量再皮下注射，增加疗效。

2. 骨粉120~180g，口服，2~3次/d，连用5~7d。如结合静脉注射磷酸二氢钠，则可大大缩短病程，加速痊愈。

3. 输血。500~2 000ml，1次/d，连用2~3次。

4. 15%磷酸二氢钠1 000ml、5%葡萄糖生理盐水500ml、25%葡萄糖注射液500ml、5%碳酸氢钠液500ml、氢化可的松25ml，复方氯化钠液500ml，1次静脉注射，早晚各1次。

5. 中药疗法。可用熟地黄60g、当归60g、白芍45g、川芎25g、党参60g、远志30g、甘草15g、大枣20g，煎汁灌服。

三、预防

在合理配合日粮的基础上，应注意钙、磷、镁的平衡，高产奶牛每天喂骨粉100~300g，干旱年份更应注意，对土壤，特别是缺磷的土壤要增施磷肥；甜菜、甘蓝、油菜等十字花科饲料及苜蓿等富含皂苷的饲料在日粮里的比例不宜过大，一定要与其他饲料配合饲喂；定期检查血液常规和血磷的变化，以便早发现、早防治。冬季过冷及气温骤变时要注意防寒。

【知识拓展】

一、病因

主要病因是长期饲喂磷含量低的牧草或饲料，产后泌乳使磷脂排出增加，使母牛血液磷酸盐降低而发病。饲喂皂苷含量较高的十字花科植物、铜缺乏、温热或寒冷也可诱发本病。

二、发病机制

红细胞溶血是血红蛋白尿的主要原因。缺磷时红细胞无氧酵解不能正常进行，红细胞的 ATP 降低到正常水平的 15% 时，红细胞易发生破坏而溶血。日粮中的皂苷可降低血钙和血磷并使其比例失调，它还能降低血钠、氯化物和胆固醇，从而导致溶血。

三、鉴别诊断

需与下列疾病相鉴别：

1. 细菌性血红蛋白尿　由溶血性梭菌感染所致，临床经过急剧，有高热及肠出血症状，死亡极快（24～36h），尿中有血块、脓块，尿液检查有蛋白质、上皮细胞、红细胞、白细胞及大量病原菌。用广谱抗生素有相当高的疗效。

2. 钩端螺旋体病　由致病性钩端螺旋体引起，多在夏秋季节呈跳跃式流行，幼畜较成年牛易发且症状严重，病牛体温升高，乳汁浓稠呈淡红色或含血块。鼻镜干裂，齿龈、唇内和舌面发生溃疡、坏死，血、尿及流产胎儿胸水中能检查到病原体。血红蛋白尿时隐时现，病原学诊断则易区别。

3. 焦虫病　流行季节主要在夏秋季，发病与年龄、性别无关，甚至犊牛更为严重，病牛体温升高，体表淋巴结高度肿大。血液涂片可查出虫体。

4. 膀胱性血尿　因机体缺碘引起血尿，尿中出现红细胞。

5. 蕨中毒　因采食蕨而引起，特征是可视黏膜瘀斑性出血，鼻孔、肠道及泌尿生殖道向外流血。犊牛喉部水肿，呼吸呈喘鸣声；呈现血小板减少症、白细胞减少症；凝血时间延长，收缩不良；体温升高。

任务四　佝偻病与骨软症

【任务简介】佝偻病由于饲料中维生素 D 及钙、磷缺乏或钙、磷比例失调使幼畜发生的一种骨营养不良性代谢病，特征是生长骨的钙化作用不足，并伴有持久性软骨肥大与骨骺增大，临床特征是消化紊乱，异嗜癖，跛行及骨骼变形。而骨软病是发生与成年动物的一种骨营养不良症，主要原因是磷缺乏及钙磷二者的比例不当，主要表现为骨质的进行性脱钙，使骨质软化，形成过量的未钙化骨基质。临床特征是消化紊乱，异嗜癖，跛行，骨质软化及骨变形。

【任务要求】掌握佝偻病与骨软症的发病特点、临床诊断及防治措施。

【工作任务】

一、诊断

佝偻病根据慢性经过的病史，结合临床症状，可作病性诊断。但应与风湿性关节炎、骨折及其他骨质性疾病进行区分。骨软症根据病史调查、临床症状特点，结合实验室检验指标变化以及 X 光检查等，可作出病性诊断。注意与肌肉风湿、氟中毒、慢性铅中毒、锰铜缺乏症蹄叶炎等区别。

1. 佝偻病　病初呈现精神沉郁，食欲减退并异嗜，不爱走动，步态强拘，跛行。病情进一步发展，前肢腕关节外展呈“O”形姿势，两后肢跗关节内收呈“X”形姿势。生长发育延迟，营养不良，贫血。

2. 骨软症病　初常以前胃弛缓的症状为主。奶牛常伴发腐蹄病，骨软症奶牛发情延迟或呈持久性发情，受胎率低、流产和产后胎衣停滞等。病势进一步加重，骨骼严重脱钙，易发骨裂、骨折及腱附着点剥脱。泌乳奶牛产奶量明显减少，有的伴发贫血和神经症状。

二、治疗

1. 佝偻病　主要是应用大剂量维生素 D 制剂和矿物质补饲。对病牛应尽早治疗，在饲养上给豆科牧草及其籽实，优质干草和骨粉。同时，可用维生素 D_2（骨化醇）2～5ml，肌肉注射，隔日一次，3～5 次为 1 个疗程；维生素 AD 1～3ml，一次肌肉注射；维丁胶性钙 5～10ml，一次肌肉注射，每日一次，连续注射。

2. 骨软症　饲料中补加钙制剂，如碳酸钙、乳酸钙等，30～50g/d，连用数日；静脉注射 10% 氯化钙 200～300ml，或 10% 葡萄糖酸钙 500ml，或 20% 磷酸二氢钙溶液 300～500ml，1 次/d，连用 5～7d；维生素 AD 注射液 5～20ml、维丁胶性钙 20ml，一次肌肉注射，隔日一次，连续 3～5d。

三、预防

1. 佝偻病　加强妊娠后期母牛的饲养管理，防止犊牛先天性骨发育不良。加强犊牛的护理，尽早培养采食能力，饲料安排应以适口性好，品质好的，保证蛋白质、矿物质及维生素的供给；犊牛舍应干燥、通风，并且日光充足。

2. 软骨病　充分重视日粮中钙、磷的含量与比例。对于已发现脱钙现象而表现出症状的高产牛，可采用提早停乳。预防酮病，减少继发性骨质营养不良的出现。

【知识拓展】

一、病因

1. 佝偻病　多因仔畜断乳过早，饲喂缺乏维生素 D 的饲料，日光照射不足以及消化道疾病等，而使维生素 D 缺乏。此时，机体对钙、磷的吸收减少，随粪尿排出的钙、磷增加，导致血清钙、磷的水平降低，焦磷酸酶、成骨细胞及破骨细胞的活性降低，故使磷酸钙难以在骨间质中沉积而不能将骨基质转化为骨质而发病。

2. 骨软症　主要由于饲料、饮水中磷含量不足，导致钙、磷比例不平衡而发生。泌乳奶牛随泌乳量增高，饲养管理不当，发病增多。

在上述因素中，还包括其他影响吸收的因素如年龄、机体的健康状况、无机钙源的生物学效价、有机日粮（蛋白质、脂类）缺乏或草酸、植酸过剩、其他矿物质（如锌、铜、钼、铁、氟等）缺乏或过剩等，在分析病因时应给予注意。

二、发病机制

正常情况下，机体钙、磷的吸收与排泄，血钙与血磷的水平，各组织对钙磷的摄取利用和贮存等都是在活性维生素 D、甲状旁腺激素及降钙素等因子的调节下进行的。当饲料中钙、磷比例平衡时，则机体对维生素 D 的需要量是很小的，而当钙、磷比例不平衡时，哺乳幼畜和青年动物对维生素 D 的缺乏极为敏感。一旦日粮中钙或磷缺乏，并导致体内钙、磷不平衡现象，若伴有任何程度的维生素 D 不足现象，生长骨的骨基质则不能完全钙化，同时骨样组织增多而发病生佝偻病。

对于成年动物，当磷钙供应不足、比例不当、磷钙消耗量大、高产奶牛肝功能低下时，使维生素 D 不能正常羟化，导致血清 1，25－$(OH)_2$－D_3含量降低，影响钙、磷的吸收和骨矿化不全。

任务五　低血镁症性搐搦

【任务简介】低血镁症性搐搦，又称青草搐搦，是由于饲料中长期缺镁，使动物出现低血镁，主要特征为病畜兴奋性增强和惊厥。多发生在春季由舍饲转为放牧时，家畜采食大量生长茂盛的青嫩牧草后。特别是 5 岁以上、产后 2～3 月泌乳盛期的高产奶牛为甚。亦有舍饲青嫩牧草和秋季放牧及饲喂其他牧草而发病的。

【任务要求】掌握低血镁症性搐搦的发病特点、诊断技术及防治措施。

【工作任务】

一、诊断

根据饲料、饲养管理条件、季节、放牧条件以及临床症状可作出初步诊断，结合实验室诊断可确诊。但须与癫痫相鉴别，癫痫特征为呈周期性发作，与放牧采食大量青嫩牧草无关，全年中任何时候都可发生，血镁不降低，用溴剂、苯巴比妥、水合氯醛等镇静剂有疗效。

1. 急性型　病牛突然停止采食，感觉过敏，惊恐不安，肌肉痉挛，共济失调，站立不稳，轻微的刺激就可引起痉挛性发作。以后倒卧在地，口吐白沫，眼球震颤，瞳孔放大，有的瞬膜突出遮盖眼球，伸颈仰头呈角弓反张状；四肢划动，牙关紧闭、磨牙或下颌频动、空嚼，眼结膜、口黏膜发绀；一般体温正常或稍低，但由于强烈的搐搦，有的体温升高达 40℃ 以上；心跳达 100～120 次/min、呼吸 40～60 次/min，有时在肺部可听到啰音。也有未发现任何先兆症状就突然倒地抽搐呈昏睡状态的。由于病的发作呈阵发性，有的一次发作并未倒下，发作过后则呆立或啃舔自己的被毛和其他家畜，但非常敏感、惊恐。反复发作而倒地。有的频频排尿，有的抽搐后转为沉郁、疲倦，对刺激的反应降低。若不及时抢救，可很快引起死亡。

2. 慢性型　病情逐渐发展，或由急性型转变而来。其特征为比急性型的症状轻而缓和、病程长、可反复发作；发作前呈现感觉过敏惊恐不安的兴奋状态，食欲、奶量降低；发作过后精神沉郁，延续数周或数月后呈明显的运动异常，步态不稳，行走摇晃，体重降低，常因全身肌肉搐搦使病情恶化而死亡。也有一开始病情就很轻，在短期内痊愈的。

本病可并发生产瘫痪和酮病。

病的严重程度常取决于血镁的降低程度。正常奶牛血镁值为 0.741～1.40mmol/L、平均值为 1.152mmol/L，病牛血镁可下降到 0.617mmol/L 以下，甚至可下降到 0.205mmol/L 以下。该病的严重性也与血钙降低有关，血钙在 1.996～1.502mmol/L 时为轻、中型，降低到 1.497mmol/L 时为重型。

尸体剖检可见骨骼肌出血和浑浊肿胀；瘤胃黏膜轻度脱落，小肠呈不均匀的淡红色，有轻度的卡他性炎症和出血；肝脏呈不均匀的暗红色，切开呈斑纹状，被膜下及实质有出血斑；脾被膜下和心内膜下，特别是心脏乳头肌有出血点和出血斑；肾被膜易剥离，切开肾实质多汁似脑髓样；肺发生气肿，色不均，特别是尖叶部气肿明显，被膜下及肺实质有淤血。

二、治疗

对病牛可取 25% 硫酸镁液 50～100ml、10% 氯化钙液 100～200ml，用 5% 葡萄糖注射液稀释，缓慢进行静脉注射。对重症病例可配合使用镇静药，还可用 25% 硫酸镁 200ml，皮下注射。

三、预防

加强饲养管理，在干物质日粮中，镁含量应不低于 0.2%。对母牛，每天补充镁 40g，相当于 60g 氧化镁或 120g 碳酸镁，过多的摄入镁，尤其是硫酸镁可引起腹泻。镁与谷类精饲料混饲为宜。

【知识拓展】

一、病因

本病的病因较多。长期饲喂镁含量低的牧草；采食减少或动物腹泻使吸收镁的能力降低；饲料中如果钾含量高，可使镁的吸收减少；饲草中氮含量高也会促进该病；日粮中可溶性糖和粗纤维不足、磷含量过高以及寒冷等也可诱发该病。

二、发病机制

对未成年的家畜来说，当日粮缺镁时，骨组织中 30% 以上的镁可被动用，但成年家畜骨内镁则比较稳定，即使缺镁时也不能直接被动用。对于牛，每天摄入每千克体重 2～3mg 镁，即可满足体内代谢的需要；但在妊娠期则需增加 1%～2%，产后第一周泌乳则需增加 7%～8%，随着产奶量的增加还会继续增多，正常产奶牛，吸收的镁应不少于 3.6～5.8g，然而春季放牧青嫩牧草吸收的镁才仅为 2.9～4.1g。

青嫩牧草里非蛋白氮、钾的含量高，而钠、粗纤维和可溶性糖含量低，因而在瘤胃产生多量的 NH_3，由于挥发性脂肪酸和 α-酮酸的缺乏，不能将其合成菌体蛋白。过多的 NH_3 不仅使瘤胃的 pH 值升高，微生物区系发生变化，瘤胃的消化代谢功能障碍，而且高 NH_3 可与镁形成不溶性的硫酸铵镁，使镁的溶解度和吸收率降低。这不仅对瘤胃如此，而且对瓣胃也是如此；不仅影响镁的吸收而且也影响钙的吸收，从而导致体内 $Na^{+} + K^{+}/Ca^{++} + Mg^{++}$ 比例失调，引起神经肌肉的兴奋性增强而发生搐搦。低血钙可促使该病发生。

任务六　硒与维生素 E 缺乏症

【任务简介】硒与维生素 E 缺乏症，又称白肌病，是由于硒或维生素 E 缺乏而引起幼畜以骨骼肌、心肌纤维以及肝脏发生变性、坏死为特征的疾病。病变特征是肌肉色淡、苍白。本病易发生于羔羊、犊牛，多发于冬春气候骤变、缺乏青绿饲料之时。该病发病率高，死亡率也高，常为地方性流行。

【任务要求】掌握硒与维生素 E 缺乏症的发病特点、诊断技术及防治措施。

【工作任务】

一、诊断

可结合缺硒历史、临床特征、饲料、组织硒含量分析、病理剖检以及血液有关酶学，及时应用硒制剂能取得良好疗效作出诊断。

1. 急性型　多见于羔羊、犊牛。动物往往不表现症状突然死亡，剖检变化主要为心肌营养不良。如出现症状，主要表现兴奋不安，心动过速，呼吸困难，有泡沫血样鼻液流出，约 10 ~ 30min 死亡。

2. 亚急性型　机体衰弱，心衰，运动障碍，呼吸困难，消化不良为特点。

3. 慢性型　生长发育停滞，心功能不全，运动障碍，并发顽固性腹泻。

羔羊：以 14 ~ 28 日龄发病为多，死亡率高，全身衰弱，行走困难，共济失调，可视黏膜苍白、黄染，有结膜炎，角膜混浊，心跳达 200 次/min 以上，呼吸达 80 ~ 100 次/min，腹泻。

犊牛：精神沉郁，喜卧地，站立不稳．共济失调，肌颤。心跳 140 次/min，呼吸 80 次/min，结膜炎，角膜混浊、软化，最后卧地不起，心衰，肺水肿，死亡。

主要是骨骼肌变性、色淡，似煮肉样，呈灰黄色条状、片状等。心扩张、心肌内外膜有黄白、灰白与肌纤维方向一致的条纹状斑。血液酶学以肌酸激酶（CK）、天门冬氨酸转氨酶（AST）、谷胱甘肽过氧化物酶（GSH-PX）对该病的诊断有价值。CK 对心肌、骨骼肌比较特异，牛、羊正常在 100U/L 以下，肌营养不良时，CK 可达到 1 000U/L 以上。AST 对草食动物肝脏比较特异，正常牛、羊在 100U/L 以下，肌营养不良时，牛可达 300 ~ 900U/L，羔羊可达2 000~3 000U/L。GSH-PX 在硒缺乏时，活力下降。

二、治疗

可用 0. 1% 亚硒酸钠，皮下或肌肉注射，羔羊 2 ~ 4ml，犊牛 5 ~ 10ml。根据病情隔 7 ~ 14d重复一次。同时可配合维生素 E，犊牛 300 ~ 500mg，羔羊减量。

三、预防

应保证每千克饲料中硒含量在 0. 1 ~ 0. 2mg，如达不到这一水平，可采取下述措施。

对于高产牧场或专门从事牧草生产的草地，可用施硒肥，或在牧草收割前进行硒盐喷洒。或定期供给牛羊硒盐舔食，将20~30mg硒均匀混合与1kg食盐中，定期舔食。对于放牧动物，可采取瘤胃硒丸的办法补硒，硒丸分别重10g（羊）、30g（牛）。也可将10~20mg亚硒酸钠植入牛的肩后疏松组织中，使其慢慢吸收，采用此法必须注意，动物不能提前屠宰，否则不符合食品卫生要求。

冬春气候突然骤变、寒冷应激，加上营养不良，易诱发某些缺乏症的发生。注射0.1%亚硒酸钠液可取得预防效果，羊4~6ml、牛10~20ml，同时应注意补充适当的精料。母牛产前喂给维生素E 1g、产后犊牛喂给150mg/d，母羊产前喂给75mg/d、羔羊喂给25mg/d，也有较好效果。

【知识拓展】

一、硒缺乏病因

原发性硒缺乏主要是饲料含硒不足，动物对饲料中硒含量的要求是0.1~0.2mg/kg，低于0.05mg/kg，就可出现硒缺乏症。当土壤硒含量低于0.5mg/kg时，植物含硒量便不能满足机体的要求。据统计，我国约有2/3的面积缺硒，主要地区有黑龙江、吉林、辽宁、内蒙古、山西、河北、河南、湖北、陕西、甘肃、四川、云南、西藏等省区，此外山东、江苏、浙江、福建沿海一带的一些县市也严重缺硒。土壤硒能否有效被植物利用还与土壤酸碱性有关，酸性土壤硒不易溶解吸收，碱性土壤硒易被植物吸收；也与其他颉颃元素有关，如硫能制约硒的吸收。饲料中的硒能否被动物充分利用，也受铜、锌等元素的制约。维生素E不足也易诱发硒缺乏症的发生。

二、维生素E缺乏病因

维生素E缺乏主要是由于长期给予维生素E含量少的日粮，例如不良干草、干稻草、块根食物等；而缺乏富含维生素E的饲料，如油料种子、植物油及麦胚等。缺乏维生素E的另一因素是饲料中不饱和脂肪酸、矿物质等可促进维生素E的氧化。

任务七　奶牛卧倒不起综合征

【任务简介】奶牛卧倒不起综合征不是一种独立的疾病，临床上以瘫痪、不能起立为主要特征，不同于一般的生产瘫痪，与代谢性生产瘫痪、低磷酸盐血症、低镁血症、低钾血症、肾上腺皮质活动过高或过低、脑水肿、蛋白尿、肾脏疾病、肝脏疾病、肌肉变性和物理损害等疾病有关。本病多发生于分娩前后或高产奶牛，冬季多于春季，头胎牛和老年牛多见。

本病的命名仍以临床上病牛倒卧不起为依据，倾向认为该病是产乳热的症状表现，对此的提法有三种：产乳热病牛首次静脉注射钙剂后10min内不能站立者；产乳热病牛在第二次静脉注射钙剂后24h内不能站立者；母牛分娩后原因不明的倒卧，并与24h内不能站立者，均为母牛卧倒不起综合征。

【任务要求】掌握奶牛卧倒不起综合征的发病特点、诊断技术及防治措施。

【工作任务】

一、诊断

单纯根据临床症状很难确诊。诊断的关键在于查明倒卧的原因，如同时低血钙症，但经此以上补钙后仍无效果可认为是本病。另外，要明确是否外周神经（挠神经、胫神经、腓神经）麻痹，是否有骨盆骨、股骨骨折，是否有腰荐脊髓损伤、腰椎损伤等。如确诊，需进行实验室诊断或治疗性诊断，进行综合分析。

一般没有前驱症状，病牛常在分娩过程或分娩后48h内倒卧不起，经多次补钙后仍无效果。病牛多次试图站立，但四肢不能充分伸展，一般后躯肌肉麻痹松弛和乏力，前躯稍好些。病牛食欲稍减，精神尚好，体温正常或稍高，心率80～100次/min，呼吸无明显变化，排粪、尿正常，有些病牛出现低血压。

有些病牛头颈弯向后方，呈侧卧姿势，若人为抬起其头部并给予扶持，则无异于正常牛。有些病牛根本无意站立，有的因多次站立失败而失去信心。重症病例呈现感觉过敏，会出现四肢抽搐。

多数病牛血钙、血磷、血镁正常。有些病例可见中度酮尿症。许多病例出现蛋白尿，并有透明和颗粒圆柱。

二、治疗

应根据奶牛不同发病原因和机理，对症处置，综合治疗。因低血钾症者，应用5～10g含氯化钾溶液进行治疗，有明显效果。伴有低磷酸盐血症者，用15%磷酸氢二钠液200～300ml静脉注射或分点皮下注射。镁盐的注射应当慎重，必要时25%硫酸镁注射液100～150ml，皮下注射。当发生神经、肌肉、韧带和骨骼等外科损伤时，应对症治疗。应防止病牛形成褥疮，并经常给予饲料及饮水。

三、预防

在分娩前1～2周，将妊娠母牛饲养移至产房，从分娩前2～8d开始，肌肉注射维生素D_3 500～1 000IU/kg体重，连用2～3d；从分娩前3～5d开始，应用10%葡萄糖酸钙注射液500ml、20%葡萄糖注射液1 000ml，1次静脉注射，1次/d，连用到分娩。

【知识拓展】

一、病因

该病的确切病因仍然不明，多认为该病可能是生产瘫痪的并发症。但它不是单纯的或典型的低钙血症，酮病、低磷酸盐血症、低镁血症、低钾血症均可能与本病的发生有关。肾上腺皮质机能不全、低蛋白血症及肾脏疾病、肝脏疾病可导致本病的发生。另外，母牛在低血钙的同时，若突然滑倒或因难产而助产引起产道、骨盆及荐部软组织的损伤时，也可发病，导致补钙后母牛仍长期不能站立。

二、鉴别诊断

该病须与以下疾病鉴别诊断：

疾病	发生	典型症状	血检变化	治疗效果
奶牛卧倒不起综合征	多因低血钙、镁治疗不当，或治疗前奶牛卧地时间过长	初期奶牛机敏，精神、食欲正常，挣扎站立，后期体温升高，食欲降低，精神沉郁，病程1～2周	血钾、无机磷酸盐、葡萄糖降低，酮体升高，出现酮尿、蛋白尿	对钙、磷有一定反应
产后瘫痪	产后48h内	初期兴奋、抽搐，后昏迷、末梢麻木，体温降低至37.5℃，心跳加快至100次/min	血钙降低至5g/100L，血镁高于3g/100L	静脉补钙后肌肉震颤、鼻出汗、排粪、排尿，精神好转，快者30min站立
产犊瘫痪	难产，闭孔神经、坐骨神经损伤，头胎牛多见	全身反应正常，食欲、粪便正常，机敏性高，卧地后两后肢呈蛙式或劈一字腿	血液钙、镁正常，并伴有肌肉损伤，肌磷酸激酶升高	无治疗方案，必要时可吊起，并配合钙和针灸治疗
低镁血症	产犊后或产犊后数天	兴奋、肌肉震颤、抽搐、卧地、强直、惊厥、机敏性增强	血镁低于1.2g/100L	静脉补镁后好转，但药物反应较慢
产后毒血症	乳房炎、腹膜炎（子宫破裂、异物性网胃炎）或阴道破裂引起	体温降低，心跳加快至100次/min以上，呻吟，昏迷，卧倒	白细胞极度降低，血钙可降低7～8g/100L	疗效不佳，可用抗生素、补糖、补水、补碱等支持疗法。补钙、补镁可加速死亡

任务八　维生素A缺乏症

【**任务简介**】维生素A缺乏症是由于日粮中维生素A及其前体物胡萝卜素含量不足或缺乏引发的一种慢性营养代谢病。其临床特征是瘦弱、夜盲、腹泻、水肿、惊厥和繁殖障碍。多发生在冬、春等绿饲料缺乏的季节，常发生于犊牛。

【**任务要求**】掌握维生素A缺乏症的发病特点、诊断技术及防治措施。

【**工作任务**】

一、诊断

根据饲料分析、发病情况及群体中出现失明、神经症状和流产等表现，结合眼检查视神经乳头水肿等特征变化，可初步诊断。确诊应对日粮、血液和肝脏活组织进行维生素A或胡萝卜素的含量测定。病畜血液胡萝卜素含量为9μg/100ml（正常150μg/100ml）、维生素A含量5μg/100ml（正常10μg/100ml）；肝脏活组织维生素A含量为3μg/100ml（正常50～300μg/100ml），犊牛肝脏活组织维生素A含量为0.3μg/100ml

（正常 10～50μg/100ml）。

应注意与传染性角膜结膜炎的区别。传染性角膜结膜炎发病率很高，但无神经症状，且有深的角膜溃疡。此两点可与维生素 A 缺乏症相区别。

1. 一般症状　病牛精神萎靡，食欲减退，异嗜，消瘦，贫血，被毛粗刚、逆立、无光泽，皮屑增多，生长发育缓慢。母牛泌乳性能大大降低。由于牛机体抵抗力降低，易发生乳房炎、子宫内膜炎、膀胱炎、支气管炎或支气管肺炎、胃肠炎和皮肤真菌病。犊牛厌食、消瘦，贫血、惊厥、抽搐、关节肿大、皮肤脱屑和共济失调，易于继发肺炎。发育极慢，前躯和前肢皮下水肿。

2. 眼病症状　表现为干眼病和夜盲，是维生素 A 缺乏症的特征性症状之一。干眼病以角膜干燥和羞明为主症，瞳孔散大，眼球突出，角膜混浊、肥厚和损伤，且易继发角膜炎，对光反射减弱乃至消失。眼检查时，可发现视乳头水肿，视网膜呈淡蓝色，部分呈粉红色，视觉功能逐渐减弱至持久性目盲。

3. 神经症状　患牛步态蹒跚，后肢无力，无目的乱窜，共济失调，惊厥。发作时，牛突然昏倒，头颈和四肢直伸，两眼睁圆，眼球突出，呼吸急迫，持续 1～8min，有的牛呕吐、腹泻。

4. 繁殖与泌尿症状　由于生殖与泌尿器官黏膜角质化，使母牛受胎率降低，发生卵巢囊肿、胎衣不下；妊娠母牛多在后期发生流产、死胎或出生后数日内死亡，并多出现先天性畸形（瞎眼、咬合不全等）。有的初生犊牛体质虚弱或生长发育不全。公牛产生精液性能降低，性欲减退。易诱发尿石症，呈现排尿困难和全身性水肿。

5. 骨骼组织发育障碍　发病犊牛，运动障碍，步态不稳。在生长发育犊牛中，可使软骨组织中毛细血管减少，成骨细胞也明显减少。骨骼生长受阻，骨化不全性骨质疏松、软化，骨骼变形。致使骨收容的中枢神经受到一定挤压，尤其是视神经孔的变狭后压迫视神经，往往导致失明。

主要病变特点是各种上皮角化脱落，胃、肠、脑、心、肝、血管等均有浆液性出血性变化；皱胃黏膜有炎症、水肿并有透明牵缕样黏液附着和弥散性出血、充血及上皮脱落；肠系膜淋巴结切面多呈点状出血；心外膜的冠状血管部亦有出血点，有时扩散到主动脉部；肝松软而大，胆汁浓稠；肺的炎症变化多在心叶。

二、治疗

本病初期，立即调整饲草料，供应富含维生素 A 或胡萝卜素的新鲜青草、胡萝卜多汁饲料、优质干草和维生素 A 强化饲料。同时对病牛应用维生素 A 制剂，按正常需要量（30～40IU/kg 体重）10～20 倍的剂量，肌肉注射，1 次/d 或 2～3d 1 次，连用 7d。也可应用维生素 AD 注射液 5～10ml，肌肉注射，1 次/d，连用 7d。有高热、生殖道感染、腹泻、眼部疾患，应用抗菌、消炎等药物对症治疗。

三、预防

保证每千克混合料中含维生素 A 含量不少于 1 400IU，以满足需要量。对于犊牛应保证足够的初乳哺乳量和哺乳期，不要过早断奶。在饲喂代乳品时，应注意代乳品的质量和维生素 A 的含量。防止牛舍潮湿、拥挤；保证牛舍通风、清洁、干燥，运动场宽敞、阳光充足。

【知识拓展】

一、病因

1. 日粮中维生素 A 或胡萝卜素含量不足 维生素 A 以鱼类、动物肝脏等动物性饲料中含量较多，胡萝卜素则在绿色饲草和黄玉米中大量存在。当动物过多饲喂维生素 A 含量少的精料，而缺乏富含胡萝卜素的绿色饲草，则可发生维生素 A 缺乏症。

2. 胡萝卜素转化为维生素 A 及吸收困难 病畜患有胃肠卡他、寄生虫寄生如肝片吸虫，饲喂含量过多硝酸盐饲料和含磷缺乏饲料，以及氯化萘中毒等，都能使消化机能破坏，影响胡萝卜素转化为维生素 A 和吸收，从而可导致维生素 A 缺乏。另外，日粮中蛋白质、中性脂肪、维生素 E 缺乏以及胃肠道酸度过大，也会影响维生素 A 和胡萝卜素的吸收及利用。

3. 犊牛初乳量不足 犊牛哺饲不当，不喂初乳或哺饲初乳时间过短，过早断奶而饲喂代乳粉，在加热调制过程中维生素 A 被破坏，犊牛得不到必需的维生素 A 而发病。

4. 母牛生理功能异常 如泌乳盛期、妊娠后期母牛肝功能减退、体温升高、甲状腺功能亢进以及注射已烯雌酚等，导致维生素 A 减少。维生素 A 缺乏可直接影响胚胎的发育和新生仔畜的健康，这是幼畜先天性维生素 A 缺乏的主要原因。

二、发病机制

维生素 A 是上皮细胞正常生理功能所必需的物质，并保持细胞膜和细胞器膜结构的正常的通透性、骨骼的正常发育以及视觉机能等。当血浆中维生素 A 的水平降至为 40～50IU/100ml 时，即可发生维生素 A 缺乏症，致使眼、神经、骨骼和上皮等多种组织呈现出病理过程，上皮变得干燥和角化，机体的防御功能降低，病原微生物易于通过黏膜（特别是呼吸道黏膜）途径而感染。当泪腺上皮受害时，泪腺的分泌减少而发生干眼病，性器官受害时，可引起生殖功能的障碍。维生素 A 还是合成视紫红质的必需原料。当维生素 A 缺乏时，光感受体-视紫红质再合成发生障碍，呈现视觉生理功能异常，即发生夜盲症。

维生素 A 还能维持成骨细胞和破骨细胞的正常功能，为骨的正常代谢所必需。缺乏时，黏多糖的合成受阻，成骨细脑和破骨细胞的相互关系紊乱，特别是胚胎和幼畜的脊柱与头骨易受其害，从而导致骨的钙化不全和畸形。

当维生素 A 缺乏，由于分泌速度加快或吸收速度减慢，而使脑脊髓液压力增高，由于中枢神经组织压力增大，而导致神经过敏，运动失调和不断发生惊厥。此外，四肢、胸前和腹下形成水肿。

成年牛除发生这些损伤外，还严重影响正常生长发育。对犊牛可阻碍骨骺的软骨内骨生长，致使骨骼粗大、变短并使部分中枢神经系统受骨骼的挤压。成年牛结膜上皮细胞过度角化、子宫上皮细胞发生多层鳞状型上皮细胞的组织变形，这些综合变化提高了病牛对感染性疾病，如肺炎、子宫炎、膀胱炎的易感染性，临床表现出流产和繁殖障碍。

任务九　异食癖

【任务简介】异食癖是由于多种营养物质缺乏及其代谢障碍所致的一种味觉异常综合征，其临床特征为舐嚼、啃食通常认为无营养价值而不该吃的东西。它也可能是许多疾病，例如骨营养不良、慢性消化道病及其他矿物质、微量元素、维生素缺乏病等的临床症状。牛、羊多发生在饲料单纯，营养不全的冬、春季节。有异食癖的动物不一定都是营养物质缺乏及其代谢障碍，有的纯属恶癖。

【任务要求】掌握异食癖的发病特点、临床诊断技术及防治措施。

【工作任务】

一、诊断

根据饲料分析和长期异食的病史、临床特征等方面综合分析，并排除异食现象不是其他疾病的症状者，可作出初步诊断。

异食癖多呈慢性经过。病畜病初多见消化不良、食欲减退、反刍减少，接着出现味觉异常和异食症状。病畜喜欢舐食、啃嚼被粪便污染的饲草和垫草，啃食饲槽、墙壁、砖瓦块、炉渣、破布、塑料、毛发等。异食现象出现时，病畜对外界刺激的敏感性增高，以后则迟钝。患有该病的动物弓腰、磨牙，畏寒。口腔干燥，开始多便秘，尔后腹泻，或便秘、腹泻交替出现，皮肤干燥，弹性降低，被毛蓬乱无光泽，渐进性消瘦，贫血。

绵羊食毛癖多发生在饲料缺乏的季节。一般在羔羊出生后15d左右发生吃毛现象，最初只舐吃大腿上的毛，以后舐食腹部、尾部的毛发，特别喜欢舐食屁股与后腿上污染大小便的毛，夜间严重。开始散在发生，只是个别羔羊啃食母体身上的毛及掉在地上被粪便污染的毛，以后蔓延全群，并相互啃食。

有的羔羊因毛球阻塞幽门或肠道而表现腹胀、腹痛不安，咩叫，回顾腹部，急起急卧，弓腰，不食，常嗳气，不排粪、偶尔排出少量黏液。触诊腹部，在真胃或肠腔中可隐约摸到核桃大的硬固物，有滑动感，指压不变形，按压真胃时有疼痛感，机体衰竭，2～3d后死亡。食毛羔羊被毛粗乱，焦黄，食欲减退，经常腹泻，日渐消瘦并发生贫血。成年羊也有食毛的。有些奶牛和奶山羊有自吮自己乳或其他牛、羊乳的恶癖。这种现象一旦发生很难消除，且越来越严重。

对早期和轻症的患畜，若能及时采取适当的措施，很快好转。否则病程可达数月甚至数年，并有暂时好转的间歇期，最后衰竭而死亡。

二、防治

根据动物不同生长阶段的营养需要，喂给全价配合饲料，当发现有异食癖时，可适当增加矿物质和复合维生素的添加量。此外，喂料要定时、定量，不喂发霉变质的饲料。可根据饲料和土壤情况，缺什么补什么；对土壤中缺乏某种矿物质的牧场，增施相应肥料，并轮换放牧。有青草的季节多喂青草；无青草的季节要喂质量好的青干草、青贮料，补饲麦芽、酵母等富含维生素的饲料。

氯化钴对异食有良好的效果，牛的剂量为30～40mg，羊3～5mg。硫酸铜配合氯化钴效果更好，大家畜300mg，犊牛75～150mg，羊10～20mg。

羊发生食毛癖时，对开始发生的个别羔应及时进行隔离，以免其他羊只效仿。

【知识拓展】

病因 异食癖发生的原因比较复杂。

1. 矿物质或微量元素缺乏 日粮缺乏钠、钙、磷，或钙、磷比例失调等易引起异食癖，钙、磷比例失调还与日粮中糠麸比例过高，只补石粉不补骨粉及奶牛长期饲喂多量青贮、稻渣、精料而优质干草缺乏有关。日粮钾盐过多，可随钾的排出而增加钠的排泄，从而导致钠的不足。当某地区土壤钴的含量为1.5～2.0mg/kg时，易发生异食癖，当含量为2.3～2.5mg/kg时则异食癖较少。当长期饲喂铜含量为2～5mg/kg（正常值为6～12mg/kg）的干草时，异食癖多发。绵羊的异食癖与硫缺乏有关。

2. 维生素缺乏 以维生素A和维生素B缺乏最甚。

3. 蛋白质和某些氨基酸缺乏

附：营养代谢性疾病模块知识拓展

营养代谢性疾病是营养性疾病和代谢障碍性疾病的总称。前者是指动物所需的某类营养物质缺乏或过多（包括绝对性的和相对性的）所致的疾病；后者是指因机体内的一个或多个代谢过程异常，导致机体内环境紊乱而引起的疾病。畜禽营养代谢性疾病包括糖、脂肪和蛋白质代谢障碍，矿物质和水、盐代谢紊乱，维生素缺乏症及微量元素缺乏症或过多症等四个主要部分。

一、营养代谢病的病因

1. 日粮中营养物质不全、量不足或比例不当 这是最主要的原因，包括日粮里各种营养物质的种类、含量及其相互间的比例、消化吸收率和营养价值等。饲料的短缺、单一、质地不良，饲养不当等均可造成营养物质缺乏。其中以蛋白质（特别是必需氨基酸）、维生素、常量元素和微量元素的缺乏常见。此外，食欲降低或废绝，也可引起营养物质摄入不足。另外，精料饲喂过多，优质粗料不足是一些牛场的普遍问题，导致瘤胃酸中毒、蹄叶炎、酮病、妊娠毒血症、乳热、真胃移位等疾病的发生。锌缺乏时血浆胰岛素和生长激素含量下降等。

2. 营养物质平衡失调 动物体内营养物质间的关系是复杂的，除各营养物质的特殊作用外，还可通过转化、依赖和颉颃作用，以维持营养物质间的平衡。

（1）转化 如糖能转变成脂肪及部分氨基酸，脂肪可转变为糖和部分非必需氨基酸，蛋白质能转变为糖及脂肪。

（2）依赖 如钙、磷、镁的吸收，需有维生素D；脂肪是脂溶性维生素的载体；合成半胱氨酸和胱氨酸时，需有足量的甲硫氨酸；磷过少，则钙难以沉积；缺钴则维生素B_{12}不能合成；维生素E和硒的协同作用等。

（3）颉颃 如钾与钠对神经—肌肉的应激性，起着对钙的颉颃作用；充足的锌和铁，可以防止铜中毒，维生素E的补给，可以防止铁中毒。

3. 营养物质需要量增加 生长发育期、妊娠泌乳期、肥育期、重役的动物对营养物质的需要量均增多；发热性疾病、慢性消耗性疾病（慢性寄生虫病、结核）、处在逆境下的动物营养物质的消耗量增多。

4. 营养物质吸收不良　见于两种情况，一是消化吸收障碍，如慢性胃肠疾病、肝脏疾病及胰腺疾病；二是饲料中存在干扰营养物质吸收的因素，如磷、植酸过多降低钙的吸收等。另外，动物年老或久病时，其器官功能衰退，降低其对营养物质的吸收与利用能力，导致营养缺乏。

5. 机体缺乏相应代谢酶　一类是获得性缺乏，见于重金属中毒、有机磷农药中毒；另一类是先天性酶缺乏，见于遗传性代射病。

6. 饲料中含有抗营养物质　当饲料中胰蛋白酶抑制因子、皂苷等过多时，可降低蛋白质的消化和代谢利用；而植酸、草酸、硫葡糖苷等，能降低矿物质元素的溶解利用；脂氧合酶抗维生素 A、维生素 E 及维生素 K、硫胺素酶抗硫胺素、烟酸、吡哆醇等，均能使某些维生素灭能或增加其需要量。

7. 磺胺、抗生素的影响　有些场为预防幼畜消化道细菌的感染，在其日粮中添加的磺胺、土霉素等抗菌药物的量过大、饲喂的时间过长，从而导致肠道微生物区系的紊乱，一些对机体有益的细菌被杀死，不仅影响消化吸收，还常导致营养代谢病的发生。

8. 遗传因素　牛的先天性卟啉症（单隐性因子遗传）、安格斯牛的甘露糖甙过多症（特殊的溶酶体水解酶的遗传性缺乏）等。

二、营养代谢病的临床特点

虽然营养代谢病种类繁多，病因复杂，但在它们的发生、发展和临床经过等方面也有共性规律。

1. 发病缓慢，病程较长　营养代射病的发生一般要经历化学紊乱、病理学改变及临床异常 3 个阶段。体内各种生理和病理变化是逐渐发生的，由量变到质变，当遇到应激等突发因子作用，可呈急性暴发。有些亚临床疾病没有临床症状，但生产性能降低。从病因作用至呈现临床症状常需数周、数月乃至更长时间。

2. 多为群发，发病率高　在集约饲养条件下，特别是饲养失误或管理不当造成的营养代谢病，常呈群发性，同舍或不同畜舍的动物同时或相继发病，表现相同或相似的临床症状。

3. 地方流行性　饲料来源一般是从当地的植物性饲料和部分动物性饲料中获得的。植物性饲料中微量元素的含量与其所生长的土壤和水源中的含量有密切关系。如动物的硒缺乏症、碘缺乏症、慢性氟中毒等都具有地方流行性，这类疾病也称为生物地球化学性疾病。但也应该注意到，随着工厂化饲养的发展和交通运输的发达，畜禽的饲料来源有了很大的变化。

4. 动物体温一般变化不大　有继发和并发其他疾病的例外。

5. 对于缺乏症和过多症来说，补充或减少某一特定营养物质的供给，对本病有显著的预防和治疗作用

6. 有些营养代谢病具有特定的临床症状和病理变化　如营养代谢病常影响动物的生长、发育、成熟等生理过程，而表现为生长停滞、发育不良、消瘦、贫血、异嗜、体温低下等营养不良征候群。

三、营养代谢病的综合诊断

营养代谢病多呈慢性，涉及的脏器与组织比较广泛，典型症状出现较晚。对于此类疾病的诊断，必须从调查饲养管理水平着手，结合临床症状、化验资料等，进行综合分析，才能作出正确的判断。下述几点值得注意：

1. 流行病学调查 着重调查疾病的发生情况，如发病季节、病死率、主要临床表现及既往病史等；饲养管理方式，如日粮配合及组成、饲料的种类及质量、饲料添加剂的种类及数量、饲养方法及程序等；环境状况，如土壤类型、水源资料及有无环境污染等。

2. 临床检查 应全面、系统搜集症状，并参照流行病学资料，进行综合分析。根据临床表现推断病因，如不明原因的跛行、骨骼异常，可能是钙、磷代谢障碍病。

3. 治疗性诊断 为验证依据流行病学和临床检查结果建立的初步诊断或疑问诊断，可进行治疗性诊断，即补充某一种或几种可能缺乏的营养物质，观察其对疾病的治疗作用和预防效果。治疗性诊断可作为营养代谢病的主要临床诊断手段和依据。

4. 病理学检查 有些营养代谢病可呈现特征性的病理学改变，如犊牛维生素 A 缺乏时的上部消化道和呼吸道黏膜角化不全等。

5. 实验室检查 主要测定患病个体及发病群血液、被毛及组织器官等样品中某种（些）营养物质及相关酶、代谢产物的含量，作为早期诊断和确定诊断的依据。

6. 饲料分析 饲料中营养成分的分析，提供各营养成分的水平及比例等方面的资料，可作为营养代谢病，特别是营养缺乏病病因学诊断的直接证据。

四、营养代谢病的监控

营养代谢病的早期诊断比较困难，因而进行定期检测工作很有必要。检测工作主要包括饲料及饮水，中间代谢过程和产品。

1. 随时掌握饲料的种类及日粮的组成 定期对饲料中的干物质、能量单位（NND）、粗蛋白（CP）、可消化粗蛋白（DCP）、钙（Ca）、磷（P）及维生素等进行计算，并与饲养标准进行比较，看其是否符合要求，依此标准进行必要的调整。

2. 饲料监控 每年应对各种饲料进常规成分测定，结合动物体营养需要，进行加工调制。对外购饲料，必须了解其营养价值。应用化学、生物活性等添加剂时，应了解其生理作用与安全性。严禁饲喂发霉变质饲料、冰冻饲料、农药残毒污染严重的饲料，以及被病菌或黄曲霉污染的饲料。

3. 根据动物生产期，合理调配日粮

（1）干奶期 日粮干物质占体重2%～2.5%，每千克饲料干物质含奶牛能量单位19～24（个），粗蛋白8%～10%，钙0.6%，磷0.6%，粗纤维16%～19%。

（2）围产期 分围产前期和后期：围产前期，日粮干物质占体重的2%～2.5%，奶牛能量单位为21～26（个），粗蛋白质9%～11%，钙0.3%，磷0.3%，粗纤维为15%～18%。围产后期，日粮干物质占体重的2%～5%，奶牛能量单位20～25（个），粗蛋白12%～14%，钙0.6%～0.8%，磷0.4%～0.5%，粗纤维12%～15%。

（3）泌乳盛期 日产奶20kg，日粮干物质占体重2.5%～3.5%，奶牛能量单位40～41（个），粗蛋白12%～14%，钙0.7%～0.75%，磷0.46%～0.50%；日产奶30kg，日粮干物质占体重 3.5% 以上，奶牛能量单位 43～44（个），粗蛋白 14%～16%，钙 0.8%～0.9%，磷 0.54%～0.60%，粗纤维 18%～20%。

（4）泌乳中期　日产奶量 15～20kg，日粮干物质占体重 2.5%～3.5%，奶牛能量单位 30～34（个），粗蛋白质 10%～14%，钙 0.7%～0.8%，磷 0.55%～0.60%，粗纤维 17%～20%。

（5）泌乳末期　日粮干物质占体重 2.5%～3.0%，奶牛能量单位 30～35（个），粗蛋白 13%～14%，钙 0.7%～0.8%，磷 0.5%～0.6%，粗纤维 18%～20%。

4. 加强管理，提供良好生存环境　牛舍坚固耐用，符合卫生标准，宽敞明亮，冬暖夏凉。运动场地面平坦，四周有排水沟．场内有遮阴棚、饮水槽、食盐池；粪便及时清扫，垫平坑洼，排除污泥积水，保持干燥。冬天要防寒保暖，夏季要有防暑降温措施。根据奶牛不同生理阶段来分群管理，固定饲喂、挤奶休息工作日程，已固定的生产程序不应轻易改动。严格执行防疫消毒制度，建立奶牛病历档案。

5. 定期的进行血液检验

定期监测血液中的生化成分，可以预报代谢性疾病的发生，及时应采取必要的措施。由于奶牛年龄、妊娠期、干乳期、饲养条件、饲料种类、性质，以及环境条件等诸多因素的影响，血液成分有所不同。因此，每年应定期对干奶牛、高产牛进行 2～4 次血检，及时了解其血液中各种成分的含量及变化。检验项目主要包括有血细胞数、血细胞压积值（pcv）、血红蛋白、谷草转氨酶、血钾、血钠、血镁、血钙、血糖、血尿素氮、血清无机磷、总蛋白、白蛋白、碱贮、血酮体、血游离脂肪酸（FFA）等。根据所测结果，与奶牛正常血液生理值进行比较，为早期预防提供依据。目前，国外不少国家已确立了这种措施，并制定出关于奶牛营养状态的判断标准表用于生产。

五、营养代谢病防治措施

营养代谢病的防治要点在于加强饲养管理，合理调配日粮，保证全价营养；开展营养代谢病的监测，定期对牛、羊进行抽样调查，了解各种营养物质代谢的变动，正确估价或预测牛、羊的营养需要，早期发现病牛、羊；实施综合防治措施，如地区性矿物元素缺乏，可采用改良植被、土壤施肥、植物喷洒、饲料调换等方法，提高饲料中相关元素的含量。

（本模块编者：付志新、崔晓文）

项目二

中毒性疾病

模块一　饲料中毒

任务一　氢氰酸中毒

【任务简介】氢氰酸中毒，是由于家畜采食富含氰苷配糖体类的植物，在氰糖酶作用下生成氢氰酸，使呼吸酶受到抑制，使组织呼吸发生窒息的一种急剧性中毒病。以突然发病、极度呼吸困难、肌肉震颤、全身抽搐和为期数十分钟的闪电型病程为临床特征。

【任务要求】掌握氢氰酸中毒的发病特点、诊断技术及防治措施。

【工作任务】

一、诊断

根据采食氰苷配糖体类植物的病史，发病的突然性，呼吸极度困难、神经功能紊乱以及闪电式病程，可作出诊断。

需要与急性亚硝酸盐中毒进行鉴别。亚硝酸盐中毒时，血液因含高铁血红蛋白而褐变，采血于试管中加以震荡，血液褐色不退；氢氰酸中毒时，病初静脉血液鲜红，末期虽因窒息而变为暗红，但属还原型血红蛋白，置试管中加以震荡，即与空气中的氧结合，生成氧合血红蛋白，而使血色转为鲜红，大体可以区分。

通常于采食含氰苷配糖体类植物的过程中或采食后 1h 左右突然发病。病畜表现不安，站立不稳，呻吟。可视黏膜潮红，静脉血液亦呈鲜红色。呼吸极度困难，肌肉痉挛，全身或局部出汗，伴发瘤胃臌气，有时出现呕吐。以后则精神沉郁，全身衰弱，卧地不起，皮肤反射减弱或消失，结膜发绀，血液暗红，瞳孔散大，眼球震颤，脉搏细弱疾速，抽搐窒息而死。病程一般不超过 1～2h。中毒严重的，仅数分钟即可死亡。

血液凝固不良、呈鲜红色；肌肉暗红色，肺和气管黏膜充血、出血、水肿；真胃、小肠、心包及心内膜出血；瘤胃内容物有苦杏仁味。

二、治疗

本病病情危重，病程短急，有特效解毒药。特效解毒药有亚硝酸钠、美蓝和硫代硫酸钠，均可静脉注射，亚硝酸钠的解毒效果较好。每千克体重的用量为：1% 亚硝酸钠注射液 1ml，2% 美蓝注射液 1ml，10% 硫代硫酸钠注射液 1ml。通常取亚硝酸钠 3g、硫代硫酸钠 30g、蒸馏水 300ml，制成注射液，成年牛一次静脉注射；亚硝酸钠 1g、硫代硫酸钠 5g、蒸馏水 50ml，制成注射液，成年绵羊一次静脉注射。

为阻止胃肠道内的氢氰酸被吸收，可用硫代硫酸钠内服或瘤胃内注入（牛用 30g），1h 后可再次给药。

三、预防

应严格限制含氰苷配糖体饲料的饲喂量，饲喂之前应去毒。饲草可放于流水中浸泡 24h，或漂洗后再加工利用，亚麻籽饼可高温或经盐酸处理后利用。不在含有氰苷配糖体植物的地区放牧。应用含氰苷配糖体的药物时，严格掌握用量，以防中毒。

【知识拓展】

一、病因

采食富含氰苷配糖体的植物，是氢氰酸中毒的主要原因。富含氰苷配糖体的植物有高粱苗、玉米苗，特别是再生苗；木薯嫩叶和根皮；亚麻叶、亚麻籽及亚麻籽饼；豌豆、蚕豆、海南刀豆等；苏丹草、三叶草，水麦冬等；桃、杏、枇杷、樱桃等的叶和种子。中毒多发生在家畜饥饿之后大量采食或新接触、采食含氰苷配糖体类的植物时。此外，误食或吸入氰化物农药，或误饮化工厂（如冶金、电镀）的废水，也可引起氰化物中毒。

二、发病机制

无机氰化物经消化道几分钟后即可吸收，发生中毒。而氰苷配糖体是无毒的，含氰苷配糖体的植物，在堆放、青贮或霉败过程中，在自身氰糖酶的作用下分解而产生氢氰酸。对于反刍动物，含氰苷配糖体的植物可在瘤胃内，在微生物释放的氰糖酶的作用下分解而产生氢氰酸。

少量氢氰酸进入体内后，可在肝脏中转化为硫氰化物，而随尿排出。当大量氢氰酸被吸收而超过肝脏的解毒功能时，则氰离子主要与细胞色素氧化酶的铁结合，抑制氧化酶的活性，失去传递氧的作用，破坏组织的氧化过程，阻止组织对氧的吸收，而导致机体缺氧。同时，由于组织细胞不能从血液中摄取氧，因此血液中氧合血红蛋白异常增多而呈鲜红色。另外，脑组织对缺氧异常敏感，引起严重的中枢神经功能障碍，最后导致呼吸中枢和血管运动中枢麻痹而迅速死亡。

任务二　酒糟中毒

【任务简介】酒糟中毒是指长期或大量采食酿酒副产品酒糟后引起的中毒，临床上以兴奋、共济失调、胃肠炎、呼吸困难和皮肤湿疹为特征。

【任务要求】掌握酒糟中毒的发病特点、诊断技术及防治措施。

【工作任务】

一、诊断

根据饲喂酒糟的病史，剖检胃肠黏膜充血、出血，胃肠内容物有乙醇味，结合腹痛、腹泻、流涎等临床症状，可作出诊断。

1. 急性中毒　首先表现兴奋不安，而后出现胃肠炎症状，食欲减退或废绝，腹痛，腹泻。心动过速，呼吸促迫。运步时共济失调，以后四肢麻痹，倒地不起。最后呼吸中枢麻痹死亡。

2. 慢性中毒　多发生皮疹或皮炎，尤其系部皮肤明显。病变部位皮肤，先湿疹样变化，后肿胀甚至坏死。病畜消化不良，结膜潮红、黄染。有时发生血尿，妊娠家畜可能流产。有的牙齿松动脱落，而且骨质变脆，容易骨折。

二、治疗

首先应立即停止饲喂酒糟，并进行对症治疗。

1. 保肝解毒　取用10%葡萄糖注射液1 000ml、氢化可的松注射液250mg、10%苯甲酸钠咖啡因注射液20ml、5%维生素C注射液50ml，牛一次静脉注射。

2. 中和胃肠道内的酸性物质和排出毒物　取硫酸钠400g、碳酸氢钠30g、加水4 000ml给牛内服。

3. 中和血中酸性物质，可用5%碳酸氢钠注射液300～500ml，给牛一次静脉注射

4. 皮肤的局部病变，按湿疹的治疗方法进行处理

三、预防

用酒糟饲喂家畜时，不能超过日粮的30%。用前应加热，使残存于其中的酒精挥发，并且可消灭其中的细菌和霉菌。贮存酒糟时应盖严踩实，防止空气进入，以防酸坏。充分晒干保存亦可。已发酵变酸的酒糟，可加入适量石灰水澄清液，以中和酸性物质，降低毒性。

【知识拓展】

病因　酒糟除含有蛋白质和脂肪外，还可促进食欲、利于消化，常做为家畜的辅助饲料利用。酒糟中毒一般与下列因素有关：

1. 酒糟中含有毒物　如乙醇、发芽马铃薯中的龙葵素、黑斑病甘薯中的翁家酮、谷类中的麦角毒素和麦角胺、发霉原料中的霉菌毒素等。

2. 酒糟氧化或霉败　放置一定时间后，由于醋酸菌的氧化作用，酒糟中残存的乙醇氧化成醋酸，则发生酸中毒。如酒糟保管不当，发霉腐败，产生霉菌毒素，引起中毒。

任务三　亚硝酸盐中毒

【任务简介】亚硝酸盐中毒，是由于饲料富含硝酸盐，在饲喂前的调制中或动物采食后在瘤胃内转化形成亚硝酸盐，吸收入血后使血红蛋白氧化为高铁血红蛋白而失去携氧能力，导致组织缺氧，而引起的中毒。临床上以发病突然，黏膜发绀，血液褐变，呼吸困难，神经功能紊乱，经过短急为特征。

【任务要求】掌握亚硝酸盐中毒的发病特点、诊断技术及防治措施。

【工作任务】

一、诊断

根据黏膜发绀、血液褐色、呼吸困难等主要症状，以及发病的突然性、群体性、饲料种类以及饲料调制失误，即可初步诊断。通过特效解毒可验证初步诊断的准确性。通过现场作变性血红蛋白检查和亚硝酸盐简易检验可确诊。

当家畜食入已形成的亚硝酸盐后发病急速，一般 20～150min 后即可发病，呈现呼吸困难，有时发生呕吐，四肢无力，共济失调，皮肤、可视黏膜发绀，血液变为褐色，四肢末端及耳、角发凉。若能耐过，很快恢复正常，否则很快死亡。

如果是在瘤胃内转化为亚硝酸盐，通常在采食之后 5h 左右突然发病，除上述基本症状外，还伴有流涎、呕吐、腹痛、腹泻等症状。其呼吸困难和循环衰竭更为突出。整个病程可持续 12～24h。最后因中枢神经麻痹和窒息死亡。

血液呈酱油色，稀薄如水样，不易凝固。肺、心有出血点，肌肉、肝、肾呈暗红色。硝酸盐中毒则有胃肠炎病变，胃肠黏膜有出血点。

1、变性血红蛋白检查。取少许血液于试管内，暴露于空气中加以振荡，很快转为鲜红色的，为还原型血红蛋白，证明是还原型血红蛋白过多引起的发绀；振荡后仍为棕褐色的，即为变性血红蛋白。

2、亚硝酸盐简易检验。取瘤胃内容物或残余饲料的液汁 1 滴，滴在滤纸上，加 10% 联苯胺溶液 1～2 滴，再加 10% 醋酸溶液 1～2 滴，如有亚硝酸盐存在，滤纸即变为棕色，否则颜色不变。

二、治疗

特效解毒剂为亚甲蓝（美蓝）和甲苯胺蓝，同时配合使用维生素 C 和高渗葡萄糖注射液效果更佳。

取 1% 亚甲蓝注射液（亚甲蓝 1g，酒精 10ml，生理盐水 90ml），牛、羊按每千克体重 0.4～0.8ml，静脉注射。也可用 5% 甲苯胺蓝注射液，牛、羊按每千克体重 0.1ml，静脉注射、肌肉注射或腹腔注射。大剂量的 5% 维生素 C 溶液，对于亚硝酸盐中毒疗效也很确实，牛的剂量 3～5g，肌肉注射或静脉注射，但不及美蓝疗效迅速。高渗葡萄糖能促进高铁血红蛋白的转化过程，故能增强治疗效果。

此外，可根据病情进行输液、使用强心剂和呼吸中枢兴奋剂等。

三、预防

青绿饲料应摊开存放，以免产生亚硝酸盐。在饲喂含硝酸盐多的饲料时，最好鲜喂并限制饲喂量。如需蒸煮，应加火迅速烧开，开盖、不断搅拌，不能焖在锅内过夜。

【知识拓展】

一、病因

亚硝酸盐的产生，主要取决于饲料中硝酸盐的含量和硝酸盐还原菌的活力。富含硝酸盐的饲料包括甜菜、萝卜、马铃薯等块茎、块根类；白菜、油菜等叶菜类；各种牧草、野菜、农作物的秧苗和秸秆，特别是燕麦秆等。这些饲料调制不当，如蒸煮不透，或小火焖煮时间过长，或在40～60℃闷放5h以上，或腐烂发酵，均有利于饲料中所含的硝酸盐还原为剧毒的亚硝酸盐。

二、发病机制

亚硝酸盐被动物吸收后使血液中的二价铁血红蛋白氧化成三价铁血红蛋白，从而使血红蛋白失去正常的携氧功能，使组织缺氧，造成全身组织特别是脑组织的急性损害。另外，亚硝酸盐具有扩张血管作用，可使外周循环衰竭，使组织缺氧更加严重，出现呼吸困难，神经功能紊乱，最后导致中枢神经麻痹和窒息死亡。

任务四　菜籽渣中毒

【任务简介】菜籽渣中毒是由于菜籽或菜籽渣不经过处理或处理不当引起的一种中毒性疾病。

【任务要求】掌握菜籽渣中毒的诊断技术及防治措施。

【工作任务】

一、诊断

主要依饲喂菜籽渣的发病史、临床症状及病理变化，可获得初步诊断。确切的诊断可根据动物饲喂试验结果来判定。

病牛表现为精神沉郁，食欲减退，流涎，可视黏膜发绀，肢蹄末端发凉，站立不稳，瘤胃蠕动减弱和腹痛，便秘或腹泻，粪便中混有血液。呼吸困难，常呈腹式呼吸，痉挛性咳嗽，鼻孔流出粉红色泡沫状液体。尿频，血红蛋白尿，尿落地时可溅起多量泡沫。有时呈现神经症状，出现狂燥不安和长期视觉障碍。中毒严重病例，全身衰弱，体温降低，心脏衰弱，最后虚脱而死。

犊牛在采食后3h即可出现中毒症状，表现兴奋不安，继而四肢痉挛、麻痹，经6h后站立不稳，体温由39℃升至40℃，心率加快，可达110次/min，一般经10h左右死亡。

胃肠黏膜出血，并混有少量凝血块，胃内容物可检出消化不全的菜籽渣。心内膜、心外膜出血，肾脏出血，肝脏肿大、混浊、坏死，肺气肿和肺水肿，血液凝固不良呈暗褐色。犊牛腹腔内积有多量黄绿色液体，心包液增多，瘤胃、网胃角质层易脱落，皱胃呈斑块状出血。

二、治疗

本病无特效解毒剂。发现中毒后应立即停喂菜籽渣，并喂给胃肠黏膜保护剂和轻泻剂，可选用滑石粉500g、人工盐150g，水服。中毒的初期可用2%鞣酸溶液洗胃或内服，并注射10%安钠咖注射液以及葡萄糖注射液等制剂。为减少毒物的吸收与缓解刺激，可内服适量牛奶、蛋清、豆浆、淀粉浆等。

三、预防

应选择新鲜菜籽渣作饲料，在饲喂前进行无毒处理，并限制用量，一般不应超过饲料总量的20%。去毒法主要有：

1. 坑埋法 选向阳干燥地方，挖一宽0.8m，深0.7m，长度视菜籽渣的数量而定的长方形沟，下铺稻草，将菜籽渣倒入沟内，上盖干草，再盖一尺厚的土，放置两个月后即可饲喂家畜。去毒效果达70%~98%。

2. 发酵中和法 将菜籽渣经发酵处理，可中和其有毒成分，本法约可去毒90%以上。

3. 蒸煮法 将菜籽渣用温水浸泡1昼夜，再充分蒸或煮1h以上，芥籽苷、芥籽酶可被高温破坏，芥籽油可随蒸汽蒸发。

【知识拓展】

一、病因

菜籽有多种品系，如油菜、芥菜等，其种子榨油后的菜籽渣含蛋白质32%~39%，是家畜蛋白质含量高、营养丰富的饲料，可作为蛋白质饲料的重要来源。其主要有毒成分是芥籽苷（又称硫葡萄糖苷），其本身无毒，但在处理过程中，芥籽苷与芥籽酶经催化水解作用后，可产生有毒的异硫氰酸丙烯酯或丙烯基芥籽油和噁唑烷硫酮。此外菜籽渣还含有芥籽酸、单宁、毒蛋白等有毒成分。甘兰型品种含噁唑烷硫酮较高，白菜型品种两种毒素的含量均较低。

二、发病机制

动物采食菜籽渣后，异硫氰酸丙烯酯及噁唑烷硫酮对消化道黏膜具有刺激作用，可引起严重的胃肠炎，吸收后主要作用于甲状腺，促进甲状腺过度分泌，导致甲状腺肿大，还可引起微血管壁扩张，量多时使血容量下降和心率减少，并伴有肝、肾损害。

任务五 马铃薯中毒

【任务简介】马铃薯，俗称地蛋、洋芋或土豆。冬末春初季节由于青绿饲料缺乏，有些农户将腐烂或发芽的马铃薯喂牛、羊，导致动物中毒。

【任务要求】掌握马铃薯中毒的发病特点、诊断技术及防治措施。

【工作任务】

一、诊断

根据动物是否吃过发芽的马铃薯饲料，并依据临床症状和剖检变化，即可作出初步诊断，确诊需要进行实验室诊断。

动物多于采食马铃薯1～3d后出现中毒症状，表现为神经系统及消化道系统功能紊乱，由于中毒程度不同，其临床症状有所不同。

1. 重度中毒　患畜呈现出明显的神经症状，狂暴不安，横冲直撞，食欲废绝，口吐白沫，嚎叫、呕吐，肠鸣腹泻，继而转为沉郁，后躯无力，步态摇晃，运动障碍，可视黏膜发绀，呼吸无力，心脏衰弱，瞳孔散大，全身痉挛，1～2d内死亡。

2. 轻度中毒　多呈慢性经过，病畜呈现明显的胃肠炎症状。病初患畜精神萎靡，垂头呆立或钻入垫草中，食欲减少。牛可见瘤胃蠕动微弱，反刍废绝。口腔黏膜肿胀，流涎，呕吐，便秘；当胃肠炎重剧时，出现剧烈腹泻，粪便中混有血液；患畜精神沉郁，肌肉弛缓，极度衰弱，体温时有升高，肛门、尾根、腹下、四肢内侧和乳房等部位发生皮疹(马铃薯性斑疹)，眼部及口角周围发生水泡性皮炎。

病畜口、鼻腔内有灰白色黏液；胸腔有红色积水；腹腔积有多量红色渗出液体；胃肠黏膜潮红、充血，上皮细胞脱落；肠系膜淋巴结肿大；气管内有白色泡沫，肺充血水肿；胆囊肿大有出血点；肝脏肿大淤血；肾脏轻度肿胀，切面呈淡红色。

将剩余的马铃薯发芽部位切开，滴加硝酸溶液，如立即呈现玫瑰红色，即证明含有大量的毒素；或取胃内容物少许，进行马铃薯毒素分析，可检测出其中龙葵素的含量较高。

二、治疗

立即停喂马铃薯，更换易消化的优质饲料。

1. 清除胃肠道有毒物质　用0.5%高锰酸钾溶液或5%鞣酸溶液3 000~5 000ml洗胃或灌肠。

2. 改善血液循环，加强解毒功能　牛可用10%苯甲酸钠咖啡因10ml、维生素C10ml、2.5%盐酸氯丙嗪10ml、5%硫酸镁20ml、10%葡萄糖500ml，混合一次静脉注射，每日1～2次。其他动物酌减。

3. 中药治疗　灌服绿豆解毒汤，取绿豆30g，生地20g，花粉20g，葛根20g，元参20g，薄荷15g，黄连15g，麦冬15g，芍药15g，野菊花15g，甘草20g，上药混合，煎汤取汁，有饮欲的患畜让其自饮，无饮欲可人工灌服。

也可用生蜂蜜水、鸡蛋清灌服，轻度中毒亦能到收到良好的疗效。还可用菜油250ml、蜂蜜250ml混合1次灌服。亦可用绿豆300g、甘草30g混合水煎1次灌服。

4. 动物马铃薯性斑疹处理　患部先剪去被毛，用20%鞣酸溶液或3%硼酸溶液洗涤，然后涂布3%龙胆紫或3%硝酸银溶液等，以消炎、收敛和制止渗出。

三、预防

1. 防止饲喂生芽变绿的马铃薯。马铃薯应放置在干燥、凉爽、无阳光照射的地方以防生芽变绿。如已生芽变绿喂前则应去除嫩芽及发绿及其周围部分，再蒸煮，使其毒性降低。腐烂变质的马铃薯绝对不能用来饲喂，并要做好废弃处理工作，以防被动物误食。

2. 用马铃薯的茎、叶或花饲喂时，应与其他青绿饲料混合青贮发酵后，再行饲喂；或用猛火煮，待其毒素含量降低后再饲喂。

【知识拓展】

一、病因

动物长期、过量采食发芽的或颜色变绿的马铃薯而发生中毒。

二、发病机制

马铃薯中含有马铃薯素（又名龙葵素），正常、成熟的马铃薯中龙葵素的含量很少，不致引起中毒。当贮存不当或时间过长而引起变青、发芽或变质时，则马铃薯素、龙葵碱、硝酸盐（可转化为亚硝酸盐）、腐败毒等有毒物质急剧增多，动物采食后便引起中毒。此外，饲喂开花至结果时期的马铃薯茎叶，也易中毒。霉坏腐烂、发芽变质的马铃薯被动物食后，在胃肠道被黏膜吸收，作用于中枢神经系统（延脑和脊髓），使感觉神经和运动神经末稍发生麻痹，造成神经系统和消化系统功能紊乱，马铃薯素被吸收入血后，发生溶血。

任务六　黑斑病甘薯中毒

【任务简介】黑斑病甘薯中毒俗称喘病，其特征为急性肺水肿与肺泡气肿，严重呼吸困难以及后期皮下气肿。本病多发生于黄牛、水牛及奶牛，羊次之。

【任务要求】掌握黑斑病甘薯中毒的发病特点、诊断技术及防治措施。

【工作任务】

一、诊断

依据高度呼吸困难和皮下气肿的临床特征；肺高度膨胀，多数肺泡破裂并融合成大的空腔，间质有大小不等成串的气泡，支气管内积有大量泡沫等剖检特征；结合病史，不难确定。

牛发生中毒时，多突然发病。表现为精神沉郁、食欲减退，呈轻度前胃弛缓症状，继而食欲废绝，反刍停止，瘤胃蠕动减弱，内容物黏硬，肠音减弱，粪便硬固色暗，并附有黏液乃至血液，亦有不少发生腹泻的。整个病程体温始终不高。

本病特别明显的症状是呼吸困难。病初，病牛呼吸浅表而疾速，可达 80～100 次/min，以后呼吸次数逐渐减少，但呼吸运动加深，鼻翼煽动，胸腹起伏，头颈伸张，呻吟，长时间呆立，不愿卧下，甚至张口大喘，此时在较远处即可听到如同拉风箱样的呼吸音，故俗称“牛喷气病”或“牛喘病”。听诊还可听到干啰音、湿啰音乃至爆裂性啰音。有大量泡沫状鼻液及唾液不断流出，眼球突出、瞳孔散大，呈现窒息状态。有些病牛，后期发生皮下气肿，由肩胛部开始，逐渐扩延到颈部、肘部、背部乃至全身。急性病例发病突然，迅速出现极度的呼吸困难，并于病后24h内外，因窒息而死。本病除少数急性病例外，病程可延续数日乃至1～2周。死亡率往往超过50%。

羊发生中毒时，精神沉郁，黏膜充血，食欲及反刍减退至停止，心功能减弱，节律不齐，脉搏增数可达90～150次/min以上。呼吸困难，病情重剧者多因窒息而死。

早期阶段其特征性病变为肺充血及肺水肿，多数情况下可见到间质性肺气肿，肺间质增宽、呈灰白色清亮透明，有时多处肺间质因充气而明显分离、扩大，甚至形成中空的大气腔。严重病例，在肺的表面还可见到大小不等的球状气囊，肺表面的胸膜脏层透明发亮。在胸膜壁层有时也可见到小气泡。

血液呈暗褐色，心外膜、胸膜、动脉外膜等处有出血斑点，心脏扩张，胃肠有卡他性炎症，肝脏浊肿，有时胰腺发生急性坏死。

二、防治

发现中毒立即停喂黑斑病甘薯，严格保持患畜安静。

1. 解毒及排除毒物　可使用0.1%高锰酸钾溶液1 000～3 000ml内服，或1∶500～1 000的过氧化氢溶液洗胃。内服盐类泻剂，可用滑石粉、硫酸镁各500g（牛），加水3 000ml一次内服。若呼吸困难时，不宜反复强制灌药，可使用5%～20%硫代硫酸钠注射液，牛100～200ml；羊20～50ml一次静注，并同时注射维生素C注射液20～40ml（牛）和10%～25%葡萄糖液注射液500～1 000ml，每日2～3次。

2. 对症治疗　心脏衰弱可使用强心剂。出现肺水肿时，用10%氯化钙注射液100ml静脉注射；如呼吸高度困难时，可用10%葡萄糖注射液1 000ml、加3%双氧水200～300ml静脉注射。呈现酸中毒时，用5%碳酸氢钠注射液500～1 000ml静脉注射。

【知识拓展】

病因　甘薯黑斑病的病原是一种霉菌，当霉菌侵入甘薯或表皮裂口，则甘薯表皮干枯、凹陷、坚实，出现圆形或不规则的暗黑色斑点，表面长有刚毛，甘臭、味苦。有毒物质为翁家酮、甘薯酮和翁家醇。若牛食入一定量的病薯或病薯酿酒后的酒糟即可发生中毒。

任务七　黄曲霉毒素中毒

【任务简介】黄曲霉毒素中毒病畜主要表现为肝脏受到损害，肝功能障碍，肝细胞变性、坏死，出血、增生等。

【任务要求】掌握黄曲霉毒素中毒的发病特点、诊断技术及防治措施。

【工作任务】

一、诊断

根据发病和饲料霉变情况，临床症状及病理剖检特征（贫血、出血以及肝硬变等），作出初步诊断。确诊需对可疑饲料或瘤胃内容物进行黄曲霉毒素的测定。

奶牛多取慢性经过，表现为厌食，消瘦，精神沉郁，耳部震颤、磨牙，一侧或两侧角膜浑浊；腹腔积液，间歇性腹泻，排出混有血凝块的稀粪，里急后重并脱肛。奶牛产乳量减少或停止，有的发生流产。少数病例呈现神经症状，突发转圈运动，最终多在昏迷状态下死亡。犊牛死亡率较高，可达100%。

病牛消瘦，可视黏膜苍白，肠炎，肝脏苍白、坚硬，表面有灰白色区，胆囊扩张，多数病例有腹水。组织学变化主要为肝中央静脉周围的肝细胞严重变性，被增生的结缔组织所代替。结缔组织将肝实质分开，同时小叶间结缔组织亦增生，并伸入到小叶内，将肝细胞分隔成小岛状，形成假小叶。更严重的病例，在细胞周围见到纤维化病变。

二、治疗

本病尚无特效疗法。当发现中毒后，立即停喂霉败饲料，改喂易于消化的青绿饲料，并加强护理，轻症病例可以得到恢复。

对重症病例，可用硫酸镁、滑石粉各500～700g（牛），加水3 000ml一次内服，以尽快排除胃肠道内的毒物。同时应用解毒保肝和止血药物，可用25%～50%葡萄糖注射液500～1 500ml，同时混合10%维生素C注射液20～40ml、氢化可的松0.3g，一次静脉注射。或用葡萄糖酸钙注射液静脉注射。心脏衰弱病例，可适当应用樟脑或咖啡因等强心剂以及采取其他对症治疗措施。

三、预防

关键是做好饲料的防霉工作。从收获到保存，勿使饲料遭受雨淋、堆积发热，以防止霉菌生长繁殖。对发霉的饲料，不得作饲料使用。仓库如被黄曲霉菌污染，可用福尔马林熏蒸（按每立方米空间用5%福尔马林溶液2.5ml，高锰酸钾2.5g，水12.5ml的剂量）或过氧乙酸喷雾（每立方米空间用5%过氧乙酸溶液2.5ml的剂量），以彻底消毒，消灭霉菌孢子。

【知识拓展】

一、病因

病原为黄曲霉毒素。本病的发生，是由于家畜进食了被黄曲霉毒素污染的花生、玉米、麦类、豆类、酒糟或其他农副产品。

二、发病机制

黄曲霉毒素是黄曲霉菌的代谢产物，已知黄曲霉毒素及其衍生物有20余种。其中以

黄曲霉毒素 B_1 致癌性最强。当黄曲霉毒素 B_1 进入机体后，在肝细胞内氧化酶的催化下，转变为环氧化黄曲霉毒素 B_1，再与核糖核酸、脱氧核糖核酸结合，并发生变异，使肝细胞转化为癌细胞。

任务八　氨化饲料中毒

【任务简介】 牛羊氨化饲料中毒的实质是尿素中毒或氨中毒。

【任务要求】 掌握牛羊氨化饲料中毒的诊断技术及防治措施。

【工作任务】

一、诊断

根据采食氨化料的病史及临床症状可作出初步诊断。通过血氨测定可确诊，当血氨浓度达 8.4～13mg/L 时即可出现症状，达 20mg/L 时出现神经症状，达 50mg/L 时可引起动物死亡。注意与有机磷中毒相区别，后者用阿托品和解磷定治疗有效，本病则不起作用。

临床上牛、羊中毒症状相似，可分为急性和慢性两种。

1. 急性型　一般情况下，动物大量采食尿素后 0.5h 左右即出现中毒症状。患牛精神痴呆、步态踉跄，很快转为不安、呻吟。食欲减退，反刍减少甚至停止，多伴有瘤胃膨气，口涎分泌增多并伴有大量泡沫，从口、鼻中流出，发病后期，患牛出冷汗，瞳孔散大，肛门松驰。严重中毒的患牛还表现呼吸困难、心跳加快、全身肌肉振震，运动失调，伴有前肢麻痹等，多在 1～2h 内窒息死亡。有的牛病程可达 1d 左右，且常发生后躯不完全麻痹。

2. 慢性型　患牛还表现出肺水肿、肾炎或尿道炎，以及代谢紊乱。症状为尿频、尿痛，从尿道排出脓性分泌物，公牛生殖器外露，呈水肿症状。

急性病例主要有肺部充血、水肿，气管内有大量泡沫状液体；慢性病例可见肾脏肿大，尿道黏膜充血、炎症。

二、治疗

一旦发现动物中毒，应立即停喂氨化饲料，并实施紧急治疗措施。取谷氨酸钠 100～200ml、10% 葡萄糖注射液 1 000～2 000ml，静脉滴注，可使血液中的氨转化为无毒的谷氨酰铵，随尿液排出体外。

1. 氨化饲料中毒　可配合使用食用醋 500～1 500ml、水 5～8 倍，一次灌服，可阻止余氨在瘤胃继续分解。同时灌服糖水，并服 1.5kg 生蛋清或 2.5kg 鲜牛奶，以增强解毒能力、保护胃肠黏膜。

慢性氨中毒的患牛，除采用上述药物治疗外，还需防止发生继发感染。如患牛经过治疗病情得以稳定，并处于恢复期，可内服健胃制剂，以利瘤胃内的微生物生态系得以恢复。

2. 尿素中毒 发现动物中毒后，立即灌服食醋或稀醋酸等弱酸溶液，如醋酸1 000ml，糖250～500g，常水1 000ml，或食醋500ml，加水1 000ml一次灌服。抑制痉挛，可静脉注射10%葡萄糖酸钙溶液200～400ml，或静脉注射10%硫代硫酸钠溶液100～200ml。消除胃中氨可用1%～3%的甲醛溶液100ml，缓慢灌服。同时应用强心、利尿、补液等疗法。

三、预防

1. 加强氨化饲料的质量管理 霉烂变质的秸秆决不能用作饲料，氨化质量好的秸秆为棕黄色，有糊香味，手摸质感柔软。如果填装不实或漏气，秸秆就会发霉，颜色发白，变灰，甚至发生霉烂，颜色发黑，发黏，结块，并有腐烂味。

2. 掌握氨贮时间 根据不同季节，严格掌握好氨化饲料的发酵成熟时间。一般20℃左右的温度要氨化25d后使用，冬季则要氨化40d后才能使用。采用尿素、碳酸氢铵作为氨源时，务必使其完全溶解于水中后方可使用，且发酵装池时应将氨源溶解液均匀地喷洒于饲草上。

3. 饲喂前放尽余氨 氨化饲料发酵成熟后，需开封散氨。一般晴天在10h以上，阴雨天在24h以上，且以散氨后氨化饲料仅略有氨味，不刺激眼、鼻，晾晒过干会降低营养价值。

4. 控制饲喂量 开始饲喂氨化秸秆时应少量，掺入未氨化秸秆，于3～5d内逐步增加到正常饲喂量（饲料量的40%～60%）。

5. 其他 氨化池、氨化饲料堆放地点应与牛的饲养房严格隔开，做到随用随取，并保证圈舍空气流通，避免牛吸入余氨过多而中毒。未断奶的犊牛瘤胃内的微生物尚未完全形成，采食氨化饲料极易引起中毒，怀孕后期的母牛须禁用。

【知识拓展】

一、病因

尿素是种植业广泛应用的一种速效肥料，它又可以作为牛、羊的蛋白质饲料，也可用于秸秆的氨化。用尿素喂牛，成年牛应控制在200～300g/d，且在饲喂时喂量应逐渐增加，否则易发生中毒。此外，将尿素溶于水中喂牛时，也易发生中毒。牛在饥饿、长期饲喂低蛋白料以及功能状态降低时，即使按正常量饲喂，也可能发生中毒。

二、发病机制

主要是氨化料中的余氨和氨化时添加过量的尿素所至致。

1. 氨毒 低浓度的氨对黏膜具有刺激作用，可致黏膜结构如结膜、角膜及上呼吸道黏膜发生充血、水肿、分泌物增多；高浓度的氨则可吸收组织水分，碱化脂肪，造成组织发生溶解性坏死；吸入高浓度的氨可引起肺充血、肺水肿；氨进入血液后，还可阻断柠檬酸循环，使糖元无氧酵解，导致血糖和乳酸增多，引起动物酸中毒，刺激三叉神经末梢，导致呼吸中枢抑制，引起呼吸衰竭。

2. 尿素毒 尿素分解过程中产生的氨甲酰胺具有很强的毒性，可引起动物强直性痉挛，甚至死亡。

模块二　化肥及农药中毒

任务一　有机磷农药中毒

【任务简介】有机磷农药中毒是由于有机磷化合物进入动物体内，抑制胆碱酯酶的活性，导致乙酰胆碱大量积聚，引起以流涎、腹泻和肌肉痉挛等为特征的中毒性疾病。有机磷农药种类较多，其中较常见的有剧毒类的甲拌磷、对硫磷、甲基对硫磷等；弱毒类的乐果、敌敌畏、杀螟松、敌百虫、马拉硫磷等。

【任务要求】掌握有机磷农药中毒的发病特点、诊断技术及防治措施。

【工作任务】

一、诊断

根据动物接触有机磷农药的病史，结合流涎、腹痛、腹泻、瞳孔缩小、肌肉震颤、呼吸困难等临床症状，胃内容物有蒜臭味、消化道黏膜充血、出血、脱落和溃疡等病理变化，血液胆碱酯酶活性降低等，可初步诊断。一般认为，全血胆碱酯酶活性为正常的50%~70%为轻度中毒，30%~50%为中度中毒，低于30%为重度中毒；但血液胆碱酯酶的活性与中毒的程度并不一定相关，影响中毒的关键是酶活性降低的速度。血、胃内容物、可疑饲料和饮水等样品有机磷化合物的定性或定量分析，可为诊断提供依据。另外，通过阿托品和解磷定进行的治疗试验，可验证诊断。

有机磷农药的安全范围很窄，急性中毒发生于口服或吸入农药10min至2h内，且病情发展迅速。经体表吸收者则有较长时间的潜伏期，病情较轻且缓慢。中毒症状因有机磷制剂的种类、毒性、摄入量及动物品种、年龄等不同而有一定差异。临床上，有机磷中毒的症状表现主要有以下三种：

1. 毒蕈碱样症状　是乙酰胆碱作用于胆碱能神经节后纤维所支配的器官组织（心脏、血管、平滑肌、腺体等，即M受体分布的内脏组织）所呈现的内脏效应，其作用与毒蕈碱相似，表现为心跳减慢、呕吐、腹泻、支气管腺体分泌增加、呼吸困难、大量流涎、瞳孔缩小等。

2. 烟碱样症状　是乙酰胆碱作用于植物神经节、肾上腺髓质、骨骼肌（即N受体分布之处）时所呈现的骨骼肌效应，其作用与烟碱相似，即小剂量时对这些器官组织起兴奋作用，发生肌肉震颤甚至痉挛，大剂量时发生抑制作用，如中毒晚期的肌麻痹和呼吸窒息等。

3. 神经症状 乙酰胆碱在脑内大量积聚，使中枢神经细胞之间的兴奋传递发生障碍，造成中枢神经系统的机能紊乱，表现为先兴奋不安、体温升高，后抑制、昏睡、惊厥或昏迷等神经症状。

牛、羊中毒主要以毒蕈碱样症状为主。表现不安，流涎，鼻液增多，反刍停止，粪便往往带血，并逐渐变稀，甚至出现水泻。肌肉痉挛，眼球震颤，结膜发绀，瞳孔缩小，不时磨牙，呻吟。呼吸困难或迫促，听诊肺部有广泛湿啰音。心跳加快，脉搏增数，肢端发凉。最后因呼吸肌麻痹而窒息死亡。怀孕牛流产。

最急性中毒在10h内死亡者，尸体剖检一般无肉眼和组织学病变，经消化道中毒者，胃肠内容物呈蒜臭味，同时消化道黏膜充血。中毒后较长时间死亡的病例，胃肠黏膜大片充血，肿胀或出血，有的糜烂和溃疡，黏膜极易剥脱。肝脏肿大，淤血，胆囊充盈。肾肿大，切面紫红色，层次不清晰。心脏有小出血点，内膜可见有不整形白斑。肺充血、水肿，气管、支气管内充满泡沫状黏液，有卡他性炎症。全身浆膜均有广泛性出血点、斑。脑和脑膜充血、水肿。

二、治疗

病畜应立即停止饲喂可疑饲料和饮水，迅速脱离被农药污染的环境，并积极采取以下抢救措施。

1. 清除毒物和防止毒物继续吸收

（1）清洗皮肤和被毛 如果是经皮肤用药或受农药污染体表时，可用微温水或凉水、淡中性肥皂水清洗局部或全身皮肤，但不能刷拭皮肤。

（2）洗胃 如果经口接触，中毒时间在2h内，可用此法。硫特普、敌百虫中毒可用1%醋酸或食醋等酸性溶液洗胃，其他有机磷除对硫磷禁用高锰酸钾外，均可用2%的碳酸氢钠、0.2%～0.5%高锰酸钾或生理盐水、1%过氧化氢溶液洗胃。

（3）缓泻与吸附 可灌服硫酸镁、硫酸钠或人工盐等盐类泻剂轻泻胃肠内容物，用量以150～250g为宜。灌服活性炭（3～6mg/kg体重）可吸附有机磷，并促进其从粪便中排出，由于动物从瘤胃内容物中可持续吸收有机磷，因此活性炭对反刍动物效果甚佳。注意禁用油类泻剂，其可加速有机磷溶解而被肠道吸收。

2. 特效解毒剂 特效解毒剂有生理颉颃剂和胆碱酯酶复活剂两类，二者常配合使用。

（1）生理颉颃剂 抗胆碱药阿托品可与乙酰胆碱竞争胆碱能神经节后纤维所支配的器官组织受体，阻断乙酰胆碱和M型受体相结合，故可颉颃乙酰胆碱的毒蕈碱样作用，从而解除支气管平滑肌痉挛，抑制支气管腺体分泌，保证呼吸道畅通，防止肺水肿发生。其次，对中枢神经系统也有治疗效果。但对烟碱样症状和恢复胆碱酯酶活力没有作用。

硫酸阿托品的常用解毒剂量为，牛首次0.1～0.5mg/kg体重，羊一次总量5～10mg，首次静脉注射，经30min后未出现瞳孔散大、口干、皮肤干燥、心率加快、肺湿啰音消失等“阿托品化”表现时，应重复用药，给药途径可改为皮下注射或肌肉注射，直至出现明显的“阿托品化”为止，后减少用药次数和剂量，以巩固疗效。在治疗过程中，如出现瞳孔散大、神志模糊、烦躁不安、抽搐、昏迷和尿潴留等，提示阿托品中毒，应立即停药。

（2）胆碱酯酶复活剂 肟类化合物能使被抑制的胆碱酯酶复活。兽医临床上常用的肟类化合物制剂有解磷定、氯磷定、双复磷和双解磷等。胆碱酯酶复活剂对解除烟碱样症状较为明显，但对各种有机磷农药中毒的疗效并不完全相同。解磷定和氯磷定对内吸磷、对硫磷、甲胺磷、甲拌磷等中毒的疗效好，对敌百虫、敌敌畏等中毒疗效差，对乐果和马拉硫磷中毒疗效可疑。双复磷对敌敌畏和敌百虫中毒效果较解磷定好。胆碱酯酶复活剂对已老化的胆碱酯酶无复活作用，因此对慢性胆碱酯酶抑制的疗效不理想。

解磷定 20 ~ 50mg/kg 体重，溶于葡萄糖溶液或生理盐水 100ml 中，静脉注射或皮下注射或注入腹腔。对于严重的中毒病例，应适当加大剂量，给药次数同阿托品。解磷定在碱性溶液中易水解成剧毒的氰化物，故忌与碱性药剂配伍使用。解磷定对内吸磷、对硫磷、甲基内吸磷等大部分有机磷农药中毒的解毒效果确实，但对敌百虫、乐果、敌敌畏、马拉硫磷等小部分制剂的作用则较差。

氯磷定可作肌肉注射或静脉注射，剂量同解磷定。氯磷定的毒性小于解磷定，对乐果中毒的疗效较差，且对敌百虫、敌敌畏、对硫磷、内吸磷等中毒经 48 ~ 72h 的病例无效。

双复磷的作用强而持久，能通过血脑屏障对中枢神经系统症状有明显的缓解作用（具有阿托品样作用）。对有机磷农药中毒引起的烟碱样症状、毒蕈碱样症状及中枢神经系统症状均有效。对急性内吸磷、对硫磷、甲拌磷、敌敌畏中毒的疗效良好；但对慢性中毒效果不佳。剂量为 40 ~ 60mg/kg 体重。因双复磷水溶性较高，可供皮下、肌肉或静脉注射用。

3. 对症治疗

（1）输液疗法　常用高渗葡萄糖溶液和维生素 C 静脉注射，可加强肝脏解毒机能和改善肺水肿状况。

（2）镇静解痉　当病畜狂暴不安、痉挛抽搐时，应用苯巴比妥类镇静解痉药物，但禁用吗啡、氯丙嗪等安定药，因前者可造成呼吸麻痹，而后者会加重胆碱酯酶的抑制。

（3）强心和兴奋呼吸　为了维护心脏功能和防治呼吸困难，应用 10% 安钠咖注射液、25% 尼可刹米、樟脑磺酸钠，但禁用洋地黄、肾上腺素。

（4）防治肺水肿　若出现肺水肿症状，可应用地塞米松等肾上腺皮质激素治疗，亦可用高渗葡萄糖、山梨醇或甘露醇溶液等。

三、预防

严格按照有机磷农药说明的操作规程使用，不能任意加大浓度，以免增加人和动物中毒的危险性。农药要妥善保管，以免混入饲料。喷洒过有机磷农药的农田或牧草，应设立明显的标志，7d 内禁止动物采食。加强农药厂废水的处理和综合利用，对环境进行定期检测，以便有效地控制有机磷化合物对环境的污染。

【知识拓展】

一、病因

有机磷化合物主要用于农作物杀虫剂、环卫灭蝇、动物驱虫及灭鼠，在保管不当、应用不慎或造成环境、饲料及水源污染时，易引起动物中毒。常见的原因有：

1. 动物饲养管理粗放　动物采食、误食或偷食喷洒过农药不久的农作物、牧草等，或误食拌、浸有农药的种子。

2. 环境污染 如在农药运输过程和保管中，包装破损漏出农药而污染地面，甚或污染饲料和饮水。在同一库房贮存农药和饲料，或在饲料库中配制农药或拌种，造成农药污染饲料。农业、林业及环境卫生防疫工作中喷雾或农药厂生产的有机磷杀虫剂废气可污染局部或较远距离的环境空气，动物吸入挥发的气体或雾滴可致中毒。

3. 作为兽药用量过大 有些有机磷化合物防治动物疾病引起中毒，如滥用或过量应用敌百虫、乐果、敌敌畏等治疗皮肤病和内外寄生虫病而引起中毒。

4. 蓄意投毒 蓄意投毒虽不常发生，但后果严重，应提高警惕。

二、发病机制

有机磷农药主要经胃肠道、呼吸道、皮肤和黏膜吸收，吸收后迅速分布于全身各脏器，其中以肝脏浓度最高，其次是肾脏、肺脏、脾脏等，肌肉和大脑最低。有机磷进入体内后，可抑制多种酶的活性，但毒性主要表现在抑制胆碱酯酶的活性。乙酰胆碱为中枢神经细胞突触间及胆碱能神经的化学传导物质，在正常条件下，其在神经冲动时释放出来并在完成传导功能后，受胆碱酯酶作用被分解而不至于积聚。有机磷中毒时，进入体内的有机磷化合物与乙酰胆碱酯酶的酯解部位结合，形成比较稳定的磷酰化胆碱酯酶，失去分解乙酰胆碱的能力，导致内源性乙酰胆碱积聚，强烈、长时间地作用于胆碱受体，引起胆碱能神经传导功能紊乱，导致先兴奋后衰竭的一些列毒蕈碱样、烟碱样和中枢神经系统等症状。

三、全血胆碱酯酶活力纸片测定法

1. 原理 在正常情况下，纸片中的乙酰胆碱受血内胆碱酯酶的作用，水解成乙酸和胆碱，由于乙酸的生成，使纸片中的酸碱指示剂溴麝香草酚蓝（简称 BTB）的颜色发生改变（在碱性溶液中显蓝色，在酸性溶液中显黄色）。当血液滴在纸片上，血斑先显蓝色，以后逐渐由蓝变红。这是因为血液 pH 值在 7.4 左右，指示剂逐渐变黄，而被血液的红色所掩盖，因此观察为红色。若胆碱酯酶活力下降，产生醋酸减少，则依次显现红紫、紫红、紫色、深紫色、乃至蓝色。因此，根据试纸颜色变化就可判断胆碱酯酶活力的高低。

2. 纸片制备法 称取溴麝香草酚蓝 0.14g，溴化乙酰胆碱 0.23g，加无水酒精 20ml，再加 0.4mol/L 氢氧化钠溶液 0.57ml，把 pH 值调整到 8.0 左右。将滤纸切成 2～10cm 大小，浸入上述溶液内，待浸透后，取出晾干，装瓶内备用，应防潮、防晒、防酸碱。

3. 操作方法 将上述纸片剪成边长为 1～1.2cm 的小方块，放在干净载玻片上，采取病畜耳尖血或静脉血一小滴，滴于纸片的中央，血斑大小以直径 0.6～0.8cm 为宜，立即盖上另一块玻片，用橡皮筋绑紧，防止干燥。将玻片夹在腋下，或在 35℃ 以上的温度内放置 20min 后，观察血的颜色。根据试纸的颜色变化，判定胆碱酯酶活力的高低。红色、红紫：酶活力为正常的 100%～80%；紫红、紫色：酶活力为正常的 60%～40%；深紫、蓝色：酶活力为正常的 20%。

任务二 有机氯农药中毒

【任务简介】有机氯农药中毒是指有机氯农药进入动物机体所引起的以神经机能紊乱

为主要特征的中毒性疾病，临床上以敏感性增高、兴奋不安、肌肉震颤、衰弱、流涎、呕吐等为特征。有机氯农药是某些氯化烃类化合物的总称，广泛应用于防治农林及环境害虫。有机氯农药一般分为两大类，一类为以苯为合成原料的氯化苯类，如 DDT、六六六、林丹等；另一类是以石油裂解产物为基本原料的氯化酯环类，如氯丹、七氯、狄氏剂、异狄氏剂、艾氏剂、异艾氏剂、毒杀芬等。

【任务要求】掌握有机氯农药中毒的诊断技术及防治措施。

【工作任务】

一、诊断

主要依据接触有机氯农药的病史，结合以中枢神经系统机能紊乱为主的症状，可初步诊断。确诊应对动物血液、胃肠内容物、组织（肝脏、肾脏和脂肪）、乳汁以及可疑饲料、饮水等样品进行毒物分析，以确定有机氯毒物的存在及含量。应重点检测动物脂肪组织中有机氯的含量，其残留与脂肪含量成正比。有人认为脑组织中有机氯残留的检测对诊断意义更大。

有机氯农药中毒以神经系统、胃肠道和皮肤症状为主。

1. 急性中毒　发生于摄入有机氯制剂后数分钟到 24h 以内，主要表现神经症状。初期食欲下降或废绝，呕吐，流涎，腹泻，腹痛；对外界刺激敏感性升高，反射活动增强，兴奋不安，常无目地徘徊，惊叫；触摸皮肤或声音刺激，动物惊恐，呼吸加快，可诱发痉挛；肌肉震颤，因咬肌阵挛而不断嗑齿，眨眼；四肢抽搐或阵发性全身痉挛，一旦发作多突然摔倒在地，呈后弓反张，四肢乱蹬如游泳状。痉挛可反复发作，其间歇期越短，则表示病情越重，或已到病的后期。有的体温略升高，但大多数无体温变化；后期陷入昏迷、麻痹状态。发作频繁的则病期较短，可于 1～2d 死亡。

2. 慢性中毒　主要为头部、颈部肌肉震颤，震颤逐渐扩大到全身的大部分肌肉，且强度增加，运动失调。慢性胃肠卡他，且齿龈及硬腭肥厚，口黏膜出现糜烂。随着病情的发展，肌肉震颤更为频繁，严重时也表现有惊厥。大多数病期长达 10d 左右，有的转为急性，最后出现抑郁，麻痹，终因呼吸衰竭而死亡，多数可以恢复。

牛急性中毒表现大声吼叫，呻吟，反刍停止，前胃弛缓，腹泻，因呼吸困难而死亡。慢性病例则食欲减退，进行性消瘦，产奶量下降。

1. 急性中毒　病变不明显，仅有内脏器官的淤血、出血和水肿，全身小点出血，心外膜有淤血斑，心肌与肠管苍白。口服中毒有出血性、卡他性胃肠炎变化。经皮肤染毒的还伴发鼻镜溃疡，角膜炎，皮肤溃烂、增厚或硬结。

2. 慢性中毒　病变比较明显，主要表现皮下组织和全身各器官组织黄染，体表淋巴结水肿；肝肿大，肝小叶中心坏死，胆囊肿大；脾脏肿大约 2～3 倍，呈暗红色；肾脏肿大，被膜难以剥离，皮质部出血；肺脏淤血、水肿和气肿。

检测方法可用亚铁氰化银试纸法进行定性检测，方法是取样品适量，用乙醇提取，分离挥发至 0.5ml 左右，移入小试管中，加入黄豆大碳酸钠 1～2 小勺，水浴蒸发溶剂后灼烧残渣至试管底部变红冷却。将亚铁氰化银试纸剪成下端尖形小纸条，悬于橡皮塞下，并用0.1%硫酸铁溶液湿润。向试管残渣中小心滴入浓硫酸2～3滴，迅速塞上橡皮塞。垂直放在水浴上加热5min。如试纸条变为蓝色则为阳性。

二、治疗

本病无特效解毒剂，主要采取一般的急救处理和对症治疗。

1. 一般急救 急性中毒应尽快采取切断毒源、阻止吸收和促进毒物排出等措施。可用1%～5%碳酸氢钠溶液洗胃，并用盐类泻剂缓泻（严禁油类泻剂），活性炭有效地防止该类化合物在胃肠道的吸收。体表接触毒物的动物，应用清洁剂和大量冷水冲洗，最好用碱水如碳酸氢钠、碳酸钠溶液或肥皂水，但不能刷拭皮肤。慢性中毒的可以在饲料中加活性炭，促进毒物排泄。

2. 对症治疗 缓解兴奋常用苯妥英钠、苯巴比妥钠，以4mg/kg体重肌肉注射；或用氯丙嗪1～2mg/kg体重，肌肉注射，并采取强心、利尿、补液、补糖、保肝等措施。应注意六六六、DDT等可提高心肌对肾上腺素的敏感性，不能用肾上腺素来强心，以免引起心室颤动。

三、预防

严格执行国家有关农药生产和使用的规定，严禁使用高残留的有机氯农药。加强有机氯农药安全运输和保管，避免直接在畜舍或对畜体使用有机氯农药。农药喷洒过的蔬菜、农作物、牧草在30～45d内禁止饲喂动物。

【知识拓展】

一、病因

1. 农药的运输、贮存、保管和使用不当 不按规定或不合理地贮存、运输或使用有机氯农药，如农药污染饲草、饲料和饮水，误食拌过农药的种子，采食喷洒过农药且未超过安全期的农作物和牧草等。

2. 治疗不当 在治疗体外寄生虫时，体表涂药面积过大，经皮肤吸收或被动物舔食而中毒。

3. 其他 有时动物摄入通过食物链生物聚集和生物放大的食物（如浮游生物、鱼、鸟等），也可造成中毒；偶尔见于人为投毒。

二、发病机制

有机氯是一类脂溶性、接触性毒物，可经呼吸道、消化道、皮肤进入体内，溶于有机溶剂或油类中，或与富含脂肪的饲料同食，更易吸收而毒性剧增，如DDT油剂的毒性约为水剂的10倍。有机氯被吸收后主要蓄积于脂肪组织中，当在体内蓄积达到一定量时，会损害中枢神经、肝脏、甲状腺等，从而引起中毒。

进入血液循环中的有机氯分子可与基质中氧活性原子作用而发生去氯的链式反应，产生不稳定的含氧化合物，然后缓慢分解形成新的活化中心（阴离子自由基），强烈作用于周围组织，引起严重的退行性变化，例如组织变性、坏死。它主要损害富含脂肪的神经系统、肝、肾及心脏，对神经系统毒害作用的主要部位为大脑运动中枢及小脑，使其兴奋性增高，甚至引起惊厥，同时伴有大脑皮质及植物神经功能紊乱，亦可累及脊髓神经。对肝、肾、心脏等器官，则可促使发生营养不良性病变。

也有人认为有机氯农药可以抑制 Na^+-K^+-ATP 酶活性，影响 Na－K 泵的供能和细胞膜去极化作用，使 Na^+ 外流和 K^+ 内流抑制。在神经系统，使神经细胞丧失极化和去极化过程，导致神经细胞刺激阈值下降，神经末梢始终处于兴奋状态，表现为肌肉震颤。

另外，有机氯农药对皮肤、黏膜也有刺激作用，可引起皮肤炎症、增生。有机氯还具有致癌、致畸和致突变的作用，并可影响机体的内分泌功能，改变性激素及肾上腺皮质激素的代谢，对动物生殖系统功能和发育造成影响。

任务三　有机氟中毒

【任务简介】 有机氟中毒是指误食氟乙酰胺、氟乙酸钠等有机氟杀鼠药引起的中毒。临床上以发生呼吸困难、口吐白沫、兴奋不安为特征。

【任务要求】 掌握有机氟中毒的发病特点、诊断技术及防治措施。

【工作任务】

一、诊断

根据病畜体温偏低、发病急、症状和剖检变化等特点，以及市场有鼠药出售和使用鼠药灭鼠的事实，可初步诊断。确诊需测定血液柠檬酸含量和可疑样品的毒物分析。血液生化测定，主要测定血液中氟、柠檬酸和血糖含量。有机氟化合物中毒时血糖、氟和柠檬酸含量明显升高。毒物分析，取可疑饲料、饮水、呕吐物或胃内容物进行有机氟化合物的定性和定量分析，阳性结果为确诊提供依据。

有机氟化物进入机体后，经一定的潜伏期才出现临床症状。动物一旦出现症状，病情发展很快。临床上主要表现中枢神经系统和心血管系统损害的症状。牛、羊主要表现心血管症状，有急性与慢性两种。

1. 急性型　又称为突然发病型，无前驱症状，摄入农药后 9～18h 内，突然倒地，剧烈抽搐，惊厥或角弓反张，迅速死亡。有的病例虽可暂时恢复，但心动过速，心律不齐，卧地颤抖，迅速复发，口吐白沫死亡。

2. 慢性型　又称潜伏发病型，一般在摄入毒物 5～7d 后发病，初期食欲不振，反刍停止，离群或单独倚墙而立或卧地，肘肌震颤，有时轻微腹痛，个别病畜排恶臭稀粪，心率加快，节律不齐，心房纤颤。有些病例在中毒次日，表现精神沉郁，食欲、反刍减少，约经 3～5d，因外界刺激或无明显外因而突然发作惊恐，全身震颤，吼叫，狂奔，呼吸急促，头颈伸直或屈曲于胸部，持续 3～6min 后逐渐缓解，但又可重复发作，往往在抽搐中，因呼吸抑制、循环衰竭而死亡，死前四肢痉挛，角弓反张，口吐白沫，瞳孔散大，呻吟。在整个病程中，体温正常或偏低。

一般情况下尸僵迅速，心脏扩张、心肌变性、心内、外膜有出血斑点，脑膜充血、出血，肝、肾淤血、肿大，卡他性和出血性胃肠炎。

二、治疗

对病畜应及时采取清除毒物和应用特效解毒药相结合的治疗方法。

1. 清除毒物 及时通过催吐、洗胃、缓泻以减少毒物的吸收。犬、猫和猪使用硫酸铜催吐，牛可用0.05%～0.1%高锰酸钾洗胃，再灌服蛋清，最后用硫酸镁导泻。经皮肤染毒者，尽快用温水彻底清洗。

2. 特效解毒 解氟灵（50%乙酰胺），按0.1～0.3g/kg体重的剂量，肌肉注射，首次用量加倍，每隔4h注射1次。直到抽搐现象消失为止，可重复用药。乙二醇乙酸酯又名醋精，100ml溶于500ml水中口服，也可按0.125ml/kg体重肌肉注射。95%酒精100～200ml，加适量常水，1次/d口服，或用5%乙醇和5%醋酸，按2ml/kg体重口服。

3. 对症治疗 解除肌肉痉挛，有机氟中毒常出现血钙降低，故用葡萄糖酸钙或柠檬酸钙静脉注射。镇静用巴比妥、水合氯醛口服或氯丙嗪肌肉注射。兴奋呼吸可用山梗菜碱（洛贝林）、尼可刹米、可拉明解除呼吸抑制。所有中毒动物均给予静脉补液，以10%葡萄糖为主，另加维生素B_1 0.025g，辅酶A200U，ATP 40mg，维生素C 3～5g，1次静脉滴注。昏迷抽搐的患犬常规应用20%甘露醇以控制脑水肿。肌肉注射地塞米松2～10mg/只，以防感染。较为严重的动物可适量肌注硫酸镁0.5～1g，同时静注50%葡萄糖适量，以强心利尿，促进毒物排除。

三、预防

严加管理剧毒有机氟农药的生产和经销、保管和使用。喷洒过有机氟化合物的农作物，从施药到收割期必须经60d以上的残毒排除时间，方可作饲料用，禁止饲喂刚喷洒过农药的植物叶、瓜果以及被污染的饲草饲料。有机氟化合物中毒死亡的动物尸体应该深埋，以防其他动物食入。对可疑中毒的家畜，暂停使役，加强饲养管理，同时普遍内服绿豆浆解毒。

【知识拓展】

一、病因

有机氟中毒，以畜禽误食（饮）被氟乙酰胺处理或污染了的植物、种子、饲料、毒饵、饮水而发生中毒者为多。

二、发病机制

各种有机氟化合物经过消化道、呼吸道或破损皮肤被机体吸收后，经由血液运送到全身，在组织液中各种有机氟化物先进行活化，形成具有毒性的氟乙酸，氟乙酸进入细胞后，因其与乙酸结构相似，可使三羧酸循环中断，造成柠檬酸在组织与血液中蓄积。这种作用发生于所有的细胞中，但以心、脑组织受害最为严重。而氟柠檬酸对中枢神经可能还有一定的直接刺激性毒害。

模块三 有毒植物中毒

任务一 疯草中毒

【任务简介】“疯草”是豆科黄芪属和棘豆类有毒植物的统称，目前被列为是世界范围内草原畜牧业危害最严重的毒草。疯草对动物均可引起以神经症状为主的慢性中毒。据不完全统计，我国现有疯草44种（其中黄芪属21种，棘豆属23种）。构成严重危害的有15种（其中黄芪属6种，棘豆属9种），主要分布于内蒙古、甘肃、青海、西藏、新疆、陕西、山西、宁夏、四川等省区。我国每年因疯草中毒所造成的直接及间接经济损失达约十几亿元。

【任务要求】掌握疯草中毒的发病特点、诊断技术及防治措施。

【工作任务】

一、诊断

根据动物采食风草地病史，结合典型的临床症状（采食疯草成瘾，明显的迟钝，步态蹒跚，运动失调，视力障碍），可作出初步诊断。发现各器官组织细胞，尤其是神经细胞的空泡变性等病理变化，可以作出诊断。血清α-甘露糖苷酶活性显著下降及尿中低聚糖含量增加，可作为辅助诊断指标。

疯草中毒通常是一个渐进的过程，动物在采食疯草的初期，上膘较快，体重稍有增加。一段时间之后，体重开始下降，继而出现精神沉郁，反应迟钝，被毛粗乱，以后又相继出现一些特征性神经疾病的相关症状：如头部震颤，目光呆滞，步态不稳，后肢拖地。严重时在颚下、喉等部位出现水肿，后肢麻痹，卧地不起，最后衰竭、贫血、水肿及心力衰弱，最后卧地不起而死亡。疯草中毒还会造成牧畜不孕、流产、死胎、早产、畸胎等症状。疯草中毒还能够导致雄畜精子活力下降。不同种类的牲畜，即使发生同一种疯草中毒，临床上也会表现出不同的症状；同种牲畜，因疯草的种类不同，中毒后临床症状也会有差异；即使是同种牲畜、同种疯草，也常常因疯草的物候期或生长地的不同，而异致出现不同的临床症状。绵羊多头部水平摆动、头后仰，牛多表现为徘徊转圈，站立时前肢交叉。

疯草毒素可以导致牲畜血清中碱性磷酸酶、天冬氨酸转氨酶、乳酸脱氢酶的水平、谷草转氨酶的活性升高，γ-谷氨酸转氨酶的水平、α-甘露糖苷酶的活性下降；血清中的Na^+、K^+、Cl^-水平升高，而铁的含量下降；血清总蛋白、清蛋白、胆固醇的含量，睾丸激素的水平以及甲状腺素、三碘甲状腺氨酸的含量下降；而胰岛素、生长激素和催乳素的含量基木保持不变。

剖检眼观变化为消瘦，多数皮下呈胶样浸润，腹腔积液。脑、肾、肝、肾上腺、脾脏、淋巴等脏器肿大，质地脆软。公畜睾丸发育不良，精囊肿大。超微结构显示，神经元、肝细胞、肾脏近曲小管上皮细胞和肾上腺皮质部的球状带与髓质部的上皮细胞出现明显的空泡变性。肝内充血，右心室肥大，心肌纤维肿胀、断裂、横纹不清或消失。其中具有特征性的是小脑的蒲肯野式细胞萎缩、变性。神经元与胶质细胞中线粒体扩张，线粒体基质溶解，嵴减少，疏散呈椭圆形或圆形空泡，滑面内质网增多，其中以肝脏最为突出。粗面内质网脱粒和肿胀较为普遍，轻者呈扩张程度不一的葫芦串状，重者发生内质网断裂并出现囊泡化等。

二、治疗

1. 轻度中毒或发病时间较短的病例 立即停止饲喂疯草，脱离疯草蔓延的草地放牧，改善饲养管理，供给优质牧草并加强补饲，可逐渐恢复健康。

2. 中毒严重者，可采取如下中西医结合治疗：10%硫代硫酸钠溶液静脉注射，同时肌肉注射维生素 B_1（牛 400mg，羊 100mg）。绵羊中毒用中药复方芪草汤，取黄芪、甘草、党参、何首乌、丹参各30g，大枣10枚。将以上药物加水500ml，文火煎煮0.5h后，过滤去渣，候温一次灌服或让其自由饮服。

三、预防

动物疯草中毒病目前尚无有效治疗药物，关键在于预防。

1. 传统的控制措施

人工挖除疯草。人工挖除适于面积不大，疯草密度不高的草场。部分疯草为地下芽植物，挖除深度要达到 10 cm，才不会再度发芽。其缺点是破坏草场植被，造成草原沙化、退化和水土流失。

化学灭除疯草。主要是使用除草剂，如2，4-D 丁酯、草苷膦、“棘豆清”等喷洒。其缺点是缺乏特异性，对疯草（毒草）及其他可食牧草都具有杀灭作用。

去毒利用。疯草是显科植物，营养丰富，蛋自质含量高，去毒利用不失为一种优质牧草。方法是将疯草收割后来用水或稀酸水浸泡 2～3d，捞出后饲喂或晒干用于补饲。这种方法适于疯草生长特别茂盛的盛花期和水源充足的地方。

间歇饲喂。适合于舍饲或各季补饲，即在饲草中加入 40% 的疯草，每饲喂 15d 停 15d，可以防止中毒。

2. 生态系统控制工程 具体方法是根据草场疯草分布情况，将草场划分为3个区：即高密度区（疯草分布强度在100 株/m^2 以上）、低密度区（疯草分布强度在10～100 株/m^2 之间）及基本无疯草生长区（疯草分布强度在10 株/m^2 以下）。在生态系统控制工程内，严格控制动物在各区的放牧时间，进行轮流放牧。在高密度区放牧 10d 或在低密度区放牧 15d，再进入基本无疯草生长区放牧 20d，如此循环，使疯草得充分利用，而动物不会中毒。

3. 添加解毒剂　我国学者依据疯草的主要有毒成分及动物疯草中毒机理研制出了预防动物疯草中毒的解毒剂——“棘防 E 号”。试验证明，“棘防 E 号”对动物疯草中毒具有显著的预防作用，而且无毒、无致畸、致突变等毒副作用，生产中使用安全可靠。

4. 使用疯草毒素疫苗（苦马豆素—BSA 疫苗）　有关植物毒素免疫用于动物中毒性疾病的诊断和防治是动物临床毒理学、免疫学、化学等多学科交叉的全新领域。我国通过化学合成的方法，将苦马豆素（半抗原）与大分子载体蛋白 BAS 结合转化为大分子的苦马豆素—BAS（完全抗原），然后免疫动物，使动物获得主动免疫力，并在采食疯草时获得保护，免疫过的动物就能安全利用疯草。这种方法具有使用简单、预防效果好等特点，为控制动物疯草中毒的最佳方法。

【知识拓展】

一、病因

在可食牧草较丰富的季节，由于疯草适口性较差，牲畜不会主动采食。但在冬春牧草缺乏的情况下，疯草由于抗逆性较强，返青早，枯竭晚，牲畜由于饥饿而被迫采食，造成疯草中毒，并对疯草后天形成感官上的喜好而产生采食嗜好并成瘾。

二、发病机制

疯草有毒成分可分为三大类。第一类为脂肪族硝基化合物，含脂肪族硝基化合物的疯草基本上都属于黄芪属。脂肪族硝基化合物在消化道内可被水解为 3-硝基-1 丙醇或 3-硝基丙酸，机体吸收后即产生毒性作用。第二类为硒及硒化合物，有些黄芪属植物有很强的聚硒能力。我国土地大多为贫硒土壤，因而硒中毒不是我国疯草中毒的主要原因。第三类为疯草毒素，多数学者认为疯草的有毒成分是生物碱。目前，从疯草中已分离鉴定出的生物碱按照其结构特征大体上可分为三大类，第一类是吲哚里西啶生物碱类，代表性化合物为苦马豆素和氧化氮苦马豆素；第二类是喹诺里西啶生物碱类，代表性化合物为臭豆碱、黄花碱（野决明碱）、羽扇豆碱等；第三类是哌啶生物碱类，代表性化合物为 2，2，6，6-四甲基-4-哌啶酮。苦马豆素阳离子在空间结构上同甘露糖阳离子具有很强的相似性，从而成为 α-甘露糖苷酶的强烈抑制剂。结果造成细胞溶酶体甘露糖贮积，使正常糖蛋白的合成发生异常，细胞发生空泡变性。虽然细胞空泡变性是广泛的，但神经系统损害出现最早，特别是小脑浦肯野氏细胞最为敏感，常有细胞死亡，因而中毒动物出现以运动失调为主的神经症状。由于生殖系统细胞的广泛空泡变性，造成母畜不孕、孕畜流产和公畜不育。苦马豆素可通过胎盘屏障直接影响胎儿，造成胎儿死亡或发育畸形。

任务二　棘豆中毒

【任务简介】棘豆中毒是由于动物采食棘豆草引起的以神经系统和实质器官变性为主的中毒性疾病。临床上以运动功能障碍、贫血、衰竭为特征。棘豆属植物，有数百种。部分棘豆属植物被动物采食后可引起中毒，其中小花棘豆和黄花棘豆在内蒙古及西北牧区已列为危害较严重的毒草。

【任务要求】掌握棘豆中毒的诊断技术及防治措施。

【工作任务】

一、诊断

有采食棘豆的病史；有神经症状出现，继而出现眨眼，头水平摆动；细胞质有大量空泡形成。

一般呈慢性经过。初期，动物上膘较快，中毒后则嗜食棘豆，到一定时期（多在秋季），营养状况开始下降。体温正常或略低，被毛粗乱，逐渐出现神经症状，贫血，水肿，衰竭，卧地不起，死亡。

羊中毒后精神沉郁，不合群，常拱背站立。放牧时无目的地游走，后肢不灵活。严重中毒者，卧地不起，人工扶起后，站立不稳，后肢弯曲外展，驱赶时常向一侧斜行。倒地后，角弓反张。头部震颤，视力丧失，孕畜多流产，妊娠母畜子宫蓄水极多，所产仔畜虚弱，常有畸形。

牛中毒后，即开始营养下降，被毛逆乱，逐渐消瘦。四肢僵硬，行走摇晃。有的下腭浮肿，口唇溃烂。

剖检中毒动物可见肌肉组织苍白消瘦，细胞质有空泡形成，特别是脑和肾组织更为明显。

二、治疗

目前尚无特效疗法。

1. 促进毒物排出 应用硫酸钠或硫酸镁，牛400～600g，羊50～100g（加滑石粉500g效更好），配成6%～8%溶液，内服，在发病初期有效。

2. 增强肝脏解毒功能 25%葡萄糖注射液500～1 000ml，静脉注射。并注射15%硫代硫酸钠注射液40ml。

3. 缩瞳 可皮下注射盐酸毛果芸香碱注射液或用其点眼，皮下注射0.1%砷酸钠注射液15～20ml。

4. 中医疗法 用木通、黄连各25g，黄柏、黄芩、远志、酸枣仁、栀子、天竺黄各40g，茯苓、牡蛎、龙骨、车前子各35g，共研为细末，用开水冲调，一次灌服。隔日灌服1剂，共服5剂。

三、预防

不要到长有大量棘豆草的牧场放牧，于每年5～6月中旬，可用2，4-D丁酯2.5kg/hm^{2}在草场喷洒，以除去小花棘豆。

【知识拓展】

病因 棘豆的有毒成分尚不明确。小花棘豆在整个生育期均有毒，开花期毒性最强。严重干旱年份，牧草生长受阻，因小花棘豆耐干旱，故相对增多。家畜在饥饿情况下采食小花棘豆，一般仅采食少量，随后逐渐变为嗜食小花棘豆，终至发生中毒。小花棘豆的根、茎、种子含硒量较高，家畜的中毒症状与硒中毒几乎相符，有人认为中毒的实质是硒中毒。大部分学者认为小花棘豆全株有毒，其有毒成分为生物碱，同时认为引起家畜中毒的有毒成分为吲哚里西啶生物碱—苦马豆素。还有学者认为其有毒成分为含氮的有机化合物。

任务三　栎树叶中毒

【任务简介】栎树又称橡树，俗称青杠树，是显花植物双子叶门壳斗科栎属植物，为多年生乔木或灌木。我国约有140种，分布于华南、华中、西南、东北及陕甘宁的部分地区。动物大量采食栎树叶后，发生以便秘或下痢、胃肠炎、皮下水肿、体腔积水及血尿、蛋白尿、管型尿等肾病综合征为特征的中毒病，其茎、叶、籽对牛羊危害最为严重。籽引起的中毒，称为橡子中毒。

【任务要求】掌握栎树叶中毒的诊断技术及防治措施。

【工作任务】

一、诊断

本病具有明显的地区性、季节性和采食栎树叶和花的发生史；临床表现为精神不振、心音高亢、食欲减少、厌食青草、喜食干草、肌肉震颤、口蹄发凉，全身水肿，尿量减少或尿闭，先便秘后拉稀，排出有黏液和血液的恶臭粪便，尿液检查，尿蛋白、尿糖呈阳性反应，游离酚升高，尿沉渣中有肾上皮和管型，尸检发现全身水肿和肾脏出血变性。

以化障碍，体躯下垂部位发生局限性皮下水肿，以及体腔积液的肾病综合症为特征，俗称“水肿病”或“阴肾癀”。一般大量采食栎树叶5～15d后发病，病初精神沉郁，厌食青草，喜食干草。瘤胃蠕动减弱，肠音低沉，尿量少、混浊。很快发展为腹痛综合征，表现为磨牙、不安、后退、后坐、后肢踢腹等。粪便呈柿饼状，干硬色黑，外表被有大量黏液或纤维素性黏稠物及褐色血丝，肩胛部、股部及臀部肌肉震抖。继之食欲废绝，反刍停止。体温正常或下降，心跳加快，心音亢进或节律不齐。严重病例鼻镜干、甚至皲裂。粪便如算盘珠状或香肠样，外被大量黄、红相间的黏稠物，粪球干小常串联成捻珠状（黄牛较多见，有的长达数米）。尿量增多，清亮如水，直到尿闭。在会阴、阴唇、包皮、肛门周、腹下、股内后侧、前胸、肉垂等处出现水肿，用针头穿刺，可渗出多量清黄色黏液，腹腔积水。有的病牛排出黑色恶臭的糊状粪，黏附在肛门四周及尾根，病牛终因肾功能衰竭而死亡。孕牛也可见流产或胎儿死亡。

实验室检查，可见病畜尿液呈淡黄色或淡黄白色、有多量沉渣，尿比重下降、pH值在5.5～7.0、尿蛋白强阳性、尿沉渣中出现肾上皮细胞、白细胞和尿管型等，尿中游离酚升高；血液检查可见血尿氮升高达40～350mg/100ml（正常为5～20mg/ml）、高磷酸盐（7.0～20.3mmol）和相应的血钙过少症（3.5～4.2mmol），挥发性游离酚可达0.28～1.86mg/100ml；肝功检查可见血清谷草转氨酶、血清谷丙转氨酶升高。

1. 眼观变化 下颌、肉垂、胸腹下部多积聚有数量不等的淡黄色胶冻样液体，各浆膜腔中都有大量积液，脏器病变主要见于消化道和肾脏。

（1）消化道 口腔深部黏膜常见有黄豆大的浅溃疡灶，胃肠道有散在出血斑点。胃黏膜多有浅层溃疡，内容物干结。真胃和小肠黏膜有水肿、充血、出血和溃疡。内容物混有黏膜和血液，呈暗红色乃至咖啡色。大肠黏膜充血、出血，内容物恶臭呈暗红色糊状。后段肠管内容物呈黑色干块状，其表面被覆黏液、血液或被褐黄色的伪膜所包裹。直肠近肛门处水肿，管腔变窄，管壁厚度可达 2 ~ 3cm。肝脏偶见苍白色斑纹，轻度肿大，质脆，胆囊多肿大数倍，胆汁黏稠，呈茶褐色如菜油状。

（2）肾脏 脂肪囊显著水肿，多有斑点样出血；肾苍白，肿大，有散在性出血。切面有黄色浑浊条纹，皮质和髓质界限模糊不清，肾乳头显著水肿、充血、出血，个别病例的肾脏缩小，体积仅有正常的 1/3，质地坚硬，膀胱多空虚。

（3）其他 心包积水可达 500ml，心外膜、内膜均密布有出血斑点；心肌色淡、质脆、呈煮肉样。胸腔内因大量积水而使肺叶萎陷。

2. 组织学变化 以肾近曲小管的凝固性坏死为主要特征。肾组织镜检可见肾小球毛细血管管壁、包曼氏囊壁层及脏层部分细胞浓缩。近曲小管扩张，部分上皮细胞浊肿、坏死，脱离基底膜掉入管腔，形成细胞管型和蛋白管型。部分上皮细胞变性、崩解、核消失。

二、治疗

治疗原则为排除毒物、解毒及对症治疗，目前本病无特效疗法。

1. 排除毒物 立即禁食栎树叶，促进胃肠内容物的排除，可用 1%~3% 食盐水 1 000 ~ 2 000ml，瓣胃注射，或用鸡蛋清 10 ~ 20 个、蜂蜜 250 ~ 500g，混合一次灌服。

2. 解毒 取硫代硫酸钠 5 ~ 15g，配成 5%~10% 溶液，一次静脉注射，1 次/d，连续 2 ~ 3d，对初中期病例有效。

3. 碱化尿液、利尿 取 5% 碳酸氢钠 300 ~ 500ml，一次静脉注射，适合于尿液 pH 值在 6. 5 以下的病例。也可用 10% 葡萄糖溶液和甘露醇或速尿注射液混合静脉注射，或口服双氢克尿塞利尿。如果肾功能衰竭，应慎用利尿剂。

4. 强心补液 用 10%~20% 安钠咖注射液静脉或肌肉注射，对全身衰弱或心力衰竭的病畜，应用洋地黄等强心甙制剂。

5. 腹腔封闭 青霉素钠 360 万 IU、盐酸普鲁卡因 1g、生理盐水 500ml，右侧肷窝部注入。

6. 中药治疗 取大黄 90g、麻仁 60g、郁李仁 45g、泽泻 60g、茯苓 45g、青皮 45g、陈皮 45g、健曲 45g、党参 60g、黄芪 60g、白术 45g、白芍药 45g、苍术 45g、茵陈 45g、柴胡 45g、甘草 30g。上药除大黄外先共煎，大黄后放入微煎，候温灌服，成牛 1 剂/d，小牛药量减半或酌减，每剂两煎，分早晚两次给药，每次给药时加蜂蜜 250g、鸡蛋 10 个，连服 3 ~ 4 剂。病程转成中后期时，出现肾功能降低，方中可去掉大黄、甘草，加当归 60g、炙姜 45g、附子 30g、肉桂 30g、炙甘草 30g 等，以回阳救逆、温补肾阳。

三、预防

1. “三不”措施法　在发病季节里，不在栎树林放牧，不采集栎树叶喂牛，不采用栎树叶垫圈。

2. 日粮控制法　发病季节，每日缩短放牧时间，放牧前进行补饲或加喂夜草，补饲或加喂夜草的量应占日粮的一半以上。

3. 高锰酸钾法　发病季节，每日下午放牧后灌服一次高锰酸钾水。方法是称取高锰酸钾粉 2～3g 于容器中，加清洁水4 000ml，溶解后一次胃管灌服或饮用，坚持至发病季节终止，效果良好。

【知识拓展】

一、病因

放牧牛羊可因大量采食栎树叶而中毒，尤其是前一年因旱涝灾害造成饲草，饲料缺乏或贮草不足。翌年春季干旱，其他牧草发芽生长较迟，而栎树返青早，这时常可大批发病死亡。据报道，牛采食栎树叶数量占日粮的 50% 以上即可引起中毒，超过 75% 会中毒死亡。也有因采集栎树叶饲喂动物或垫圈而引起中毒者。

栎树叶中毒发生在栎树叶花萌发期，我国栎树叶中毒多发生于 3 月至 5 月下旬，其中陕甘宁地区多发生于 4 月初至 5 月上旬。中毒动物主要是黄牛、水牛和奶牛，病牛多为壮年牛；羊也可发生中毒，但一般症状较轻。

二、发病机制

栎树叶的主要有毒成分是栎单宁，栎树的芽、蕾、花、叶、枝条和种子（橡子）中均含此种物质。而中毒的实质是酚类化合物中毒，即栎单宁经生物降解产生低分子酚类化合物所致。栎叶单宁属水解类单宁，在胃肠内，可经生物降解产生低分子多酚类化合物，能通过胃肠黏膜吸收进入血液循环并分布于全身器官组织，从而发生毒性作用。由于栎单宁降解产物的刺激作用，经胃肠道吸收时会导致胃肠道的出血性炎症，经肾脏排除时会导致以肾小管变性和坏死为特征的肾病，最后则因肾功能衰竭而致死。

任务四　毒芹中毒

【任务简介】毒芹，俗称野芹菜，有钩吻叶芹和水毒芹两类，属于北半球最毒的植物之一，是导致畜牧业蒙受重大损失的多年生伞科植物，多生长于河边，潮湿及沼泽地带。毒芹具有辛辣恶臭气味，根茎含毒最多且有甜味，动物喜欢采食，尤其是牛。中毒症状主要为共济失调、颤抖、初期中枢神经兴奋、由于呼吸麻痹功能降低而死亡，对于妊娠母畜，可还引起后代的骨骼缺陷。

【任务要求】掌握毒芹中毒的诊断技术及防治措施。

【工作任务】

一、诊断

根据临床症状及牧地调查的毒芹中毒发病史即可判断。

1. 羊 一般在采食1h左右出现临诊症状。初期，兴奋不安，离群，走路摇摆，精神不振，然后卧地不起，口或鼻孔内流出白色泡沫状液体，反刍停止，瘤胃臌气，排尿次数增加。后期，体温下降到37℃以下，四肢抽搐，知觉消失，牙关紧闭，全身肌肉出现阵发性震颤，头颈后仰，心跳加快，四肢末端冷厥。最终因呼吸中枢麻痹而死亡。

2. 牛 患牛兴奋不安，共济失调，全身肌肉震颤或阵发性痉挛，瞳孔散大，目光无神，茫然凝视，口吐白沫并不断空嚼，结膜充血以至发绀，鼻翼开张，呼吸困难，腹围增大，瘤胃臌胀，脉搏弱，体温多不升高，在濒死期多下降1~2℃。轻者倒地后，时而表现犬坐姿势，头颈高抬，鼻唇抽搐，眼球震颤，呈阵发性发作。重者倒地后，四肢不断做游泳样动作，在1~1.5h内窒息死亡。如抢救及时大多数病畜可以恢复健康。

主要表现为皮下结缔组织均有出血，血液暗而稀薄。腹部明显臌胀，胃肠内容物发酵，充满大量气体，胃、肠黏膜极度充血。肾、膀胱黏膜出血。心包膜、心内膜出血。肺胀出血、水肿。脑及脑膜充血、淤血、水肿。

二、治疗

本病尚无特效解毒药，且病程短往往来不及救治。治疗原则为清理胃肠、补液解毒、强心利尿、对症治疗。

1. 清理胃肠 中毒后迅速排出病畜胃内容物。用0.1%高锰酸溶液洗胃后，内服碘溶液（碘1g、碘化钾2g、水1 500ml）200ml，隔2h再用1次。也可用1%鞣酸液1 000ml洗胃，稍后灌服硫酸钠100~200g、水2 500~4 000ml。

2. 补液解毒 可用单宁酸、鲁格氏液或10%葡萄糖进行静脉注射，也可选用鲜奶、食醋或酸奶等灌服以解毒。

3. 强心利尿 为改善心脏功能，可用10%安钠咖注射液10ml、10%维生素C注射液20ml升，分别进行肌肉注射。

4. 对症治疗 皮下注射毛果芸香碱，以缩瞳、缓解痉挛。也可静脉注射水合氯醛、硫酸镁、氯丙嗪等以缓解阵发性痉挛。

三、预防

早春放牧应避免到有毒物生长地带或低洼地带，必要时，应在放牧前对牧场进行1次检查。并在放牧前先喂少量饲料，避免牲畜饥不择食。对于易发生毒芹中毒的地区，应向农牧民介绍有关毒芹中毒的防治方法，毒芹的形态特征，提高农牧民识别毒芹的能力，在放牧时，应见到毒芹就立即掘除，将毒芹残根集中暴晒枯干烧毁处理，从而降低毒芹中毒的发生率。合理放牧，防止草原退化、有条件的可以用防莠剂2，4-T喷撒毒芹植株。

【知识拓展】

一、病因

毒芹中毒多见于早春，因其出苗早且生长快，放牧牛、羊首先看到毒芹幼苗立即采食，而且啃掉露出地面的根茎，由于其根茎有少甜味、牛羊喜食，从而造成中毒。夏季因毒芹气味发臭，因动物拒食而较少中毒。另外，由于毒芹的叶与芫荽、芹菜叶相似，毒芹的根常与芫荽根、防风根、莴笋根相混淆，果实又与八角茴香相似，有时因错误饲喂家畜而中毒。

二、发病机制

毒芹的主要毒性成分是毒芹素，是一种作用很强的激活 T-淋巴细胞的钾通道阻滞剂。毒芹素对动作电位的再极化时间有明显延长作用，它作用于中枢神经系统，导致强烈惊厥而致死。另外，毒芹素对神经元细胞的作用可能与钙通道有关。毒芹素还可引起肌肉损伤，使血液乳酸脱氧酶、天冬氨酸转氨酶、肌酸激酶的活性升高。摄食致死量后 15min 钟内出现中毒症状，包括流涎增多、神经过敏、颤抖、肌肉衰弱、惊厥间歇性发作，最后麻痹导致缺氧而死亡。

附：中毒性疾病模块知识拓展

一、毒物与中毒

凡在一定条件下，以一定数量，通过化学作用对动物机体呈现毒害影响，而造成组织器官功能障碍、器质病变乃至死亡的物质，称为毒物。由毒物引起的疾病，称为中毒。毒物本身的作用是相对的，例如某些治疗疾病的药物应用过量时，便可引起中毒。如马杜霉素、阿托品等。某些非毒性物质摄入量过大也可引起中毒，如食盐。

毒物可分为内源性毒物和外源性毒物两大类。外源性毒物，是指在体外存在或形成而进入机体的毒物，如植物毒、动物毒、矿物毒等；内源性毒物，是指在机体内所形成的毒物，包括有机体的某些代谢产物和寄生于机体内的细菌、病毒、寄生虫等病原体的代谢产物。由外源性毒物引起的中毒，称为外源性毒物中毒，即一般所谓的中毒；由内源性毒物引起的中毒，称为内源性毒物中毒，即通常所说的自体中毒。

二、中毒病发生病因

中毒的原因有自然因素和人为因素，一般有以下几种：

1. 饲料加工和储藏不当　在饲料调配、调制、加工过程中，由于方法不当或不注意卫生条件，从而产生某些有害物质，如亚硝酸盐中毒、霉败饲料中毒等。有些原料需脱毒处理才能作为饲料，如高粱苗、玉米苗特别是再生苗中所含的氰苷配糖体，发芽马铃薯中的马铃薯素，棉籽饼中的棉酚，开花期荞麦中的叶红质等，皆能引起中毒。有时饲料添加剂使用不当或过多使用也会引起中毒，如饲料中食盐添加过多，也能发生中毒。对于反刍兽，过量食用精料引起代谢性酸中毒。有些植物种子或拌过农药的种子保管不当，被牲畜偷食或误食可引起中毒。

2. 农药、毒鼠药及化肥的使用、保管和运输不当 牲畜到喷洒过农药的庄稼地边、菜地边放牧易引发农药中毒。应用灭鼠药时，对灭鼠毒饵保管不好或灭鼠剩余毒饵处理不当，被畜禽误食而造成中毒。

3. 草场退化、天气干旱、水源不足等生态环境恶化 一方面造成天然草场有毒植物超常生长和蔓延，另一方面因牧草短缺，牲畜饥饿而采食有毒植物发生中毒。

4. 生物地球化学因素及工业污染 某些地区土壤和水源中一些元素含量过高，导致这些元素在饲料和牧草中的含量超过动物的耐受量而中毒。如慢性氟中毒、地方性钼中毒等。工厂排出的三废污染周围环境，特别是重金属污染物可长期残留在环境中，通过食物链进入动物体内而中毒，如铅、镉、汞、砷等。

5. 动物毒素 动物被蜜蜂、毒蛇蛰咬后可引起蜂毒、蛇毒等动物毒素中毒。

6. 治疗疾病时用药不当 用药量过大可以引发药物中毒，如体表大面积涂擦杀虫剂，成年反刍兽口服大剂量抗生素引发的二重感染。

7. 人为投毒

三、中毒病的诊断

中毒病的诊断主要依据病史、症状、病理变化、毒物分析、动物试验等进行综合分析。

1. 病史调查 需详细了解畜群发病概况，动物中毒病多突然发生、群发，而相邻圈舍无传染性。对于急性中毒病例，发病前健康、食欲旺盛的动物发病早，而且病情重、死亡快。还应充分了解患病动物有无接触毒物，如杀虫剂、灭鼠剂等的可能性，是否投喂化学药物，是否更换饲料或饲料配方，更换后的饲料与以前饲料相比差别在哪，有无霉变、发热、异味等。

2. 临床检查 症状学检查对于中毒病具有初步诊断意义，尤其对于有特征性症状的中毒病更具诊断意义。必须细致观察患病动物的临床症状，某些细微的临床表现往往是某一物质中毒的特征，某些特殊症状出现的顺序和症状的严重程度可能是诊断的关键。中毒病往往主要症状表现一致，体温一般不升高，常伴有消化道不良反应。但是，所有毒物都可能对机体各个系统产生影响，几乎没有一种症状是某一毒物所特有的，并且同一毒物所引起的症状在不同的个体有很大的差异，诊断时必须对之进行综合分析。

3. 病理学检查 尸体剖检可以为中毒性疾病的诊断提供有价值的线索。有些中毒病有广泛的组织损伤，有些仅具有轻微的组织学改变，有些则不表现出明显的形态学变化，这些表现对中毒病的诊断具有很重要的意义。剖检时，应仔细观察皮肤和可视黏膜的改变，如有无特殊颜色、有无出血斑、有无外伤等，天然孔有无异常分泌物。剖开腹腔后注意有无特殊气味，胃内容物组成、消化道黏膜是否异常，肝、肾、脾的大小，色泽，是否有水肿、出血等变化，肺是否有异常，气管内分泌物及其色泽变化。

4. 治疗性诊断 在以上初步诊断的基础上，及时采取试验性治疗，具有进一步验证诊断及获得早期防治效果的意义。同时，采取样品进行实验室化验，为确诊提供理论依据。如怀疑或初步诊断为有机磷中毒时，在送检可疑材料的同时，进行试验性的特效解毒药治疗，若出现症状减轻、病情缓解，则可证明初步诊断，并立即开展大群、全群防治；反之，则应纠正诊断，及时调整抢救方案。

5. 毒物检验　有些毒物分析方法简便、迅速、可靠，对中毒性疾病的诊断有现实的指导意义。具体方法为采取可疑饲料、饮水或胃内容物、尿、血液、乳汁、肝、肾等，进行化验室毒物检验，以查明某种毒物的存在和含量。样品采集后应密封于干燥、洁净的容器中并贴上标签，标明样品名称、采样日期、检验目的等，并尽快进行检验或送检，如不能及时检验，应将样品放置冰箱保存，但血迹和血清样品不应冷冻保存。

在诊断中毒疾病时，毒物检验很少单独使用。因为毒物随时会被分解、转化、吸收、转移，而且动物的死因不明，要对数千种化学物质和植物毒物进行分析是不可能的。另外，也存在分析方法的可靠性问题，加之被检样品的数量有限，检出率不一定高。目前，有些毒物还没有可行的分析方法。

6. 动物试验　即用同种动物饲喂可疑带毒物质进行饲喂试验，以观察是否出现相同症状。患病动物经济价值较高时，可应用生理特性接近的经济价值较低的动物作为试验动物，如牛中毒时可用羊作试验动物。动物试验阳性不仅可以确定是中毒性疾病，而且可以缩小毒物的范围。然而，阴性结果也不能说明没有中毒，因为在自然病例中，有些实验性中毒还不能复制。

四、中毒病的治疗

发现家畜中毒时，除立即向有关部门报告外，还要积极组织抢救，并发动群众，调查原因，更换可疑的草料与放牧地，停止利用可疑的水源，以防止毒物继续进入体内及新中毒病例继续发生。中毒的一般急救措施包括：尽快促进毒物排出，应用解毒剂，实施必要的全身治疗和对症治疗。

主要采取洗胃，缓泻或灌肠，泻血和利尿等方法。

1. 洗胃　对中毒病畜应及时进行洗胃。但对能损伤胃黏膜或有腐蚀性的毒物中毒，则不能进行洗胃，以免发生胃穿孔。一般用温水、生理盐水或温水加吸附剂，如0.5%活性炭悬浮液；毒物种类明确时，可添加适当解毒剂；当机体状态允许，必要时可作胃切开术，取出有毒内容物。

2. 缓泻或灌肠　当中毒发生的时间较长，大部分毒物已进入肠管时，可内服缓泻剂和灌肠。除生物碱、食盐、升汞中毒外，一般应用盐类泻剂。可随同缓泻剂内服木炭末，或另灌服淀粉浆，以吸附毒物和保护胃肠黏膜，可减少和阻止毒物吸收。用温水深部灌肠，也可促进毒物排出。

3. 泻血和利尿　当胃肠内毒物已吸收入血时，根据病畜体质情况，可静脉放血一定体积，以减少血液内毒物的含量。在放血之后，可静脉补液，如等渗葡萄糖注射液，复方氯化钠注射液，可加入氢化可的松或地塞米松和微生素 B_6、新促反刍液等。同时可应用利尿剂，以促进毒物排出。

在毒物性质未明确之前，可采用通用解毒剂；当毒物种类已经明确或基本上明确时，可应用特效解毒剂或一般解毒剂。

1. 通用解毒剂　活性炭或木炭末二份，氧化镁一份，鞣酸一份，混合均匀，牛100～150g，羊20～30g，加水内服。其中活性炭或木炭末能吸附大量生物碱（如阿托品、吗啡）、汞、砷等；氧化镁可以中和酸性毒物；鞣酸可以中和碱性毒物，并沉淀多种生物碱、某些苷类和重金属盐类。因此，通用解毒剂对一般毒物中毒，都有一定的解毒作用。

2. 一般解毒剂 多用于毒物在胃肠内未被吸收时，包括中和解毒，沉淀解毒和氧化解毒。

（1）中和解毒 酸性毒物中毒时，内服碱性药物，如碳酸氢钠，石灰水等；碱性毒物中毒时，则内服酸性药物，如稀盐酸，食醋等。

（2）沉淀解毒 如生物碱、铅、银、铜、锌、砷、汞等重金属盐类中毒，内服鞣酸或灌服10%蛋白水或牛乳等，使之生成不溶性化合物而沉淀。

（3）氧化解毒 如亚硝酸盐，氢氰酸和某些生物碱如吗啡、番木鳖碱等中毒，可用适量0.1%高锰酸钾溶液洗胃、内服或灌肠。

3. 特效解毒剂 如对有机磷农药中毒用解磷定，亚硝酸盐中毒用美蓝等。其用量及用法参见各有关中毒病的治疗。

为稀释毒物，促进毒物排出，增强肝脏解毒功能和全身机能，可静脉注射大量生理盐水、复方氯化钠注射液或高渗葡萄糖注射液等。一般先静脉注射25%葡萄糖注射液500～1 000ml，然后静脉注射生理盐水或复方氯化钠注射液2 000~4 000ml，3～4次/d。最好在静脉输液至一定量，病畜不断排尿时，改为静脉点滴注射，持续到病畜脱离危险期为止。为提高机体的一般解毒功能，可静脉注射20%硫代硫酸钠注射液100～300ml，2次/d（牛）。

当心力衰竭时，适当选用强心剂（强尔心、安钠咖等）；兴奋不安时，应用镇静剂（溴化钠、安溴注射液等）；肺水肿时，可应用钙制剂；为兴奋呼吸机能可用25%尼可刹米注射液，牛10～20ml，静脉或皮下注射；病畜体温下降时，应进行保温。

五、中毒病的预防

主要在于加强日常的饲养管理，排除一切可能中毒的原因。注意饲料保管、贮存和加工调制，霉烂和有病害的饲料禁止饲喂家畜。家畜放牧时，应注意牧地有无毒草，早春放牧，应先喂干草后再行放牧，以免饥不择食、采食毒草，收存饲草时应注意有无毒草混入。使用农药时，严禁家畜采食喷洒过农药的植物和农药拌过的种子，农药要严加保管，以防止混入饲料和饮用水内。开展家畜中毒有关知识的宣传，并提高警惕，防止投毒破坏。

（本模块编者：路浩、刘俊栋）

项目三

消化系统疾病

模块一　口腔、咽、食管疾病

任务一　口炎

【任务简介】口炎是口腔黏膜炎症的总称。临床特征为采食、咀嚼障碍，流涎。

【任务要求】掌握口炎的诊断技术及防治措施。

【工作任务】

一、诊断

原发性口炎，根据病史及口腔黏膜炎症变化可作出诊断。

口炎的共同症状主要为咀嚼缓慢甚至不敢咀嚼，拒食粗硬饲料，常吐出混有黏液的草团；流涎，口角附着白色泡沫；口黏膜潮红、肿胀、疼痛、口温增高、带臭味等。口炎类型不同，症状也有不同：

1. 卡他性口炎　口黏膜弥漫性或斑块状潮红，硬腭肿胀；当由植物芒或刚毛所致的病例，在口腔内的不同部位形成大小不等的丘疹，其顶端呈针头大的黑点，触之坚实、敏感；舌苔为灰白色或草绿色。重度病例，唇、齿龈、颊部、腭部黏膜肿胀甚至发生糜烂，大量流涎。

2. 水疱性口炎　在唇部、颊部、腭部、齿龈、舌面的黏膜上有散在或密集的粟粒大至蚕豆大的透明水疱，2～4d 后水疱破溃形成边缘不整齐的鲜红色烂斑，间或有轻微的体温升高。

3. 溃疡性口炎　初期门齿和犬齿的齿龈肿胀，呈暗红色，易出血。1～2d 后，病变部呈淡黄色或黄绿色糜烂性坏死。炎症常蔓延至口腔其他部位，导致溃疡、坏死，有腐败臭味，流涎，混有血丝带恶臭。如为麦芒刺伤引起，在舌系带、颊及齿龈等部位常见成束的麦芒。病重者，体温升高。

二、治疗

原则为消除病因、加强护理、净化口腔、收敛消炎。

1. 加强护理　给予营养丰富、柔软而易消化的青绿饲料。对于不能采食或咀嚼的动物，及时补糖输液，或者经胃管给予流质食物。

2. 消除病因　摘除刺入口腔黏膜中的麦芒或异物，剪断并锉平过长齿等。

3. 净化收敛　2%～3% 硼酸溶液、1% 鞣酸溶液、0.1% 高锰酸钾、5%～10% 食盐溶液等冲洗口腔。2% 龙胆紫溶液、碘甘油（5% 碘酊 1 份，甘油 9 份），或 5% 磺胺甘油乳剂涂布口腔溃疡面。

4. 抗菌消炎 青霉素 1 万~2 万 IU/kg 体重、链霉素 10 ~ 15mg/kg 体重，一次肌肉注射，2 次/d，连用 3 ~ 5d。磺胺嘧啶钠 10g，明矾 2 ~ 3g，装于纱布袋内，衔于病畜口中，每天更换 1 次。维生素 $B_2$100 ~ 150mg，维生素 C_2 ~ 4g，肌肉注射。或进行自家血疗法。

5. 中医中药疗法 常用青黛散：青黛 15g，薄荷 5g，黄连 10g，黄柏 10g，桔梗 10g，儿茶 10g，研为细末，吹撒患部；或装入三层纱布袋内，在水中浸湿，衔于口中，每日或隔日换药一次。也可用冰硼散：硼砂 25g，元胡 25g，朱砂 3g，冰片 2. 5g，共为细末，用乳胶管或小竹管吹入患部少许，一日数次。

三、预防

加强饲养管理，合理调配饲料；正确服用带有刺激性或腐蚀性的药物；正确使用口衔和开口器；定期检查口腔，牙齿磨灭不整时，应及时修整。

【知识拓展】

病因

1. 机械性刺激 常见于采食粗硬、有芒刺或刚毛的饲料或饲料中混有尖锐异物；不正确地使开口器，或锐齿直接损伤口腔黏膜等；理化性刺激，饲喂过热的饲料、采食冰冻饲料、不适当地口服刺激性或腐蚀性药物等；生物性刺激，采食霉败饲料或有毒植物等。

2. 矿物质与维生素缺乏症 如维生素 A、维生素 B、维生素 C 缺乏症等。

3. 继发于邻近组织的炎症 如咽炎、喉炎、唾液腺炎等。

4. 继发于其他疾病 如口蹄疫、传染性水疱性口炎、坏死杆菌病、放线菌病等。

任务二 咽炎

【任务简介】咽炎是咽黏膜浅层或深层组织及其邻近部位炎症的总称。往往引起喉部发炎所以有时合称为咽喉炎，中医称为内颡黄。临床特征为吞咽障碍（重者食物返流）、流涎，头颈伸展、咽部肿胀、触压时敏感。

【任务要求】掌握咽炎的诊断技术及治疗措施。

【工作任务】

一、诊断

主要根据患畜吞咽障碍，流涎，食物返流，头颈平伸，咽部肿胀，触压敏感疼痛等临床症状作出诊断。

患畜有咽部肿胀疼痛表现，头颈伸展避免运动，抗拒触诊，伸颈摇头并发咳嗽。吞咽障碍，吞咽时病牛摇头缩颈、骚动不安、前肢刨地常将食物吐出，严重时饲料和饮水可由鼻孔逆流而出，甚至造成误咽。口腔内往往蓄积多量黏稠唾液或流出口外，呈现流涎。炎性渗出物由鼻孔流出时常带黄色或绿色。

炎症波及喉时则频发咳嗽，呼吸促迫。口臭，舌红，咽部黏膜潮红、充血，扁桃体、颌下淋巴结肿大甚则化脓。往往迅速消瘦，继发性咽炎时体温升高、呼吸、心跳加快，颌下淋巴结肿大。

应与食道梗塞、咽麻痹进行鉴别诊断。食道梗塞主要表现为采食后突然发生，伸颈，不断流涎，采食或饮水时往往返流。外部触诊，能摸到阻塞物，食管探诊至阻塞部时无法前进，瘤胃迅速臌气。而咽麻痹表现为咽下障碍症状，但咽部无肿无痛。

二、治疗

原则为加强护理，消除病因，抗菌消炎，缓解疼痛。

1. 护理　将病畜放在温暖、干燥通风良好的厩舍内。对轻症病畜给饲柔软易消化的草料，并勤给饮水。对重病病畜为防止误咽，禁止经口鼻灌服营养物质及药物，可用10%～25%葡萄糖，静脉注射；或营养灌肠。

2. 消除炎症　疾病早期可于咽部进行冷敷，2～3次/d，每次20～30min。疾病后期可于咽部涂擦刺激剂，如10%樟脑酒精、樟脑软膏、鱼石脂软膏等。

3. 重剧性炎症　10%复方磺胺嘧啶100～150ml，10%水杨酸钠100ml，分别静脉注射，1～2次/d；或10%复方磺胺嘧啶100～150ml，40%乌洛托品20～60ml，5%糖盐水500～1 000ml，静脉注射，1次/d，连用2次；或水乌钙疗法，10%水杨酸钠50～200ml，40%乌洛托品20～60ml，10%氯化钙50～150ml，5%糖盐水500～1 000ml，静脉注射，1次/d，连用3次。或青霉素480万～800万IU，链霉素200万IU，肌肉注射，2次/d。

4. 普鲁卡因封闭疗法　0.25%盐酸普鲁卡因50ml，青霉素160万IU×3支，链霉素100万IU×1～2支，咽部皮下或肌肉分点注射。

5. 中医中药疗法　治宜清热解毒，清利咽喉，消肿止痛。

方1：《青黛散》加减，青黛15g，冰片5g，白矾15g，黄连15g，黄柏15g，硼砂10g，柿霜10g，栀子10g，装于纱布袋，衔于口中，每天更换一次。

方2：初期可在咽部用《安得利斯粉》(明矾50g，醋酸铅100g，薄荷脑10g，樟脑10g，白陶土820g) 配合《雄黄散》(雄黄、白芨、白蔹、龙骨、大黄各50g，冰片5g)，冷醋调成糊状，涂于患处；后期可用布劳氏液（明矾5g，醋酸铅10g，水100ml）进行温敷，20～30min/次，2～3次/日，或局部涂擦刺激剂，如鱼石脂软膏，或10%樟脑酒精等。

方3：《六神丸》，麝香4.5g，牛黄4.5g，冰片3g，珍珠4.5g，蟾酥3g，雄黄3g，醋调外敷。

【知识拓展】

病因　机械性刺激，粗硬饲料，异物、胃管投药。物理性刺激，饲料或饮水过热或冰冻。化学性刺激，有毒植物、某些药物、刺激性气体。受寒、感冒和过劳，使机体抵抗力降低时，易引发本病。继发于邻近器官炎症，如口炎、喉炎等。

任务三　食管阻塞

【任务简介】食管阻塞又称为草噎，是粉料团块、块根饲料或异物突然阻塞于食管不能咽下的一种严重的疾病。临床特征为采食后突然发病，吞咽障碍，大量流涎，重者食物返流，瘤胃臌气，痛苦不安。

【任务要求】掌握食管阻塞的发病特点、诊断技术及防治措施。

【工作任务】

一、诊断

根据患病动物有吞食块状食物病史，临床症状（如采食中突然发病，大量流涎，咽下障碍，疼痛不安，瘤胃臌气等），结合食管触诊及探诊有阻塞物，可作出诊断。

动物一般在采食中突然发病，停止采食，恐惧不安，摇头缩颈并呈现张口伸舌，不断地做吞咽动作，大量泡沫状唾液从口角流出，常伴有咳嗽，有时从鼻孔流出，以后为蛋清样。吞咽障碍，饮水时过咽部时无异常，而过咽部后即从口鼻逆出。咽阻塞时，可在咽部触摸到阻塞物。颈部食管阻塞时，可在左侧颈静脉沟处看到膨大部；触诊时，可感到异物，并有疼痛反应。胸部食管阻塞时，阻塞部上方常有多量唾液和分泌物蓄积于食管内，可见食管膨大，触诊有波动感，行胃管探诊时，至阻塞部不能向下插入。反刍、嗳气停止，迅速发生瘤胃臌气，呼吸加快、喘促，如不及时救治往往窒息死亡。

二、治疗

原则为急则治其标（穿刺放气），缓则治其本（除去梗塞物），后期消炎，健胃。

食管阻塞继发瘤胃臌气严重时应迅速进行瘤胃穿刺放气，缓解心肺功能，以防窒息。当阻塞物近咽时，用开口器打开口腔，直接用手或器械取出。当阻塞物发生在颈部上1/3处时，向食管内灌入石蜡油100～200ml，同时用静松灵3ml，肌肉注射，然后用手掌由下向上把阻塞物向咽部方向挤压，直到挤压至咽部，再装上开口器，用手取出阻塞物或用铁环套取。当阻塞物在食管中部如不能向咽部挤压或胸部食管阻塞，可向瘤胃推送。保定，打开口腔，用胃管导出食管内的分泌物，灌入甘油100ml，3%普鲁卡因30～50ml，润滑和解除食管痉挛。用直径2cm的硬胃管插入食管，抵住阻塞物向胃内慢慢推送，直至把阻塞物推入胃内。如不易推动时，可用具有弹性的直径0.5cm的铁丝，前端弯成椭圆形环状，插入胃管中，与胃管前端平齐，并将胃管弯成弧状，插入再行推送。在推送过程中，胃管要有一定硬度，用力要均匀，不可过猛，否则易造成食管破裂。如果上述方法均无效时，应及时采取食管切开手术，取出异物。

阻塞物疏通后，由于食管黏膜受到损伤，在1～2日内尽量少喂草料，可饮喂稀粥、麸皮水，或静脉注射葡萄糖等能量制剂，应用消炎剂或普鲁卡因青霉素封闭疗法，有助于局部炎症消散。调理胃肠，用《补脾健胃散》，白术45g，神曲75g，山楂60g，麦芽、陈皮各45g，甘草30g，酵母粉50g（另包），加水4 000ml，煎汤约10min，去渣留汁约2 500ml，候温加酵母粉，链霉素2支，1次灌服。

三、预防

在饲喂时应定时定量，防止牛因饥饿出现采食过急现象；块根饲料应适当切碎后再喂，并防止牛偷食。

【知识拓展】

一、病因

因饥饿贪食而采食过急、未经充分咀嚼即行吞咽，或在采食块根饲料时受到惊吓，或者饲料调制不当而发生本病。常因吞食马铃薯、萝卜、玉米棒、甜菜、甘薯等，或者吞食毛发、布片、毛巾、胎衣等异物而发病。还可继发于食管麻痹、食管痉挛、食管狭窄等病过程中。

二、鉴别诊断

应注意与下列疾病进行鉴别诊断：

1. 食管痉挛　因食管壁肌肉强烈挛缩引起，可在左侧颈静脉沟处触摸或见到粗硬索状物（食管）。胃管探诊时，胃管不易插入；当痉挛缓解后，则胃管能顺利进入胃内。

2. 食管狭窄　无吞咽障碍，水和液状饲料一般能通过狭窄食管，但当采食饲料至一定量时，则能引起狭窄上方的阻塞，从口鼻逆出，逆出后又恢复安静，食欲恢复；若以粗细不同的胃管进行探诊，粗管难以通过，而细管则可以通过，即可证明为食管狭窄。

3. 食管炎　胃管能够插入，但当胃管插入和拔出时，疼痛不安。

4. 食管麻痹　多因脑症状引起。虽有吞咽障碍，但无逆流症状；食管内充满食物，按压食管或胃管探查时无阻塞物。

5. 咽炎　症状经过缓慢，咽黏膜充血、肿胀，触诊敏感、疼痛，但无阻塞物。

模块二　胃肠疾病

任务一　前胃弛缓

【任务简介】前胃弛缓是前胃神经兴奋性降低，引起前胃收缩力减弱，导致消化功能紊乱和全身功能紊乱的一种疾病。临床特征为食欲减退或废绝、反刍次数少或停止，前胃蠕动功能减弱或停止，舍饲的牛多发。

【任务要求】掌握前胃弛缓的发病特点、诊断技术及防治措施。

【工作任务】

一、诊断

依临床症状（如患畜食欲减退、反刍异常，前胃蠕动音减弱、次数少、无力，消化障碍等）和实验室检查结果（如瘤胃 pH 值 5.5～6.5 或以下，纤毛虫数量减少，活力下降）可建立诊断。

1. 急性型　病牛精神沉郁，食欲减退，喜吃粗料，反刍次数少，无力或停止，嗳气有酸臭味。鼻镜干燥，时常磨牙，口中不洁，唾液黏稠。瘤胃收缩力减弱，蠕动次数减少、无力，蠕动音减弱或消失，有时呈间歇瘤胃臌气，瓣胃音低沉，病牛全身症状不明显。初期排粪迟滞，粪便干色暗，混有未消化的饲料，以后排恶臭的稀便。触诊瘤胃，其内容物通常稀软，有的黏硬，但不过度充满。如伴发瘤胃炎和酸中毒，瘤胃内容物 pH 值 5.5 以下，精神高度沉郁，体温下降。呻吟，磨牙。排大量的恶臭的棕褐色糊状粪便。流涎，鼻镜干燥，黏膜发干，脱水。

2. 慢性型　与急性型症状相似，但病程延长，呈周期性好转与恶化交替现象，呈现顽固性前胃弛缓。瘤胃蠕动时有时无，食欲时好时坏，或食欲反常，喜粗料厌精料，有异嗜，毛焦肷吊。鼻干，常磨牙。触诊瘤胃内容物呈粥状，消瘦，贫血，腹泻与便秘交替发生。最后眼球下陷、鼻镜皲裂，严重脱水。四肢无力，喜卧，皮温不均，被毛粗燥，严重酸中毒时，精神沉郁，病情缓慢，病牛全身症状不明显。

二、治疗

原则为兴奋瘤胃蠕动，促进反刍，防腐制酵、纠酸，疏通胃肠，调节神经功能。病初禁喂 1～2d，以后给予易消化、营养丰富的饲料，如青草、优质干草等，同时增加运动。

1. 洗胃　用1%温盐水洗胃，导出瘤胃内容物、气体和有毒物质，减少有毒物质对瘤胃壁的刺激，减轻瘤胃的压力，对改善心脏和肺脏功能、前胃功能的恢复具有重要意义。

2. 兴奋前胃蠕动功能

（1）10%氯化钙溶液250～350ml，10%氯化钠溶液300～500ml，10%安钠咖溶液10ml，10%葡萄糖500ml，复方氯化钠溶液1 000ml，静脉注射；或促反刍液500ml，静脉注射。

（2）比赛可灵，或新斯的明10～20ml，皮下注射，腹膜炎、妊娠病牛禁用。盐酸异丙嗪250～500mg，肌肉注射。苯海拉明0.3g，加水少许，内服，2次/d。

（3）碳酸氢钠100g，番木鳖1g，干姜25g，龙胆25g，共为末，开水冲候温灌服，1次/日。

3. 疏通胃肠，缓泻止酵　硫酸镁（钠）300～500g或植物油500ml，鱼石脂20g，75%酒精100ml，温水6 000~8 000ml，一次灌服。

4. 补液、强心、解毒

（1）生理盐水1 000ml，5%糖盐水1 000~3 000ml，10%葡萄糖1 000ml，20%安钠咖20ml，5%维生素C40～60ml，维生素$B_1$20ml，能量合剂（ATP）10支，静脉注射。

（2）5%碳酸氢钠溶液500～1 000ml，静脉注射。

（3）调节瘤胃pH值，可用碳酸盐缓冲剂（CBM），碳酸钠150g，碳酸氢钠250g，氯化钠100g，氯化钾20g，常水8 000～1 4 000ml，灌服，1次/d（《家畜内科学》长春兽医大学，No63）。本方不但能使瘤胃pH值升高，而且具有缓泻作用，可用于排便迟滞，便秘，不完全阻塞等。

5. 生物学疗法　为改善瘤胃生物学环境，提高纤毛虫的活力，可以移植健康牛的瘤胃内容物，加适量水混合后，用胃管灌服，效果良好。

6. 中医中药疗法　治宜健脾行气，消食导滞。

方1：《前胃舒》，行气消食，宽肠导滞，具有兴奋瘤胃，促进胃肠蠕动功效。槟榔50～100g，枳实50～100g，醋香附30～50g，川厚朴50g，青皮50g，陈皮50g，肉豆蔻50g，草果50g，大黄50～100g，焦山楂45g，炒神曲50g，上药共为末，取350～450g，开水冲候温灌服，灌药后停止饲喂，1剂/d，连用3～4d。上方为成年牛用量，中、小牛酌减。

根据病情变化，适当加减。前胃弛缓早期病例可原方服用，好转后减去大黄。饮水少，加生姜100g，胡盐100g；增强消化功能，加麦芽100g，酵母片40片，多酶20g；瘤胃炎、便稀，加土霉素30片（12～15g）；体质弱、病程长，加当归50g，党参30～50g，黄芪50～100g，白术45g，茯苓45g，炙草30g（刚分娩病牛不用参、芪）；瘤胃内容充满，加牵牛子50g（孕畜忌用），芒硝200～300g；伴有瘤胃臌气，加炒莱菔子50～100g，木香50g，牵牛子50g，人工盐300g。便干，加木香30g，芒硝300g，大黄倍量；鼻唇发凉、流涎，加干姜25g，吴茱萸30g，小茴香30g。

方2：《椿皮散》加味，健脾和胃、消食利气。椿皮80g，常山20g，柴胡25g，枳壳（或枳实）50g，甘草15g，研末开水冲调，灌服，1剂/d，连用2～3剂。腹胀重，加炒莱菔子50g，枳壳30g；口吐涎沫，加苍术30g，小香30g，干姜25g；泄泻，加党参30g，白术30g，山药40g，茯苓35g；便干色深加，郁李仁30g，芒硝100g，大黄30g；瘤胃食滞，加芒硝100g，焦四仙各50g。

方3：《健胃散》，消食下气，开胃宽肠。山楂45g，麦芽35g，神曲35g，槟榔50g，莱菔子40g，枳壳45g，大黄120g，炙草20g。

方4：《四君子汤》加减，党参50g，黄芪50g，白术45g，茯苓40g，厚朴40g，陈皮40g，槟榔50g，枳壳30g，肉桂20g，苍术30g，白芍30g，甘草20g，神曲50g，共为末，开水冲，候温灌服。

方5：《扶脾散》，党参45g，白术45g，茯苓30g，厚朴30g，陈皮30g，槟榔25g，肉桂20g，白芍30g，甘草20g，共为末，灌服。

方6：《反刍散》，消积导滞，理气宽中，健脾胃。榔片50g，枳实30g，党参40g，白术50g，香附30g，川厚朴40g，青皮30g，神曲50g，甘草20g，共研细末，开水同调，候温灌服。轻症，每日一剂，重症，每日早晚各一剂，连用3～5d。

方7：《滑石丁蔻》加减，滑石粉300～500g，丁香40～80g，肉豆蔻40～80g，共为末，一次灌服。

瘤胃蠕动无力，伴有臌气，可选用方1或方2；瘤胃内容物充满、黏硬，可选方3；体弱，瘤胃蠕动无力，触诊绵软，可选用方4或方5、方6；胃酸过多，流涎如水，可选方7。可酌加红花20g、莪术20g、醋香附30g、醋元胡30g。

【知识拓展】

病因 饲料过于单纯，长期喂粗硬难消化的饲料，强烈刺激瘤胃；长期喂过细或过软的饲料，则不足于兴奋瘤胃，而后均转为弛缓。发霉变质以及有刺激性的饲料（如发霉酒糟、冰冻饲料等）。饲料内矿物质和维生素的缺乏，尤其是Ca缺乏。饲养失宜，突然更换饲料或改变饲养方式，时饥时饱，暴饮暴食，精料过多，饲草不足。管理不当，过度使役或运动不足，环境卫生不良，缺乏日光照射。各种应激反应。也可继发于其他疾病，或长期大量使用广谱抗生素制剂也易继发前胃弛缓。

任务二　瘤胃积食

【任务简介】瘤胃积食中医称为宿草不转，是由于过食或瘤胃弛缓，大量饲料积滞于瘤胃内，致使瘤胃容积增大、胃壁扩张及运动功能障碍的疾病。特征为瘤胃胀满，触诊瘤胃似捏粉状或坚实，疼痛，听诊瘤胃蠕动音消失。壮龄牛以积食为主，老龄牛、体弱牛以积滞为主。

【任务要求】掌握瘤胃积食的发病特点、诊断技术及防治措施。

【工作任务】

一、诊断

根据病畜有过食、偷食病史，及临床症状（如腹围增大，腹痛，瘤胃内容物充满，左肷部隆起，触诊坚实有压痕，疼痛，瘤胃蠕动音减弱或消失），可作出诊断。

患畜食欲减退甚至拒食，嗳气有酸臭味，而后停止，流涎，反刍减少或停止。腹痛，站立不安，拱背摆尾，回顾腹部，后肢踢腹，磨牙，呻吟。左肷部膨大，肷窝平坦，甚至隆起，触之疼痛，内容物坚实，呈捏粉样留有压痕，叩诊呈浊音，听诊初期蠕动音增强以后减弱或消失。排粪迟滞，粪干少色暗，继发肠炎时，排少量稀软恶臭粪便。重症病例，呼吸急速，脉搏增数，结膜发绀，脱水，鼻镜干燥，心力衰竭，体温一般无明显变化。

如因过食豆、谷类引起，在短时间内发生瘤胃酸中毒，出现神经症状，站立不稳，肌肉震颤，盲目运动，视力障碍，或嗜睡，或以头抵槽不动。

二、治疗

原则为排除瘤胃内容物，制止发酵，消食导滞，恢复瘤胃运动功能。发病后应禁食 1～2d，并配合瘤胃按摩，每次按摩 5～10min，每隔 30 min 按摩一次。

1. 排出内容物　用 1% 温盐水反复导胃，排出瘤胃内容物，并配合瘤胃按摩。pH 值降低也可用碳酸氢钠溶液冲洗。由粗硬饲料引起的积食，取硫酸镁或硫酸钠 500～800g、鱼石脂 15～25g、75% 酒精 50～100ml、水 8 000ml，胃管投服，以促进止酵泻下。由谷物或豆类引起的积食，取植物油 1 000~2 000ml，胃管投服。酵母粉 300g、小苏打 100g、水适量，灌服。出现瘤胃臌气时应及时排气。急性重症病例，可采用瘤胃切开术排出内容物。

2. 促进瘤胃蠕动　促反刍液或副交感兴奋剂（见前胃弛缓）。

3. 补液、强心、解毒　复方氯化钠或糖盐水 2 500~3 000ml，维生素 C20ml，静脉注射，2 次/d；5% 碳酸氢钠溶液 500～1 000ml，静脉注射。

4. 中医中药疗法

方 1：《大戟散》，消食导滞，攻下通便。大戟、甘遂各 15g，牵牛 30g，滑石 100g，黄芪 60g，川大黄 60g，芒硝 120g，猪脂 500g，共研细末，开水同调，候温灌服。

方 2：《木香槟榔散》，理气消食，导滞除满。木香 40g，槟榔 60g，枳实 60g，大黄 40g，牵牛子 30g，黄连 30g，黄柏 25g，生姜 30g，共研末，开水冲，候温灌服。

方 3：《三仙散》加减，消积导滞，行气消胀。山楂、麦芽、六曲、莱菔子、木香、槟榔、枳壳、陈皮各 30g，大黄、朴硝各 60g，煎汤去渣，加生萝卜汁 500ml，植物油 250ml，混合灌服。排便迟滞不通，加重大黄、朴硝用量；腹胀，加青皮、厚朴破滞消胀；脾气虚，加党参、当归扶正祛邪。

方 4：《曲蘖散》加减，健脾开胃，消食化滞。山楂 100g，麦芽 100g，神曲 100g，厚朴 40g，枳实 40g，大黄 60g，芒硝 200g（冲服），牵牛子（炒）60g，槟榔 50g，郁李仁 60g，炒莱菔子 50g，共研细末，开水同调，候温灌服，1 剂/d，连用 2～3d。

方 5：《四君子汤》合《曲麦散》，健脾开胃，消积导滞，脾虚食滞。神曲 60g，麦芽 45g，山楂 45g，川厚朴 30g，枳壳 30g，陈皮 30g，青皮 30g，苍术 30g，炙甘草 15g，党参 60g，白术 45g，茯苓 30g，加木香 25g，山药 45g，砂仁 20g，共研细末，开水同调，候温灌服。

三、预防

加强饲养管理，防止过食，偷食，要定时定量。

【知识拓展】

病因　采食过量饲料，如饲喂粗硬难以消化的秸秆饲料，突然变换饲料，舍饲改放牧；因饥饿而过量采食又缺乏饮水；偷食大量精料，食后又大量饮水，引起急性瘤胃积食。或由于前胃弛缓，内容物后送缓慢，引起瘤胃食滞。

任务三　瘤胃臌气

【任务简介】瘤胃臌气是动物过量采食了易发酵的饲料，在瘤胃内迅速产生大量气体或因气体排出障碍，引起瘤胃急剧臌胀的一种疾病。临床特征为腹围急剧膨大，触诊瘤胃紧张而有弹性，呼吸极度困难。多发于夏季放牧的牛和饲喂易发酵饲料的牛。

【任务要求】掌握瘤胃臌气的发病特点、诊断技术及防治措施。

【工作任务】

一、诊断

根据患畜有采食大量易发酵饲料的病史，发病急剧，腹围显著增大，左肷窝突出，叩诊呈鼓音，呼吸困难等症状，可作出诊断。

1. 单纯性臌气　多于采食后或采食后不久突然发病，患畜精神沉郁，食欲废绝，反刍、嗳气很快停止。腹痛不安，拱背摇尾，回头顾腹，后肢踢肚，时而起卧。左腹部急剧膨大，肷窝凸起，甚至高于脊背，瘤胃触诊紧张而有弹性，叩诊呈鼓音，听诊瘤胃蠕动音消失。呼吸困难，张口呼吸，呼吸数达 60～80 次/min；黏膜发绀，脉搏高达 100 次/min 以上；静脉怒张，眼球突出，呻吟，站立不稳，或卧地不起，常因窒息而死亡。

2. 泡沫性臌气　除有上述症状外，常见有泡沫状唾液从口角或鼻孔逆出。瘤胃穿刺时只能断续排出少量带有泡沫的气体，瘤胃内容物随针管涌出，阻塞穿刺针孔，排气困难，不久又复发臌气，病情严重。

3. 继发性臌气　除食管阻塞外，一般发生发展缓慢，食欲、反刍减少，常在食后臌气，时胀时消，反复发作，并伴有原发病症状。

二、治疗

原则为排气减压，缓泻制酵、消沫，行气消导，恢复瘤胃功能。本病病情发展急剧，确诊后，应及时采取各种有效措施紧急抢救。

1. 排气减压　对于轻症病例，采取前高后低姿势保定，在小木棒上缠上纱布，涂抹松馏油或大酱，横衔于口中，用绳拴在角根后部固定，使之不断咀嚼，同时按摩瘤胃，促使嗳气排出气体。重症病例，应用套管针在左肷部最高点进行瘤胃穿刺放气，而后经套管针筒注入制酵剂或消沫剂。如福尔马林 10～15ml 或来苏儿 15～20ml，均配成 3% 溶液；或 8% 氧化镁溶液，灌服。如为泡沫性臌气，注入消沫药，松节油 30～40ml，鱼石脂 10～15g，酒精 30～50ml，常水 1 000ml，或植物油 500ml（单用加倍），或聚合甲基硅油 15～20g，或消胀片 30～60 片，常水 500ml，一次注入或灌服。急性病例，采取 1% 温盐水导胃洗胃，快速排出瘤胃内气体，同时导出瘤胃内发酵的或含有气泡的内容物，对泡沫性臌气的治疗尤为重要，从根本上消除产气之源。当药物治疗无效时，采用瘤胃切开手术治疗。

2. 缓泻制酵　取硫酸钠 500g、松节油 60ml、鱼石脂 15g、95% 酒精 50ml、常水1 500ml，1 次灌服。或者植物油、液体石蜡 1 000～3 000ml，一次灌服。

3. 恢复瘤胃功能　取10%氯化钠注射液300～500ml、5%氯化钙注射液100ml、10%安钠咖注射液20ml，静脉注射。或促反刍液500～1 000ml、5%葡萄糖氯化钠注射液1 500~2 000ml、5%维生素C注射液40ml、静脉注射，1次/日，连用3～5d。也可取新斯的明20mg、皮下注射，2h后再注射一次。

4. 纠正酸中毒　5%碳酸氢钠500～1 000ml、5%葡萄糖氯化钠注射液1 500~2 000ml、10%安钠咖注射液20ml，静脉注射。

5. 中医中药疗法　宜行气消胀，止酵通肠。

方1：《木香槟榔散》加减，枳壳50g，广木香35g，陈皮35g，莱菔子（炒）100g，榔片50g，茴香25g，煎汤，加大蒜100g（捣泥），食醋500ml，开水冲，候温灌服。

方2：旱烟叶50g，莱菔子60g，食盐60g，食醋500～1 000ml。先将食盐和莱菔子共炒至微黄，加入旱烟叶，水2 000ml，共煎10min后过滤，加入食醋，候温1次灌服。

方3：《大承气汤》加减，大黄（后下）60g，芒硝（冲服）120g，枳实30g，厚朴30g，炒莱菔子90g，滑石60g，煎水或共末，加植物油500ml，醋500～1 000ml，一次灌服。

方4：《健胃散》加减，六神曲60g，麦芽60g，山楂60g，莱菔子40g，枳壳40g，槟榔40g，大黄30g，芒硝80g，甘草20g，党参30g，淮山药40g，煎水或共末，水冲灌服。

方5：槟榔100g，陈皮50g，青皮50g，枳壳30g，大黄100g，莱菔子150g（或用白萝卜2个榨汁），芒硝200g（冲服），滑石150g，共为细末，加食油500ml，食醋500ml，同调灌服。

方6：《平胃散》加减，燥湿健脾，导滞消胀，用于泡沫性臌胀。木香、苍术、厚朴、枳实、槟榔、陈皮、莱菔子各30g，大黄、山楂、二丑各60g，甘草20g。水煎去渣，加植物油250ml，调和灌服。

方7：《反刍散》，消积导滞，理气宽中，健脾胃（见前胃弛缓）。

三、预防

加强饲养管理，精、青、粗饲料合理搭配，定时定量。放牧时防止贪食过多幼嫩多汁的豆科牧草，尤其是由舍饲转为放牧时应注意；不饲喂露水青草或经霜、冰冻、霉烂牧草；舍饲期间，不要喂过多的多汁、块根饲料及带水饲料。

【知识拓展】

病因

1. 单纯性臌气　主要是动物采食了大量易发酵的饲料，如初春的嫩草、露水草或被雨淋湿的青草、霉败饲草、鲜叶菜饲料、品质不良的青贮饲料及冰冻饲料。

2. 泡沫性臌气　动物过量采食了含有蛋白质、皂苷、果胶的豆科牧草，如苜蓿、三叶草、鲜甘薯藤、紫云英、花生蔓叶、各种豆类、豆饼及其幼苗等饲料；或过量采食谷物饲料，如玉米粉、小麦粉等，形成稳定的泡沫。

3. 继发性臌气　常继发于前胃弛缓、创伤性网胃炎、瓣胃阻塞、肠便秘、食管阻塞等疾病过程中。使产气和排气关系失去动态平衡而发生本病。

任务四 瘤胃酸中毒

【任务简介】 瘤胃酸中毒是动物采食了大量谷物精料（碳水化合物饲料）或长期饲喂酸度过高的青贮饲料，在瘤胃内迅速发酵分解，产生大量乳酸、挥发性脂肪酸和氨，而引起的一种代谢性酸中毒。特征为突然发病，病程短急，中枢神经兴奋性增高，视觉障碍，脱水和酸中毒等，全身症状重剧，死亡率高。分娩前后、泌乳高峰期的牛多发。

【任务要求】 掌握瘤胃酸中毒的诊断技术及防治措施。

【工作任务】

一、诊断

根据病史（病畜曾过食碳水化物饲料）、临床症状（瘤胃胀满、稀软，视觉障碍，神经症状，脱水、酸中毒等），结合实验室检查，可以确诊。

本病的程度和发生速度与饲料的种类、性状、采食量等有关。

1. 最急性病例 临床症状不明显，常在采食后突然发病，3～5h 内死亡。

2. 急性病例 精神沉郁，可视黏膜发绀，口腔酸臭、流涎。食欲减少或废绝，反刍停止。瘤胃蠕动音减弱或消失，瘤胃胀满，内容物多为液体，排稀软粥状或水样便，棕褐色，酸臭味，在粪便中含有未消化的饲料颗粒。少尿或无尿。脉搏增数达 80～140 次/min，呼吸数增高达 60～80 次/min，有时呼吸困难，体温多正常或偏低。脱水，皮肤干燥，眼窝凹陷，排尿减少或无尿。

病畜有明显的神经症状，有的精神高度沉郁，卧地不起，头颈弯向腹侧，似昏睡状，对各种刺激反应都明显下降。有的狂躁不安，向前狂奔，无法控制。视觉障碍，盲目直行或转圈，运步强拘。有的蹒跚而行，碰撞物体；或以角抵墙。有的后肢麻痹，卧地不起，类似瘫痪；有时侧卧，四肢呈游泳状，时而强直似抽搐状，时而全身肌肉震颤；有时强行驱赶，前肢起立而后肢无力站起，呈犬坐姿势。常继发蹄叶炎，跛行，站立困难。

瘤胃液 pH 值 <5.5，血液二氧化碳结合力降低，红细胞压积值高达 50%～60%，尿 pH 值 5～6 也降低。

二、治疗

原则为排出除瘤胃内容物，制止产酸、促进乳酸代谢、纠正酸中毒，补液强心，恢复胃肠功能。对瘤胃酸中毒的救治应迅速排出除瘤胃酸性内容物，纠正全身代谢性酸中毒。

1. 导胃洗胃 取温 1% 氯化钠溶液或 1:5 石灰水上清液，反复洗胃，直至瘤胃液 pH 值呈碱性，再投入碳酸氢钠 100～150g 或氧化镁 250g，或滑石粉 200g，灌入一定量的健康牛瘤胃液或反刍食团。为防止碱中毒，忌用碳酸氢钠溶液洗胃。

2. 纠正酸中毒 10% 维生素 B_1 20～40ml，静脉注射，2 次/d；或复合维生素 B20～40ml，肌肉注射，2 次/d，以促进乳酸代谢；同时应用 5% 碳酸氢钠注射液 1 000～1 500

ml，静脉注射，1～2 次/d。

3. 补液、强心、解毒　取复方氯化钠或 5% 糖盐水，总量为6 000～8 000ml/d，分 2～3次，每次均加入 20% 安钠咖 10～20ml，5% 维生素 C10～20ml，静脉注射。

4. 缓泻　硫酸钠 300g、大黄 100g、槟榔 50g、碳酸氢钠 100g、常水5 000ml，一次投服。

5. 对症疗法　病畜有明显神经症状时，取 2.5% 的氯丙嗪 10～20ml，肌肉注射；20% 甘露醇 500～1 000ml，静脉注射。出现蹄叶炎时，2% 盐酸苯海拉明 10ml，肌肉注射；或 5% 氯化钙 300ml，10% 葡萄糖 500ml，静脉注射。如继发瘤胃炎、皱胃炎、肠炎时，应给予胃肠道消炎药，庆大霉素 100 万 IU 静脉注射或土霉素12～15g 灌服，效果较好。重症瘤胃酸中毒，尽快施行瘤胃切开术，取出瘤胃内容物，并移植健康牛瘤胃液 2～4L，加少量碎干草效果更好。

6. 中医中药疗法

方 1：《加味平胃散》，健脾燥湿，理气和中。苍术 80g，白术 50g，陈皮 50g，厚朴 40g，焦山楂 60g，炒神曲 60g，炒麦芽 30g，炮干姜 30g，薏苡仁 40g，甘草 25g，大黄苏打片 80g，粉为细末，250g，1 剂/d，温水调成糊状，灌服，连用 2～3d。

方 2：《椿皮散》加酵母片 30 片，灌服（参照前胃弛缓）。

三、预防

精粗饲料合理搭配，通常以精料占 40%～50%，粗料占 50%～60% 为宜。合理调制饲料，对谷类精料加工，粗粉碎即可，颗粒不宜太细；精料量饲喂高的牛场，日粮中可加入 2% 碳酸氢钠、0.8% 氧化镁和碳酸钙。

【知识拓展】

一、病因

本病的主要原因是过食大量黄豆、小麦、玉米、大麦、豆饼、高粱、谷子、甘薯干等谷物饲料，经粉碎过细的或调制成粥状的谷物饲料，更易发病；过量饲喂含糖、淀粉的饲料、酸度过高的青贮饲料，也是常见原因。

二、发病机制

动物过量采食碳水化合物饲料后，瘤胃内产酸细菌迅速繁殖，碳水化合物发酵分解，形成大量乳酸、挥发性脂肪酸和氨等，使瘤胃 pH 值显著下降：瘤胃蠕动随之减弱乃至停止；瘤胃内正常微生物区系失去平衡，引起消化障碍；瘤胃内酸性物质增多，渗透压显著升高，使体液中大量水分通过胃壁进入胃内，引起机体脱水、血浓缩、排尿减少和瘤胃积液；继发蹄叶炎、瘤胃炎等。酸性物质吸收入血，血液碱贮下降，引起酸中毒。另外，产生的大量氨经门静脉进入血液，引起血氨升高，导致肝脏受损、脑组织充血，出现神经症状和交感神经兴奋，随后转为中枢神经抑制而呈现昏迷。

三、鉴别诊断

本病需与瘤胃积食、生产瘫痪等进行鉴别诊断。

瘤胃积食。瘤胃积食也有过食的病史，但瘤胃触诊坚实、疼痛，无视觉障碍和神经兴奋症状。

生产瘫痪。多发生于分娩后，也有后肢麻痹、瘫痪，卧地不起症状，头颈部弯向胸的一侧或呈S状弯曲，知觉意识障碍。但无腹泻和神经兴奋症状，钙剂治疗效果显著，多于治疗后1~2d痊愈。

任务五　创伤性网胃-心包炎

【任务简介】本病是因动物采食了尖锐异物进入网胃，刺伤网胃壁或心包而引起的网胃炎或心包炎，临床特征为顽固性前胃弛缓，网胃区触诊疼痛。

【任务要求】掌握创伤性网胃-心包炎的诊断技术及防治措施。

【工作任务】

一、诊断

根据病史，临床症状（顽固性前胃弛缓、网胃区疼痛的症候群），可以建立诊断。

1. 单纯创伤性网胃炎　多突然发病，并呈现典型的前胃弛缓症状，病初体温升高，脉搏增数，食欲、反刍障碍，鼻镜干燥，瘤胃蠕动音减弱，慢性臌气或食滞，触诊瘤胃内容物黏硬，但按前胃弛缓治疗，病情不见缓解，反而加重。体温以后逐渐恢复正常，但脉搏仍增数，病牛逐渐消瘦，产奶量下降或停止。随着病程延长，出现异常姿势和运动症状。站立时肘头外展，肘肌、肩胛部肌肉震颤，多取前高后低姿势。不愿走下坡路或斜行行走，不敢左侧急转弯。起卧异常，不愿卧地，卧地时动作缓慢，以后肢先着地，起立时则以前肢先站起。网胃疼痛性检查，多数病牛表现躲闪，敏感，疼痛不安，后肢踢腹，呻吟。应用副交感神经兴奋剂，病情随之加重表现疼痛不安。

2. 创伤性网胃-心包炎　前期出现创伤性网胃炎的症状，发生心包炎后全身症状重剧，精神沉郁，体温升高达40~41℃（出现于早期），脉搏增数达100次/min以上，腹式呼吸。初期可视黏膜潮红、充血，病情加重时发绀。叩诊心区有疼痛反应，心浊音区扩大。听诊，病初可听到心包摩擦音，随着病情发展，中后期出现拍水音和金属音，心音微弱似从远方来。后期，颈静脉努张，颌下、胸垂水肿。心包穿刺液混浊。

继发腹膜炎时，腹壁紧张，触诊敏感或有疼痛，渗出液多时，叩诊出现水平浊音。腹腔穿刺液蛋白定性呈阳性，并含有大量红、白细胞。如果刺伤肝、脾、肺时，则引起这些器官发生脓肿。

二、治疗

原则为取出异物，控制感染。采取瘤胃切开术取出异物，是治疗本病的根本方法。药物保守疗法只能达到消炎，控制感染，促进在金属异物周围形成包囊，由于异物未能取出，多宜复发或死亡。创伤性网胃-心包炎可进行心包穿刺，进行冲洗，再注入抗生素，结合全身治疗，可能治愈，但多预后不良。

三、预防

加强饲养管理，不在工厂、矿山、施工场地周围放牧；用筛或磁性拌料棒除去草料中的金属异物。

【知识拓展】

一、病因

由于牛采食快，不加咀嚼立即吞咽，且舌、颊黏膜上具有朝向后方的乳头，因此易将尖锐异物（如铁钉、铁丝头、缝针等）吞下进入网胃，在网胃强有力的收缩下，异物刺入网胃壁引起创伤性网胃炎，穿过膈肌刺入心包则引起创伤性网胃－心包炎，有时也可刺伤肝、脾等。引起腹压升高的各种因素常是引起本病发生的诱因。

二、鉴别诊断

本病需与下列疾病鉴别诊断：

胸膜炎：多出现摩擦音，与呼吸频率一致，叩诊呈现水平浊音，心音无变化。

心内膜炎：有内膜各种器质性杂音，但没有拍水音，叩诊也无变化。

任务六　瓣胃阻塞

【任务简介】瓣胃阻塞，中兽医称为百叶干，是由于前胃运动功能障碍，瓣胃收缩力减弱，内容物不能顺利排入皱胃而停滞于小叶间，水分被吸收，内容物干涸，以致形成阻塞的一种病。特征为前胃弛缓，瓣胃蠕动音减弱或消失，触诊瓣胃坚实、疼痛，粪便干少、色暗，呈算盘珠样或花瓣样硬片，附有黏液。冬季、初春季节，舍饲牛和耕牛多发。

【任务要求】掌握瓣胃阻塞的诊断技术及防治措施。

【工作任务】

一、诊断

根据临床症状（如病畜呈现顽固性前胃弛缓症状，瓣胃音消失，触诊敏感、坚实，鼻镜干燥，便干、小、硬呈算盘珠样、花瓣片状，粪质细腻），瓣胃穿刺与注射阻力显著增大，直检，可以建立诊断。

初期，主要表现为前胃弛缓，食欲不定或减退，口腔干燥，舌质及眼结膜偏红。瘤胃慢性臌气或积食、蠕动次数减少、减弱、重者废绝，瓣胃蠕动音微弱或消失。便秘，排粪略干，呈烧饼状或球状，表面色深。脉搏、呼吸、体温一般无大变化。

随着病情的发展，病畜反应迟钝，食欲、反刍消失，瘤胃收缩力降低，空嚼磨牙，时而呻吟。很快脱水，眼球凹陷、口腔及鼻镜干燥或皲裂，皮肤干燥、弹性降低。排出少量小粪球，干硬色暗，呈算盘珠样，表面附有黏液，或便中混有花瓣样片状硬粪，继则排粪停止。站立不安，后肢踢腹或频频踏地，回顾右腹，不断呻吟。瓣胃区肋间触诊坚实、敏感、疼痛，叩诊浊音区扩大，于右侧最后肋弓下部用向前方深部触诊，有时可触到坚硬后移的瓣胃。瓣胃穿刺检查有阻力，呈“沙沙”音，不感到瓣胃有收缩运动。直肠检查，直肠与肛门痉挛性收缩，直肠内空虚。呼吸浅表、疾速，心功能亢进，脉搏增数达 80～100 次/min。

晚期病例，瓣胃小叶坏死，伴发肠炎和全身败血症，体温升高 0.5～1℃，皮温不整，结膜发绀，排粪停止或仅排少量恶臭黏液，尿少或无。呼吸增数，脉搏增数达 100～140 次/min，出现严重的脱水和酸中毒症状。精神极度沉郁，低头耷耳，舌色青紫，行走无力或摇摆，卧多立少，卧地不起。

二、治疗

原则为增强前胃运动功能，促进瓣胃内容物排出。

1. 泻下通便 取硫酸镁（钠）500～800g、常水6 000～8 000ml，一次灌服；或液体石蜡1 000～2 000ml，也可用植物油 500～1 000ml，一次灌服；或盐类泻剂和油类泻剂配伍灌服。

2. 瓣胃注射 取 10%～25% 硫酸镁 1 000～2 000ml、液体石蜡或甘油 500ml、盐酸土霉素 3～5g，一次注入；或《加味大承气汤》，生黄芪、当归各 250g，生大黄（后下）60g，枳实、厚朴、黄连、番泻叶、桃仁各 30g，三棱、莪术、火麻仁（打碎）、郁李仁（打碎）各 120g，芒硝（冲）300g。水煎 2 次，每次加水 2 500ml，2 次共煎取药液 1 500～2 000ml，加入芒硝融化，然后放于 4～8 ℃处，静置冷却 2～3h，弃去底层沉淀物，用 8 层纱布过滤 3 次，再加入普鲁卡因 1g，一次注入。同时注入生理盐水1 500ml。

3. 兴奋前胃功能 取 10% 氯化钠 500ml、5% 氯化钙 300～500ml、10% 葡萄糖 500ml、10% 安钠咖 20ml，静脉注射。

4. 补液、强心、解毒 取 5% 糖盐水2 000～3 000ml、10% 安钠咖 10～20ml、5% 维生素 C50ml、5% 碳酸氢钠 500ml，一次静脉注射；或复方氯化钠、5% 糖盐水1 500～2 000ml，2 次/d；或 5% 葡萄糖盐水 1 000ml、丁胺卡那霉素 2～4g、维生素 C60g、维生素 $B_6$2g、1 次静脉注射；或 10% 葡萄糖1 500ml、氧氟沙星 0.8g、1 次缓慢静注；或 5% 碳酸氢钠 500～1 000ml，1 次静脉注射。

5. 病情严重的病例，可实施瓣胃冲洗术

6. 中医中药疗法 本病是由于脾胃虚弱，胃中津液不足，而引起百叶干燥，治宜着重生津、清胃热、补血养阴，通肠润燥。

方 1：《藜芦润燥汤》加减，藜芦 60g，常山 60g，二丑 60g，当归 60～100g，川芎 60g，滑石 90g，石蜡油 1 000ml，蜂蜜 250g，水煎后加滑石、石蜡油、蜂蜜，一次灌服。

方 2：《瓣胃疏通散》加减，大黄 30g，黄芩 20g，黄柏 20g，黑丑 10g，川芎 20g，滑石 40g，槲片 30g，枳壳 20g，知母 20g，共研末，开水冲，加蜂蜜 300g，一次灌服，连用 3～5 次。

方 3：油当归 60g，火麻仁 60g，枳实 60g，牵牛子 150g，番泻叶 50g，水煎候温，加猪油 1 000g，一次灌服，每日 1 次，连用 2 次。

方 4：大黄 100g，芒硝 180g，当归、白术、二丑、滑石各 50g，大戟 30g，甘草 10g，共研细末，加猪油 1 000g，开水冲，候温灌服，1 次/d，连用 2～3 次。

方 5：《猪膏散》加减，大黄 60g，大戟 25g，甘遂 25g，牵牛 30g，续随子 30g，滑石

60g，官桂15g，白芷10g，地榆60g，甘草25g，共为末，开水冲调，加猪油250g，蜂蜜100g，一次灌服。

方6：《增液承气汤》，生地100g，麦冬60g，元参60g，大黄100g，芒硝（冲）400g，川朴60g，枳壳60g，瓜蒌60g，煎汁，候温加菜籽油500ml，分二次灌服，1剂/日。食欲不振，加麦芽100g，山楂50g，神曲50g；肚腹胀满，加莱菔子60g，木香60g；高热不退，加黄连30g，连翘30g。

方7：《猪膏散》加减，生大黄60g，芒硝250g，枳实30g，郁李仁30g，火麻仁45g，甘草30g，大戟30g，甘遂30g，续随子30g，青皮30g，陈皮30g，滑石60g，木通30g，白芷45g，山楂60g，猪脂250g，蜂蜜100g。研末，另加灯心草煎水，灌服。

三、预防

改善饲草料品质，避免长期用单一饲料喂牛，同时注意适当减少坚硬的粗纤维饲料，多喂优质的干草，精、青、粗合理搭配，筛去泥沙。

【知识拓展】

病因　主要原因为长期饲喂粗硬、难以消化、混有泥沙的饲料，或缺乏刺激性的粉状饲料，饮水不足。由放牧转为舍饲、过度使役、运动不足或缺乏运动、老龄、体弱等也是诱因。也可继发于前胃弛缓，前胃积食，皱胃积食，皱胃变位，以及某些急性热性疾病、慢性消耗性疾病。

任务七　皱胃阻塞

【任务简介】皱胃阻塞又称为皱胃积食，是由于迷走神经功能紊乱，导致皱胃弛缓，内容物大量积滞，胃壁扩张而形成的一种阻塞性疾病，多发于冬春季，分娩前后。特征为前胃弛缓，排粪迟滞，瘤胃积液，右侧季肋下部局限性膨隆，触诊皱胃扩张、内容物较硬并且敏感，膁窝部听、叩诊结合检查呈铿锵清朗的叩击钢管音。

【任务要求】掌握皱胃阻塞的发病特点、诊断技术及防治措施。

【工作任务】

一、诊断

根据病史及临床症状（如前胃弛缓，长期排粪迟滞，皱胃区膨隆。听叩诊检查有明显的钢管音，皱胃触诊坚实、疼痛，穿刺），可以建立诊断。

本病发展较慢。病初，呈现前胃弛缓，食欲减退，反刍减弱或消失，瘤胃蠕动音减弱，皱胃音低沉，排便少，便干而硬，腹部无明显异常。按前胃弛缓治疗效果不佳。

中期，随病情发展，食欲废绝，反刍停止，右下腹季肋部局限性隆起，触诊皱胃显著向后扩张，坚硬，疼痛不安，发出呻吟声。于右侧倒数2～3肋听叩诊，有明显的铿锵钢管音。瘤胃慢性臌气和积液，冲击式触诊有波动、振水音。瘤胃与瓣胃音消失，肠音微弱。排粪迟滞，有时呈排粪姿势，但仅排出少量糊状、棕褐色带恶臭味粪便，混有少量黏液或紫黑色血丝和血凝块，尿少而浓。

后期，精神沉郁，呻吟，虚弱，呼吸急促，心率加快100次/min以上。皮肤弹性减退，鼻镜干燥，眼球下陷，结膜发绀，血液黏稠，呈现严重的脱水和自体中毒症状，如治疗不当多在2～3周内死亡。

直肠检查，肠道空虚、在骨盆腔前缘右前方中下腹部可触到半圆形、捏粉状或较硬的皱胃后缘。

二、治疗

原则为消积化滞，缓解幽门痉挛，促进皱胃蠕动，排除积食，防止脱水和自体中毒。

1. 泻下通便 用油类泻剂，配合少量盐类泻剂，盐类泻剂只能在病初无脱水症状时应用。取硫酸镁（钠）300～400g、植物油500～1 000ml、滑石粉300g、酵母粉250g、常水6 000～8 000ml，一次灌服；10%～25%硫酸镁1 000ml、乳酸20ml、稀盐酸20ml，皱胃或瓣胃注射。

2. 促进胃肠蠕动 促反刍液500ml、10%葡萄糖2 000ml、5%糖盐水1 000ml、维生素C 50ml一次静脉注射，2次/d。胃动力加能剂（三磷酸腺苷、胃复安、新斯的明和吗丁啉），静脉注射，2次/d。

3. 补液、强心、解毒，防止继发感染 复方氯化钠注射液2 000ml、5%葡萄糖盐水2 000ml、10%安钠咖30ml、庆大霉素80万～100万IU、维生素C60～100ml，一次静注。防止继发感染，也可静脉注射撒乌安100～200ml，或其他适合的抗生素。

4. 皱胃切开手术，药物治疗无效的病例应及时采取皱胃切开手术，取出皱胃内容物，然后再冲洗瓣胃

5. 中医中药疗法 治宜消积导滞，润燥滑肠，理气通便。

方1：《加味当归大芸汤》，润燥滑肠，理气通便。当归250g，大芸100g，生地50g，元参50g，人参50g，白术50g，茯苓40g，炙甘草30g，阿胶（烊化）50g，青皮30g，陈皮30g，枳实50g，厚朴50g，大黄（后下）50g，滑石粉（冲）100g，莱菔子100g，木香30g，香附30g，元胡30g，砂仁20g，麻仁200g，郁李仁200g，柏仁100g，桔梗40g，植物油2 000ml。先将植物油加微热，把当归放入油中，文火炸，待当归酥脆色焦黄时，捞出与其他药物同煎，以上药物共煎4次，总量不低于12 000ml，然后加入烊化的阿胶及滑石粉，与冷却的植物油一次灌服。

方2：《当归苁蓉汤》加减，消积导滞、润燥通便。当归（油炸）200g，香油250ml，肉苁蓉100g，番泻叶90g，木香45g，厚朴60g，炒枳壳60g，香附60g，焦山楂150g，建曲150g（后下），火麻仁150g，郁李仁100g，三棱60g，莪术60g，炒莱菔子150g，生姜120g，研末或煎汤灌服。

三、预防

加强饲养管理，合理配合日粮，特别要注意粗饲料和精饲料的调配，饲草不能铡得过短，精料不能粉碎过细。

【知识拓展】

一、病因

主要是由于饲料与饲养管理及使役不当而引起。精料饲喂过多，或粗料粉碎后混同精料共喂，或长期饲喂单一而且营养价值低的粗硬难消化饲料，或饲后饮水不足，或劳役过度。机械性阻塞，如误食破布、麻绳、塑料布、毛球、胎盘，犊牛有的因大量乳凝块积滞，阻塞幽门或十二指肠而导致本病。妊娠、运动不足、环境突然改变、营养不全、草料发霉以及气候骤变是引发本病的诱因。继发于其他疾病。

二、鉴别诊断

本病需与下列疾病鉴别诊断：

肠阻塞（牛结症）。虽有与皱胃阻塞相似的如腹围增大、有波动感、排粪停止等症状，但结症发病较快，初期腹痛症状显著，并经常努责，而且病程较短，直检有时能摸到阻塞肠管，故与皱胃阻塞容易区别。

瓣胃阻塞。也有与皱胃阻塞相似的如病程较长、排粪干燥和中后期停止排粪等症状，但瓣胃阻塞瘤胃内不蓄水，故腹围不增大，无烦渴症状，而且鼻镜干燥，甚至干裂，舌有黄苔，这些均与皱胃阻塞有区别。

任务八　皱胃变位

【任务简介】皱胃变位是指皱胃的正常解剖位置发生改变的一种疾病。本病常突然发生，病情严重，病势发展迅速，尤其是右方变位，如不能准确诊断、及时采取手术措施常归于死亡。多数发生在分娩后，少数发生在产前三个月至分娩前。

【任务要求】掌握皱胃变位的发病特点、诊断技术及防治措施。

【工作任务】

一、诊断

根据病史、临床症状，结合辅助检查，可作出诊断。

1. 左方变位　皱胃通过瘤胃下方移行到瘤胃左侧，夹嵌在瘤胃与左腹壁之间，见图1。病初，呈前胃弛缓症状，采食、反刍时好时坏，厌食精料，臌气时胀时消，腹痛轻。精神沉郁，轻度脱水，其体温、呼吸和脉率基本正常。排粪减少，呈糊状、深绿色，腹泻与便秘交替发生，产奶量下降，消瘦。随着病情发展，左腹壁倒数1～3肋骨中部往往呈现明显的隆起，甚至可扩展到肋弓后。叩诊呈鼓音。听诊瘤胃蠕动音弱，还能听到滞于瘤胃音后的皱胃蠕动音，听、叩诊结合检查，有钢管音。左、右肷窝下陷，左侧冲击触诊有振水音。在隆起部位穿刺检查，穿刺液棕褐色、缺乏纤毛虫、pH值2～4。直肠检查，左侧腹腔上部空虚，瘤胃背囊后移，与左腹壁之间出现间隙，有时在瘤胃的左侧可摸到膨满的皱胃。继发醋酮血症时，颈部皮肤、乳汁和呼出气有酮体气味，尿酮阳性。病程长达1～3

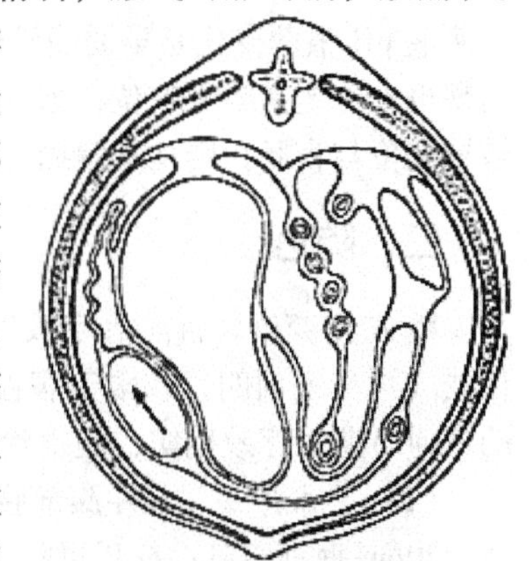

图1　皱胃左方变位模式

个月。

2. 右方变位 皱胃沿顺时针方向旋转，移至瓣胃的后上方，嵌留在肝脏与右腹壁之间，见图2。若皱胃沿自己的纵轴作180°~270°旋转，移位于瓣胃的前上方，嵌留在网胃和膈肌之间，称为皱胃扭转。病畜腹痛，中度或重度脱水，低氯血症，低血钾症，代谢性碱中毒，皱胃积液积气，幽门阻塞机械性排空障碍。

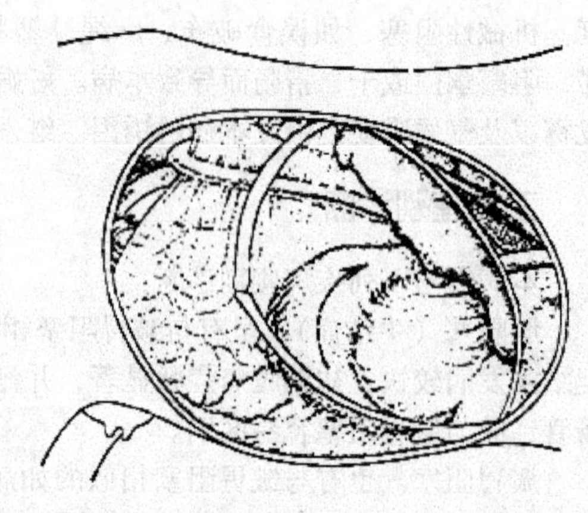

图2 皱胃右方变位（顺时针）模式

急性病例。突然发病，精神沉郁，食欲减退或废绝，反刍少或停止，腹痛不安，呻吟，踢腹，常拒食，贪饮。瘤胃蠕动音消失，粪软色暗，血样或黑色柏油样粪便，后期停止排便。右侧最后1~3肋骨中部及后方10~15cm区域明显膨大，叩诊呈鼓音，听、叩诊结合检查，有钢管音，冲击触诊有振水音，穿刺液褐色血样液体，pH值2~5，无纤毛虫。直肠检查，可触及充满气体或液体的皱胃。脉搏增数达100次/min以上，脱水严重，体温下降或正常。

亚急性病例。发病缓慢，无剧烈腹痛，脉搏达90次/min左右，体温一般正常，瘤胃蠕动音减弱，有时轻度臌胀，粪呈糊状色暗，冲击式触诊可听到振水音，该部穿刺液pH值2~5，直检摸到膨满的皱胃。

同时伴有严重脱水，尿少，酮体阳性。严重病例病程2~3d，亚急性病程可达10~14d。

初期不易确诊，当病牛出现食欲、反刍时好时坏，臌气时胀时消，排粥状便，或突然发病，腹痛，排黏液状暗黑色便，按前胃弛缓治疗效果不佳，就应怀疑该病。

根据示病性症状可以确诊：左侧或右侧倒数1~3肋中部隆起；部隆部听、叩诊结合呈鼓音，重者叩击呈钢管音；穿刺液棕褐色，pH值1~4或4~6，精密pH试纸呈红色，实验室检查无纤毛虫；软腹壁冲击触诊有不同程度的振水音。无论左方或右方变位，皱胃穿刺液pH值的变化是早期确诊的主要依据，而不能只凭是否有钢管音的出现。有钢管音出现也不一定是皱胃变位，如皱胃积食、腹腔积水、瓣胃阻塞等，且钢管音的出现较晚。皱胃变位与盲肠扭转均有腹痛症状，应进行区鉴别。

二、防治

1. 左方变位 目前治疗皱胃左方变位的方法有滚转复位法和手术疗法两种。滚转复位法（详见实训四）仅限于病程短，病情轻的病例，且成功率不高；手术疗法适用于病后的任何时期，疗效确实，是根治疗法。

（1）*手术疗法* 在左腹部腰椎横突下方25~35cm，距第13肋骨6~8cm处，作一长15~20cm垂直切口；打开腹腔，暴露皱胃，导出皱胃内的气体和液体；牵拉皱胃寻找大网膜，将大网膜引至切口处，然后选用两种方法将皱胃推移复位并固定于其正常位置：

整复固定方法一：用10号双股缝合线，在皱胃大弯大网膜附着部作2～3个纽扣缝合，术者掌心握缝线一端，紧贴左腹壁内侧伸向右腹底部皱胃正常位置，助手根据术者指示的相应体表位置，局部常规处理后，做一个皮肤小切口，然后用止血钳刺入到腹腔，钳夹术者掌心的缝线，将其引出腹壁外。同法引出另外的纽扣缝合线。然后术者用拳头抵住皱胃，沿左腹壁推送到瘤胃下方右侧腹底，进行整复。纠正皱胃位置后，由助手拉紧纽扣缝合线，取灭菌小纱布卷，放于皮肤小切口内，将缝线打结于纱布卷上，缝合皮肤小切口。

整复固定方法二：用长约2m的肠线，在皱胃大弯的大网膜附着部作一褥式缝合并打结，剪去余端，带有缝针的另一端留在切口外备用；将皱胃沿左腹壁推送到瘤胃下方右侧腹底。纠正皱胃位置后，术者掌心握着备用的带肠线的缝针，紧贴左腹壁内侧伸向右腹底部，并按助手在腹壁外指示的皱胃正常体表位置处，将缝针向外穿透腹壁，由助手将缝针拔出，慢慢拉紧缝线；将缝针从原针孔刺入皮下，距针孔处1.5～2.0cm处穿出皮肤，引出缝线，将其与入针处线端在皮肤外打结固定。

常规闭合腹壁切口，装结系绷带。

（2）滚转复位法　饥饿1～2d并限制饮水，使瘤胃容积缩小；使牛右侧横卧1min，将四蹄缚住，然后转成仰卧1min，随后以背部为轴心，先向左滚转45°，回到正中，再向右滚转45°，再回到正中（左右摆幅90°）。如此来回地向左右两侧摆动若干次，每次回到正中位置时静止2～3min；将牛转为左侧横卧，使瘤胃与腹壁接触，转成俯卧后使牛站立。也可以采取左右来回摆动约3～5min后，突然停止；在右侧横卧状态下，用叩诊和听诊结合的方法判断皱胃是否已经复位。若已经复位，停止滚转；若仍未复位，再继续滚转，直至复位为止。然后让病牛缓慢转成正常卧地姿势，静卧后20min后，再使牛站立。

治疗过程中，适时口服缓泻剂与制酵剂，应用促反刍药物和拟胆碱药物，静脉注射钙剂和口服氯化钾，以促进胃肠蠕动，加速胃肠排空，消除皱胃弛缓。若存在并发症，如酮病、乳房炎、子宫炎等，应同时进行治疗。

滚转法治疗后，让动物尽可能地采食优质干草，以促进胃肠蠕动，增加瘤胃容积，从而防止左方变位的复发。

（3）预防措施　合理配合日粮，日粮中的谷物饲料，青贮饲料和优质干草的比例应适当；对发生乳房炎或子宫炎、酮病等疾病的病畜应及时治疗；在奶牛的育种方面，应注意选育既要后躯宽大，又要腹部较紧凑的奶牛。

2. 右方变位　一般采用手术疗法，滚转复位法无效。

（1）手术治疗　皱胃右侧扭转主要采用手术方法治疗。在右腹部第3腰椎横突下方10～15cm处，作垂直切口，导出皱胃内的气体和液体；纠正皱胃位置，并使十二指肠和幽门通畅；然后将皱胃在正常位置加以缝合固定，防止复发。治疗中应根据病牛脱水程度，进行补液和强心。同时治疗低钙血症、酮病等并发症。

（2）预防措施　皱胃右方变位的预防与皱胃左方变位的预防措施相似。

【知识拓展】

病因　皱胃变位的确切原因尚不清楚，主要下列因素直接相关。

1. 皱胃机械性转移　母牛妊娠后期和产后，采食较少，皱胃内容物少，使之移动性增强，受瘤胃和肠管挤压而发生变位。

2. 高精料日粮 产前产后饲喂母牛精料过多，产生大量挥发性脂肪酸，酸性物质进入皱胃后，使pH值下降，导致皱胃弛缓，受其他脏器压迫或腹压增高时，即可发生变位。

3. 和运动有关 调查显示，放牧的奶牛发病极少，而舍饲奶牛发病率较高。正常的运动能使全身肌肉和胃肠紧张性增高，胃肠功能良好，移动性小，则不会发生变位。但如突然剧烈运动，跳沟跃壕、急起急卧，反而会增加变位的可能性，尤其是皱胃右方变位。长期缺乏运动，加之大量饲喂精料产酸过多，使皱胃紧张性降低而弛缓，因而舍饲奶牛易发生变位。

4. 低血钙也是引起变位的诱发原因

任务九　皱胃炎

【任务简介】皱胃炎 是各种致病因素所引起的皱胃黏膜及黏膜下层的炎症。临床特征为严重的消化障碍，伴有呕吐。一年四季均可发生，但以春秋季多发。

【任务要求】掌握皱胃炎的诊断技术及防治措施。

【工作任务】

一、诊断

根据病畜长期消化不良，结膜潮红、黄染，皱胃区触诊疼痛不安，便秘或腹泻，有钢管音，可以作出诊断。

病畜精神沉郁，结膜潮红、黄染，皮温不整。饮水、食欲减退，反刍次数少、短促无力，有时空嚼，不爱吃精料，磨牙，流涎，有的出现呕吐。瘤胃轻度臌气，蠕动无力。鼻镜干燥，眼球下陷，被毛逆乱无光泽，皮肤弹性降低，明显消瘦。排粪量少而干硬，粪便表面光滑附有黏液，粪便中的混有草节，有时病牛呈现腹泻，排便粥状、黏稠呈暗黑色。触诊皱胃区，疼痛不安，听叩诊结合倒数一二肋骨呈现钢管音。

唾液黏稠，长期消化不良，异嗜，口腔黏膜苍白或黄染，舌苔白腻，口放甘臭。多数病例体温在39℃以上，心音亢进，加快，节律不齐，脉搏80次/min以上。

二、治疗

原则为改善饲养管理，清理胃肠，消炎止痛，止酵纠酸，补液、强心、解毒。患病初期，应禁食1～2d。

（1）清理胃肠　取植物油500～1 000ml或人工盐400～500g或硫酸钠300g、大黄末100g、氯霉素5～8g或链霉素5～10g，一次灌服。

（2）增强中枢神经系统保护抑制过程　安溴100～150ml，静脉注射，1次/d，连用2～3次。

（3）镇痛消炎　取10%葡萄糖500ml、生理盐水1 000ml、庆大霉素100万～150万单位、氢化可的松200～400mg，静脉注射。或生理盐水1 000ml、氨基苄15g，静脉注射，1次/d，连用4d；或10%磺胺嘧啶钠，首次量150～200ml，第二次量100～150ml，40%乌洛托品40～60ml，静脉注射，1次/d，连用3～5d。或磺胺脒50g，胃蛋白酶80g，加水适量，一次灌服，1 次/d。或链霉素 5～10g，生理盐水 500～1 000ml，皱胃注射。30% 安乃近 10～40ml，一次肌肉注射，1 次/d，连用 3～5d。

（4）补液、强心、纠酸解毒　取 5% 糖盐水2 000~3 000ml、20% 安钠咖 10～20ml 或安钠 100ml、维生素 C60～100ml，一次静脉注射；5% 碳酸氢钠 500ml，一次静脉注射。

（5）中医中药疗法　治宜清热通便，行气导滞，活血止痛。

方 1：《皱胃消炎散》，苍术 20g，陈皮 30g，川厚朴 20g，醋香附 15g，枳壳 25g，公英 50g，地丁 50g，双花 40g，连翘 40g，郁金 20g，胡盐 50g，甘草 15g，研末，400g/d，开水冲，候温灌服，连用 3～5d。

方 2：《皱胃消炎散》加减，苦参 50g，苍术 50g，川厚朴 25g，陈皮 30g，枳壳 25g，茯苓 40g，黄芩 25g，柴胡 20g，龙胆草 20g，公英 40g，地丁 25g，白头翁 30g，白芨 30g，研末，1 剂/d，开水冲，候温灌服，连用 4～5d。

方 3：《黄芪建中汤》加减，黄芪 80g，桂枝 40g，白芍 60g，甘草 30g，生姜 30g，大枣 30g，饴糖 60g，乳香 30g，海螵蛸 80g，瓦楞子 30g，共研末，开水冲，候温灌服。

【知识拓展】

一、病因

多因饲养管理不当所引起。长期饲喂粗硬饲料，冰冻饲料，霉变饲料；大量饲喂精料使皱胃酸度过高；不定时定量饲喂，使牛暴饮暴食；或突然更换饲料，胃肠不能适应；化学物质刺激和有采食有毒植物等，或因某些疾病引进皱胃黏膜充血、出血、糜烂、溃疡，甚至坏死。

二、鉴别诊断

需与下列疾病进行鉴别诊断：

皱胃溃疡。粪便酱油色、黏稠，触诊皱胃区病牛安静，除去压力有疼痛反应。

肠炎。以腹泻为主，粪便混有黏液、血液、伪膜、脓汁，脱水严重。

任务十　皱胃溃疡

【任务简介】皱胃溃疡多由于皱胃内容物酸度过高，长期刺激皱胃黏膜而发生溃疡。

【任务要求】掌握皱胃溃疡的诊断技术及防治措施。

【工作任务】

一、诊断

根据突发厌食，触诊皱胃区病牛安静，除去压力则有疼痛反应，心搏过速，粪便黏稠，呈煤焦油色、黑褐色或暗红色，贫血等作出诊断。

病畜精神沉郁，食欲减退或废绝，反刍停止，异嗜。腹壁收缩，触诊皱胃区，病牛安静，无疼痛反应，除去压力则有疼痛反应。皱胃黏膜出血，腹泻，便中带血，呈松馏油样、酱油色的糊状物，直肠检查时沾于手臂上。严重时出现贫血，呼吸疾速，脉搏数而细弱，甚则不感于手，体温下降。如发生胃穿孔，引起腹膜炎则腹壁紧张，体温升高，后期体温下降，虚脱而死。

粪便呈暗棕色至黑色，潜血检查呈阳性反应（皱胃炎也有同样反应），因皱胃溃疡出血有时呈间歇性发生，故潜血检验应反复进行数次。

二、治疗

原则为镇静止痛，抗酸止酵，消炎止血。首先要除去致病因素，给予富含维生素易于消化的饲料。

（1）镇静止痛　安溴100ml，静脉注射或30%安乃近20～30ml，肌肉注射。

（2）控制继发感染　可选用氨基苄、环丙沙星、氧氟沙星、卡那霉素、庆大霉素等，禁用皮质激素。10%葡萄糖水500ml、10%安钠咖10～20ml、维生素C50ml，静脉注射，1次/d；盐酸环丙沙星注射液1 000ml，静脉注射，1次/d；阿米卡星注射液20ml，肌肉注射，2次/d。

（3）止血　止血敏20ml，肌肉注射，3次/d；或5%氯化钙300ml、10%葡萄糖500ml、维生素C60ml，静脉注射。

（4）中和胃酸　应给予黏膜保护剂和制酸剂，使皱胃内容物的pH值升高，辅助皱胃溃疡灶修复和愈合。西米替丁30片、碳酸氢钠100g、复合维生素B30～50片、盐酸甲氧氯普胺20片、氧化镁250g，1次/d，灌服，连服2～4d。或轻质氧化镁50～100g或滑石粉300g，3次/d，连用3～5d。

（5）中医中药疗法　以理气止痛，止酸，活血化淤为主。

方1：《失笑散》加味，蒲黄60g，五灵脂60g，椿皮80g，槐角20g，炒当归60g，白芍60g，甘草20g，苦参60g，香附子60g，海螵蛸100g，煎服或研末服。

方2：太子参40g，黄芪40g，白花蛇舌草30g，白芨30g，海螵蛸80g，木香30g，元胡40g，茜草40g，地榆40g，甘草12g，研末，开水冲，候温灌服，1剂/d，连服3～5剂。

方3：《皱胃消炎散》，见皱胃炎。

方4：生海螵蛸75g，白芨45g，浙贝母60g，田三七24g，炒黄柏45g，乳香35g，生白术45g，紫豆蔻35g，粉甘草30g，研末，开水冲，候温灌服，1剂/d。

【知识拓展】

病因　常和皱胃炎原因一致，但精料和青贮等高酸性日粮饲喂过多，影响消化和代谢功能是主要原因。

任务十一　牛肠便秘

【任务简介】牛肠便秘又称便秘疝，是由于肠管运动和分泌功能紊乱，肠内容物停滞，水分被吸收，阻塞于某段肠腔而引起的一种急性腹痛疾病。临床特征为排粪迟滞，腹痛。

常见小肠、结肠便秘。

【任务要求】掌握牛肠便秘的诊断技术及防治措施。

【工作任务】

一、诊断

根据病畜突然腹痛，排粪干、少或不排粪，不断努责并排出胶冻样黏液，右腹侧冲击触诊有振水音，脱水，直肠检查能摸到充气的肠管或阻塞部，可以作出诊断。

病初，患畜食欲、反刍减少。以后逐渐废绝，瘤胃及肠音微弱，瘤胃轻度臌气，出现腹痛，站立不安，两后肢频频交替踏地，后肢踢腹，摇尾不安，拱背，努责，呈排粪姿势，中后期腹痛消失。排粪干、少或不排粪，频频努责时，仅排出一些白色、黏稠的胶冻样黏液。体温、脉搏、腹围变化不大。

中后期，患畜腹围增大，肠音弱或停止，胃蠕动音减弱，食欲、反皱停止。口腔干臭，舌苔黄。以拳冲击右腹侧往往出现振水音，完全阻塞时更为明显。至后期，鼻镜干燥，眼球下陷，目光无神，卧地不起，头颈贴地，最后发生脱水和心力衰竭而死。

腹腔穿刺，穿刺液为橙黄色渗出液。直肠检查可见直肠空虚，能摸到阻塞部，有明显压痛，以及充满气体或液体的肠管，手臂上粘有白色黏液。

二、治疗

以通肠泻下为主，配合深部灌肠，补液、强心，病情严重者，可施行手术治疗。

1. 泻下通肠　取硫酸镁（钠）500～800g、植物油 1 000ml、常水6 000～8 000ml，一次灌服。若为结肠便秘，可采用温肥皂水 1 000～1 500ml，作深部灌肠。

2. 促进肠蠕动　促反刍液静脉注射，拟胆碱药物应在有排便时应用。

3. 补液强心　生理盐水或5%葡萄糖生理盐水 2 000~3 000ml、20%安钠咖 10～20ml，静脉注射。

4. 顽固性病例如药物治疗无效时，应尽早实施肠手术

5. 中医中药疗法　攻下遂水，行气止痛，活血化淤。

方 1：加味甘遂汤，甘遂 25～35g，桃仁 50～65g，厚朴 80～120g，赤芍 50～60g，大黄（后下）、当归各 100～120g，青皮 40～50g，木香 25～30g，川牛膝 30～40g，研末冲服或水煎，候温灌服。

方 2：大黄（后下）60g，芒硝（冲服）250g，二丑 60g，大戟 30g，甘遂 30g，枳实 30g，黄芩 30g，玄参 50g，黄芪 30g，甘草 20g，莱菔子 80g，煎汁，加植物油 1 000ml，候温灌服。

方 3：大黄 80g，黑丑 20g，滑石 80g，榔片 40g，枳壳 30g，黄柏 20g，川芎 20g，甘草 20g，开水冲，候温加蜂蜜 500g，灌服，1 剂/d，连用 2～3d。

三、预防

精料、青绿饲料、粗纤维饲料要合理搭配，避免长期单一饲喂；饮水充足并适当运动；役牛应避免饲喂后马上使役，或役后马上饲喂。

【知识拓展】

一、病因

由于动物长期饲喂粗硬难消化的饲料，或饲料中混有大量植物根须、毛发、泥沙，或过量饲喂粉料，或饮水不足，饮役失节，使役过度，或各种导致肠弛缓疾病，使肠内容物发生积滞。

二、鉴别诊断

瓣胃阻塞、皱胃阻塞的早期也有轻度的腹痛症状，但瓣胃阻塞直肠检查肠管不充气，排便干、少、硬，呈算盘珠样或花瓣片状，无白色胶冻样物排出；皱胃积食右下腹部隆起，皱胃区触诊坚实，排出少量黑色煤焦油样粪便，亦无白色胶冻样物。

任务十二　肠变位

【任务简介】肠变位是肠管的解剖位置发生改变，致使肠系膜受到挤压绞窄，肠壁局部血液循环受阻，肠腔发生闭塞的重剧性腹痛病。临床特征为病程短急，病畜腹痛剧烈，全身症状迅速加重，直肠检查肠管解剖位置和形态发生特征性变化。肠变位主要发生在游离性大、肠管较细的小肠，其次是盲肠。肠变位可分为肠扭转、肠嵌闭、肠套叠、肠缠结等。

肠扭转是指肠管沿其纵轴或以肠系膜基部为轴发生程度不同的旋转，也可沿横轴发生折转，称为折叠。如小肠扭转、盲肠扭转或折叠等。肠嵌闭是指一段肠管连同系膜通过病理性破裂孔或解剖孔脱至于皮下、病理腔隙或邻近的解剖腔内，并卡在其中不能还纳腹腔。主要见于疝病过程中。肠套叠是指一段肠管蠕动增强套入与其相邻的肠管之中不能复位，套叠部由三层组成，外层为鞘部，中层为肠系膜，内层为被套入部。如小肠套叠、回肠盲肠套叠、结肠盲肠套叠等。肠缠结是指一段肠管与另一段肠管或与肠系膜缠绕在一起。如小肠缠结。

【任务要求】掌握肠变位的诊断技术及防治措施。

【工作任务】

一、诊断

根据腹痛剧烈，用镇痛剂无效；迅带增重的全身症状；右腹部冲击触诊有振水音；便中混有多量的黏液或少量血液，棕褐色或松馏油样；腹腔穿刺血样液体；直肠检查结果，进行综合分析，确定诊断。

病初，病畜突然发生明显的腹痛（一般在4～8h内），呈持续性，凹腰呆立，呻吟，磨牙，后肢踢腹，摇尾，回视腹部，甚则起卧，有些病例则不明显，即使应用大剂量的镇痛剂也不见减轻，在病的中、后期基本减轻。并呈现食欲废绝，口腔干燥，肠音消失，排粪停止，经常继发瘤胃和肠臌气，两侧腹围迅速增大。病初排液状便，恶臭，混有多量的黏液或少量血液，后排棕褐色或松馏油样便。全身症状多在数小时内迅速增重，全身出汗，肌肉震颤，脉搏细弱而急速，达 100 次/min 以上，呼吸促迫浅表，结膜暗红或发绀，脱水和心力衰竭。腹腔穿刺液淡粉红色，以后变为红色血水样。

1. 盲肠扭转　不同程度的腹痛，多数病牛腹痛持续、剧烈，后肢踢腹，磨牙，站立不安，甚则急起急卧。右膁窝明显著隆起，积气时叩诊呈大面积鼓音，积液时冲击触诊可听到相隔较远的荡水音，叩、听诊最后 2～3 肋骨有明显的钢管音。全身症状加重，心率加快，只排出少量混有血液的黑褐色粪便，有的内含少量胶胨样物，后期排粪停止。

直肠检查，在盆腔内可触摸到较粗大的扩张的盲肠尖和盲肠体；当盲肠扭转时，可在右腹上部和后部触及扩张、扭转的盲肠，里面积有多量气体和液体。手臂上往往粘有少量黑褐色粪便。

2. 小肠套叠　初期腹痛剧烈，骚动不安，两后肢频频交替踏地、踢腹，呻吟，磨牙。或排出少量混有暗紫色血液的黏液，后期排出烂鱼肉样粪便。腹围不见明显增大，右侧第 8～9 肋间稍膨隆，叩诊可听到较清晰的鼓音，触诊右侧软腹部呈现不明显的荡水音。严重脱水，皮肤失去弹性，眼窝深陷，可视黏膜发绀。

直肠检查，直肠、结肠及盲肠空虚，小肠前段充满气体和液体，肠系膜十分紧张、坚硬如拉紧的绳索状，套叠的肠管直径增粗，触诊较为坚实、肉样感，如腊肠样。

3. 小肠扭转　突然发生急性腹痛，起卧不安，站立时回视腹部，后肢踢腹或刨地。精神沉郁忧，眼球下陷，皮肤无弹力，鼻镜干燥，可视黏膜发绀。耳、角、唇均冷厥，四肢肌肉震颤。便中混有大量紫黑色血液，呈糊状便。腹围明显增大，触诊瘤胃有明显荡水音，右侧 8～9 肋间叩诊呈鼓音，右侧腹部冲击触诊有不明显的荡水音。

直肠检查，直肠、结肠、盲肠空虚，肠系膜紧张扭转呈索状、螺旋状走向，扭转的肠管粗大、变硬，手臂附有黑褐色、药膏样黏稠的粪便。

二、治疗

早确诊，及时进行手术整复。

【知识拓展】

一、病因

引起肠变位的病因是多种因素作用的结果。饲养失宜，受风寒侵袭，大量饮冷水，饲喂冰冻饲料，发霉变质饲料；或肠道炎症时里急后重；或体位剧烈改变；或腹压增大。导致某一段肠管蠕动增强甚至呈持续性收缩，而与之相邻的另一段肠管处于弛缓状态，发生肠套叠；或肠管相互挤压，发生肠扭转、嵌闭，肠管闭塞不通，前方肠管积液、积气而膨胀，后方肠管则空虚。

二、鉴别诊断

本病应与下列疾病进行鉴别：

肠阻塞。突然腹痛，排粪干、少或不排粪，不断努责并排出胶冻样黏液，右腹侧冲击触诊有振水音，脱水，直肠检查能摸到阻塞部。

皱胃右方变位。皱胃右方变位时虽然也有排少量黑褐色血便及腹水内含有大量红细胞等症状，但在直检时可在右侧肝区及其后方触及变位的皱胃，且多数病例在右侧最后 1～3

肋骨叩击时有钢管音，右腹部冲击腹部荡水音较明显等特点。

任务十三 胃肠炎

【任务简介】胃肠炎是胃肠黏膜表层及深层组织的重剧炎症，是临床常见的一种消化道疾病。临床特征为经过短急，剧烈腹泻，严重脱水，自体中毒。

【任务要求】掌握胃肠炎的诊断技术及防治措施。

【工作任务】

一、诊断

根据病畜重剧腹泻，便中混有黏液、脓液、血液，腥臭，里急后重，严重脱水，自体中毒，体温升高等症状，可以作出初步诊断。

病畜精神沉郁，食欲减退或废绝，反刍次数减少或停止，饮欲增加、贪饮，眼结膜初期潮红，后期转为黄染，口腔干燥有臭味，体温正常或稍高。腹痛，磨牙、呻吟，排干粪或软黏粪便。

病畜表现持续重剧腹泻，不断排稀软、稀糊、稀薄或水样便，腥臭难闻，便呈灰色、红褐色、柏油色，混有大量黏液，脓液或血液。腹围紧缩，瘤胃音减弱，腹泻时肠音增强，后期肠音减弱。不断努责而无粪便排出，或只排少量胶冻样便，呈现里急后重。病至后期，肛门松弛，排粪失禁。全身症状明显，脱水，眼球下陷，皮肤弹性降低、干燥，鼻镜干燥，尿少，血液浓稠，自体中毒明显，体温升高（少数不升高），脉搏增数 100 次/min 以上。后期体温下降，迅速消瘦，站立不稳，最后全身衰竭死亡。

实验室检查，白细胞总数增高核左移，红细胞压积升高。尿呈酸性。

二、治疗

原则为抗菌消炎，把握缓泻、止泻时机，补液、解毒、强心，加强护理。

1. 加强护理 首先禁食绝食 2～3d，保持安静，并勤饮温盐水或口服补液盐，随后可多次、少量饲喂营养丰富易于消化的饲料。

2. 抗菌消炎 这是治疗胃肠炎的根本措施。取 0.1% 高锰酸钾2 000~3 000ml，一次灌服，1～2 次/d。或磺胺脒 30g、苏打片 30g、一次灌服，2～3 次/d。或黄连素 2～5g、一次灌服，2～3 次/d。或链霉素 5～8g、一次灌服，2～3 次/d。氢化可的松 0.1～0.4g、5% 葡萄糖 1 000ml，静脉注射。或 0.5% 甲硝唑（孕畜禁用）500～800ml、林格尔 1 000ml、右膁部腹腔注射，硫酸庆大霉素 160 万 IU、生理盐水 1 000ml、静脉注射，1 次/d，连用 2～3d。或复方盐水1 500ml、5% 糖盐水 1 000ml、10% 磺胺嘧啶钠 100～250ml、40% 乌洛托品 50～100ml，静脉注射。或环丙沙星 1g、5% 糖盐水1 000ml、地塞米松 20ml、20% 安钠咖 20ml、静脉注射，1 次/d，连用 2～3 次。

3. 缓泻与止泻

（1）缓泻 初期，病畜排便恶臭、迟缓、量少，或排恶臭稀便，但排便不通畅，应及时清理胃肠，排除胃肠内有毒物质，减轻炎性刺激，缓解自体中毒，脱水重不宜用盐类泻剂。早期用硫酸钠或人工盐，中期用植物油、液体石蜡。硫酸钠 200～300g，大黄末 100g，常水3 000ml，灌服。

（2）止泻 当病畜排便臭味不大，稀薄如水，或排便失禁而仍腹泻不止时，应及时止泻。腹泻是自我保护性反应，如不恰当地过早用止泻药，反而会加重腹泻。取鞣酸蛋白 20g、温茶水 1 000ml，灌服，2～3 次/d，连用 2d。或木炭末 100～200g、常水 1 000～2 000ml，灌服。或次硝酸铋 30g、矽碳银 10g、水适量，灌服。

当腹泻时间较长，排便恶臭，并混有多量脓血时，既不宜应用泻剂，也不宜应用止泻剂，应着重抗菌消炎和补液解毒。

4. 补液、解毒、强心

（1）补液 胃肠炎引起的脱水是混合性脱水，按 2∶1 比例取复方氯化钠液或生理盐水、5% 葡萄糖盐水，一般病例补液量 1 000～2 00ml，失水严重补液量3 000~4 000ml，2 次/d。可配合 6% 低分子右旋糖苷 50～1 000ml，具有维持血液渗透压，扩充血容量和改善微循环的作用。血钾往往降低，输液中加入 10% 氯化钾 10ml。

（2）纠酸、解毒 取 5% 碳酸氢钠液 1 000 ~2 000ml，静脉注射。10% 葡萄糖 500～1 000ml，维生素 C40～60ml，静脉注射。

（3）强心 10% 安钠咖 10～20ml，或 10% 樟脑磺酸钠 10～20ml。

5. 对症治疗 当病畜腹痛明显时，肌肉注射 30% 安乃近 20ml。胃肠道出血严重时，5% 氯化钙 200～250ml，静脉注射，或 0. 5% 兽用止血针 5～10ml，肌肉注射，或输入抗凝血1 500ml。中毒性胃肠炎时，应根据毒物性质选用适当的解毒药物。

6. 中医中药疗法

方 1：《白头翁》加减，治急性胃肠炎，腹痛，腹泻，里急后重，便带脓血，口渴喜饮。白头翁 90g，黄连、黄柏、黄芩、秦皮各 60g，苦参 50g，水煎服，1 剂/d，连服 2d；再用《白头翁汤》加白芍 60g，苍术 30g，茯苓 30g，车前子 60g，炒槐花 30g，地榆炭 60g，甘草 30g，水煎服，1 剂/d，连服 2d。

方 2：《郁金散》加减，治热性胃肠炎，高热，腹泻不止，泻便稀糊或水样，恶臭。郁金 45g，黄连 20g，黄芩 30g，黄柏 30g，栀子 30g，诃子 30g，白芍 30g，木香各 25g，大黄 45g，共研末，开水冲，候温灌服，1 剂/d。植物油 500ml，于投药前一小时投服。有脓血者加地榆炭、炒蒲黄、炒侧柏叶各 30g，炒槐花 30g。

方 3：《参苓术散》加减，治慢性肠炎，腹泻不止，便稀薄、水样，无臭味，肠鸣，倦怠无力，流清涎。党参 40g，茯苓 30g，白术 30g，白扁豆 60g，甘草 30g，陈皮 30g，山药 60g，砂仁 30g，苡米 30g，莲肉 30g，石榴皮 60g，枳壳 30g，煨诃子 60g，乌梅 30g，大枣 100g，水煎服，1 剂/d。

方 4：《四神丸》合《理中汤》加减，治五更泻，腹泻如水，夜间尤甚。补骨脂 60g，吴茱萸 50g，煨肉豆蔻 50g，五味子 45g，白术 45g，党参 80g，干姜 30g，甘草 30g，山药 45g，苡仁 35g，杜仲 45g，小茴香 45g。煎水，分 2 次灌服。

方 5：《牛痢散》，治热痢便血，便稀薄带血，或单纯下血，血色鲜红，混有黏液，里急后重，体温升高。白头翁60g，黄连10g，黄柏30g，秦皮30g，苦参50g，苍术40g，泽泻40g，郁金40g，白芍30g，煨诃子40g，甘草20g，木香25g，共研末，开水冲，候温灌服，1次/d，连服4～5d。便血重，加《槐花散》。

方6：治牛便血，丹皮、黄柏、白头翁各30g，焦地榆、生地、炒侧柏叶各50g，白芍25g，三七18g，升麻、柴胡各15g，研为细末，开水冲调，1次灌服。

三、预防

加强饲养管理，注意草料质量，合理使役，定时圈舍及畜体消毒。

【知识拓展】

病因 动物饲喂霉败饲料，饮污浊水；采食有毒植物、喷洒农药的草和树叶；内服浓度过大的泻药，或对胃肠黏膜有刺激的药物均可发病。另外，营养不良、过度劳役、天气骤变常诱发本病。还可继发于其他消化道疾病、某些传染病、寄生虫病以及中毒性疾病。

任务十四　牛黏液膜性肠炎

【任务简介】 黏液膜性肠炎是肠黏膜发生以纤维蛋白原渗出和黏液大量分泌为主要病理过程的一种特殊类型的炎症。临床上以肠黏膜表面覆盖一种主要由黏液并混有大量纤维蛋白所构成的膜状管型腹痛，泄泻，消化障碍为其特征。常见于成年牛，也发生于犊牛。

【任务要求】 掌握牛黏液膜性肠炎的诊断技术及防治措施。

【工作任务】

一、诊断

根据病史及临床症状，可作出诊断。

腹泻是病畜的主要症状。一般开始较轻，随着病程增加腹泻加剧，有些病例则突然腹泻。间歇腹痛，有的阵发性腹痛，表现起卧不安，排出恶臭稀软、胶冻样、棕色粪便，频频努责，里急后重，时而排出管状、条索状、条片状黏液膜，有的似绦虫节片，有的似小肠样，棕色，长达0.5～1m甚则达8m以上，管壁厚约1～3mm。横断面层次分明，7～8层，一般呈灰白色、黄白色、微黄色，有的表面覆有血液。体温正常或升高0.3～0.5℃左右，轻微发热，消化障碍，早期食欲变化不大，中后期随长期腹泻、脱水、酸中毒、电解质失调、食欲减退，反当停止，瘤胃蠕动稀、弱，泌乳量下降，有的流产，心力衰竭。黏液膜一经排出，病牛腹痛、腹泻明显减轻，粪便恢复正常。

病畜表现腹泻，腹痛，排腥臭、胶冻样便，频频努责，日渐加重，开始排灰白色外观似小肠样、长短不一的管状膜样物，横切面呈层次分明的同心圆状。纤维蛋白性肠炎随便排出的主要是脱落的肠黏膜上皮细胞、坏死组织，渗出的纤维蛋白，不形成假膜状，也不会成为很长的管状物；绦虫节片则呈韭菜叶样的白色呈短节相连的链状体。

二、治疗

1. 抗过敏反应 取盐酸苯海拉明或盐酸异丙嗪，0.55～1.1mg/kg 体重，肌肉注射，1次/d。滑石粉 200g，灌服。

2. 减少纤维蛋白原渗出、补液 10%葡萄糖酸钙 500ml、10%葡萄糖 500ml、复方氯化钠 1 000ml、2.5%维生素 B_1 10ml、10%维生素 C 40ml、苯甲酸钠咖啡因 30ml，静脉注射，2 次/d。

3. 清肠缓泻 液体石蜡或植物油 500～1 000ml，胃管灌服。

4. 控制继发感染 硫酸丁胺卡那霉素 20 支，肌注，2 次/日；磺胺脒 35g、小苏打 100g、口服，3 次/d，连用 2d。

5. 中医中药疗法 治宜清热燥湿、行气化滞、活血化淤为主。

方 1：当归 30g，莪术 40g，赤芍 30g，郁金 30g，厚朴 40g，香附 30g，陈皮 30g，青皮 30g，苦参 50g，黄柏 40g，生大黄 40g，双花 50g，败酱草 50g，共研细末过 100 目筛，连服 3～4 剂，多者 5～6 剂，即可从粪便中排出肠道积聚的管型或条索状黏液膜，随之病牛腹泻、腹痛临床症状即可很快消失。

方 2：《郁金散》合《平胃散》加减，郁金 60g，白芍 60g，诃子 40g，黄连 50g，黄柏 60g，栀子 60g，苍术 60g，厚朴 30g，陈皮 30g，山楂 40g，甘草 20g，清油 100g 为引。煎水，分 4 次内服，2 次/日，连服 2 剂。

三、预防

加强饲养管理，不喂发霉变质饲料；圈舍消毒，定期驱虫。

【知识拓展】

病因 本病一般是由某些致敏原引起的变态反应，与副交感神经紧张性增高也有一定关系。致敏原包括肠道中的异常代谢产物、寄生虫的虫体蛋白、细菌毒素、饲草发霉变质形成的特殊蛋白质等。还可能与精饲料饲喂过多，特别是含蛋白较高的豆粕、鱼粉等有关，动物运动不足可成为诱因。

任务十五 犊牛消化不良

【任务简介】 犊牛消化不良是指哺乳期的犊牛，由于消化功能扰乱、消化及吸收过程障碍而发生的一种胃肠道疾病。特征为病畜有明显的消化功能障碍和不同程度的腹泻。各年龄阶段的犊牛均可发生。

【任务要求】 掌握犊牛消化不良的发病特点、诊断技术及防治措施。

【工作任务】

一、诊断

根据病史、临床症状（如病畜食欲减退，精神不振，腹泻，便稀薄或水样，有酸臭味，脱水），可作出诊断。

病初患畜被毛粗乱，精神沉郁，四肢无力，食欲正常或减退，饮食后胀肚，喜卧。腹围增大，排便减少、不成形，而后排粥状稀便或水样便，呈黄色、深黄色或黄绿色，带酸臭味，混有乳凝块。厌食，逐渐消瘦，失水而眼球下陷，后期精神委靡不振，心动疾速，脉搏快弱，体温正常或稍高。

重症病例下痢剧烈，粪便灰色呈水样，色黄，混有黏液和血液，肠音增强。严重脱水，眼球明显下陷。全身虚弱，鼻镜、耳根、角根及四肢末梢发凉、厥冷，反应迟钝，有的发生痉挛及瘫痪。初期体温正常或稍高，后期则下降。若引起胃肠炎，则体温升高40℃以上。心音微弱，脉搏细数，呼吸频数而浅表。

二、治疗

原则为补液，抗菌消炎，止泻，调节肠胃功能。

1. 西医疗法 取肠胃功能取胃蛋白酶20g、酵母片20片、麦芽粉20g、链霉素1～2g，灌服，1～2次/d，连用2～3d。或乳酶生5～20g，水少许调服。或鞣酸蛋白3～6g，磺胺脒10～15g，混合内服。或链霉素0.5～1g或次硝酸铋3.6g，胃蛋白酶3～5g，苏打片5g，木炭末50g，滑石粉20g，混合内服，3次/d。或乳酸片10片，磺胺脒10片，酵母片5片，一次灌服。

还可选用卡那霉素10～15mg/kg，或头孢噻吩10～20mg/kg，或庆大霉素1 500~3 000 IU/kg，或痢菌净2～5mg/kg等，肌肉注射。

补液可采用静脉注射和口服两种方法。5%糖盐水500ml，5%碳酸氢钠100ml，维生素C 10ml，10%安钠咖4ml，静脉注射。或10%葡萄糖注射液500ml，5%糖盐水500ml，复方盐水500ml，10%安钠咖10～20ml，5%碳酸氢钠200ml，庆大霉素60万~100万单位，10%维生素C20ml，静脉注射。

口服补液盐（ORS），氯化钠3.5g，氯化钾1.5g，碳酸氢钠2.5g，葡萄糖粉20g，加常水1 000ml，根据所需用液量按比倒配制，加温后让其自饮或灌服。或50%葡萄糖40ml，0.9%氯化钠400ml，5%碳酸氢钠50ml，10%氯化钾15ml，庆大霉素80万单位，加温水到1 000ml，每日服2～3次。

2. 中医中药疗法

方1：《参苓术散》加减，党参50g，黄芪50g，茯苓30g，白术40g，白扁豆40g，炙甘草20g，陈皮30g，车前子40g，山药30g，槲片20g，砂仁30g，焦神曲60g，枳壳30g，共研末，100～150g /d，开水冲，候温灌服，连用3～4d。

方2：《保和丸》，白术45g，麦芽30g，山楂60g，六曲60g，半夏30g，茯苓30g，陈皮30g，连翘30g，炒莱菔子30g，共研末，50～100g /d，开水冲，候温灌服，连用2～3d。

方3：《郁金散》加减：郁金、黄连、黄柏、栀子、白芍各30g，白头翁30g，秦皮20g，焦地榆10g，煨柯子10g，乌梅10g，甘草20g，炒槐花10g，水煎候温灌服。

方4：《白头翁汤》加味：白头翁20g，黄连、黄柏、秦皮各15g，焦地榆10g，焦荆芥10g，焦蒲黄10g，苦参6g，大黄10g，二花10g，连翘10g，水煎候温灌服。

方5：《乌梅散》，乌梅12g，郁金10g，姜黄8g，黄连8g，诃子15g，干柿1个，研末服或煎服。

慢性腹泻，便稀，酸臭味，选方1；伤乳，便中混有乳凝块，选方2；急性腹泻，体温升高，便血，选方3、4；腹泻不止，选方5。

三、预防

加强哺乳母牛、犊牛饲养管理及护理；及时饮喂初乳，哺乳、补饲应定时、定量、定人，且应调制要适宜；圈舍应通风保暖、干燥、清洁，定期消毒。

【知识拓展】

病因

1. 母牛饲养管理不良　母牛产后饲养水平过高，乳汁中脂肪含量高，导致犊牛不易消化。母牛患有疾病、营养不良，产乳少，犊牛初乳不足也会使犊牛发病。

2. 犊牛饲养管理不良　喂乳过多或过少，乳的品质不良，乳温度太低，过早断乳；牛舍卫生条件差，犊牛因饥饿而舔食粪尿或不洁的饲料和饮水。突然受冷或热刺激更易诱发本病。某些传染病或寄生虫病，尤其是大肠杆菌、沙门氏菌均可导致腹泻。

附：消化系统疾病模块知识拓展

消化系统由消化道和消化腺两部分构成。消化道由口腔，咽，食管，前胃（瘤胃、网胃、瓣胃），皱胃，肠（小肠、结肠、直肠）与肛门组成，消化系统功能主要由采食，咀嚼和吞咽，胃肠运动、分泌、消化、吸收、排泄等功能协同完成。在生理状态下各个部分的功能既相互联系又相互协调地进行，在病理状态下某一器官的功能障碍又能导致其他器官的功能障碍，严重或长期消化系统障碍也可引起其他系统发生功能障碍，同样，其他系统功能障碍也会影响消化系统的功能。消化系统疾病包括口腔与咽疾病，食管疾病，前胃疾病，皱胃疾病，肠道疾病，及腹膜疾病等，尤其是前胃和皱胃疾病在临床中常见、多发，损失严重。

主要病因。有饮喂失宜，饲料调制不当，饲料品质不良，饲料配比不当，管理不当，饲料骤变，饲养方式改变等。过度使役、运动不足，气候突然变化，也是引起消化系统疾病常见的诱发因素。反刍动物消化系统的特殊构造及其消化生理特点而导致消化系统疾病的发生。或其他疾病或其他系统疾病继发引起。

主要症状。消化系统疾病常见症状有，饮食欲减退或废绝，采食与咀嚼异常，吞咽困难，流涎，呕吐，反刍与嗳气减少或停止，腹泻，便秘或少便，胃肠道出血，腹痛，腹胀，排粪失禁，消化功能减退，脱水，休克等。

诊断要点。确定发病系统；确定发病器官；确定疾病性质。

鉴别诊断。与本系统相似症状鉴别，与其他相似疾病鉴别。

防治原则。贯彻“未病先防，既病防变”的原则，加强饲养管理，《元亨疗马集》说“节刍水，知劳役，牛马无疴”。

一、常见具有吞咽障碍症状疾病鉴别

1. 咽炎　咽部红、肿、热、痛和吞咽障碍，头颈伸展转动不灵活，流涎，咳嗽，触诊咽喉部敏感。

2. 食道阻塞　采食、咀嚼障碍，流涎，急性瘤胃臌气，食道沟突起，外部触诊可感阻塞物，食管内积满唾液；胃管不能进入瘤胃内。

3. 食管炎 胃导管探诊时，动物敏感，并有阻力，但稍用力即可通过。

4. 食管狭窄 病情发展缓慢（食道痉挛除外），常常表现假性食管阻塞症状，但饮水和流体饲料可以咽下；吞咽或反刍时表现疼痛或出现吐草。

5. 破伤风 头颈伸直，两耳直立，牙关紧闭，四肢强直如木马状，不能采食。

二、常见具有流涎症状疾病鉴别

1. 口腔、咽和食道疾病的共同特点是流涎，结合咀嚼和吞咽障碍及局部变化特点来确诊 流涎一是唾液腺受到刺激唾液分泌增多，二是唾液分泌正常，但由于唾液咽下障碍而发生。

2. 口炎 采食、咀嚼障碍，流涎呈白色泡沫状或牵缕状，含于口中或挂于口角，口温高，黏膜潮红、肿胀，疼痛或有水疱、烂斑、溃疡。

3. 齿病 过长齿、波浪齿或锐齿，有咀嚼障碍而无吞咽障碍，流涎，吐草，舌、颊膜有损伤。

4. 咽炎 流涎呈蛋清样，吞咽障碍，咽部黏膜红、肿、热、痛，触诊敏感，伸颈摇头、前肢刨地，吞咽时水和草料常从口或鼻腔逆流，并有咳嗽。

5. 食道阻塞 流涎呈泡沫样，采食后突然发病，不安，伸头缩颈，咳嗽摇头，外部触诊可感阻塞物，空嚼，多次吞咽时水和草料从口或鼻腔逆流，瘤胃迅速臌气。

6. 中毒 口吐白沫，突然发病，多有明显的全身症状，如精神昏迷，末梢麻痹，心跳加快，节律不齐，结膜发绀等。

7. 口蹄疫，流涎，口黏膜和舌面上有水疱、溃疡，而且在趾间、乳房等处也有 有流行性，传染迅速，可引起大批牛羊发病。

三、常见具有腹痛症状疾病鉴别

1. 皱胃右方变位 腹痛剧烈，发病急，发展速度快，全身症状迅速恶化，病畜多卧地不起。突然出现中、重度腹痛，排便呈血样或黑色柏油样；左、右侧倒数1～3肋骨中部区域隆起，听、叩诊结合可听到清脆高朗的钢管音；穿刺液褐色血样液体，pH值2～5，试纸呈现红色；脉搏达100次/min以上。

2. 肠变位 突然出现剧烈腹痛，镇痛剂无效，直肠检查小肠高度充气，扭转部呈螺旋形条索状，触之坚硬而紧张；肠套叠可触摸到圆柱状粗硬肿胀的套叠部肠管。

3. 肠便秘 突然腹痛，排粪干、少或不排粪，不断努责并排出胶冻样黏液，右腹侧冲击触诊有振水音，脱水，直肠检查能摸到充气的肠管或阻塞部。

4. 瓣胃阻塞 早期有阵发性轻度腹痛，鼻镜干燥，排少量干小粪球；触诊瓣胃坚实、疼痛；瓣胃穿刺阻力较大，有“沙沙”音。

5. 创伤性网胃炎-心包炎 顽固性前胃弛缓，药物治疗无明显效果，有缓解疼痛的异常姿势，网胃疼痛性检查特有的疼痛反应；创伤性心包炎，颌下及胸前部水肿，静脉怒张，心脏听诊有拍水音。

6. 腹膜炎 腹痛症状明显，腹壁触诊敏感，腹围下方增大，腹水为红色炎性渗出物，体温升高。

7. 肠积砂 间歇性轻中度腹痛，发病后无病情恶化现象；排便正常，便中混有大量泥沙、炉渣等。将其放入容器内加水搅拌静置后，容器底部有大量泥土、沙石或炉渣块；直肠检查肠管轻度臌气。

8. 子宫扭转　怀孕后期至临产前，突然剧烈腹痛，急起急卧；直肠检查，子宫后部有螺旋状扭转，扭转部细而紧张；阴道检查，阴道壁有螺旋状皱褶。

四、常见具有前胃弛缓症状疾病鉴别

1. 瘤胃积食　多因过食引起；腹部膨大，瘤胃胀满，触压坚硬。

2. 创伤性网胃炎　站立或行走时姿势异常；对网胃区触诊或叩诊，病畜表现疼痛，按前胃治疗无效。

3. 奶牛酮病　多发于产后；乳汁、尿液、呼出气体有酮气味。

4. 皱胃变位　通常于分娩后突然发病；在左或右侧倒数 1 ~ 3 肋间叩诊，可听到典型的钢管音。

5. 瘤胃臌胀　腹部臌大，左肷凸出，叩诊呈鼓音；眼结膜潮红，呼吸困难。

6. 皱胃阻塞　右腹部皱胃区局限性膨隆，触压坚硬；左肷部结合叩诊肋骨弓后缘，有类似叩击钢管的铿锵音。

7. 瘤胃酸中毒　体温正常或偏低，心跳百次以上，躺卧、四肢头颈伸直；瘤胃液 pH 值降至 6 以下。

五、常见具有钢管音症状疾病鉴别

1. 皱胃右方变位　突然发病，腹痛不安，便软色暗，血样或黑色柏油样粪便，后期停止排便。右侧最后 1 ~ 3 肋骨中部及后方 10 ~ 15cm 区域明显膨大，叩诊呈鼓音，听、叩诊结合可听到清脆高朗的钢管音，位置在髋关节水平线与 1 ~ 3 肋相交上下区域内，随病程延长和病情加剧钢管音越来越明显，范围有扩大的趋势。冲击触诊可听到振水音，穿刺液褐色血样液体，pH 值 2 ~ 5，试纸呈现红色。脉搏达 100 次/min 以上，脱水严重，体温下降或正常。

2. 皱胃左方变位　食欲、反刍时好时坏，厌食精料，臌气时胀时消，腹痛轻。排粪减少，呈糊状、深绿色，腹泻与便秘交替发生。左侧倒数 1 ~ 3 肋骨中部往往呈现明显的隆起，甚至可扩展到肋弓后。叩诊呈鼓音。听叩诊结合有钢管音，音调高。穿刺液棕褐色，缺乏纤毛虫。pH 值 2 ~ 4，试纸呈现红色。听诊有滞于瘤胃音后的皱胃蠕动音，左腹部冲击触诊有振水音，在隆起部位穿刺检查。

3. 皱胃积食、积沙　前胃弛缓，长期排粪迟滞，仅排一点稀黑黏粪，或带黏液的粪。皱胃区膨隆，触诊坚实、疼痛。脱水严重。左侧倒数 1 ~ 3 肋间上方听叩诊结合检查有铿锵的钢管音，钢管音范围大小不定，钢管音音质低。

4. 瘤胃积食　过食、偷食病史，瘤胃内容物充满，左肷部隆起，触诊坚实有压痕，疼痛，瘤胃蠕动音减弱或消失。左侧倒数 1 ~ 3 肋间听诊叩诊结合出现范围较小，有时仅在 1 个肋间出现钢管音，音调较低，时有时无。

5. 瘤胃内塑料布、塑料绳、僵绳及长的饲草纤维缠结　吃草减少，反刍减少、反刍困难，瘤胃蠕动音减弱，瘤胃内液体逐渐增多，冲击触诊时常有振水音。在左侧倒数 1 ~ 3 肋间进行叩诊与听诊可出现小范围的钢管音，钢管音仅限于 1 个肋间，位置偏上，有时位置不固定。用兴奋瘤胃蠕动药、泻剂、健胃剂都无效。

6. 弥漫性化脓性腹膜炎 精神沉郁，食欲、反刍停止，体温升高，鼻镜干燥，两鼻孔常有脓性鼻涕，瘤胃蠕动音减弱或消失。两侧腹下部均膨大，叩诊有水平浊音，腹部冲击触诊常有振水音；腹腔穿刺常穿出脓性液。在左右侧腹部倒数1～3肋间叩诊与听诊常有钢管音，音调偏低。

六、皱胃疾病临床诊断鉴别

1. 皱胃阻塞 右腹部肋弓下方呈局限性膨隆，触诊皱胃增大，躲闪，内容物坚实。在膁窝部听诊叩诊结合呈现清朗的铿锵音（钢管音），喜饮水。频频排便，只能排出少量的棕褐色、恶臭的粥状便，混有黏液、紫黑色血丝和凝血块。皱胃内容物pH值1～4。

2. 皱胃炎 腹围变化不明显，触诊皱胃区或直肠内按压瘤胃，有疼痛表现。便呈球形，表面覆有黏液或黏液膜。

3. 皱胃溃疡 腹壁紧缩，腹部坚硬。以拳触压皱胃区，安静无疼痛反应，除去按压则有疼痛反应。便呈松馏油样。直检时，手臂上覆有一层松馏样物。

4. 皱胃左方变位 左侧腹壁肋弓区与对侧呈不对称的的膨隆，膁窝下陷。无明显疼痛反应，强叩诊也不能引起疼痛。在左侧倒数1～3肋中部，可听到皱胃蠕动音。便少，呈粥状，深绿色，时有腹泻，或腹泻与便秘交替。在瘤胃左方能摸到皱胃。

5. 皱胃扭转 右侧腹部呈明显膨隆，突然腹痛，触诊右腹部紧张。在膁窝部结合叩诊最后第二肋进行听诊，能听到高调的乒乓音。瘤胃蠕动音消失，便软、中等量，呈黑色，带血液，有时腹泻，在右侧腹部能摸到膨满而紧张的皱胃。

七、胃肠疾病治疗技术

反刍动物胃肠疾病除创伤性网胃炎、肠变位、皱胃变位需手术治疗外，在治疗方法上有其共同之处，遵循“静、减、通、兴、补、抗、消、护”八字原则，并根据不同疾病，不同发展时期，应用时各有侧重。同时，应考虑到奶牛的生产及饲养特点，极易发生钙的不足，在治疗中应补钙制剂。

1. 静 即镇静止痛，采用安乃近肌肉注射，主要应用于有腹痛不安的病例，对机体恢复神经调节功能是十分必要的，但在一诊时最好不采用，因由于止痛作用会掩盖其真实的症状。

2. 减 即排气（或内容物）减压，导出瘤胃内容物和气体，减少有毒物质对瘤胃壁的刺激，减轻瘤胃的压力，对改善心脏及肺脏功能至关重要，也便于手术时腹腔探查和脏器整复。

（1）瘤胃切开术，排出内容物，用于最急性病例。

（2）导胃洗胃，用1%温盐水，导出内容物、有害物质及气体，对前胃功能的恢复具有重要意义。

（3）瘤胃穿刺，排出气体或药物注入。减在治疗前胃弛缓、瘤胃积食、瘤胃臌气、瓣胃阻塞、皱胃变位整复术是一重要的治疗措施。

3. 通 即疏通胃肠，瘤胃积食、瘤胃臌气、瓣胃阻塞时，为迅速排出积滞、阻塞在前胃的内容物和有毒物质，防止对前胃壁的刺激和进一步被吸收而采取的措施。

（1）泻下通便，泻下剂种类和剂量根据疾病种类、病情、病牛体质而定。

（2）瓣胃注射，向瓣胃内直接注入泻剂。

（3）瘤胃切开术，急性瘤胃积食、急性泡沫性臌气应迅速切开瘤胃，取出内容物才能挽救病牛生命；顽固性瓣胃阻塞、皱胃阻塞，可采用外科手术冲洗。

（4）中药

方1：《大承气汤》加减，泻热攻下，消积通肠。本方能兴奋胃肠蠕动，增强胃肠对内容物向后排送，有显著泻下作用，还具有解热、抗菌、促进胆汁分泌的作用

方2：《增液汤》加减，滋阴、润燥、通便。热邪伤阴而致的津液不足，胃肠干燥，大便秘结，用于老龄、体弱的奶牛。

方3：《当归苁蓉汤》，润燥滑肠，理气通便。用于老弱、久病、体虚的病牛。

4. 补　即补液、强心、解毒，健脾益气、消食。

（1）根据病情发展情况，脱水和酸中毒程度，以及心脏功能变化，采取补液、强心、解毒的一系列措施。

（2）前胃弛缓和其他胃肠疾病后期多出现脾气虚、脾虚挟实，治宜健脾益气、消食。

方1：《参苓白术散》加减，补气健脾。方2：《四君子汤》加味。方3：《健胃散》，消食下气，开胃宽肠。方4：《健脾丸》，补脾益胃，理气消食。

5. 兴　即兴奋瘤胃，用兴奋瘤胃的药物，促进前胃蠕动，恢复消化功能，这对任何胃肠疾病都是不可忽视的治疗措施。

（1）促反刍液500ml；或10%氯化钙200ml，10%盐水500ml，10%葡萄糖液500～1 000ml，10%安钠咖20ml，静脉注射。

（2）拟胆碱药物，新斯的明、比赛可灵等，皮下或肌肉注射。完全阻塞或无便排出时，或孕牛禁用。

（3）中药

方1：《前胃舒散》加减，行气导滞，健胃消食。方2：《反刍散》，消积导滞，理气宽中，健脾胃。

6. 消　即消食导滞，当胃肠有积滞，或虚实夹杂，不宜用攻下之法。

（1）胃蛋白酶、酵母片（粉）、乳酸片等。

（2）消食导滞，方用《曲蘖散》加减。

（3）消中有补，方用《保和丸》加减。

（4）补中有消，方用《四君子汤》合《曲蘖散》加减。

（5）消中有清，方用《曲蘖散》合《白虎汤》或《黄连解毒汤》加减。

7. 抗　即抗菌消炎，消除炎症，控制感染。无论是原发病还是继发病，尤其是手术前后，抗菌消炎是不可或缺的重要措施，根据具体疾病选择适合的抗生素或磺胺类药物。

8. 护　加强护理，当病情好转时给与少量营养丰富、易于消化的饲料，并控制饲喂量。待恢复后，再逐渐转为正常饲养。

复习思考题

1. 前胃弛缓的主要症状及综合疗法。

2. 反刍动物胃肠疾病在治疗上有何异同。

3. 如何早期诊断皱胃变位，而不能以是否有钢管音出现与否作为诊断依据。
4. 通-疏通胃肠在治疗胃肠疾病的重要作用，如何具体应用。
5. 如何理解“通因通用”、“痢无止法”，并在治疗中恰当地应用。
6. 胃肠疾病的鉴别诊断。

（本模块编者：张庆山、崔晓文）

模块三　呼吸系统疾病

任务一　感冒

【任务简介】感冒是指动物受寒冷的刺激而引起的以上呼吸道炎症为主的急性热性全身性疾病，以咳嗽，流鼻液，羞明流泪，前胃弛缓为特征。本病以幼弱动物多发，一年四季都可发生，但以早春、晚秋和气候多变季节多发。

【任务要求】掌握感冒的发病特点、诊断技术及防治措施。

【工作任务】

一、诊断

根据受寒病史，皮温不均、流鼻液、流泪、咳嗽等主要症状，可以诊断。

牛、羊患感冒时发病较急，患畜精神沉郁，食欲减退或废绝，呈现前胃弛缓症状。有的体温升高，皮温不整，耳尖、鼻镜发凉。结膜潮红或轻度肿胀，羞明流泪。咳嗽，鼻塞，病初流浆性鼻液，随后转为黏液或黏液脓性。心跳、呼吸加快，肺泡呼吸音粗历，若并发支气管炎时，有干性或湿性啰音。病程较短，一般经 3～5d，全身症状逐渐好转，多取良性经过。治疗不及时特别是幼畜易继发支气管肺炎或其他疾病。

二、治疗

原则为解热镇痛，抗菌消炎，调整胃肠功能。主要措施有：

1. 解热镇痛　30% 安乃近注射液，牛 20～40ml，羊 5～10ml，肌肉注射，1～2 次/d；复方氨基比林注射液，牛 20～50ml，羊 5～10ml，肌肉注射，1～2 次/d；柴胡注射液，牛 20～40ml，羊 5～10ml。

2. 抗菌消炎　10% 磺胺嘧啶钠 100～150ml，加于 5%～10% 葡萄糖液中，静脉注射，1～2 次/d；青霉素，每千克体重，牛10 000~20 000IU，羊20 000~30 000IU，肌肉注射，一日 2～3 次，连用 2～3d。或用水乌钙疗法。

3. 针刺疗法　刺玉堂、蹄头、耳尖、尾尖等穴位。

4. 中兽医疗法

（1）风热感冒（表热型）可选用以下方剂：

银翘散：风热感冒出现体表灼热，鼻液黏稠，干痛咳嗽，黏膜潮红，尿短赤时，可用银翘散。银花 45g、连翘 45g、桔梗 24g、薄荷 24g、牛蒡子 30g、豆豉 30g、竹叶 30g、芦根 45g、荆芥 30g、甘草 18g，水煎灌服。上方如咳嗽较重，加杏仁、贝母。

桑菊饮：桔梗40g、连翘50g、杏仁30g、甘草18g、薄荷24g、芦根45g、石膏100g，煎服或研末服。

桑菊银翘散（即桑菊饮合银翘散）：桑叶25g、菊花25g、桔梗30g、连翘25g、杏仁25g、甘草20g、薄荷25g、芦根25g、石膏30g、银花30g、竹叶20g、荆芥穗20g、牛蒡子20g、豆豉15g，煎服或研末服。

防风通圣散：防风30g、大黄25g、芒硝30g、荆芥30g、麻黄20g、栀子20g、白芍25g、连翘20g、甘草20g、桔梗25g、川芎20g、当归25g、石膏30g、滑石25g、薄荷25g、黄芩20g、白术20g，煎服或研末服。

（2）风寒感冒（表寒型）可选用以下方剂：

荆防败毒散：荆芥、防风、桂枝、柴胡、生姜、甘草各50g，茯苓、川芎、羌活、独活、前胡、枳壳、桔梗各30g煎服。

杏苏散：杏仁18g、桔梗30g、紫苏30g、半夏15g、陈皮21g、前胡24g、甘草12g、枳壳21g、茯苓30g、生姜30g、大枣15g，水煎服或研末服。

九味羌活汤：羌活30g、防风40g、细辛20g、苍术30g、生姜30g、白芷30g、川芎25g、黄芩25g、生地30g、甘草20g、葱3根，煎服或研末服。

麻黄汤合平胃散：麻黄25g、桂枝30g、杏仁30g、甘草25g、苍术30g、厚朴30g、陈皮30g、生姜30g、大枣20g，煎服或研末服。

桂枝汤合平胃散：桂枝40g、白芍40g、甘草25g、生姜30g、大枣30g、苍术30g、厚朴30g、陈皮30g，煎服或研末服。

（3）半表半里型

可选用小柴胡汤合平胃散：柴胡35g、半夏20g、党参30g、甘草25g、黄芩30g、生姜30g、苍术30g、厚朴30g、陈皮25g，煎服或研末服。

三、预防

给予充足饮水，营养不良家畜应适当增加精料，增强机体耐寒性锻炼，防治家畜突然受寒。

【知识拓展】

一、病因

机体抵抗力下降是本病的根本原因，主要见于厩舍条件差、贼风侵袭、家畜突然在寒冷条件下露宿、采食霜冻饲料或饮水；使役家畜出汗后被雨淋、风吹等；过劳或长途运输等；营养不良，维生素、矿物质、微量元素缺乏；体质衰弱，长期封闭式饲养缺乏耐寒冷训练等。

二、发病机制

当动物遭受寒冷因素刺激时，呼吸道防御功能降低，上呼吸道黏膜的血管收缩，分泌减少，气管黏膜上皮纤毛运动减弱，致使寄生于呼吸道黏膜上的常在微生物大量繁殖而发病。幼龄动物、营养不良、过劳等因素，引起机体抵抗力下降时，更易促进本病的发生。

由于呼吸道常在微生物的大量繁殖，引起呼吸道黏膜发炎肿胀，大量渗出，动物表现出呼吸不畅、咳嗽、喷鼻、流鼻液等临床症状。在呼吸道内产生的细菌毒素及炎性产物被机体吸收后，作用于体温调节中枢，引起发热，动物表现精神沉郁、食欲减退、心跳及呼吸加快、胃肠蠕动减弱、粪便干燥、尿量减少等。

三、鉴别诊断

注意与流行性感冒、风热感冒、风寒感冒的鉴别。流行性感冒，体温突然升高达40～41℃，全身症状较重，传播迅速，有明显的流行性，往往大批发生；风热感冒，体温高达39～40℃，呼吸加快、呼气粗，有热感，肺泡呼吸音粗厉，有的可以听到干啰音，心跳加快，咽喉肿胀，口干舌红，咳嗽不爽，喉头触之敏感，耳鼻有热感，怕热喜凉，尿少色黄红甚至有尿痛感。肠音不整或减弱，粪便干燥；风寒感冒，体温正常或微有升高，心跳不快。呼吸不快，呼出气有凉感。舌色青黄或青白。被毛逆立，拱腰怕冷，皮温不均，鼻寒耳凉，鼻流清涕，尿清长自利。

任务二　支气管炎

【任务简介】支气管炎是各种原因引起动物支气管黏膜表层或深层的炎症，临床上以咳嗽、流鼻液和不定热型为特征。各种动物均可发生，但幼龄和老龄动物比较常见。寒冷季节或气候突变时容易发病。一般根据疾病的性质和病程分为急性和慢性两种。

【任务要求】掌握支气管炎的发病特点、诊断技术及防治措施。

【工作任务】

一、诊断

根据病史，结合咳嗽、流鼻液和肺部出现干、湿性啰音等呼吸道症状即可初步诊断。X线检查可见肺纹理增粗，无病灶性阴影可为诊断提供依据。

1. 急性支气管炎　主要表现为咳嗽。初期有短而痛的干咳，以后变为长而无痛的湿咳。同时流浆液性鼻液、黏液性或黏液脓性鼻液，咳嗽后流出量增多。胸部听诊肺泡呼吸音增强，可闻各种啰音，支气管黏膜肿胀并分泌黏稠的渗出物时，为干性啰音；支气管内有多量稀薄的渗出物时，可听到湿性啰音。全身症状轻微，体温稍升高0.5～1.5℃，一般持续2～3d后下降。呼吸、脉搏稍增数。

2. 毛细支气管炎　患畜全身症状较重，表现精神沉郁，食欲减少或废绝，体温升高1～2℃，脉搏增数，呼吸高度困难，结膜呈蓝紫色，有时咳嗽，胸部听诊，肺泡呼吸音增强，可听到干性啰音及小水泡音。胸部叩诊，音响比正常清朗。继发肺气肿时，呈过清音，肺叩诊界后移。

3. 慢性支气管炎　拖延数月甚至数年的咳嗽为其特殊症状。病情不定，时轻时重，患畜常发干咳，尤其是在运动、采食、夜间或早晨气温较低时，咳嗽较多，气温剧变时，症状加重。胸部听诊可长期听到啰音。无并发症时，一般全身症状不明显。后期，由于支气管黏膜结缔组织增生肥厚，支气管管腔变为狭窄，则长期呼吸困难。

4. 腐败性支气管炎　除具有急性支气管炎症状外，全身症状重剧，呼出气带恶臭，流污秽不洁的并有腐败臭味的鼻液。

二、治疗

原则为消除病因，抑菌消炎，祛痰镇咳。

1. 消除病因 加强护理，畜舍内通风良好且温暖，供给充足的清洁饮水和优质的饲草料。

2. 抑菌消炎 可选用抗生素或磺胺类药物。如肌肉注射青霉素，牛4 000~8 000IU/kg，犊牛、羊10 000~15 000IU/kg，每日2次，连用2~3d。青霉素100万IU，链霉素100万IU，溶于1%普鲁卡因溶液15~20ml，直接向气管内注射，每日1次。病情严重者可用10%磺胺嘧啶钠溶液，牛100~150ml，羊10~20ml，肌肉或静脉注射。另外，可选用大环内酯类（红霉素等）、喹诺酮类（氧氟沙星、环丙沙星等）及头孢菌素类（第一代头孢菌素、第二代头孢菌素等）。

3. 祛痰镇咳 对咳嗽频繁、支气管分泌物黏稠的病畜，可口服溶解性祛痰剂，如氯化铵，牛10~20g，羊0.2~2g；吐酒石，牛0.5~3g，羊0.2~0.5g，每日1~2次。分泌物不多，但咳嗽频繁且疼痛，可选用镇痛止咳剂，如复方樟脑酊，牛30~50ml，羊5~10ml，内服，每日1~2次；复方甘草合剂，牛100~150ml，羊10~20ml，内服，每日1~2次；杏仁水，牛30~60ml，羊2~5ml，内服，每日1~2次。磷酸可待因，牛0.2~2g，羊0.05~0.1g。

4. 促进炎性渗出物的排除 可用克辽林、来苏儿、松节油、木馏油、薄荷脑、麝香草酚等蒸汽反复吸入，也可用碳酸氢钠等无刺激性的药物进行雾化吸入。生理盐水气雾湿化吸入或加溴已新、异丙托溴铵，可稀释气管中的分泌物，有利排除。对严重呼吸困难的病畜，应采用吸入氧气。

5. 抗过敏 内服溴樟脑，牛3~5g，羊0.5~1g，或盐酸异丙嗪，牛0.25~0.5g，羊25~50mg，疗效显著。

6. 中兽医疗法

（1）外感风寒引起者，宜疏风散寒，宣肺止咳，可选用以下方剂：

荆防散合止咳散加减。荆芥、紫苑、前胡各30g，杏仁20g，苏叶、防风、陈皮各24g，远志、桔梗各15g，甘草9g，共研末，牛（羊酌减）一次开水冲服。

紫苏散。紫苏、荆芥、防风、陈皮、茯苓、桔梗各15g。姜半夏20g，麻黄、甘草各15g，共研末，生姜30g、大枣10枚为引，牛（羊酌减）；一次开水冲服，连用2d。

（2）外感风热引起者，宜疏风清热，宣肺止咳，可选用以下方剂：

款冬花散。款冬花、知母、浙贝母、桔哽、桑白皮、地骨皮、黄芩、金银花各30g，杏仁20g，马兜铃、枇杷叶、陈皮各24g，甘草12g，共研末，牛（羊酌减）一次开水冲服。

桑菊银翘散。桑叶、杏仁、桔梗、薄荷各25g，菊花、银花、连翘各30g，生姜20g，甘草15g，共研末，牛（羊酌减），一次开水冲服。

（3）慢性支气管炎，可选用以下方剂：

参胶益肺散。党参、阿胶各60g，黄芪45g，五味子50g，乌梅20g，桑皮、款冬花、川贝、桔梗、米壳各30g，共研末，牛（羊酌减），一次开水冲服。

二陈汤加味。炙麻黄25g、炒杏仁30g、半夏25g、陈皮30g、茯苓25g、炙紫苑30g、炙百部30g、前胡30g、桔梗30g、知母25g、黄芩30g、苏子40g、五味25g、甘草20g，共研细末开水冲调，候温灌服 1 剂/d，连用3剂。

（4）当疏散外邪助肺宣发，化痰降气，可选用止咳平喘散：

麻黄18g，荆芥15g，桔梗30g，杏仁20g，白前、紫苑、陈皮、百部、苏子、当归，甘草各15g，上药水煎，去渣留药液500ml，候温一次灌服，1 剂/d，连服3 剂，同时用0.1g氨茶碱12片，3次/d，效果更好，羊（牛加量）。

三、预防

本病的预防，主要是加强平时的饲养管理，圈舍应经常保持清洁卫生，注意通风透光以增强动物的抵抗力。动物应避免受寒冷、烟雾、粉尘和刺激性气体以及潮湿的刺激，同时供给营养丰富、容易消化的饲草料。

【知识拓展】

一、病因

1. 感染 主要是受寒感冒，导致机体抵抗力降低，一方面病毒、细菌直接感染，另一方面呼吸道寄生菌或外源性非特异性病原菌乘虚而入，呈现致病作用。也可由急性上呼吸道感染的细菌和病毒蔓延而引起。

2. 物理、化学因素 吸入过冷的空气、粉尘、刺激性气体（如二氧化硫、氨气、氯气、烟雾等）均可直接刺激支气管黏膜而发病。投药或吞咽障碍时由于异物进入气管，可引起吸入性支气管炎。

3. 过敏反应 常见于吸入花粉、有机粉尘、真菌孢子等引起气管-支气管的过敏性炎症。

4. 继发性因素 在流行性感冒、牛口蹄疫、恶性卡他热、羊痘、肺丝虫等疾病过程中，常表现支气管炎的症状。另外，喉炎、肺炎及胸膜炎等疾病时，由于炎症扩展，也可继发支气管炎。

5. 慢性支气管炎 通常由急性支气管炎转化而成，此外，慢性心脏病引起的肺和支气管的长期瘀血，慢性传染病和寄生虫病（如：结核、肺丝虫病），普通病的肺水肿、慢性肺气肿等，也能继发慢性支气管炎。

6. 诱因 饲养管理粗放，如畜舍卫生条件差、通风不良、闷热潮湿以及饲料营养不平衡等，导致机体抵抗力下降，均可成为支气管炎发生的诱因。

二、发病机制

在病因作用下，呼吸道防御功能降低，呼吸道寄生的细菌乘机大量繁殖，刺激黏膜发生充血、肿胀，上皮细胞脱落，黏液分泌增加，炎性细胞浸润，刺激黏膜中的感觉神经末梢，使黏膜的敏感性增高，出现反射性的咳嗽；同时，炎性产物积聚，可使呼吸通气障碍，供氧不足，引起不同程度的缺氧，出现呼吸困难，随着气流的通过，在支气管内形成啰音；炎性产物及细菌毒素被吸收，可引起体温升高及精神沉郁等全身症状。

由于病因长期反复的刺激，炎症取慢性经过，并侵害支气管黏膜下层组织，使结缔组织增生，黏膜变厚而粗糙，引起慢性支气管炎。病变蔓延至细支气管及肺泡壁，可导致肺组织结构破坏或纤维结缔组织增生，进而发生阻塞性肺气肿和间质纤维化。

三、鉴别诊断

在临床上应与下列疾病相鉴别：

流行性感冒。发病迅速，体温高，全身症状明显，并有传染性。

急性上呼吸道感染。鼻咽部症状明显，一般无咳嗽，肺部听诊无异常。

支气管肺炎。全身症状较重，呈弛张热型，叩诊胸部呈岛屿状浊音区，病灶处肺泡呼吸音微弱或消失。

肺充血和肺水肿。多突然发病，有激烈活动的病史，出现红色或淡黄色泡沫样鼻液。呼吸高度困难，肺部听诊有湿性啰音和捻发音。

肺丝虫病。呈慢性经过，在畜群中往往大批发生，镜检粪便可找到虫卵。

肺气肿。患畜气喘，二段呼气，沿肋弓出现喘沟。肋间隙增宽，肺部叩诊呈过清音，两肺叩诊界后移。

任务三　支气管肺炎

【任务简介】支气管肺炎，又称小叶性肺炎或卡他性肺炎，是病原微生物感染引起的以细支气管为中心的个别肺小叶或几个肺小叶的炎症，幼畜和老龄动物尤为多发。临床上以出现弛张热型、咳嗽、呼吸次数增多、叩诊有散在的局灶性浊音区、听诊有啰音和捻发音等为特征。病理学特征为肺泡内充满由上皮细胞、血浆与白细胞等组成的卡他性炎症渗出物。

【任务要求】掌握支气管肺炎的发病特点、诊断技术及防治措施。

【工作任务】

一、诊断

根据咳嗽、弛张热型、叩诊浊音及听诊捻发音和啰音等典型症状，结合 X 线检查和血液学变化，即可诊断。

病初呈急性支气管炎的症状。精神沉郁，食欲减退或废绝，可视黏膜潮红或发绀。初期呈干而短的疼痛咳嗽，逐渐变为湿而长的咳嗽，疼痛减轻或消失，并有分泌物被咳出。流少量浆液性、黏液性或脓性鼻液。体温升高 1.5～2.0℃，呈弛张热型。脉搏频率随体温升高而增加。呼吸频率增加，严重者出现呼吸困难。

肺部叩诊，当病灶位于肺的表面时，可发现一个或多个局灶性的小浊音区，融合性肺炎则出现大片浊音区；病灶较深，则浊音不明显。

肺部听诊，在病灶部，肺泡呼吸音减弱或消失，出现捻发音和支气管呼吸音，并常可听到干啰音或湿啰音；病灶周围的健康肺组织，肺泡呼吸音增强。

血液学检查，白细胞总数增多，嗜中性粒细胞比例可达 80% 以上，出现核左移现象，有的细胞内出现中毒颗粒。年老体弱、免疫功能低下者，白细胞总数可能增加不明显，但嗜中性粒细胞比例仍增加。

X线检查，表现斑片状或斑点状的渗出性阴影，大小和形状不规则，密度不均匀，边缘模糊不清，可沿肺纹理分布。当病灶发生融合时，则形成较大片的云絮状阴影，但密度多不均匀。

二、治疗

原则为加强护理，抗菌消炎，祛痰止咳，制止渗出和促进渗出物吸收及对症疗法。

1. 加强护理　首先应将病畜置于光线充足、空气清新、通风良好且温暖的畜舍内，供给营养丰富、易消化的饲草和清洁饮水；给量宜少，而次数宜多。

2. 抗菌消炎　临床上主要应用抗生素和磺胺类药物进行治疗，用药途径及剂量视病情及有无并发症而定。有条件的可在治疗前取鼻分泌物作细菌的药敏试配对症用药。肺炎链球菌、链球菌对青霉素敏感，一般青霉素和链霉素联合应用效果更好。巴氏杆菌用氯霉素，每天10mg/kg体重肌肉注射，疗效很好。氟哌酸对大肠杆菌、绿，巴氏杆菌及嗜血杆菌等有效。对支气管炎症状明显的牛，可将青霉素200万～400万IU、链霉素1～2g、1%～2%的普鲁卡因溶液40～60ml，气管注射，每日1次，连用2～4次，效果较好。病情严重者可用第一代或第二代头孢菌素，如头孢噻吩钠（先锋1）、头孢唑啉钠（先锋Ⅴ），肌肉或静脉注射。抗菌药物疗程一般为5～7d，或在退热后3d停药。

3. 祛痰止咳　咳嗽频繁，分泌物黏稠，咳出困难时，可选用溶解性祛痰剂。剧烈频繁的咳嗽，无痰干咳时，可选用镇痛止咳剂。

4. 制止渗出　可静脉注射10%氯化钙溶液，剂量为牛100～150ml，每日1次。促进渗出物吸收和排出，内服祛痰剂外，可用利尿剂，也可用10%安钠咖溶液10～20ml，10%水杨酸钠溶液100～150ml和40%乌洛托品溶液60～100ml，牛一次静脉注射。

5. 对症疗法　体温过高时，可用解热药。呼吸困难严重者，有条件的可输入氧气。对体温过高、出汗过多引起脱水者，应适当补液，纠正水、电解质和酸碱平衡紊乱。对病情危重、全身毒血症严重的可短期（3～5d）静脉注射氢化可的松或地塞米松等糖皮质激素。

6. 中兽医疗法

（1）麻杏石甘汤加味　麻黄15g、杏仁8g、生石膏90g、二花30g、连翘30g、黄芩24g、知母24g、元参24g、生地24g、麦冬24g、花粉24g、桔梗21g，共为研末，蜂蜜为引，牛一次开水冲服（羊酌减）。

（2）百合固金汤加味　百合15g，麦冬15g，生地、熟地各20g，川贝母、当归、白芍、甘草、元参、桔梗各10g，水煎服，1日1剂，犊牛和羊。

（3）清热解毒，生津、祛痰止咳　用以下处方：双花20g，紫花地丁15g，蒲公英15g，连翘15g，黄芩15g，杏仁10g，菊花10g，贝母10g，法半夏10g，天门冬10g，栀子10g，甘草10g，共为细末连渣灌服，每天1剂，连用3d，犊牛和羊。

（4）止咳平喘、清热降火、滋阴润肺　用以下处方：药用炙麻黄18g、白果30g、贝母45g、炙杏仁24g、苏子30g、百部30g、黄芩45g、沙参30g、炙冬花30g、石膏60g、山楂24g、神曲24g、麦芽24g、甘草18g、桔梗18g、桑皮18g，研细为末，开水冲调，候温灌服，每日1剂，连用2~3日。

（5）处方5　麻黄30g，桂枝、茯苓、柴胡、黄柏、连翘、葶苈子各25g，金银花、生姜各50g，白酒为引，水煎服，每天1次，连服5d。

三、预防

加强饲养管理，避免淋雨受寒、过度劳役等诱发因素。供给全价日粮，健全的免疫接种制度，减少应激因素的刺激，增强机体的抗病能力。及时治疗原发病畜。

【知识拓展】

一、病因

引起支气管肺炎的病因很多，主要有以下几方面。

1. 原发性病因　主要是如受寒感冒、饲养管理不当、某些营养物质缺乏、长途运输、物理、化学因素、过度劳役等不良因素的刺激，使机体抵抗力降低，特别是呼吸道的防御功能减弱，导致呼吸道黏膜上的寄生菌大量繁殖及外源性病原微生物入侵，成为致病菌而引起炎症过程。能引起支气管肺炎的病原菌均为非特异性，已发现的有肺炎球菌、坏死杆菌、副伤寒杆菌、绿脓杆菌、化脓棒状杆菌、沙门氏杆菌、大肠杆菌、链球菌、葡萄球菌和疱疹病毒等。

2. 继发性病因　支气管肺炎大多是由支气管黏膜的炎症蔓延至肺泡而发病。因此，凡是引起支气管炎的原因，都可以引发支气管肺炎。一些化脓性疾病如牛的子宫炎、乳房炎，以及阉割后的阴囊化脓等，其病原菌可以通过血循途径进入肺脏而致病。

此外，支气管肺炎可继发或并发于许多传染病和寄生虫病的过程中，如结核病牛恶性卡他热、副伤寒、肺线虫病等。

二、发病机制

机体在致病因素的作用下，呼吸道的防御功能受损，呼吸道内的常住寄生菌就可大量繁殖，引起感染，发生支气管炎，然后炎症沿支气管黏膜向下蔓延至细支气管、肺泡管和肺泡，引起肺组织的炎症；或支气管炎向支气管周围发展，先引起支气管周围炎，然后再向邻近的肺泡间隔向外扩散，波及肺泡。当支气管壁炎症明显时，因刺激黏膜分泌黏液增多，病畜出现咳嗽，并排出黏液脓性的痰液。同时，炎症使肺泡充血肿胀，并产生浆液性和黏液性渗出物，上皮细胞脱落。由于炎性渗出物充满肺泡腔和细支气管，导致肺脏有效呼吸面积缩小，随着炎症范围的增大，出现外呼吸障碍，严重时可发生呼吸衰竭。

三、鉴别诊断

根据咳嗽、弛张热型、叩诊浊音及听诊捻发音和啰音等典型症状，结合X线检查和血液学变化，即可诊断。本病与细支气管炎和大叶性肺炎有相似之处，应注意鉴别。

细支气管炎，呼吸极度困难，因继发肺气肿，叩诊呈过清音，肺界扩大。

大叶性肺炎，呈稽留热型，肝变期见铁锈色鼻液，叩诊有大片弓形浊音区，X线检查发现大片均匀的浓密阴影。

任务四　大叶性肺炎

【任务简介】大叶性肺炎是一种呈定型经过的肺部急性炎症，病变始于局部肺泡，并迅速波及整个或多个大叶。因细支气管和肺泡内充满大量纤维蛋白性渗出物，故又称为纤维素性肺炎或格鲁布性肺炎。临床上以稽留热型、铁锈色鼻液和肺部出现广泛性浊音区为特征。本病常发生牛、羔羊。

【任务要求】掌握大叶性肺炎的发病特点、诊断技术及防治措施。

【工作任务】

一、诊断

根据稽留热型，铁锈色鼻液，不同时期肺部叩诊和听诊的变化，即可诊断。X 线检查肺部有大片浓密阴影，有助于诊断。

病畜发生持续性高热，体温迅速升高至 40～41℃以上，呈稽留热型，6～9d 后渐退或骤退至常温。脉搏加快，一般初期体温升高 1℃，脉搏增加，继续升高 2～3℃时，脉搏则不再增加，后期脉搏逐渐变小而弱。呼吸迫促，频率增加，严重时混合性呼吸困难，呼出气体温度较高。黏膜潮红或发绀。初期出现短而干的痛咳，溶解期则变为湿咳。疾病初期，有浆液性、黏液性或黏液脓性鼻液，在肝变期鼻孔中流出铁锈色或黄红色的鼻液。病畜精神沉郁，食欲减退或废绝，反刍停止，泌乳降低，病畜因呼吸困难而采取站立姿势，并发出呻吟或磨牙。

随着病程胸部出现规律性的叩诊音。在充血渗出期，叩诊呈过清音或鼓音。肝变期，叩诊呈大片半浊音或浊音，可持续 3～5d。溶解期，叩诊呈过清音或鼓音，随着疾病的痊愈，叩诊音恢复正常。大叶性肺炎继发肺气肿时，叩诊边缘呈过清音，肺界向后下方扩大。

在肺部听诊，因疾病发展过程中病变的不同而有一定差异。充血渗出期可出现干啰音；随着病情加剧，可听到湿啰音或捻发音，肺泡呼吸音减弱；当肺泡内充满渗出物时，肺泡呼吸音消失；肝变期出现支气管呼吸音；溶解期支气管呼吸音逐渐消失，出现湿啰音或捻发音。最后随疾病的痊愈，呼吸音恢复正常。

大叶性肺炎多见于左肺尖叶、心叶和膈叶。在未使用抗生素治疗的情况下，病变常表现典型的自然发病过程，一般分为以下四个时期：

1. 充血渗出期　初期为炎症初期，在发病后 1～2d，肺毛细血管充血，肺泡上皮肿胀脱落，同时大量浆液、纤维蛋白、白细胞和红细胞渗出，沉积于细支气管和肺泡内。病变部体积肿大。

2. 红色肝变期　发病后 3～4d，主要病理变化是充塞于细支气管和肺泡内的渗出物发生凝固，使肺组织致密如肝样。由于病变呈暗红色，病变肺叶质实，切面稍干燥，呈粗糙颗粒状，近似肝脏，故称红色肝变期。

3. 灰色肝变期 发病后5～6d，肺泡内凝固的渗出物开始发生脂肪变性和大量白细胞的渗出，外观呈灰白色或灰黄色，故称灰色肝变期。

4. 溶解消散期 发病后1周左右，凝固的渗出物被溶解液化，部分被吸收，大部分在咳嗽时随痰液排出体外。之所以被溶解，是由于白细胞及组织液所形成的溶蛋白酶的作用。病变肺组织逐渐恢复正常结构和功能。

由于临床上大量抗生素的应用，大叶性肺炎的上述典型经过已不多见，分期也不明显，病变的部位有局限性。有些病例，因机体反应性较弱，渗出物不能完全溶解吸收，从而使肺泡壁结缔组织增生，渗出物被机化，形成纤维组织，称为肉变。另外，在继发感染化脓菌时，又可引起肺组织坏死而形成肺脓肿。如果再感染腐败菌，则可引起坏疽性肺炎。

血液学检查，白细胞总数显著增加，中性粒细胞比例增加，呈核左移。严重的病例，白细胞减少。

X线检查，充血期仅见肺纹理增重，肝变期发现肺脏有大片均匀的浓密阴影，溶解期表现散在不均匀的片状阴影。2～3周后，阴影完全消散。

二、治疗

原则为抗菌消炎，控制继发感染，制止渗出和促进炎性产物吸收。

1. 首先将病畜置于通风良好，清洁卫生的环境中，供给优质易消化的饲草料

2. 抗菌消炎 选用土霉素或四环素，剂量为每日10～30mg/kg体重，溶于5%葡萄糖溶液500～1 000ml，分2次静脉注射，效果显著。也可静脉注射氢化可的松或地塞米松，降低机体对各种刺激的反应性，控制炎症发展。大叶性肺炎并发脓毒血症时，可用10%磺胺嘧啶钠溶液100～150ml，40%乌洛托品溶液60ml，5%葡萄糖溶液500ml，混合后牛一次静脉注射（羊酌减），每日1次。

3. 制止渗出和促进吸收 可静脉注射10%氯化钙或葡萄糖酸钙溶液。促进炎性渗出物吸收可用利尿剂。当渗出物消散太慢，为防止机化，可用碘制剂，如碘化钾，牛5～10g；或碘酊，牛10～20ml（羊酌减），加在流体饲料中或灌服，每日2次。

4. 对症治疗 体温过高可用解热镇痛药，如复方氨基比林、安痛定注射液等。剧烈咳嗽时，可选用祛痰止咳药。严重的呼吸困难可输入氧气。心力衰竭时用强心剂。

5. 中兽医疗法

（1）*清瘟败毒散* 石膏120g，水牛角30g，黄连18g，桔梗24g，淡竹叶60g，甘草9g，生地30g，山栀30g，丹皮30g，黄芩30g，赤芍30g，元参30g，知母30g，连翘30g，水煎，牛一次灌服（羊酌减）。

（2）*复方清毒活瘀汤* 白花蛇舌草60g，鱼腥草、穿心莲各50g，虎杖、当归、生地、黄芩、白茅根、赤芍、川芎、桃仁各30g，甘草15g，1剂/d，水煎2次，取2 000ml，分4次服，每次500ml。

注：热盛伤津者加麦冬、天花粉、沙参、石斛等；胸痛不适甚者加郁金、玄胡等；痰多黄稠者加瓜蒌皮、冬瓜仁、桔梗等；咳嗽喘息者加桑白皮、葶苈子、杏仁、麻黄、射干等；咳血痰者加白茅根；气血亏虚者加黄芪、党参等。

【知识拓展】

一、病因

主要由病原微生物引起，真正病因仍不十分清楚。有研究表明，大叶性肺炎主要由肺炎链球菌引起，常见于一些传染病过程中，如牛的传染性胸膜肺炎主要表现大叶性肺炎的病理过程。巴氏杆菌可引起牛和羊发病。肺炎杆菌、金黄色葡萄球菌、绿脓杆菌、大肠杆菌、坏死杆菌、沙门氏杆菌、霉形体属、溶血性链球菌等在本病的发生中也起重要作用。

过度劳役，受寒感冒，饲养管理不当，长途运输，吸入刺激性气体，使用免疫抑制剂等均可导致呼吸道黏膜的防御功能降低，成为本病的诱因。

继发性大叶性肺炎见于流行性支气管炎和犊牛副伤寒等，常呈非典型经过。

二、发病机制

病原微生物主要经气源性感染，通过支气管播散，炎症通常开始于细支气管，并迅速波及肺泡。其机理还不清楚，有人认为可能是细支气管的黏膜比较脆弱，对病原微生物的抵抗力小，而且细支气管和肺泡壁的防御功能只能靠巨噬细胞的吞噬作用，由于巨噬细胞的功能有限和活动缓慢，特别是对那些宿主缺乏免疫力的病原微生物，巨噬细胞不仅不能有效地吞噬、消化，而且还可以被毒力强的微生物所破坏，从而发生感染。细菌侵入肺泡内，尤其在浆液性渗出物中迅速大量地繁殖，并通过肺泡间孔或呼吸性细支气管向邻近肺组织蔓延，播散形成整个或多个肺大叶的病变，在大叶之间的蔓延则主要由带菌渗出液经支气管播散所致。

三、鉴别诊断

本病应与小叶性肺炎和胸膜炎相鉴别：

小叶性肺炎。多为弛张热型，肺部叩诊出现大小不等的浊音区，X 线检查表现斑片状或斑点状的渗出性阴影。

胸膜炎。热型不定，听诊有胸膜摩擦音。当有大量渗出液时，叩诊呈水平浊音，听诊呼吸音和心音均减弱，胸腔穿刺有大量液体流出。传染性胸膜肺炎有高度传染性。

任务五　异物性肺炎

【任务简介】异物性肺炎是动物将异物吸入肺脏而引起的以肺坏死为特征的肺炎，又称吸入性肺炎或坏疽性肺炎。临床上以全身症状迅速恶化、呼吸困难、鼻流脓性恶臭的鼻液和肺部出现明显啰音为特征。

【任务要求】掌握异物性肺炎的发病特点、诊断技术及防治措施。

【工作任务】

一、诊断

根据病史，结合呼出腐败性臭味的气体、鼻孔流出污秽恶臭的鼻液及叩诊和听诊的病理变化，即可诊断，X线检查可提供诊断依据。

病畜一般体温40℃以上，脉搏加快，咳嗽低沉、声音嘶哑，呼吸迫促，随着呼吸运动胸腹部出现明显的起伏动作或呈腹式呼吸。食欲降低或废绝，精神沉郁。呼出带有腐败性恶臭的气体，初期仅在咳嗽之后或站立在病畜附近才能闻到，随着疾病的发展气味越来越明显。鼻孔流出黏脓性鼻液，呈棕红色或污绿色，在咳嗽或低头时，常常大量流出，偶尔在鼻液或咳出物中见到吸入的异物，如食物残渣、油滴等。

肺部听诊。初期出现支气管呼吸音、干啰音或水泡音，随后可听到喘鸣音和胸膜摩擦音，有时听到皮下气肿的破裂音。后期形成空洞与支气管相通，发生空瓮音。

胸部叩诊。初期多数病灶，呈半浊音或浊音。空洞周围被结缔组织包围时，叩诊呈金属音。空洞与支气管相通，叩诊时因空气受排挤而突然急剧地经过狭窄的裂隙而出现破壶音。如果病灶小，且位于肺脏深部时，叩诊则无明显变化。

血液学检查。白细胞总数明显增加，嗜中性粒细胞比例升高，血沉加快。

X线检查。初期吸入的异物沿支气管扩散，在肺门区呈现沿肺纹理分布的小叶性渗出性阴影。随着病变的发展，在肺野下部小片状模糊阴影发生融合，呈团块状或弥漫性阴影，密度不均匀。进一步出现大小不等、无一定境界的空洞阴影，呈蜂窝状或多发性虫蚀状阴影，较大的空洞可呈现环带状的空壁。

鼻液显微镜检查。可发现有肺组织碎片、脂肪滴、脂肪晶体、棕色至黑色的色素颗粒、红细胞及大量的微生物。渗出物加入10%氢氧化钾溶液中煮沸，离心后将沉渣涂片，在显微镜下检查，可观察到肺组织分解出的弹力纤维，这也是本病的重要特征。

二、治疗

原则为迅速排出异物，抗菌消炎，制止肺组织的腐败分解及对症治疗。

1. 排出异物 首先使动物保持安静，即使咳嗽剧烈也应禁止使用止咳药，尽可能让动物处于前低后高的姿势，将头放低，便于异物向外咳出。

2. 抗菌消炎 发病后立即用抗菌药物治疗。常用青霉素、链霉素、氨苄青霉素、四环素、10%磺胺嘧啶钠等，严重者可用第一代或第二代头孢菌素。牛可将青霉素200万~400万IU、链霉素1~2g与1%~2%的普鲁卡因溶液40~60ml混合，气管注射（羊酌减），每日1次，连用2~4次，效果较好。

3. 防止自体中毒 可静脉注射樟酒糖液（含0.4%樟脑、6%葡萄糖、30%酒精、0.7%氯化钠的灭菌水溶液），剂量为牛200~250ml，羊酌减，每日1次。

4. 对症治疗 包括解热镇痛、强心补液、调节酸碱和电解质平衡、补充能量、输入氧气等。

5. 中兽医疗法

（1）解除异物、通利肺气、解表排脓，可用雪花散加减 芒硝120g、黄丹5g、贝母25g、寒水石30g、蜂蜜100g、百合30g、白芨25g，共研末，灌服。

（2）葶苈散 葶苈子60g、知母60g、贝母60g、马兜铃30g、升麻20g、黄芪60g，煎服或研末服，每日1剂，连用3d。

（3）百合蜂蜜汤　百合250g、蜂蜜500g，将百合研成细末，或煎汤加入蜂蜜，一次胃管投服。

（4）清肺止咳　蛤蚧（去头足）1对、天冬30g、麦冬30g、知母20g、贝母20g、花粉25g、兜铃20g、防已20g、苏子20g、杷叶25g、没药20g、百合25g、升麻15g、白药子20g、栀子20g、秦艽25g，共研末，对蜂蜜120g，灌服，连用3d。

（5）处方5　贝母40g、桔梗60g、玄参100g、百合100g、熟地100g、生地100g、甘草30g、寸冬80g、白芍80g、当归80g，煎服或研末服。

三、预防

本病发展迅速，病情难以控制，临床上疗效不佳，死亡率很高。本病的预防非常重要。

1. 动物通过胃管投服药物时，必须正确插入胃管，方可灌药。对严重呼吸困难或吞咽障碍的病畜，不应强制性经口投药。麻醉或昏迷的动物在未完全清醒时，不应让其进食或灌服食物及药物。

2. 经口投服药物或食用油时，应尽量使头部放低，每次少量灌服，且不能太快，以使动物能及时吞咽，不至于呛入气管。

3. 绵羊药浴时，浴池不能太深，将头压入水中的时间不能过长，以免动物吸入液体。

【知识拓展】

一、病因

1. 投药不当　是常见的原因。如灌药速度太快，或动物头位过高、舌头伸出、咳嗽及鸣叫等，均可使药物吸入呼吸道而发病。我国西北某些地区，在清明节前后有给动物灌油的习惯，如操作不当极易发生本病。偶尔见于因胃管错投入气管，将药液直接灌入肺脏而发病。

2. 吞咽功能失调　常见于处于麻醉或昏迷状态的动物，也见于患迷走神经麻痹、急性咽炎、咽区脓肿、食道憩室或脑炎的动物。当动物食道部分阻塞而又试图采食或饮水时，也容易发病。

二、发病机制

当动物吸入异物时，初期炎症仅局限于支气管内，逐渐侵害支气管周围的结缔组织，并且向肺脏蔓延。由于腐败细菌的作用使肺组织分解，引起肺坏疽，并形成蛋白质和脂肪分解产物。病灶周围的肺组织充血、水肿，发生不同程度的卡他性和纤维蛋白性炎症。随着腐败细菌在肺组织的大量繁殖，坏疽病灶逐渐扩大，病情加剧。如果肺脏的坏疽病灶与呼吸道相通，腐败性气体与肺内的空气混合，随同呼气向外排出，使病畜呼出的气体带有明显的腐败性恶臭味。当这些物质排出之后，在肺内形成空洞，其内壁附着一些腐烂恶臭的粥状物，在鼻孔中流出具有特异臭味和污秽不洁的渗出物。

三、鉴别诊断

本病应与下列疾病鉴别：

腐败性支气管炎。缺乏高热和肺浸润症状，鼻液中无弹力纤维。

支气管扩张。渗出物积聚于扩张的支气管内，发生腐败分解，呼出气体及鼻液也可能有恶臭气味，但渗出物随剧烈咳嗽可排出体外，无弹力纤维，全身症状较轻。

副鼻窦炎。因化脓多出现单侧性鼻液，全身症状不明显，肺部叩诊和听诊无异常。

附：呼吸系统疾病模块知识拓展

一、呼吸系统疾病的常见病因

呼吸系统与外界相通，环境中的病原微生物（包括细菌、病毒、衣原体、支原体、真菌、蠕虫等）、粉尘、烟雾、化学刺激剂、过敏原（变应原）和有害气体均易随空气进入呼吸道和肺部，直接引起呼吸系统发病。集约化饲养的动物，由于突然更换日粮、断奶、寒冷、贼风侵袭、环境潮湿、通风换气不良、高浓度的氨气及不同年龄的动物混群饲养、长途运输等，均容易引起呼吸道疾病。在我国西北地区，家畜饲草中粉尘较多，吸入后刺激呼吸系统容易发生尘肺。某些传染病和寄生虫病专门侵害呼吸系统，如流行性感冒、肺结核、传染性胸膜肺炎、牛肺疫、羊鼻蝇、肺包虫和肺线虫等。临床上最常见的呼吸系统疾病是肺炎，一般认为多数肺炎的病因是上呼吸道正常寄生菌群的突然改变，导致一种或多种细菌的大量增殖。这些细菌随气流被大量吸入细支气管和肺泡，破坏正常的防御机制，引起感染而发病。另外，呼吸系统也可出现病毒感染而发生肺炎。因此，临床上呼吸系统疾病仅次于消化系统疾病，占第二位，尤其是北方冬季寒冷，气候干燥，发病率相当高。

二、呼吸系统疾病的主要症状

呼吸系统疾病的主要症状有流鼻液、咳嗽、呼吸困难、发绀和肺部听诊的啰音，在不同的疾病过程中有不同的特点。

健康动物一般无鼻液，或仅有少量的浆液性鼻液。临床上所谓的鼻液是动物在病理状态下从鼻腔排出的异常分泌物。鼻液排出量的多少与病变部位、广泛程度和轻重有关。一般炎症的初期、局灶性的病变及慢性呼吸道疾病，鼻液量少。在上呼吸道疾病的急性期和肺部的严重疾病，常出现大量的鼻液，如副鼻窦积脓、肺脓肿破裂、肺坏疽等。临床上根据炎症的特性将鼻液分为浆液性、黏液性、脓性和血性四种。

咳嗽是一种强烈的呼气运动，它的形成是由于呼吸道分泌物、病灶及外来因素刺激呼吸道和胸膜，通过神经反射，而使咳嗽呼吸中枢兴奋，发生咳嗽，并将呼吸道中的异物和分泌物咳出。因此，咳嗽是一种反射性的保护动作。一般认为，单纯性的咳嗽称为咳漱，咳嗽次数多并呈持续性称痉挛性咳嗽或咳嗽发作，见于呼吸道黏膜受到强烈的刺激，如喉炎、支气管炎、慢性肺泡气肿、吸入性肺炎及胸膜炎等。慢性呼吸器官疾病可出现经常性咳嗽，有的达数周或数月，甚至数年之久。

呼吸困难是复杂的呼吸障碍，不仅表现呼吸频率的增加和深度的变化，而且伴有呼吸肌以外的辅助呼吸肌有意识的活动，但气体的交换作用不完全。高度的呼吸困难称为气喘。呼吸困难是呼吸系统疾病的一个重要症状，主要表现吸气性呼吸困难、呼气性呼吸困难和混合性呼吸困难，临床上最常见是混合性呼吸困难。

发绀指可视黏膜呈蓝紫色，主要是血液中还原血红蛋白增多或形成大量变性血红蛋白的结果。发绀仅发生于血液中血红蛋白浓度正常或接近正常，但血红蛋白的氧合作用不完全。因此，发绀是机体缺氧的典型表现。呼吸系统疾病，特别是上呼吸道高度狭窄发生吸入性呼吸困难或肺部疾病（各种肺炎、胸膜炎等）使肺有效呼吸面积减少，均可引起发绀症状。

啰音是很重要的病理性呼吸音，按其性质可分为干性啰音和湿性啰音。干性啰音是支气管中的分泌物黏稠，呈块状、线状或膜样并黏着在管壁上，因气流经过的震动而发生，或由于支气管黏膜肿胀和支气管痉挛，引起支气管内径狭窄时气流通过也可产生干性啰音，临床上常见于支气管炎、支气管肺炎、肺结核等。湿性啰音是由于支气管内存在稀薄的分泌物，呼吸时因气流引起液体移动或水泡破裂而产生的一种声音，临床上常见于支气管炎、肺炎、肺水肿、肺脓肿、肺结核等。

三、呼吸系统疾病的诊断

详细的询问病史和临床检查是诊断呼吸系统疾病的基础，X 线检查对肺部疾病具有重要价值。必要时进行实验室检查，包括血液常规检查、鼻液及痰液的显微镜检查、胸腔穿刺液的理化及细胞检查等。

随着检测技术的发展，对呼吸器官疾病的诊断和鉴别诊断将更加灵敏和准确，如采用聚合酶链反应技术诊断结核病、支原体病、肺孢子虫病、病毒感染等。

四、呼吸系统疾病的治疗原则

呼吸系统疾病的治疗主要包括抗菌消炎、祛痰镇咳及对症治疗。

抗菌消炎 细菌感染引起的呼吸道疾病均可用抗菌药物进行治疗。使用抗生素的原则是选择对某些特异病原体最有效的药物，或选择毒性最低的药物。对呼吸道分泌物培养，然后进行药敏试验，可为合理选用抗生素提供指导。一般认为，对不同反刍动物有效的药物有：牛为土霉素、红霉素、青霉素和磺胺类，羊为土霉素、青霉素和磺胺类。如果没有检出特异性的细菌，应使用广谱抗生素。在治疗过程中，抗菌药物的剂量不宜太大或过小。同时抗菌药物的疗程应充足，一般应连续用药 3～5d，直至症状消失后，再用 1～2d，以求彻底治愈，切忌停药过早而导致疾病复发。对慢性呼吸系统疾病（如结核等）则应根据病情需要，延长疗程。对气管炎和支气管炎，除传统的给药途径外，可将青霉素等抗生素直接缓慢注入气管，有较好的效果。另外，对肉用或奶用动物，应注意在动物性食品中的药物残留，严格执行有关肉用动物休药期和牛奶禁用时间的有关规定，以防止出现动物性食品中的药物残留及其对公共健康造成危害。

祛痰镇咳 咳嗽是呼吸道受刺激而引起的防御性反射，可将异物与痰液咳出，一般咳嗽不应轻率使用止咳药，轻度咳嗽有助于祛痰，痰排出后，咳嗽自然缓解，但剧烈频繁的干咳对病畜的呼吸器官和循环系统产生不良影响。祛痰药主要用于咳出痰液，临床上常用的有氯化铵、碘化钠、碘化钾等。镇咳药主要用于缓解或抑制咳嗽，临床上常用的有咳必清、复方樟脑酊、复方甘草合剂等。另外，在痉挛性咳嗽、肺气肿或动物气喘严重时，可用平喘药，如麻黄碱、异丙肾上腺素、氨茶碱等。

对症治疗 主要包括氧气疗法和兴奋呼吸。当呼吸系统疾病由于呼吸困难引起机体缺氧时，应及时用氧气疗法。当呼吸中枢抑制时，应及时选用呼吸兴奋剂，临床上最有效的方法是将二氧化碳和氧气混合使用，其中二氧化碳占5%～10%，可使呼吸加深，增加氧的摄入，同时可改善肺循环，减少躺卧动物发生肺充血的机会。另外，兴奋呼吸中枢的药物有尼可刹米（可拉明）、多普兰等，临床上要特别注意用药剂量，剂量过大则引起痉挛性或强直性惊厥。

（本模块编者：梁军生、崔晓文）

模块四　心血管疾病

任务一　心力衰竭

【任务简介】心力衰竭又称心脏衰弱、心功能不全，是因心肌收缩力减弱或衰竭，使心脏排血量减少，动脉压降低，静脉回流受阻等引起的一种全身性血液循环障碍综合征。按病程长短，可分为急性心力衰竭和慢性心力衰竭；按病因，可分为原发性心力衰竭和继发性心力衰竭。

【任务要求】掌握心力衰竭的发病特点、诊断技术及防治措施。

【工作任务】

一、诊断

根据发病原因，心率加快，第一心音增强，第二心音减弱，心内杂音，静脉怒张，结膜发绀，呼吸困难，肺部啰音，垂皮和腹下水肿以及心浊音界扩大等症状可作出诊断。应注意与其他伴有水肿、呼吸困难和腹水的疾病进行鉴别。

1. 急性心力衰竭　初期，病畜精神沉郁，食欲不振甚至废绝，易于疲劳、出汗，呼吸加快，肺泡呼吸音增强，可视黏膜轻度发绀，体表静脉努张；心搏动亢进，第一心音增强，脉搏细数，有时出现心内杂音和节律不齐。随着病情的发展，症状更加严重，发生肺水肿，胸部听诊有广泛的湿啰音；两侧鼻孔流出多量无色细小泡沫状鼻液。心搏动震动全身，第一心音高朗，第二心音微弱，伴发阵发性心动过速，脉细不感于手。有的步态不稳，易摔倒，常在症状出现后数秒钟到数分钟内死亡。

2. 慢性心力衰竭（充血性心力衰竭）　病情发展缓慢，病程长达数周、数月或数年。病畜精神沉郁，食欲减退，不愿走动，不耐使役，易疲劳、出汗。黏膜发绀，体表静脉努张。垂皮、腹下和四肢下端水肿，触诊有捏粉样感，往往是患畜经一夜驻立，清晨水肿明显，白天适当使役或运动后，水肿减轻或消失。心音减弱，脉搏增数，心脏叩诊浊音区扩大，常出现相对闭锁不全性心内杂音和节律不齐。

随着全身静脉淤血程度的加重，除发生胸、腹腔和心包腔积液外，还常引起脑、胃肠、肝、肺和肾脏等器官的淤血。呈现意识障碍、慢性消化不良、逐渐消瘦、肝功能异常、呼吸困难、听诊肺脏有啰音、咳嗽、尿量减少、尿液浓稠、出现蛋白尿等症状。

二、治疗

原则是加强护理，减轻心脏负担，缓解呼吸困难，增强心肌收缩力以及对症疗法等。

1. 加强护理 将患畜置于安静厩舍，给予柔软易消化的饲料，轻型急性心力衰竭的牛羊，只要适当休息，不用药物也可康复。

2. 减轻心脏负担 根据患畜体质，静脉淤血程度以及心音、脉搏强弱，酌情放血1 000~2 000ml（贫血患畜切忌放血），放血后呼吸困难很快解除，再缓慢静脉注射25%葡萄糖溶液500 ~1 000ml，以改善心肌营养。

3. 消除水肿 限制钠盐摄入，给予利尿剂。常用双氢克尿噻，牛0.5 ~ 1.0g；羊0.05 ~ 0.1g；或内服速尿按2 ~ 3mg/kg体重，或0.5 ~ 1.0mg/kg体重肌肉注射，每天1 ~ 2次，连用3 ~ 4d，停药数日后再用数日。

4. 缓解呼吸困难 牛常用10%樟脑磺酸钠注射液10 ~ 20ml，皮下注射或肌肉注射；也可用1.5%氧化樟脑注射液10 ~ 20ml，肌肉注射或静脉注射。

5. 强心 常用洋地黄类强心苷制剂，应长期应用易蓄积中毒。成年反刍动物不宜内服，由心肌发炎引起的心力衰竭禁用。先在短期内给予足够剂量的洋地黄，以后每天给予一定的维持量。对于牛，按每100kg体重用3mg肌肉注射，或地高辛按每100kg 0.88mg/kg静脉注射，维持剂量为0.001 1 ~ 0.001 7mg/kg；对于心率过快的牛用复方奎宁注射液10 ~ 20ml肌肉注射，每天2 ~ 3次，有良好效果。

6. 对症治疗 应针对出现的症状，给予健胃，缓泻，镇静等制剂，还可使用ATP、辅酶A、细胞色素C、维生素B_6和葡萄糖等营养合剂，作辅助治疗。

7. 中兽医疗法

（1）*参附汤加减* 党参、黄芪各100g，黑附子、肉桂各50g，干姜35g，当归、柴胡、白术各45g，煎浓汁，分上下、午灌服。连用3d。

（2）*为防止大热大燥之附子、肉桂、干姜耗伤阴液，进而导致消化功能障碍，改用当归苁蓉汤* 当归100g，肉苁蓉60g，番泻叶40g，广木香25g，厚朴、枳壳、升麻、柴胡各45g，公丁香50g，煎浓汁，分上、下午灌服，连用2d。

（3）*营养散* 当归16g，黄芪32g，党参25g，茯苓20g，白术25g，甘草16g，白芍19g，陈皮16g，五味子25g，远志16g，红花16g，共为末，开水冲服，每天1剂，7剂为一疗程。

三、预防

对耕牛应坚持经常锻炼与使役，提高适应能力，同时也应合理使役，防止过劳，积极治疗原发病。

【知识拓展】

一、病因

1. 急性原发性心力衰竭 主要是由于动物压力负荷、容量负荷过重而导致的心肌负荷过重，见于使役不当或过重的耕牛，尤其是饱食逸居的耕牛突然进行重剧劳役，如长期舍饲的育肥牛在坡陡、崎岖道路上载重或挽车等。此外，麻醉意外、雷击、电击等可能导致该病。

2. 急性继发性心力衰竭 多继发于急性传染病（口蹄疫、传染性胸膜肺炎等）、寄生虫病（弓形虫病、住肉孢子虫病等）、内科疾病（如急性心脏疾病、胃肠炎、日射病等）以及各种中毒性疾病的经过中。主要由病原菌或毒素直接侵害心肌所致。

3. 慢性心力衰竭　本病常继发或并发于多种亚急性和慢性感染、心脏本身的疾病（心包炎、心肌炎等）、中毒病（棉籽饼中毒、霉败饲料中毒、含强心苷的植物中毒、呋喃中毒等）、幼畜白肌病等、慢性肺泡气肿、慢性肾炎和长期重剧使役等；使心脏长期负担过重，也能引发本病。在高海拔地区，特别是棘豆草丛生牧区放牧的青年牛易发右心衰竭。肉牛采食大量曾饲喂过聚醚离子载体药物（马杜拉菌素或盐霉素）的肉鸡粪，能引起心脏衰竭。

在瑞士的红色荷斯坦与西门塔尔杂种牛中，曾发生一种遗传因素起主导作用，外源性因素可能是饲料中的毒素）为触发因子的心力衰竭。

二、发病机制

1. 急性心力衰竭　由于心排血量减少，血压下降，通过主动脉弓和颈动脉窦压力感觉器的反射，使交感神经兴奋、心动加速、心室舒张期缩短。心动加速会使心肌代谢增加，耗氧量增加；当心率超过一定限度时，心室充盈不足，心排血量会更降低。交感神经兴奋也使外周血管收缩，心室压力负荷增重，使血流量减少。肾脏血流量不足时，导致醛固酮和抗利尿素增多，加强肾小管重吸收，引起钠离子和水在组织内潴留，心室的容量负荷加剧，影响心排血量，最终导致代偿失调，发生急性心脏衰竭。

2. 慢性心力衰竭　多由于心血管疾病不断加重逐渐发展而来。发病时，心脏由于长期负荷过重，心室肌张力过度，刺激心肌代谢，增加蛋白质合成，心肌纤维变粗，发生代偿性肥大，心肌收缩力增强，心排血量增多，以维持血液循环。然而，肥厚的心肌使氧耗量增加，储备力和工作效率明显降低。当劳役、运动或其他原因引起心动过速时，心肌处于严重缺氧状态，收缩力减弱，收缩时不能将心室排空，于是发生心脏扩张，导致心脏衰竭。

当发生心力衰竭时，组织缺血缺氧，产生过量的丙酮酸、乳酸等产物，引起酸中毒。并因静脉血回流受阻，全身静脉淤血，静脉血压增高，毛细血管通透性增大，发生水肿，甚至形成胸水、腹水和心包积液。左心衰竭时，首先出现肺循环淤血，迅速发生肺水肿、呼吸困难等症状。右心衰竭时，出现体循环淤血和全身水肿等症状。

任务二　贫血

【任务简介】贫血是指单位体积外周血液中的血红蛋白浓度、红细胞数和（或）红细胞压积低于正常值的综合征。主要表现是皮肤和可视黏膜苍白，心率加快，心搏增强，肌肉无力及各器官由于组织缺氧而产生的各种症状。贫血不是一种独立的疾病，而是一种临床综合征。可分为失血性贫血、溶血性贫血、营养性贫血和再生障碍性贫血四个类型。

【任务要求】掌握贫血的诊断技术及治疗措施。

【工作任务】

一、诊断

对于急性出血性贫血，可根据临床症状和发病情况作出诊断。内出血则需作系统详细的检查，如为肝脾破裂，只作腹腔穿刺即可确定。有贫血症状，而且黄疸较重时，可考虑溶血性贫血。若贫血同时有营养逐渐降低现象，且出现红细胞淡染，环状红细胞、红细胞直径缩小等，可确定为缺铁性贫血。如果出现出血性素质，血液中缺乏幼龄红细胞，同时白细胞和血小板皆减少，可考虑为再生障碍性贫血。

共同症状主要表现为患畜体质虚弱，容易疲劳，多汗，心跳，呼吸加快，结膜苍白，血红蛋白量和红细胞总数减少，红细胞形态改变等。

1. 急性失血性贫血　患畜体温下降，耳尖、四肢变冷，全身发抖，脉搏细弱。

2. 慢性失血性贫血　因贫血病程较久，患畜体质衰弱，骨髓功能衰弱，在脾、肝及淋巴结上可出现骨髓外造血灶。

3. 溶血性贫血　患畜全身黄疸，血液中出现大量胆红素。

4. 营养性贫血　患畜消瘦，血红蛋白下降，血中可出现大量网织红细胞和异形红细胞。

5. 再生障碍性贫血　患畜结膜苍白，在皮肤和黏膜下，有出血斑点。血液不易凝固，血沉加快，红细胞、白细胞、血小板减少。

二、治疗

1. 外伤性出血　除采取外科方法外，可适当使用全身止血药。安络血肌肉注射，牛10～20ml，羊0.1～0.3ml。其他如维生素K、氯化钙、凝血质等均可使用。如果出血量过多，可输给同型血。

2. 营养不良性贫血　以缺铁性贫血多见，大家畜可用硫酸亚铁口服，每天6～8g，一周后改为3～5g，连用1～2周，如同时给予0.1%亚砷酸钾溶液，每天10～15ml，能提高疗效；口服补血糖浆或肌注右旋糖酐铁。

3. 再生障碍性贫血　主要在于除去病因，给予富含蛋白质的饲料，并补给氯化钴和维生素B_{12}，或反复应用中等量的输血，以兴奋造血功能。

4. 中兽医治疗

（1）急性出血性贫血　黄芪60g，党参60g，陈皮40g，白术30g，远志25g，熟地30g，甘草30g，共为末，开水冲，一次服。

（2）再生障碍性贫血　黄芪60g，党参60g，白术30g，当归30g，阿胶30g，熟地30g，甘草15g，共为末，开水冲，一次服。

【知识拓展】

病因

1. 失血性贫血　分为急性和慢性两种。急性失血性贫血多见于创伤性大出血，严重的产后出血，肝、脾破裂所致的出血；慢性失血性贫血，多发生于慢性反复失血的各种疾病时，如肝片形吸虫病、血吸虫病、犊牛球虫病、牛的血尿以及蕨中毒等。

2. 溶血性贫血　能引起溶血的因素很多，包括化学性的（如氧化钾、苯肼、苯、皂苷、蛇毒、蓖麻子、铅、胆酸盐等）、物理性的（如烧伤、低渗溶液和电离辐射等）、生物的（如溶血性链球菌产生溶血素、孢子虫的毒素、葡萄球菌分泌的溶血素和产气荚膜杆菌产生的毒素等）、免疫反应性的（异型输血所致的溶血、新生犊溶血病以及某些药物所致的溶血）因素等。

3. 营养性贫血　是由于动物长期采食缺乏蛋白质、维生素以及铁、铜、钴、维生素B_{12}及叶酸等的饲料，或因长期消化不良，造血原料吸收障碍而发生。

4. 再生障碍性贫血　是由骨髓造血功能障碍引起的，多见于药物中毒、放射线照射和某些传染病等。

（本模块编者：梁军生）

模块五　泌尿系统疾病

任务一　肾炎

【任务简介】 肾炎是肾小球、肾小管或肾间质组织发生炎症的统称。临床上以肾区敏感与疼痛，尿量减少，尿液中含多量肾上皮细胞和各种管型及水肿为特征。按其病程分为急性和慢性两种，按炎症发生的部位可分为肾小球性和间质性肾炎，按炎症发生的范围可分为弥漫性和局灶性肾炎。急性、慢性及间质性肾炎为多发，而间质性肾炎主要发生在牛。

【任务要求】 掌握肾炎的诊断技术及治疗措施。

【工作任务】

一、诊断

根据病史（多发生于某些传染病或链球菌感染之后，或有中毒的病史），临床特征（少尿或无尿，肾区敏感，主动脉第二心音增强，水肿）和尿液化验（尿蛋白、血尿、尿沉渣中有多量肾上皮细胞和各种管型）进行综合诊断。

1. 急性肾炎　患畜食欲减退，精神沉郁，消化不良，体温微升。病初，频频排尿，但每次尿量较少、尿色浓暗、比重增高，甚至出现血尿，严重者无尿。肾区敏感、疼痛，站立时腰背拱起，后肢叉开或集于腹下。不愿走动，强迫行走时腰背弯曲，发硬，后肢僵硬，步样强拘，后肢举步不高，尤其向一侧转弯困难。

肾区触诊，患畜有痛感。直肠检查，可感知肾脏肿大，触压肾脏敏感，患畜站立不安，甚至躺下或抗拒检查。由于血管痉挛，眼结膜呈淡白色，动脉血压可升高。主动脉第二心音增强，脉搏强硬。

重症病例，见有眼睑、颌下、胸腹下、阴囊部及牛的垂皮处发生水肿。病的后期，患畜出现尿毒症，表现呼吸困难，嗜睡，昏迷等症状。

实验室检查，尿液蛋白质呈阳性，镜检尿沉渣，可见管型、白细胞、红细胞及多量的肾上皮细胞。血液检查，血液稀薄，血浆蛋白含量下降，血液非蛋白氮含量明显增高。

2. 慢性肾炎　患畜逐渐消瘦，血压升高，脉搏增数，硬脉，主动脉第二心音增强。疾病后期，眼睑、颌下、胸腹下或四肢末端出现水肿，重症者出现体腔积水。尿量不定，尿中有少量蛋白质，尿沉渣中有大量肾上皮细胞和各种管型。血中非蛋白氮含量增高，尿蓝母增多，最终导致慢性氮质血症性尿毒症，患畜倦怠，消瘦，贫血，抽搐及出血倾向，直至死亡。典型病例主要是水肿，血压升高和尿液异常。

二、治疗

原则是消除病因，加强护理，消炎利尿，抑制免疫反应。

1. 加强护理 首先将患畜置于温暖、通风良好的圈舍，防止受寒感冒，限喂食盐和减少高蛋白饲料，给予易消化且无刺激性的饲料，并限制饮水。

2. 消除感染 可选用抗生素、磺胺类及喹诺酮药物进行治疗。一般选用青霉素，按每千克体重，肌肉注射一次量为：牛 1 万~2 万 IU，羊、犊牛 2 万~3 万 IU，3 ~ 4 次/d，连用一周；其次可用链霉素，诺氟沙星，环丙沙星合并使用可提高疗效。

3. 免疫抑制疗法 一般选用氢化可的松注射液，肌肉注射或静脉注射，一次量：牛、200 ~ 500mg，羊 20 ~ 80mg，1 次/d；亦可选用地塞米松，肌肉注射或静脉注射，一次量：牛 110 ~ 20mg，羊 5 ~ 10mg，1 次/d。

4. 利尿消肿 当有明显水肿时，可酌情选用利尿剂。双氯克尿噻，牛 0. 5 ~ 2g，羊 0. 05 ~ 0. 2g，加水适量内服，1 次/d，连用 3 ~ 5d。

5. 尿路消毒 内服乌洛托品，牛 15 ~ 30g，羊 5 ~ 10g，或 40% 乌洛托品注射液 10 ~ 50ml，静脉注射。

6. 中兽医疗法

（1）中兽医称急性肾炎为湿热蕴结证，治法为清热利湿，凉血止血，代表方剂“秦艽散”加减，秦艽 30g，瞿麦 24g，车前子 15g，当归 15g，黄芩 21g，赤芍 21g，炒蒲黄 24g，焦栀子 24g，阿胶 15g，黄柏 15g，竹叶 15g，灯芯为引，水煎去渣，候温灌服（牛）。

（2）慢性肾炎属水湿困脾证，治法为燥湿利水，方用“平胃散”合“五皮饮”加减：苍术、厚朴、陈皮各 60g，泽泻 45g，大腹皮、茯苓皮、生姜皮各 30g，水煎服。

（3）五苓散合五皮饮加减，处方为：茯苓皮 、猪苓 、生姜皮、大腹皮、大蓟、小蓟、广木香（后下）各 15g，泽泻、马鞭草、鲜茅根（自加）各 30g，金银花 100g、桂枝、椒目各 10g，猫须草、炒谷芽、炒麦芽、赤小豆各 50g。

（4）水肿消退后应立即改为行气化水、温肾健脾，处方为：苍白术、仙茅、大蓟、小蓟、生大黄各 15g，党参、白茯苓、鲜茅根（自加）、黄芪、怀山药各 30g，马鞭草、炒谷芽、炒麦芽各 50g，金樱子 20g，附子 9g。

（3）和（4）两处方每次均用水煎至1 000ml，一次灌服，1d2 ~ 3 次，连用 7d。

（5）慢性肾炎，可用以下处方：赤茯苓、车前子各 40g，木通、泽泻、猪苓、瞿麦、萹蓄各 50g，共为细末，水煎服或用开水冲后灌服。对于病程较长，体虚衰弱的可另加党参、生芪、熟地、山茱萸、山药、枸杞、肉桂及附子各 40g，水煎服。

【知识拓展】

一、病因

与感染、毒物刺激和变态反应有关。

1. 感染性因素 多继发于某些传染病的经过之中，如炭疽、牛出败、口蹄疫、结核病、传染性胸膜肺炎、败血症，羊的败血性链球菌、牛病毒性腹泻等。

2. 毒物作用因素 主要是有毒植物、霉败饲料与被农药和重金属（如砷、汞、铅、镉、钼等）污染的饲料及饮水或误食有强烈刺激性的药物（如斑蝥，松节油等）；内源性毒物主要是重剧性胃肠炎症，代谢障碍性疾病，大面积烧伤等疾病中所产生的毒素与组织分解产物，经肾脏排出时而致病。另外，二甲氧青霉素、氨基苄青霉素、先锋霉素、噻嗪类及磺胺类药物等可引起药源性间质性肾炎。

3. 诱发因素 过劳，创伤，营养不良和受寒感冒均为肾炎的诱发因素。此外，本病也可由肾盂炎、膀胱炎、子宫内膜炎、尿道炎等邻近器官炎症的蔓延和致病菌通过血液循环进入肾组织而引起。

慢性肾炎的原发性病因，基本上与急性肾炎相同，只是作用时间较长，性质较为缓和。

二、发病机制

研究认为大约有70%肾炎病例属于免疫复合物性肾炎，约5%的病例属于抗肾小球基底膜性肾炎，其余为非免疫性肾炎。

1. 免疫复合物性肾炎 机体在外源性（病原微生物及其毒素）或内源性抗原（如自身组织被破坏而产生的变性物质）刺激下产生相应的抗体，当抗原与抗体在循环血液中形成可溶性抗原抗体复合物后，抗原抗体复合物随血液循环到达肾小球、并沉积在肾小球血管及肾小球囊内，引起变态反应性炎症。

2. 抗肾小球基底膜性肾炎 在感染或其他因素作用下细菌或病毒的某种成分与肾小球基底膜结合，形成自身抗原，刺激机体产生抗自身肾小球基底膜抗原的抗体，该抗体可与该抗原物质反应，引起变态反应性炎症。

3. 非免疫性肾炎 病原微生物及其毒素、有毒物质或有害的代谢产物，经血液循环进入肾脏时直接刺激或阻塞、损伤肾小球或肾小管的毛细血管而导致肾炎。

初期，因变态反应引起肾小球毛细血管痉挛性收缩或致使肾毛细血管壁肿胀，使肾小球滤过率下降，尿量减少、或无尿。进一步发展，水、钠在体内大量蓄积而发生不同程度的水肿。中后期，由于肾小球毛细血管的基底膜变性、坏死、结构疏松或出现裂隙，使血浆蛋白和红细胞漏出，形成蛋白尿和血尿。并使血液胶体渗透压降低，血液液体成分渗出，水肿更为严重。由于肾小球缺血，引起肾小管也缺血，结果肾小管上皮细胞发生变性、坏死甚至脱落。渗出、漏出物及脱落的上皮细胞在肾小管内凝集形成各种管型。肾小球滤过功能降低，水、钠潴留，血容量增加；肾素分泌增多，血浆内血管紧张素增加，小动脉平滑肌收缩，致使血压升高，主动脉第二心音增强。由于肾脏的滤过功能障碍，使机体内代谢产物（非蛋白氮）不能及时从尿中排除而蓄积，引起尿毒症（氮质血症）。慢性肾炎，由于炎症反复发作，肾脏结缔组织增生以及体积缩小导致临床症状时好时坏，终因肾小球滤过功能障碍，尿量改变，机体内代谢产物，滞留在血液中，引起慢性尿毒症。

三、鉴别诊断

本病应与肾病鉴别。肾病有明显水肿和低蛋白血症，尿中有大量蛋白质，但无血尿及肾性高血压现象。

任务二　膀胱炎

【任务简介】膀胱炎是膀胱黏膜及其黏膜下层的炎症。临床上以疼痛性频尿和尿中出现较多的膀胱上皮细包、炎性细胞、血液和磷酸铵镁结晶为特征。多发于母畜，以卡他性膀胱炎多见。

【任务要求】掌握膀胱炎的发病特点、诊断技术及防治措施。

【工作任务】

一、诊断

急性膀胱炎可根据疼痛性频尿，排尿姿势变化以及尿液检查有大量的膀胱上皮细胞和磷酸铵镁结晶，进行综合判断。

1. 急性膀胱炎　患畜频频排尿或屡作排尿姿势，但无尿液排出，有时出现持续性尿淋漓，痛苦不安等症状。直肠检查，患畜表现疼痛不安，触诊膀胱，手感空虚。若膀胱括约肌受炎性产物刺激，长时间痉挛性收缩时可引起尿闭，严重者可导致膀胱破裂。终末尿为血尿，尿液混浊、混有黏液、脓汁、坏死组织碎片和血凝块，并有强烈的氨臭味。尿沉渣镜检，可见到大量膀胱上皮细胞、白细胞、红细胞、脓细胞和磷酸铵镁结晶等。

2. 慢性膀胱炎　病程长，患畜营养不良、消瘦，被毛粗乱，无光泽，其排尿姿势和尿液成分与急性者略同。若伴有尿路梗塞，则出现排尿困难，但排尿疼痛不明显。

二、治疗

原则是加强护理，抑菌消炎，防腐消毒及对症治疗。

1. 抑菌消炎　对重症病例，可先用0.1%高锰酸钾溶液、1%～3%硼酸溶液、0.1%雷佛奴尔液、0.01%新洁尔灭液、1%亚甲蓝等作膀胱冲洗。在反复冲洗后，膀胱内注射青霉素80万～120万IU，1～2次/d。同时，肌肉注射抗生素配合治疗。

2. 尿路消毒　口服呋喃坦啶，或40%乌洛托品，牛50～100ml，静脉注射。

3. 中兽医疗法　中兽医称膀胱炎为气淋，主证为排尿艰涩，不断努责，尿少淋漓，治宜行气通淋。

（1）对于出血性膀胱炎，可服用秦艽散　秦艽50g，瞿麦40g，车前子40g，当归、赤芍各35g，炒蒲黄、焦山楂各40g，阿胶25g，研末，水调灌服。

（2）滑石散　滑石60g，林通30g，猪苓24g，泽泻30g，茵陈30g，酒知母24g，酒黄柏24g，甘草15g，灯芯草30g，竹叶30g，小煎去渣，候温灌服（牛）。

（3）八正散加味　金银花、车前子各60g，马齿苋50g，连翘45g，黄芩、栀子、萹蓄、瞿麦、滑石、牛膝各30g，桑寄生、续断各45g，木通8.5g水煎或研末服。腰背拱起者加乳香、没药各30g，秦艽、巴戟天各35g；有尿毒症状时，加郁金、菖蒲、远志各85g；体温升高、小便色浑者。加黄连、黄柏、生地各25g。

【知识拓展】

一、病因

膀胱炎的发生与创伤，尿潴留，难产，导尿，膀胱结石等有关。

1. 细菌感染 除某些传染病的特异性细菌继发感染之外，主要致病菌有化脓杆菌和大肠杆菌，其次是葡萄球菌、链球菌、绿脓杆菌、变形杆菌等。有人认为，膀胱炎是牛肾盂肾炎最常见的先兆，肾棒状杆菌也是膀胱炎的病原菌之一。

2. 机械性刺激或损伤 导尿管过于粗硬，插入粗暴，膀胱镜使用不当以致损伤膀胱黏膜。膀胱结石、膀胱内赘生物、尿潴留时的分解产物以及带刺激性药物，如松节油、酒精、斑蝥等的强烈刺激。

3. 邻近器官炎症的蔓延 肾炎、输尿管炎、尿道炎、尤其是母畜的阴道炎、子宫内膜炎等，极易蔓延至膀胱而引起本病。

4. 毒物影响或某种矿物质元素缺乏 缺碘可引起动物的膀胱炎；牛蕨中毒时因毛细血管的通透性升高，也发生出血性膀胱炎。

二、发病机制

病原微生物经尿道上行到膀胱直接作用于膀胱黏膜，或经尿液到达膀胱的有毒物质以及尿潴留时产生的氨等有害产物对膀胱黏膜产生强烈的刺激，都可引起膀胱黏膜的炎症，严重者膀胱黏膜组织坏死。

膀胱黏膜炎症发生后，其炎性产物，脱落的膀胱上皮细胞和坏死组织等混入尿中，引起尿液成分改变，尿中出现脓液、血液、上皮细胞和坏死组织碎片。此种质变的尿液成分又成为病原微生物繁殖的良好条件，可加剧炎症的发展。膀胱黏膜受到炎性产物刺激后，其兴奋性、紧张性升高，膀胱频频收缩，故病畜出现疼痛性排尿，甚至出现尿淋漓。若受到过强刺激，则膀胱括约肌反射性痉挛，导致排尿困难或尿闭。当炎性产物被吸收后则呈现全身症状。

三、鉴别诊断

在临床上，膀胱炎与肾盂炎，尿道炎有相似之处，但只要仔细检查分析和全面化验是可以区分的。肾盂炎，表现为肾区疼痛，肾脏肿大，尿液中有大量肾盂细胞。尿道炎，镜检尿液无膀胱上皮细胞。

任务三　尿结石

【任务简介】尿结石又称尿石症，是指尿路中盐类结晶凝结成大小不一、数量不等的凝结物，刺激尿路黏膜而引起的出血性炎症和尿路阻塞性疾病。临床上以腹痛，排尿障碍和血尿为特征。各种动物均可发生，主要发生于公畜。

【任务要求】掌握尿结石的发病特点、诊断技术及防治措施。

【工作任务】

一、诊断

非完全阻塞性尿结石可能与肾盂炎或膀胱炎相混淆，只有通过直肠触诊进行鉴别。尿道探诊不仅可以确定是否有结石，还可判明尿石部位。还应注重饲料构成成分的调查，综合判断作出确诊。

1. 肾结石　肾结石位于肾盂，呈现肾盂炎症状和血尿，当患畜剧烈运动后，血尿加重。肾区疼痛，患畜极度不安，步态紧张。直肠触诊肾脏时，疼痛加剧。如肾结石移至两侧输尿管引起阻塞时，排尿点滴或停止。

2. 膀胱结石　结石位于膀胱腔时，有时不呈现明显症状，大多数患畜表现频尿或血尿。直肠触诊膀胱，膀胱敏感性增高，可能触到结石，压迫表现疼痛。公牛、公羊有时可见细小结石随尿排出附于尿道口周围的被毛上，形成沙粒结晶。尿结石位于膀胱颈部时，患畜呈现明显的疼痛和排尿障碍，常呈现排尿姿势，但尿量较少或无尿排出。排尿时患畜呻吟，腹壁抽搐。

3. 尿道结石　公牛多发生于乙状弯曲或会阴部。当尿道不完全阻塞时，患畜排尿痛苦且排尿时间延长，尿液呈滴状或线状流出，有时有血尿或小结石（沙石）。当尿道完全阻塞时，则出现尿闭或肾性腹痛现象，患畜频频举尾，屡做排尿动作但无尿排出。尿路探诊可触及尿石所在部位，尿道外部触诊，患畜有疼痛感。直肠内触诊时，膀胱内尿液充满，体积增大。若长期尿闭，可引起尿毒症或发生膀胱破裂。膀胱破裂时，肾性腹痛现象突然消失，患畜转为安静。由于尿液大量流入腹腔，下腹部腹围迅速增大，此时施行腹腔穿刺，则有大量含有尿液的渗出液流出，液体一般呈棕黄色并有尿的气味。直肠触诊，膀胱空虚，缩小如拳头大。

二、治疗

原则是消除结石，控制感染，对症治疗。

1. 水冲洗　导尿管消毒，涂擦润滑剂，缓慢插入尿道或膀胱，注入消毒液体，反复冲洗。适用于粉末状或沙粒状尿石。对有磷酸盐尿结石的牛羊，应用稀盐酸进行冲洗治疗获得良好的治疗效果。

2. 松弛尿道肌肉　当尿结石严重时可使用2.5%的氯丙嗪溶液肌肉注射，牛10～20ml，羊2～4ml。

3. 手术治疗　尿石阻塞在膀胱或尿道的病例，可实施手术切开，取出尿石。

4. 中兽医治疗　中医称尿路结石为“砂石淋”。

（1）根据清热利湿，通淋排石，病久者肾虚并兼顾扶正的原则，一般多用排石汤（石苇汤）加减　海金沙、鸡内金、石苇、海浮石、滑石、瞿麦、萹蓄、车前子、泽泻、生白术等。

（2）加减血府逐瘀汤　柴胡、当归、牛膝各25g，桃仁、赤芍、红花各20g，王不留行、生地黄、金钱草、白花蛇舌草、党参、海金沙各30g，萹蓄、瞿麦各35g，一剂水煎2次，候温灌服，1剂/d，一般连服2～6剂后即可治愈。若小便不畅者加海盘沙、瞿麦、萹蓄；尿血者加小蓟、白茅根、蒲黄；脾肾气虚者加黄芪、党参 、淫羊藿。

(3) 不完全阻塞的尿石症，用以下处方　知母、黄柏、黄芩、栀子、茯苓、泽泻各65g，滑石100g，金钱草130g，石苇60g，车前子、木通各30g，但不宜多服尿通后应以灌水为主。

(4) 术后公牛中药以化石利尿，清热解毒为主，可用以下处方　药用金钱草25g，海金沙30g，滑石60g，木通、车前子、盘银花、连翘、黄连、黄柏各20g，甘草10g，竹叶、灯芯为引。

(5) 羊尿结石，可用以下处方　柴胡、牛膝、当归各12g，桃仁、赤芍、红花各10g，王不留行、生地黄、金钱草、白花蛇舌草、滑石各15g，黄芪、党参各20g，白茅根、萹蓄各20g，1剂/d，连服3d。

【知识拓展】

一、病因

尿石的成因不十分清楚，但普遍认为是伴有泌尿器官病理状态下的全身性矿物质代谢紊乱的结果，并与下列因素有关。

1. 饲料高钙、低磷或富硅、富磷　长期饲喂高钙低磷的饲料和饮水，可促进尿石形成。长期饲喂棉饼的牛羊，极易形成磷酸盐尿结石。小麦和玉米产区的家畜也易患尿石症，其原因是麸皮和玉米等饲料中富含磷。

2. 饮水缺乏　尿石的形成与机体脱水有关，饮水不足是尿石形成的重要因素。如天气炎热，农忙季节或过度使役，饮水不足，使尿中盐类浓度增高，促使尿石的形成。

3. 维生素A缺乏　维生素A缺乏可导致尿路上皮组织角化，促进尿石形成。

4. 感染因素　肾和尿路感染发炎时，炎性产物，脱落的上皮细胞及细菌积聚，可成为尿石形成的核心。

5. 其他因素　动物甲状旁腺功能亢进，长期周期性尿液潴留，大量应用磺胺类药物等均可促进尿石的形成。

二、发病机制

尿结石不但受饲料品种的影响，而且尿石的化学成分因家畜种类不同，也不一致。一般认为尿石形成的条件为有结石核心物质的存在、尿中保护性胶体环境被坏、尿中盐类结晶不断析出并沉积。尿石的核心物质，多为黏液、凝血块、脱落的上皮细胞、坏死组织碎片、红细胞、微生物、纤维蛋白和砂石颗粒等。尿中保护性胶体物质减少，晶体盐类与胶体物质之间的比例发生变化，某些盐类化合物过度饱和，以致从溶解状态中析出，附着于尿结石核心物质上逐渐形成结石。尿液中的理化性质发生改变，可成为尿结石形成的诱因。如尿液的pH值改变，可影响一些盐类的溶解度。尿液潴留或浓稠，因其中尿素分解产生氨，致使尿变为碱性，形成碳酸钙，磷酸铵和磷酸铵镁等沉淀。酸性尿容易促使尿酸盐尿石的形成。尿中的柠檬酸盐的含量下降，易发生钙盐的沉淀，形成尿石。

目前一般认为，尿石形成于肾脏，随尿液转移至膀胱，并在膀胱增大体积，常在输尿管和尿道形成阻塞。尿石形成后，于阻塞部位刺激尿路黏膜，引起黏膜损伤、炎症、出血，并使局部的敏感性增高，由于刺激，尿路平滑肌出现痉挛性收缩，因而病畜发生腹痛，频尿和尿痛现象。当结石阻塞尿路时，则出现尿闭，腹痛尤为明显，甚至可发生尿毒症和膀胱破裂。

任务四　血尿

【任务简介】尿中混有血液，称为血尿。血尿不是一个单独的疾病，而是某些疾病过程中的一种症状。本病多发生于牛，其他家畜少见。

【任务要求】掌握血尿的诊断技术及治疗措施。

【工作任务】

一、诊断

根据尿中混有血液，镜检尿沉渣有肾上皮细胞、管型、膀胱扁平上皮细胞、尿道上皮细胞及大量的红细胞，并结合临床症状，可作出诊断。但应与血红蛋白尿相鉴别，血红蛋白尿尿色透明，静置无红色沉淀，镜检尿沉渣无完整的红细胞，且具有原发病的固有症状。

一般症状随各原发病而定，主要症状是尿中混有血液。由于尿中所含血液量不同，其颜色深浅也不一样，由淡红色、红色、深红色至褐色。尿液不透明，混有血凝块和血丝。静置时，有红色沉淀物。镜检，有大量的红细胞。由于泌尿器官出血部位不同，血液随尿排出的情况也不一样。

1. 肾性血尿　血液与尿液均匀混合，整个排尿过程排出均匀一致的红色尿液。镜检尿沉渣，有多量红细胞、肾上皮细胞及各种管型。触压肾区或直肠检查肾脏，病畜疼痛不安。

2. 膀胱性血尿　血液与尿液不是均匀混合，在排尿过程中，开始不混有血液，到最后时才混有血液。尿液中常混有大小不等的血凝块和坏死组织片。镜检尿沉渣，有多量的膀胱扁平上皮细胞。动物表现为不断排尿，但每次排出尿量不多。

3. 尿道性血尿　在每次排尿的过程中，开始排尿时尿液内混有血液，或丝条状血凝块，有时血液呈点滴状排出，以后排出的尿液则不混有血液。镜检尿沉渣，有多量的尿道上皮细胞。

4. 泌尿器官损伤性出血　发病急剧，尿色鲜红，且混有血凝块，病畜表现疼痛不安，精神不振，食欲反刍减少，逐渐出现黏膜苍白。

二、治疗

原则是治疗原发病，查明引起血尿的原因，针对不同的原发病，采取相应的治疗措施。

1. 止血　可选用下列止血药。1%维生素 K_3 注射液，牛 10～20ml，羊 2～4ml，肌肉注射，1～2 次/d；安络血注射液，牛 10～15ml，羊 3～5ml，1～2 次/d，肌肉注射；0.1%盐酸肾上腺素注射液，牛 3～5ml，羊 2～3ml，皮下注射，1～2 次/d；10%氯化钙注射液 100ml 或 10%枸橼酸钠注射液 100ml，牛 1 次静脉注射。

2. 中兽医治疗

（1）处方 1　秦艽散　秦艽 30g，瞿麦 24g，车前子 15g，当归 15g，黄芩 21g，赤芍

21g，炒蒲黄24g，焦栀子24g，阿胶15g，黄柏15g，竹叶15g，灯芯为引，水煎去渣，候温灌服（牛）。

（2）处方2　秦艽50g，当归35g，赤芍4g，瞿麦40g，炒蒲黄40g，栀子35g，车前子40g，大黄30g，没药40g，连翘4g，淡竹叶35g，灯芯草3g，茯苓50g，煎水，候温灌服，每日1剂，连用3d。

（3）处方3　金钱草250g，海金沙藤250g，车前草150g，凤尾草200g，灯芯草150g，杠板归150g，白茅根150g（以上均为鲜药），瞿麦80g，萹蓄60g，琥珀25g，地榆炭45g，木通30g，滑石粉40g（另包），甘草15g，水煎灌服，1日1剂，水煎2次灌服，连用9剂即愈。

（4）处方4　大蓟50g、茯苓50g、泽泻40g、当归50g、仙鹤草50g、车前草（鲜品100g或干品30g）、茅根（鲜品150g或干品50g）、炒蒲黄45g、甘草20g，加水1 500ml左右，文火煮水至剩500ml左右即可，待凉灌服，连用2d。

【知识拓展】

病因

1. 肾脏疾病　见于急性肾炎、肾盂炎、肾损伤、肾寄生虫病和肾肿瘤等。

2. 尿路疾病　见于膀胱炎、膀胱结石、膀胱黏膜损伤、膀胱肿瘤、尿道炎、尿道结石和尿道黏膜损伤等。

3. 传染病　见于炭疽、败血症等。

4. 血液病　见于白血病等。

5. 某些中毒和营养代谢病的过程中以及心内膜炎引起的肾梗塞等

（本模块编者：梁军生）

模块六　神经系统疾病

任务一　脑膜脑炎

【任务简介】 脑膜脑炎是软脑膜及脑实质发生炎症，伴有严重脑功能障碍的疾病。临床上以高热，一般脑症状和局部脑症状为特征。牛多发，也发生于其他家畜。

【任务要求】 掌握脑膜脑炎的发病特点、诊断技术及防治措施。

【工作任务】

一、诊断

根据神经症状，结合病史调查和分析，一般可作出诊断。若确诊困难时，可进行脑脊液检查。脑膜脑炎病例，其脑脊液中嗜中性粒细胞数和蛋白含量增加。必要时可进行脑组织切片检查。

由于炎症的部位、性质、持续时间、动物种类以及严重程度不同，临床表现也有较大差异。

1. 一般脑症状　病畜先兴奋后抑制或交替出现。病初，呈现高度兴奋，体温升高，感觉过敏，反射功能亢进，瞳孔缩小，视觉紊乱，易于惊恐，呼吸急促，脉搏增数。行为异常，不易控制，狂躁不安，攀登饲槽，或冲撞墙壁或挣断缰绳，不顾障碍向前冲，或转圈运动。口流泡沫，头部摇动，攻击人畜。有时抵角甩尾，跳跃，狂奔，其后站立不稳，倒地，眼球向上翻转呈惊厥状。后期，病畜转入抑制则呈嗜眠、昏睡状态，瞳孔散大，视觉障碍，反射功能减退及消失，呼吸缓慢而深长。后期，常卧地不起，意识丧失，昏睡，有的四肢作游泳动状。

2. 局部脑症状　主要是痉挛和麻痹。如眼肌痉挛，眼球震颤，斜视，咬肌痉挛，咬牙。吞咽障碍，听觉减退，视觉丧失，味觉、嗅觉错乱。颈部肌肉痉挛或麻痹，角弓反张，倒地时四肢作有节奏运动。某一组肌肉或某一器官麻痹，或半侧躯体麻痹时呈现单瘫与偏瘫等。

3. 血液学变化　初期，血沉正常或稍快，中性粒白细胞增多，核左移，嗜酸性白细胞消失，淋巴细胞减少。康复时，嗜酸性白细胞与淋巴细胞恢复正常，血沉缓慢或趋于正常。脊髓穿刺时，可流出混浊的脑脊液，其中蛋白质和细胞含量增高。

二、治疗

原则是加强管理，抗菌消炎，降低颅内压和对症治疗。

1. 加强管理 先将病畜放置在安静、通风的地方，避免光、声刺激。若病畜体温升高，头部灼热时可采用冷敷头部的方法，消炎降温。

2. 抗菌消炎 用青霉素 4 万 IU/kg 体重和庆大霉素 2 ~ 4mg/kg 体重，静脉注射，3 次/d。亦可静脉注射氯霉素（20 ~ 40mg/kg）或林可霉素（10 ~ 15mg/kg），3 次/d。

3. 降低颅内压 本病多伴有急性脑水肿，颅内压升高和脑循环障碍，视体质状况可先泻血1 000~3 000ml（大动物），再用等量的 10% 葡萄糖并加入 40% 的乌洛托品 50 ~ 100ml，作静脉注射。也可选用 25% 山梨醇液和 20% 甘露醇，50 ~ 100ml/kg，静脉注射。也可考虑应用 ATP 和辅酶 A 等药物以促进新陈代谢。

4. 对症治疗 当病畜狂躁不安时，可用 2.5% 盐酸氯丙嗪 10 ~ 20ml 肌肉注射，或安溴注射液 50 ~ 100ml，静脉注射。心功能不全时，可应用安钠咖和氧化樟脑等强心剂。

5. 针刺疗法 针刺鹘脉、太阳、舌底、耳尖、山根、胸堂、蹄头等穴位。

6. 中兽医治疗 中兽医称脑膜脑炎为脑黄，是由热毒扰心所致实热症。治则采用清热解毒，解痉息风和镇心安神。

（1）处方 1 “镇心散”合“白虎汤”加减 生石膏（先入）150g，知母、黄芩、栀子、贝母各 60g，蒿本、草决明、菊花各 45g，远志、当归、茯神、川芎、黄芪各 30g，朱砂 10g，水煎服。

（2）处方 2 朱砂散加减 朱砂 10g，茯神 45g，黄连 30g，栀子 45g，远志 35g，郁金 40g，黄芩 45g，水煎去渣，冷后加蛋清 100ml、蜂蜜 120ml 混合，牛一次，羊二次灌服。

（3）处方 3 天竺黄散 天竺黄 60g，郁金 30g，黄连 45g，大黄 120g，栀子 30g，生地 30g，茯神 45g，远志 30g，防风 30g，柏子仁 90g，酸枣仁 90g，煎水灌服，每天 1 剂，连用 3d。

（4）处方 4 黄芩 20g，陈胆星 10g，贝母 15g，连翘 20g，龙胆草 20g，栀子 15g，竹茹 15g，生地 15g，橘红 25g，水煎后 1 次内服。

（5）处方 5 桔梗 20g，菊花 25g，蝉蜕 25g，双花 25g，茯苓 20g，车前子 20g，川芎 15g，苍术 15g，泽泻 15g，竹叶 15g，白芷 15g，天麻 30g，灯芯草 20g，水煎后 1 次内服。

【知识拓展】

一、病因

1. 原发性脑膜脑炎 主要因感染或中毒所致。其中病毒感染是主要的，例如疱疹病毒、牛恶性卡他热病毒和绵羊的慢病毒等。其次是细菌感染，如葡萄球菌、链球菌、肺炎球菌、溶血性及多杀性巴氏杆菌、化脓杆菌、坏死杆菌以及单核细胞增多性李氏杆菌等。也可见于铅中毒及各种原因引起的严重自体中毒。

2. 继发性脑膜脑炎 多见于脑部及邻近器官炎症的蔓延，如颅骨外伤、角坏死、龋齿、额窦炎、中耳炎、内耳炎、眼球炎、脊髓炎等。也见于一些寄生虫病，如脑脊髓丝虫病、脑包虫病、普通圆线虫病等。

凡能降低机体抵抗力的不良因素，如受寒感冒、过劳、长途运输均可促使本病的发生。

二、发病机制

病原微生物或有毒物质沿血液循环或淋巴途径或因外伤或邻近组织炎症的直接蔓延扩

散侵入脑膜及脑实质，引起炎性病理变化。软脑膜及大脑皮层表在血管充血、渗出，蛛网膜下腔有炎性渗出物积聚。脑实质出血、水肿，炎症蔓延至脑室时，炎性渗出物增多，发生脑室积水。由于蛛网膜下腔炎性渗出物聚积，脑水肿及脑室积液，造成颅内压升高，脑血液循环障碍，致使脑细胞缺血、缺氧和能量代谢障碍，产生脑功能障碍，加之炎性产物和毒素对脑实质的刺激，因而临床上产生一系列的症状。

任务二　奶牛的热应激

【任务简介】奶牛的热应激是指奶牛受到超过自身体温调节能力的过高温度刺激时，引起机体产生的非特异性应答反应。其主要表现为采食量降低，产奶量、乳脂率与乳蛋白率下降，行为与生理上的紊乱，免疫力下降，繁殖功能下降和诱发多种疾病。

【任务要求】掌握奶牛的热应激的发病特点、诊断技术及防治措施。

【工作任务】

一、诊断

根据奶牛体温升高，应激的病史，结合遗传易感性和休克样临床症状可作出初步诊断。血液有关指标测定可提供辅助诊断手段。

病牛体温极度升高，体温达42℃以上，皮温增高，触摸有烫手感；高度兴奋，颈静脉怒张，二目圆睁，大声哞叫，常以头抵撞栏杆、墙壁或车厢壁，不断磨牙，几分钟后倒下，呼吸浅表，有间歇，有的奶牛从口鼻喷出粉红色泡沫，很快死亡；有的呈现食量降低，产奶量及奶品质降低，繁殖率降低，奶牛受胎率下降，分娩母牛易发生流产，疾病发生率增高。此外，热应激能造成奶牛机体消化功能减退，代谢紊乱，抗病能力下降，奶乳房炎、胎衣不下、子宫内膜炎、腐蹄病等发病率升高。

血液血检查，酸性白细胞减少，血液凝固性短暂性增高，血液pH值降低。

二、治疗

1. 消除应激原，注射镇静剂，大剂量静脉补液，配合5%碳酸氢钠溶液纠正酸中毒，有条件可输氧

2. 物理性降温　通过搭设凉棚、安装空调、喷洒冷水、通风、加强牛舍隔热性能和饮冷水等物理方法使环境温度调节至适宜时，也可在一定程度上缓解奶牛热应激。

3. 西药治疗　日粮中添加抗应激药物可以消除或缓解热应激。国内外研制的抗应激添加剂主要有：①缓解酸中毒和维持酸碱平衡的物质（$NaHCO_3$、NH_4Cl）。②维生素（维生素C、维生素E）。③微量元素（硒、铬）等。

4. 中药治疗　天然抗应激中草药具有安全无害、无抗药性、无残留、无毒副作用等特点，其中补虚类药能增强抵抗力，提高免疫力；补肾类药物能调节能量代谢和内分泌功能，可显著提高机体抵抗应激的能力。

【知识拓展】

病因　奶牛主要为源自北欧的耐寒畏热品种，其单位体重的表面积小，散热负担重，夏季易发该病；采食量大且饲粮中粗纤维含量高，以致热增耗较大；在反刍过程中瘤胃发酵产生大量热量；随着生产性能的不断提高，泌乳所产生的热量也大幅度增长；饲料营养成分不全，特别是日粮中维生素 C、维生素 E 和硒缺乏，可造成营养应激，特别是维生素 C 被认为是抗应激因子，在类固醇激素合成中起着重要作用；管理不当，饮水不足、饲养密度过大、栏舍通风不良均可造成热应激。

任务三　日射病及热射病

【任务简介】日射病是家畜在炎热的季节中，头部持续受到强烈的日光照射而引起的中枢神经系统功能严重障碍性疾病。热射病是动物所处的外界环境气温高，湿度大，产热多，散热少，体内积热而引起的严重中枢神经系统功能紊乱的疾病。临床上日射病和热射病统称为中暑。本病在炎热的夏季多见，病情发展急剧，甚至迅速死亡。各种动物均可发病，牛多发。

【任务要求】掌握日射病及热射病的发病特点、诊断技术及防治措施。

【工作任务】

一、诊断

根据发病季节，病史资料和体温急剧升高，心肺功能障碍和倒地昏迷等临床特征，容易确诊。但应与肺水肿和充血、心力衰竭和脑充血等疾病相区别。

在临床实践中，日射病和热射病常同时存在，因而很难精确区分。

1. 日射病　突然发生，病初患畜精神沉郁，四肢无力，步态不稳，共济失调，突然倒地，四肢作游泳样运动。病情发展急剧，呼吸中枢、血管运动中枢、体温调节中枢功能紊乱、甚至麻痹。心力衰竭，静脉怒张，脉微弱，呼吸急促而节律失调，结膜发绀，瞳孔初散大，后缩小。皮肤、角膜、肛门反射减退或消失，腱反射亢进，常发生剧烈的痉挛或抽搐而迅速死亡。

2. 热射病　突然发病，体温急剧上升，高达41℃以上，皮温增高，出现大汗或剧烈喘息。病畜站立不动或倒地张口喘气，两鼻孔流出粉红色、带小泡沫的鼻液。心悸，脉搏疾速，每分钟可达百次以上。眼结膜充血。后期病畜呈昏迷状态，意识丧失，四肢划动，呼吸浅而疾速，节律不齐，脉不感手，第一心音微弱，第二心音消失，血压下降。

检查病畜血液，见有红细胞压积升高，高达60%；血清 K^+，Na^+，Cl^- 含量降低。

二、治疗

原则是消除病因，加强护理，促进机体散热和缓解心肺功能障碍。

1. 消除病因和加强护理　应立即停止使役，将病畜移至荫凉通风处，若病畜卧地不起，可就地搭起荫棚，保持安静。

2. 降温疗法　不断用冷水浇洒全身或用冷水灌肠，口服1%冷盐水，于头部放置冰袋。体质较好者可泻血1 000~2 000ml（大动物），同时静脉注射等量生理盐水，以促进机体散热。

3. 缓解心肺功能障碍　对心功能不全者，可皮下注射20%安钠咖等强心剂10～20ml。静脉注射地塞米松1～2mg/kg体重，防止肺水肿。当病畜烦躁不安和出现痉挛时，可口服或直肠灌注水合氯醛黏浆剂或肌肉注射2.5%氯丙嗪10～20ml。

4. 针刺疗法　针刺三江、鹘脉、耳尖、尾尖、舌底、太阳等穴位。

5. 中兽医疗法　中兽医称牛中暑为发痧。中兽医辨证中暑有轻重之分。

(1) 轻者为伤暑，以清热解暑为治则，方用“清暑香薷汤”加减　香薷25g，藿香、青蒿、佩兰叶、炙杏仁、知母、陈皮各30g，滑石（布包先煎）90g，石膏（先煎）150g，水煎服。

(2) 重者为中暑，病初治宜清热解暑，开窍、镇静，方用“白虎汤”合“清营汤”加减　生石膏（先煎）300g，知母、青蒿、生地、玄参、竹叶、金银花、黄芩各30～45g，生甘草25～30g，西瓜皮1 kg，水煎服。

(3) 当气阴双脱时，宜益气养阴，敛汗固涩，方用“生脉散”加减　党参、五味子、麦冬各100g，煅龙骨、煅牡蛎各150g，水煎服。

(4) 茯神散　茯神40g，朱砂10g，雄黄15g，香薷40g，薄荷30g，连翘35g，玄参35g，黄芩30g共研为末，开水冲调，加猪胆1只，牛1次；羊2次灌服。

(5) 清暑香薷汤　香薷30g，藿香30g，炙杏仁30g，知母30g，滑石60g，石膏90g，水煎，候温，牛1次；羊2次灌服。

(6) 鲜芦根1.5kg，鲜荷叶5张，水煎，冷后灌服有效。

【知识拓展】

一、病因

高温天气、强烈阳光下使役、驱赶、奔跑、运输等常常使动物可发病。集约化养殖场饲养密度过大、潮湿闷热、通风不良、动物体质衰弱，出汗过多，饮水不足，缺乏食盐等是本病的常见原因。

二、发病机制

1. 日射病　因动物头部持续受到强烈日光照射，日光中红外线穿过颅骨直接作用于脑膜及脑组织即引起头部血管扩张，脑及脑膜充血，水肿，乃至广泛性出血，随着脑组织缺血、缺氧和代谢活动的改变，可产生一系列中枢神经系统功能紊乱直至发生血管运动中枢和呼吸中枢的麻痹。

2. 热射病　由于外界环境温度过高，湿度大，家畜体温调节中枢的功能降低，出汗少，散热障碍，产热与散热不能保持相对平衡，产热大于散热，以致造成家畜机体过热，引起中枢神经功能紊乱，血液循环和呼吸功能障碍而发生本病。

热射病发生后，机体温度高达41～42℃，体内物质代谢加强，氧化产物大量蓄积，导致酸中毒；同时因热刺激，反射性地引起大量出汗，致使病畜脱水。由于脱水和水、盐代谢失调，组织缺氧，碱贮下降，脑脊髓与体液间的渗透压急剧变化，影响中枢神经系统对内脏的调节作用，心、肺等脏器代谢功能衰竭，最终导致窒息和心脏麻痹。

（本模块编者：梁军生）

项目四

产科疾病

模块一　不孕症

母畜暂时或永久不能繁殖，称为不孕症，可分为多种类型。先天性不孕如种间杂交、幼稚病、生殖器官畸形等；饲养性不孕多因营养不良，或维生素、矿物质、微量元素等缺乏引起；管理性不孕，多由过度使役或泌乳过多而引起；气候水土性不孕，是由于母畜突然更换地方，对气候、水土尚不能适应而暂时发生不孕；衰老性不孕是指未达到绝情期的母畜，未老先衰，生殖功能过早地停止，从而引发不孕；疾病性不孕是由于母畜生殖器官和其他器官的疾病或功能异常而引起的。

其中，生殖器官疾病或功能异常是引起不孕的主要原因。此外，其他重要器官疾病、某些传染病等均可引起不孕。在生殖器官疾病中，引起不孕的主要疾病是生殖器官各部的炎症：如卵巢炎、输卵管炎、慢性子宫内膜炎、慢性子宫颈炎、慢性阴道炎、前庭炎及阴门炎等。此外卵巢功能减退、卵巢功能不全、卵巢萎缩、卵巢囊肿、持久黄体、卵泡萎缩、卵泡交替发育、排卵延迟等也是引起不孕的常见原因。本模块将主要讲述最常见的一些生殖器官疾病性不孕。

任务一　卵巢功能减退

【任务简介】反刍动物卵巢功能减退是卵巢的发育或卵巢的功能暂时性或长久性的衰退，致使雌性反刍动物无性周期或性周期停止，从而表现出不发情或发情停止的疾病。引起卵巢功能减退的疾病有卵巢发育不全、卵巢静止、卵巢萎缩、卵巢硬化和持久黄体等。

【任务要求】掌握卵巢功能减退的诊断技术及治疗措施。

【工作任务】

一、诊断

根据病史、临床症状，结合直肠检查，可作出诊断。

特征是患畜不发情。有的母畜到应该发情的年龄而无发情表现，有的母畜在分娩以后长期不见发情，有的母畜在分娩后只出现一两次发情，以后长期不再发情。

1. 卵巢发育不全　性成熟后母畜不见发情，卵巢小而且无卵泡发育。

2. 卵巢静止　分娩后仅出现一两次发情，长期不再发情。卵巢的体积较正常但无卵泡发育，卵巢质地较硬，表面有时不规则，多伴有黄体残迹。

3. 卵巢萎缩　分娩后长期不见发情，卵巢体积变小。质地稍硬，卵巢上既无黄体也无卵泡发育。

4. 卵巢硬化 长期不见发情，卵巢硬如木质，无卵泡发育。多为卵巢炎的后遗症，卵巢囊肿也可使卵巢变硬。

5. 持久黄体 在性周期或分娩之后，性周期黄体或妊娠黄体持续存在而不消失时，称为持久黄体。黄体呈圆锥状或者蘑菇状突出卵巢表面，比卵巢质地稍硬，性周期停止而不发情，外阴皱缩，阴道壁苍白，多无阴道分泌物流出，直肠检查时，卵巢表面有一到数个黄体，黄体一部分明显突出（牛），一般发生于一侧卵巢，而另一侧卵巢常呈静止状态。

直肠检查是诊断本病的主要手段，可间隔 5 ~ 6d 检查一次，并结合上述症状，即可确诊。

二、治疗

改善饲养管理，并配合治疗，常能取得较好效果。

1. 按摩卵巢 通过直肠对卵巢进行按摩，可增加卵巢的血液循环和代谢功能，促进卵巢功能的恢复，对卵巢静止和持久黄体尤为有效。

2. 公畜催情 利用公畜的外性激素，可刺激母畜下丘脑产生促性腺素释放激素，恢复卵巢功能。

3. 激素疗法 卵泡刺激素（FSH），牛 100 ~ 200IU，肌肉注射，每日或隔日一次，卵巢静止时，剂量应加大至 200 ~ 300IU，隔日一次。一般 3 ~ 4 次即能见效；绒毛膜促性腺激素（HCG），牛 2 500 ~5 000IU；羊 500 ~1 000IU，静脉或肌肉注射，必要时，间隔 1 ~ 2d 后重复注射；孕马血清（PMSG），牛1 500~2 000 IU，羊 400IU。皮下注射，每日或隔日一次，一般在用后 2 ~ 11d 发情排卵。

雌性激素常用的有苯甲酸雌二醇。牛 20 ~ 25mg，羊 1 ~ 2mg。内服或肌肉注射，一般在用药后 2 ~ d 出现发情，但无卵泡发育和排卵，故在前 1 ~ 2 个发情期不必配种或授精。随雌激素的应用，使母畜生殖器官的血管增生，于是血液供应旺盛，功能增强，故能打破卵巢的静止状态，促使其功能恢复。

三、预防

加强饲养，给予正确而合理的日粮，特别应注意供给足够的蛋白质、维生素、多量元素和微量元素。改善管理，合理使役，防止过劳和不运动。哺乳期应添加精料，并适时断乳。搞好安全越冬工作，储备充足的青饲料以备冬末春初补饲用。及早正确地治疗母畜生殖器官疾病。

【知识拓展】

病因 饲料不足或质量不高，特别是蛋白质、维生素 A 及 E 的缺乏，过度使役，长期哺乳或慢性消耗性疾病，使雌性反刍动物过多消耗营养，引起脑垂体产生卵泡刺激素（FSH）的功能降低。此外，气候过热、过冷和骤变，以及其他生殖器官疾病，如胎衣不下、子宫内膜炎、子宫内有异物等也都可引起卵巢功能减退。

任务二 卵巢囊肿

【任务简介】卵巢囊肿包括卵泡囊肿和黄体囊肿两种。第 4 ~ 6 胎奶牛多发，常发生于产后60d以内，15～40d为多见，也有在产后120d发生的。以卵泡囊肿居多，黄体化囊肿只占25%左右。肉牛则发病率较低。

【任务要求】掌握卵巢囊肿的发病特点、诊断技术及防治措施。

【工作任务】

一、诊断

通过了解母畜繁殖史，配合临床检查，如果发现有慕雄狂的病史、发情周期短或不规则及乏情时，即可怀疑患有此病。通过直肠检查，如发现卵巢体积增大，有数个或一个突起表面的囊壁紧张而有波动、表面光滑、触压有弹性，坚韧，不易破裂的囊泡时即可确诊。

主要特征是无规律的频繁发情和持续发情，甚至出现慕雄狂。但黄体囊肿则长期不表现发情。

病畜发情表现异常，如发情周期变短，发情期延长，严重阶段则表现出慕雄狂，性欲亢进并长期持续或不定期的频繁发情，喜爬跨或被爬跨。甚至性情粗野好斗，经常发出吼叫。对外界刺激敏感，一有动静便两耳竖起。荐坐韧带松弛下陷，致使尾椎隆起。外阴部充血、肿胀，触诊呈面团感。卧地时阴门开张，并伴有“噗噗”的排气声。阴道经常流出大量透明黏稠分泌物，但无正常发情母畜所表现的阴道分泌物呈牵缕状。少数病畜阴门外翻，极易引起感染而并发阴道炎。

直肠检查时，发现单侧或双侧卵巢体积增大，有数个或一个囊壁紧张而有波动的囊泡，表面光滑，无排卵突起或痕迹；其直径通常在2～5cm，大小不等；囊泡壁薄厚不均，触压无痛感，有弹性，坚韧，不易破裂。子宫肥厚，松弛下垂，收缩迟缓。如伴发子宫积液，触之则有波动感。

为与正常卵泡区别，可间隔2～3d再进行直肠检查一次，正常卵泡届时均已消失。

二、治疗

在改善饲养管理的同时，选用以下疗法。

1. 激素疗法　主要选用绒毛膜促性腺激素（HCG），牛静脉注射为2 500～5 000IU，肌肉注射10 000～20 000IU。一般在用药后1～3d，外表症状逐渐消失，9d后进行直肠检查，可见卵巢上的囊肿卵泡破裂或被吸收，且无黄体生长。只要有效，即应观察一个时期，不可急于用药，以防产生持久黄体。如不见效，可再注射。也可用孕马血清，但效果不及HCG。经HCG治疗三天无效，可选用黄体酮：50～100mg，肌肉注射，每日一次，连用5～7d，总量为250～700mg。也可选用肾上腺皮质激素或地塞米松：10～20mg，肌肉或静脉注射，隔日一次，连用3次。促性腺激素释放激素（GnRH），牛0.25～1.5mg，肌肉注射，效果显著。

2. 碘化钾疗法　碘化钾3～9g的粉末或1%水溶液，内服或拌入料中饲喂，1次/d，7天为一疗程，间隔5d，连用2～3个疗程。

3. 假妊娠疗法　将特制的橡皮气球或子宫环从阴道送入子宫，造成人为假妊娠，促使卵巢产生黄体，经10d左右直肠检查，若囊肿变小或已形成黄体，则证明有效，此后再存放10d，以巩固疗效。

4. 中药疗法 以行气活血、破血去瘀为主。可用肉桂20g、桂枝25g、莪术30g、三棱30g、藿香30g、香附子40g、益智仁25g、甘草15g、二皮各30g，研末服。

5. 手术疗法 在上述疗法无效时，可手术疗法。

（1）囊肿穿刺术 一手经直肠握住卵巢，将卵巢拉到阴道前端的上方固定，另一手将接有细胶管的无菌12号针头从阴道穹窿部穿过阴道壁刺入囊肿，或一手在直肠内固定卵巢，另一手（或助手）用长针头从体表肷部刺入囊肿，抽出囊肿液后再注入HCG 2 000~5 000IU于囊肿腔内。

（2）挤破囊肿 中指及食指隔着直肠壁夹住卵巢系膜并固定卵巢，拇指逐渐向食指方向挤压，挤破后持续压迫5min。

三、预防

供给全价并富含维生素A及维生素E的饲料，防止精料过多；适当运动，合理使役，防止过劳和运动不足；对正常发情的母畜，要适时配种或受精；对其他生殖器官疾病，应及早合理地治疗。

【知识拓展】

病因

1. 饲养管理不当 饲喂精料过多而又缺乏运动；饲料中缺乏维生素A或含有多量的雌激素。

2. 内分泌失调 垂体或其他激素腺体功能失调或雌激素用量过多。

3. 其他产科病继发 例如子宫内膜炎、胎衣不下等。此外，本病也与气候聚变、遗传有关。

任务三 持久黄体

【任务简介】怀孕黄体或周期黄体超过正常时限而仍继续保持功能者，称为持久黄体。在组织结构和对机体的生理作用方面，持久黄体与怀孕黄体或周期黄体没有区别。持久黄体同样分泌孕酮，抑制卵泡发育，使发情周期停止循环，因而引起不育。反刍动物发病多数是继发于某些子宫疾病，原发性的持久黄体少见。

【任务要求】掌握持久黄体的发病特点、诊断技术及防治措施。

【工作任务】

一、诊断

根据病史及临床症状，可以建立诊断。

主要特征是发情周期停止循环，母畜不发情。

直肠检查可发现一侧（有时为两侧）卵巢增大。在其表面有或大或小的突出黄体，可以感觉到它们的质地比卵巢实质硬。

如果母畜超过了应当发情的时间而不发情，间隔一定时间（10~14d），经过两次以上的检查，在卵巢的同一部位触到同样的黄体，即可诊断为持久黄体。为了和怀孕黄体区别，必须触诊子宫。子宫可能没有变化；但有时松软下垂，稍为粗大，触诊没有收缩反应。

二、治疗

持久黄体可以看作是在健康不佳的情况下，防止母畜怀孕的自然保护现象。因而治疗持久黄体首先也应从改善饲养、管理及利用并治疗所患疾病着手，才能收到良好效果。

前列腺素 F_{2a} 及其合成的类似物，是疗效确实的溶黄体剂，对患畜应用之后绝大多数可望于 3 ~ 5d 之内发情，有些配种后也能受孕。一般肌肉注射一次即可奏效，如有必要可隔 10 ~ 12d 再注射一次。

前列腺素 $F_{2\alpha}$，牛肌注 25 ~ 30mg。

促卵泡素、孕马血清（全血）、雌激素以及激光疗法、电针疗法也可用于治疗持久黄体。

三、预防

强产后母畜的饲养，尽快消除能量负平衡。加强对产后母畜的健康检查，发现疾病应及时治疗。建立健康监控制度，定期对血、尿、乳进行酮体检查。

【知识拓展】

病因　舍饲时，运动不足、饲料单纯、缺乏矿物质及维生素等，都可引起黄体滞留。持久黄体容易发生于产乳量高的雌性反刍动物。冬季寒冷且饲料不足，常常发生持久黄体。此病也和子宫疾病有密切关系：子宫炎、子宫积脓及积水、胎儿死亡未被排出、产生子宫复旧不全、部分胎衣滞留及子宫肿瘤等，都会使黄体不能按时消退，而成为持久黄体。

任务四　子宫内膜炎

【任务简介】子宫内膜炎是子宫黏膜的炎症，是导致母畜不育的重要原因之一。多见于乳用反刍动物，尤以奶牛多见。

【任务要求】掌握子宫内膜炎的诊断技术及防治措施。

【工作任务】

一、诊断

依其发病经过，分为急性和慢性，就其炎症性质，分为黏液脓性和纤维蛋白性。黏液脓性子宫内膜炎、纤维蛋白性子宫内膜炎，多为急性经过，但也可转为慢性。

1. 黏液脓性子宫内膜炎　仅侵害子宫黏膜，病畜表现体温略微升高，食欲不振，泌乳量降低，拱背、努责、常作排尿姿势，从阴道内排出黏液性或黏液脓性渗出物，卧地时排出量增大，阴门周围及尾根常黏附渗出物并干涸结痂。阴道检查，子宫颈稍微开张，有时可见脓性渗出物从子宫颈流出。直肠检查，触感一个或两个子宫角变大，宫壁变厚，收缩反应微弱，有痛感，当其中渗出物积聚多量时尚感到波动。

2. 纤维蛋白性子宫内膜炎　不仅侵害子宫黏膜，而且侵害到子宫肌层及其血管，因而导致纤维蛋白原的大量渗出，并引起黏膜甚或肌层的坏死。表现体温升高，精神不振，食欲减退或废绝，反刍及泌乳减少或停止；常努责，从阴门流出污红色或棕黄色的恶臭渗出物，内含黏液及污白色的黏膜组织碎片，卧地时排出增多，并常黏附于阴门周围和尾根上；将手伸入子宫，感到子宫黏膜表面粗糙。继续发展，可引起子宫穿孔或败血症。

3. 慢性子宫内膜炎 多由急性炎症转变而来，常无明显的全身症状，有时体温略微升高，食欲及泌乳稍减。阴道检查，子宫颈略开张，从子宫流出透明、混浊或带有脓性絮状渗出物。直肠检查，触感子宫松弛，宫壁增厚，收缩反应微弱，一侧或两侧子宫角稍大。有的在临床症状、直肠及阴道检查，均无任何变化，仅屡配不孕，发情时从阴道流出多量不透明的黏液，子宫冲洗物静置后有沉淀物（隐性子宫内膜炎）；当脓液积蓄于子宫时（子宫蓄脓），子宫增大，宫壁增厚，感有波动，触摸无胎儿及子叶；当浆液积蓄于子宫时（子宫积液），子宫增大，宫壁变薄，感有波动，触摸无胎儿或子叶。

二、治疗

一般在改善饲养管理的同时，及早进行局部处理。

1. 子宫冲洗 是治疗子宫内膜炎的有效方法。当子宫颈封闭插管有困难时，可用雌激素刺激，促使子宫颈松弛开张后，再进行冲洗。子宫冲洗的次数应根据子宫内膜炎的性质而定。患慢性子宫内膜炎时一般子宫内积聚的渗出物不多。冲洗子宫可以每天或隔日一次，若为黏液脓性子宫内膜炎或纤维蛋白子宫内膜炎则每天冲洗2～3次，直到渗出物减少后，再改为每天一次或隔日一次。

冲洗液的温度一般为35～45℃较好，每次冲洗液的数量不宜过大，一般500～1 000 ml，并分次冲洗直至排出的溶液变透明为止，冲洗的液体应当尽量排出来，必要时经直肠轻轻按摩子宫，促进冲洗液排出。冲洗子宫应严格遵守无菌操作。

常用的冲洗液及适应症：

慢性化脓性子宫内膜炎。用淡消毒液，如0.02%～0.05%高锰酸钾。淡复方碘溶液，0.01%～0.05%新洁尔灭溶液，也可用高渗盐水。

慢性卡他性子宫内膜炎。1%～10%氯化钠溶液，该冲洗液可防止被吸收，有利于排出体外，而且还可促进子宫收缩，对应用其他消毒液效果不好的病例效果显著，随着渗出物的减少，其冲洗浓度也随之降低。在配种前1～2h用生理盐水（加入20万IU青霉素）或1%小苏打溶液冲洗子宫及阴道，可提高受胎率。

在子宫积脓或子宫积水的病例，应先排出积留的液体再行冲洗。

2. 子宫灌注抗生素及消毒药液 冲洗排液后，选用以下药液灌注于子宫内：

（1）0.5%金霉素或青、链霉素溶液100～200ml，或青、链霉素各50万～100万IU，溶于150～200ml鱼肝油中，再加入垂体后叶素或催产素10～15IU，每天一次，4～6d后隔日一次。

（2）复方呋喃西林合剂（呋喃西林1g，尿素1.5g，甘油200ml，蒸馏水加至1 000ml。配制时，先将甘油加热至50℃后，加入呋喃西林，边搅拌边加热，使之充分溶解，待冷后再加入尿素、蒸馏水），每隔2～3d一次，每次30～50ml。

（3）慢性子宫内膜炎，如其渗出物不多时，可选用1∶2～4碘酊石蜡油、碘甘油等量石蜡油、复方碘溶液20～40ml。

（4）隐性子宫内膜炎，在配种前1～2h，先用生理盐水或1%碳酸氢钠溶液500ml冲洗子宫后，注入青霉素40万~100万IU，或再加入链霉素100万IU，青霉素的高渗葡萄糖溶液30ml，或青霉素、红霉素、垂体后叶素的混悬液50ml，在配制前20min注入子宫，都可提高受胎率。

3. 应用子宫收缩剂 增强子宫收缩力，促进渗出物的排出。可给予已烯雌酚、垂体后叶素、缩宫素等。

4. 中药疗法 疗效较好，常用处方如下：

（1）生地炭、熟地炭、当归、焦白术、醋香附、延胡索、五灵脂、吴芋、炙甘草、棕炭各25g，川芎15g，炒白芍、炒小茴香各30g，茯苓、赤芍各21g，共末冲调，候温灌服。

（2）白术、白芍、白芷、白扁豆、白糖各12g，共末冲调，候温灌服。

对子宫内膜炎的治疗，要根据疾病的情况、病畜个体的特点和全身状态，正确选用上述方法。当感染严重而引起败血症时，应在实施局部治疗的同时，进行全身治疗。冲洗子宫是重要的，但对纤维蛋白性子宫内膜炎和坏死性子宫内膜炎，冲洗则是不适宜的，此时使用抗生素是必需的。

三、预防

临产和产后，应该对阴门及其周围消毒，保持产房的清洁卫生。配种、人工授精及阴道检查时，应注意器械、术者手臂和外生殖器的消毒。正产和难产时的助产以及胎衣不下的治疗，要及时、正确，以防损伤感染。加强饲养管理，作好传染病的防治工作。

【知识拓展】

病因 配种、人工授精及阴道检查时消毒不严、难产、胎衣不下，子宫脱出及产道损伤之后，或剖腹产时无菌操作不严等，细菌（双球菌、葡萄球菌、链球菌、大肠杆菌等）侵入而引起。阴道内存在的某些条件性病原菌，在机体抵抗力降低时，亦可发生该病。在发生布鲁氏菌病、副伤寒等传染病时，也常发生子宫内膜炎。

复习思考题

1. 引起雌性反刍动物不孕的主要生殖器官疾病有哪些？
2. 反刍动物卵巢功能减退、卵巢囊肿、持久黄体等疾病在激素疗法上有哪些异同点？
3. 治疗子宫内膜炎的最有效方法是什么？如何操作？

（本模块编者：俞锦禄）

模块二　难产

由于各种原因，使正常分娩过程受阻，母畜不能顺利排出胎儿称为难产。难产处理不当，会危及母体及胎儿的性命、引起母畜生殖道疾病，影响母畜繁殖力。

任务一　难产的原因及预防

一、病因

发生难产的原因很多，配种过早、母畜个体小、产道狭窄、产道损伤、瘦弱无力、胎儿过大、畸形、死胎、胎位异常、胎势不正等均会导致难产。常见的难产可分为产力性难产、产道性难产和胎儿性难产三大类。

1. 产力性难产　包括阵缩及努责微弱、阵缩及破水过早和子宫疝气等。阵缩及努责微弱是指产畜分娩时子宫及腹壁收缩次数少、时间短和收缩强度不够，以奶牛为多见。

2. 产道性难产　包括子宫捻转、子宫颈狭窄、阴道及阴门狭窄和子宫肿瘤等。

3. 胎儿性难产　主要是由胎儿的姿势、位置和方向发生异常而引起的，也有因胎儿和骨盆功大小不相适应而发生。胎儿过大、胎儿畸形和两胎同时进入产道，这些都可引起难产。牛、羊的难产主要都是由于胎儿异常所造成的。这类难产约占牛难产数的70%以上。其中，肉牛的发生率要高于奶牛。

二、预防

加强母畜的日常饲养管理是预防难产的重要措施。

1. 防止过早配种受孕　母畜尚未发育成熟就配种受孕，容易发生骨盆狭窄而导致难产。

2. 合理饲养母畜　母畜妊娠期间，胎儿的生长发育所需的营养物质要靠母体提供。应增加母畜营养物质的供给，以保证胎儿正常发育，维持母畜的健康，减少发生难产的可能性。母牛妊娠后期应适当减少蛋白质饲料，以免胎儿过大造成难产。在干奶期，应严禁喂给过多精料和及霉败/不易消化的饲料。

3. 妊娠母畜适当运动　妊娠前期适当增加母畜运动量和阳光照射，能提高妊娠母畜对营养物质的利用率，使胎儿正常发育，还可提高母畜全身及子宫的紧张性，使分娩时增强胎儿活力和子宫收缩并有利于胎儿转变为正常分娩胎位、胎势，以减少难产及胎衣不下、产后子宫复位不全等的发生。

4. 母畜临产前早期诊断　对于早期诊断在胎膜露出到排出胎水后进行比较适合，因这个阶段正是胎儿前置部分刚进入骨盆腔的时间。将消毒好的手臂伸入产道，隔着已破羊膜触摸胎儿，如确诊正常，可让其自然产出；如有异常要立即进行矫正手术，因这时胎儿躯体尚未进入骨盆腔，羊水还未流尽，子宫内较滑润，子宫又尚未裹住胎儿，矫正比较容易，可避免难产发生，同时，还能提高胎儿的存活率。如果诊断胎儿为倒生，则无论异常与否，要迅速拉出，防止胎儿窒息。

任务二　难产检查

助产是为了确保母体健康，保持母体以后的生育能力，挽救胎儿的生命。难产时手术助产的效果与诊断的准确性有密切的关系。只有在术前进行详细的检查并通过全面的分析判断，才能确定可行的助产方案。

难产检查的主要内容包括：

1. 询问病史　了解妊娠的时间及胎次、分娩开始的时间及分娩时产畜的表现、胎膜是否破裂、羊水是否排出、是否作过处理及处理后的效果等。还应了解母畜曾发生过的疾病，如阴道、阴门损伤，骨盆骨折及腹部的外伤等均对胎儿的排出有阻碍作用。

2. 全身检查　即对难产母畜的体温、呼吸、心跳、瞳孔反射等方面进行检查，发现呼吸、心脏功能异常时，及时对症治疗。并检查阴门、尾根两旁及荐坐韧带后缘是否松弛，能否从乳头中挤出初乳等，以推断妊娠是否足月，骨盆及阴门是否扩张。

3. 产道检查　检查产道的干燥程度，判明产道有否损伤、水肿、狭窄，子宫颈开张程度，产道有否畸形及肿瘤等，并要观察流出的黏液颜色和气味是否正常。

4. 胎儿检查　了解胎儿正生或倒生的情况，胎势、股位与股向，以及脸儿进入产进的程度，并判断胎儿的死活，以确定助产方法和方式。

胎儿生死的判定：正生时，手指伸入胎儿口内或压迫眼球和牵拉前肢，以感知其有无活动，也可触诊胸壁以感觉有无心跳；倒生时，手指伸入胎儿肛门以感知有无收缩，或用手触摸脐动脉以感其是否有搏动。虚弱胎儿反应微弱，应耐心细致地从多方面进行检查。

胎位、胎向及胎势的判定：胎头向着产道为正生，胎儿臀尾向着产道为倒生。难产时的胎位，有正生下位、倒生下位、正生侧位、倒生侧位；胎向有腹部前置横向、背部前置横向、腹部前置竖向、背部前置竖向；胎势有正生时的头颈侧弯、头颈下弯、腕关节屈曲及肩关节屈曲，倒生时的髋关节屈曲和跗关节屈曲等。

任务三　常见助产术

一、助产原则及助产准备

1. 力保母子安全，避免产道受损和感染，以保证产畜的再繁殖能力　要尽早进行助产。产畜外阴部、术者手臂、产科器械，均需严格消毒。使用产科器械时，固定要牢靠，并注意保护锐部以防损伤产道。产道较干滑时，用灭菌石蜡油或温肥皂水灌注，以润滑产道。

2. 严格操作规程 拉出胎儿前，必须要矫正胎儿任何反常部分，并应在子宫颈完全开张时进行；矫正胎儿异常部分时，应尽可能把胎儿推回子宫内，然后再进行矫正。拉出胎儿时，除顺着母体骨盆轴外，还应使胎儿肩部（正生）成斜位或臀部（倒生）成侧位，并随母畜努责徐徐拉出。

1. 产房或分娩栏 产房要求宽敞，清洁干躁，光线充足，通风良好、无贼风；产房的墙壁及饲槽便于消毒；褥草柔软、不宜过长，铺得不要太厚，并经常更换和消毒；早春和晚秋分勉时要待别注意保温工作，产房内的温度要保持在 15～18℃。产房内准备好肥皂、毛巾、刷子、棉花、纱布、注射器、针头、体温表、听诊器、细绳、产科绳、大塑料布、照明设备、70%酒精、2%～5%碘酒、0.1%新洁尔灭和催产药等助产用具和药械，并放在较固定的地方。

并准备常用的产科器械。

产科绳。一般应用质地柔软结实的棉绳，其直径约 0.5～0.8cm，长约 2～2.5cm，绳的一端有一套环。

绳导。当用手难以将绳套套住胎儿的某一部分时，可将产科绳或线锯条一端缚在绳导上带入产 道，绕过所需套绳的部位固定。常用的绳导有长柄绳导和环状绳导。

产科钩。用于牵引死胎儿，有单钩和复钩，单钩可钩住眼眶、下颌骨、耳道、骨盆及其他坚固组织。复钩甩于钩住两眼窝或两眼角内、脊椎、颈部、荐部等。一般有单钩、眼钩、复钩。

产科钳。用于钳住小动物胎头、拉出胎儿。

推退胎儿的器械。如产科挺，用于推退胎儿，以便于矫正胎儿。

截胎用器械。如隐刃刀、产科刀、产科线锯等，主要用于肢解胎儿。

2. 母畜准备 根据母畜的预产期和分娩预兆，在分娩前 1～2 周将待产母畜转入产房，让母畜熟悉环境，安定母畜情绪。每天检查待产母畜的健康状况，注意分娩预兆。助产前，使产畜取前低后高的站立姿势。不能站立时，可取前低后高的侧卧姿势（牛左侧卧），并予以适当保定。若产畜努责剧烈而不利于助产时，可行硬膜外腔麻醉。用 1%煤酚皂溶液或 0.1%新洁尔灭溶液清洗外阴部及后躯，再以酒精棉球擦拭外阴部。

3. 助产人员准备 应选择有接产经验的人员来承担，新手应事先进行培训，以熟悉动物的分娩规律，严格遵守助产操作规程，用术者手臂，按常规消毒，戴长臂薄膜手套，涂石蜡油润滑。孕畜多数在夜间分娩，因此要建立值班制度。助产时，要预防布氏杆菌的感染，做好自身防护工作。

二、助产

应根据动物分娩的生理特点来进行，一般情况下，分娩可自然产出，助产人员不过多进行干预，主要工作为监视孕畜的分娩情况、护理幼仔。为防止难产，当胎儿前置部分进入产道时，将手臂伸入产道确定胎儿的胎向、胎位和胎势是否正常，以便尽早矫正，避免难产。

当胎儿的唇和二前蹄已露出阴门外时，如羊膜尚未破裂，立即将其撕裂，使胎儿的鼻、嘴端露出，并擦净鼻孔和嘴内黏液，防止窒息，但也不要过早地撕破羊膜，以免羊水缺失过早。如羊水已流出，而胎儿尚未排出，母体的阵缩和努责较微弱，应抓住胎头和两腕部，随着母体的努责频率，沿着骨盆轴的方向缓缓拉出胎儿，但不可强行，以免造成子宫脱。如发现两后蹄先露出，蹄叉朝上，为倒生，此时胎儿脐带可能被挤压在胎儿和骨盆之间妨碍脐带内血液流通，使胎儿出现反射性呼吸，而吸入羊水使胎儿窒息，应迅速拉出胎儿。

如果母体努责及阵缩微弱，无力排出胎儿，或产道狭窄，或胎儿过大通过阴门困难等情况，要迅速拉出胎儿。

胎儿产出后，要迅速擦去其口、鼻内的黏液，并向幼畜腹部挤压脐带，使脐带血管内的血液尽可能更多地流入幼畜体内，然后距脐带基部 5 ~ 10cm 处结扎脐带并剪断，用 3%~5% 碘酊浸泡消毒。

新生幼仔断脐消毒后，要擦干全身，然后将幼仔放在母畜前面让其舔干幼仔身上的黏液，产畜舔入羊水可增强子宫肌地收缩力，以利胎衣排出。并及时供给母畜足够地温盐水或温麸皮水，并防止母畜吞食胎衣。并观察母畜数小时，如果出现强烈地努责现象，则有可能引发子宫脱，要采取相应的措施加以预防。

三、牵引术

又称拉出术。是指用外力将胎儿拉出母体产道，也是救治难产最常用的一种助产术。

1. 胎位、胎向、胎势正常，产道松弛开张，但因胎儿过大或母畜的阵缩和努责微弱而无法自行排出胎儿时。

2. 胎儿倒生时，为防止脐带受压而引起胎儿死亡时，用牵引术加速胎儿排出。

1. 正生　在胎儿两前肢球节之上套上绳子，由助手拉胎儿的腿，术者拇指伸入胎儿口腔握住下颌，对于羊还可以将中、食指弯起来夹住下颌骨后用力拉头。拉腿时先拉一腿，再拉另一腿，轮流进行，或拉斜之后，再同时拉两腿，以缩小肩宽，顺利通过骨盆。当胎头通过阴门时，略向下方拉胎儿，并由一人用双手保护母畜阴唇上部和两侧壁，以免撑破，另一人用手将阴唇从胎头前面向后推，帮助通过。

2. 倒生　在两后肢球节之上套上绳子，轮流拉两后腿，使两髋结节稍斜，利于通过骨盆。如果胎儿臀部在母体骨盆入口受到侧壁的阻碍（入口的横径较窄），可扭转胎儿的后腿，使其臀部成为侧位，以便胎儿通过。

牵引术必须在母畜生殖道（尤其子宫颈口）完全开张，胎位、胎向、胎势正常或已矫正为正常难产的情况下实施。拉出时，向产道内灌注大量润滑剂，并配合母畜的努责。

四、矫正术

是指将异常的胎位、胎势矫正到正常的手术过程。

主要用于胎儿胎势、胎位、胎向异常时。

图3　头颈侧弯时，用绳子拉下颌

1. 胎儿姿势异常的矫正

（1）胎头不正。胎头侧弯、胎头下弯等。

胎头侧弯。轻度侧弯时可用手握住嘴部或眼眶稍抬头即可拉正胎儿头部。重度侧弯时，尽量推送胎儿至腹腔内，将绳套套在胎儿下颌并由助手拉紧，将头拉正，见图3。如胎儿已死亡，可用产科钩钩住眼眶或耳道矫正。

胎儿头颈下弯。可根据胎儿额部前置、枕部前置或颈部前置（见图4）的不同情况，用手或产科绳或产科挺进行推拉（颈部前置矫正方法见图5），将胎头矫正到正常姿势。

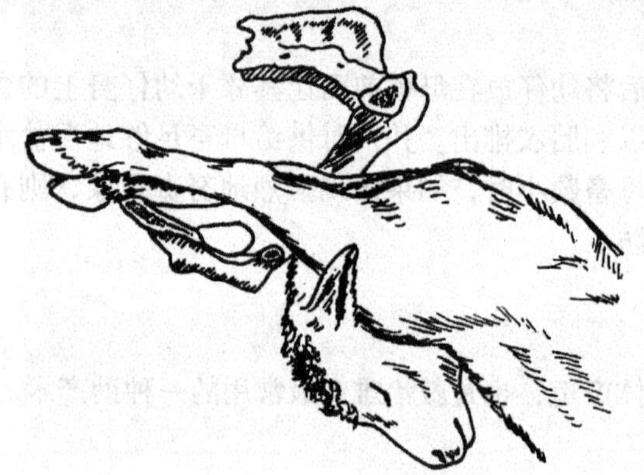

图4　颈部前置示意图

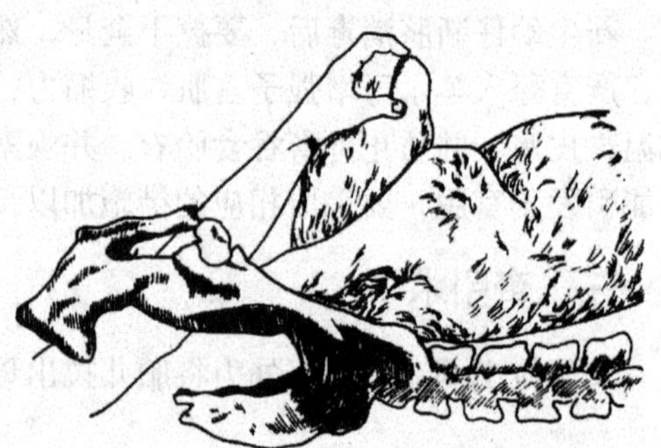

图5　母畜仰卧时拉直下弯的胎头

（2）胎儿四肢不正。主要有正生时的前肢腕关节弯曲、肩关节弯曲；倒生时的跗关节弯曲、髋关节弯曲。先将胎儿推回子宫，用手握住弯曲肢体，一边尽力往里推，一边往上抬，然后握住胎儿蹄部，向上抬并往外拉，即可矫正到正常胎势。必要时用推拉挺矫正，见图6。

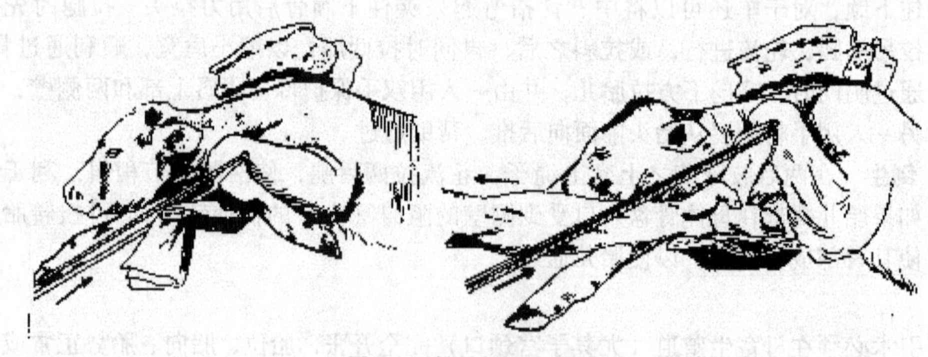

图6　用推拉挺矫正前肢

（甘肃农大，兽医产科学，1988）

2. 胎儿位置异常的矫正

胎儿的背部朝向母体的背部、胎儿俯卧于子宫内为正常位置，侧位和下位为异常位置

（见图7，图8）。先将位置异常胎儿推回腹腔内，对于轻度的侧位异常时，在产道内翻转，向后、向下牵引胎儿，即可矫正；胎儿正生下位时，在前两肢腕关节处拴上产科绳由两助手交叉牵引，并随着牵引把胎儿矫正成上位或轻度侧位。倒生时的翻转方法与此基本相同。如果矫正确有困难、无效时应及早施行剖腹产术。

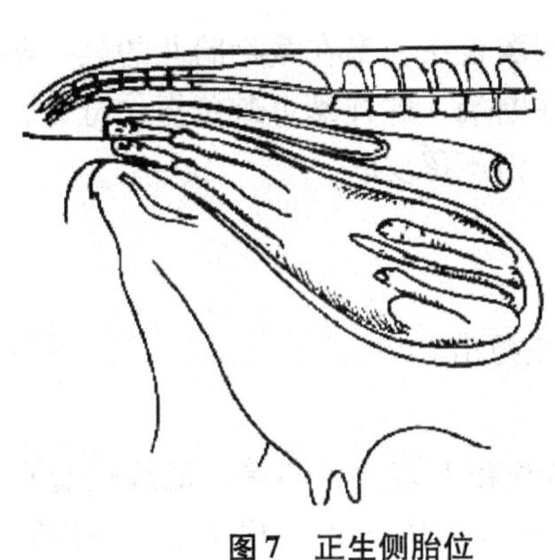

图7　正生侧胎位

图8　倒生下胎位

3. 胎向异常的矫正

胎儿的纵轴与母畜的纵轴不成平行称为胎向异常，分腹部前置横向和竖向及背部前置横向和竖向（见图9）。胎儿腹部面向产道出口时，先用绳子栓住头部与两前肢，同时将后肢及后躯推回子宫，或拉后肢推回前躯，使之变为正常胎向后拉出。胎儿背部面向产道出口时，呈横卧或犬坐姿势。分娩时，无任何肢体露出，产道检查时在骨盆前缘可摸到胎儿的背脊或颈项部，助产时，可将绳子拴于头颈与前肢往外拉，同时向里推送后躯，或拉后躯，向里推送前躯。无法矫正时，可施行剖腹产术或截胎术。

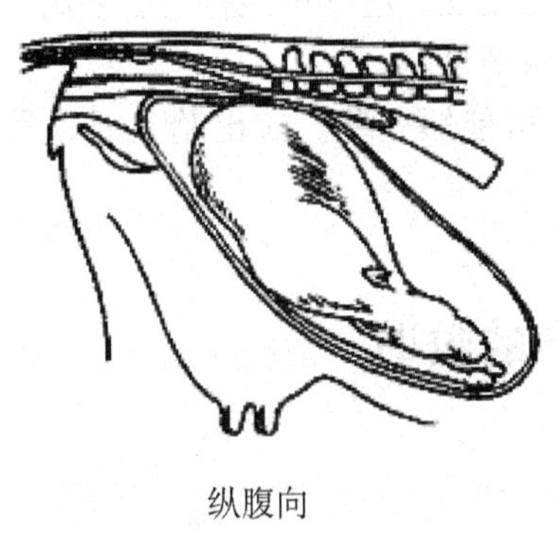

纵腹向

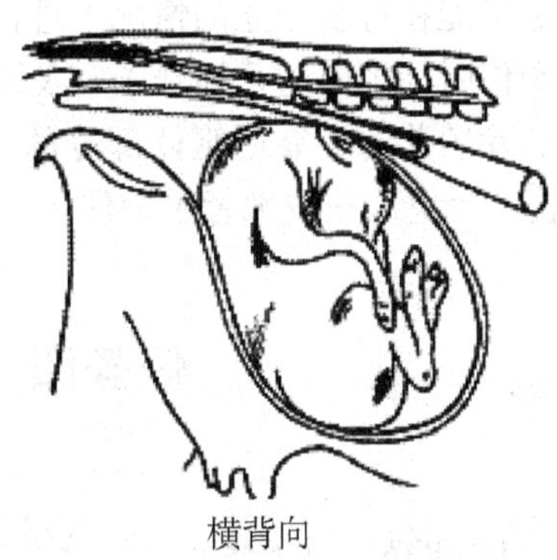

横背向

图9　胎向异常示意图

1. 必须在子宫腔内进行，在子宫松弛的情况下操作较容易。因而为了抑制母畜的努责，便于矫正，可肌肉注射静松灵，使子宫松弛，以免它紧裹胎儿妨碍操作。

2. 矫正时向子宫内灌注大量润滑剂，使胎儿体表润滑，以便进行推、拉或转动，同时还能减少对产道的刺激。

五、截胎术

截胎术是术者借助于隐刃刀、线锯、铲或绞断器等器械，肢解胎儿，分块将胎儿取出或缩小胎儿体积后拉出胎儿的手术。当胎儿已经死亡并无法进行矫正拉出，不能或不宜进行剖腹产时，可施行截胎术。

截胎术可分为皮下法和开放法两种。皮下法也叫覆盖法，是在截除胎儿的某一部分以前，首先将皮肤剥开，截除后皮肤留在躯体上，盖住断端，这样既可避免损伤母体，又可用来拉出胎儿；开放法就是直接截除胎儿某一部分，但不留皮肤。

1. 胎儿已死亡且过大而无法拉出。
2. 胎儿的胎势、胎向、胎位严重异常而无法矫正拉出。

1. 头颈部截除术 主要适用于胎儿头颈严重侧弯和下弯、后仰等。把线锯套在头颈部，锯管的前端抵于颈基部，将颈部截断，然后用产科钩钩住断端拉出头部，拉出胎体。

2. 前肢腕关节的截除 用绳导将锯条绕过腕关节，锯管前端抵在腕部之上，将线锯装好后从蹄尖套到腕部，锯管前端再抵至其屈曲面上，尽可能使线锯从上下例腕关节处锯断。

3. 后肢跗关节的截除 跗关节的截除基本同腕关节截除。

1. 胎儿已经死亡，矫正术难度很大时，须及早考虑截胎，以免强行进行矫正术而加重子宫及阴道的炎症。
2. 尽可能在母畜站立的情况下进行，如母畜不能站立，应尽可能将后躯垫高。
3. 操作时须随时防止损伤子宫及阴道，注意严格消毒。
4. 截除胎儿时，靠近躯体部分的骨质断端应尽可能短一些。拉出胎儿时，骨骼断端需用皮肤、大块纱布或术者手护住。

任务四　常见难产的救助

一、阵缩及努责异常

临床上常见于阵缩及努责微弱，即母畜分娩时子宫及腹壁的收缩次数少，时间短和强度不够。

1. 原发性原因 见于母畜激素平衡失调、营养不良、使役过度、体质乏弱、老年肥胖等；全身性疾病（创伤性网胃炎、心包炎、瘤胃驰缓等）、布氏杆菌病；以及子宫肌炎、子宫粘连、胎儿过大、胎儿过多、腹壁疝、低血钙、镁、酮病、毒血症等。

2. 继发性原因 继发于难产，母畜过度疲劳。

在分娩期，母畜出现预兆，但努责时间短，次数少，力量小，长久不能排出胎儿。宫颈已开，但不完全。

根据胎儿是否存活，胎水破否，子宫颈开张情况而定。

1. 牵引术　先矫正，再牵引，力量要适中，按能拉出为原则进行。

2. 催产　牛一般不用药物催产。羊肌肉注射催产素50～100IU。

二、子宫颈狭窄

是指分娩时子宫颈扩张不全或完全未开张，不能排出胎儿。

母畜分娩预兆正常，阵缩努责也正常，但不见排出胎儿；产道检查，子宫预和阴道界限明显；轻度狭窄胎儿免强通过；重度狭窄仅开两指；不能扩张时宫颈粗细不匀，无弹性。

1. 药物疗法　乙烯雌酚（牛40～60mg，羊5mg）+催产素（牛30～100IU，羊10IU）+10%糖酸钙（300～500ml）静脉注射。

2. 手术疗法　牵引术，将胎儿拉出。拉出困难或子宫颈不能扩张时施行剖腹产。

三、子宫捻转

是指整个怀孕子宫、一侧子宫角或子宫角的一部分围绕自身纵轴发生扭转。在临床上多见于奶牛，尤其多见于舍饲缺乏运动的奶牛。

子宫扭转可能与牛的起卧特点有关，在起卧时，前躯低而后躯高，腹腔中怀孕的子宫角呈悬吊游离状，当牛急剧改变体位时，因胎儿重量大而不能同步随腹部转动，使孕角子宫向一侧扭转。奶牛怀孕后期子宫角膨大，子宫在大弯向前扩展延伸，而小弯则变化不大；子宫阔韧带仅附于宫颈，子宫体及子宫角基部的小弯上，只固定了孕角后端，孕角前端大部分处于游离状态而不能固定，当体位改变时易发生子宫扭转。怀孕后期的奶牛，尤其在临产前因腹痛不安，在起卧转动时，子宫内的胎儿重量大，不能与腹部同步转动，发生向一侧的子宫扭转。

临产发病奶牛，在宫颈前扭转180°以上，发病时间长，患牛全身症状重剧，愈后多可疑。相反则轻微，有的可自行转正复位，愈后良好。扭转初期，病畜体温正常，心跳和呼吸加快，不安，阵发性腹痛，反刍嗳气停止，瘤胃蠕动弱，磨牙流泪，随时间延长病情加剧，由剧烈腹痛到麻痹，腹痛消失，体温、心跳和呼吸均升高。奶牛虽有努责分娩表现，但阴门不见胎膜和羊水，阴唇肿胀向阴门内陷入。临床检查可见宫颈口开张不全或紧闭，阴道壁紧张，局部黏膜紫红色，前端（宫颈膣部）有螺旋状皱襞，用管状带光源开膣器观察，清晰可见。直肠检查，子宫阔韧带紧张，两侧紧张度不同，韧带静脉努张，耻骨前子宫体扭转如一堆软韧物体。

根据患牛临床病相，阴道及直肠检查结果，可确诊子宫扭转。

常采取剖腹产。

四、骨盆狭窄

分娩过程中，软产道及胎儿无异常，产力正常，只因骨盆大小和形态异常，或胎儿相对过大，妨碍胎儿排出时，称骨盆狭窄。

病畜阵缩和努责正常，但不见胎儿排出。检查产道，可发现骨盆窄小或骨盆变形，或骨赘突出于骨盆腔。

骨盆发育不全的病例，应按胎儿过大的方法，施行牵引术，拉出胎儿。骨盆变形或骨赘突出，拉出胎儿有困难，可施行剖腹产或截胎术。

五、胎儿过大

胎儿过大是指母畜骨盆及产道正常，只是胎儿体积显著大于正常。

病畜分娩时一切正常，有时见两蹄尖，但胎儿排不出来，产道检查无异常，胎位、胎向、胎势正常，但胎儿过长过大，充塞于产道内不能排出。

充分润滑产道后，牵引拉出胎儿。拉出胎儿有困难时，可施行剖腹产或截胎术。

六、双胎难产

是指牛的两个胎儿同时楔入盆腔，都不能通过，见图10。这时还往往伴有胎儿姿势和位置的各种异常。

如果两个胎儿是一个正生一个倒生，产道检查可能发现一个头和四条腿，其中的两个蹄底向下（前腿），两个向上（后腿）或为跗部前置；两个胎儿均为正生时，可能发现两个头及四条前腿；均为倒生时，只是四条后腿。头和四肢的姿势及胎儿的位置往往也有异常，产道检查所见可能和上述情况有所不同。当两胎儿楔入骨盆腔的深度不同时，还可能忽略了后面的胎儿。此外，单胎胎儿如呈腹部前置的横向及竖向，四肢可同时伸入产道。因此，必须仔细进行触诊，将两个胎儿分辨清楚，才能作出正确诊断及助产方案。

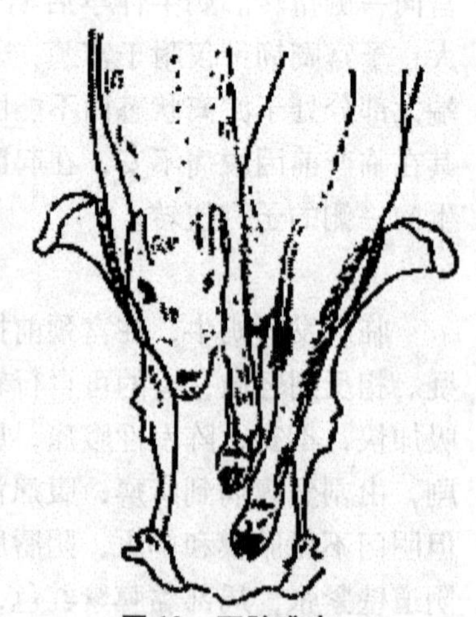
图10　双胎难产
（赵福军，牛羊病防治，2001）

原则是先推回一个胎儿，再拉出另一个胎儿，然后再将推回的胎儿拉出。在推之前，必须把两个胎儿的肢体分辨清楚，不要错把两个胎儿的腿拴在一起。同时，两个胎儿进入骨盆的深度都不相同，应当先推回后面的胎儿，拉出前面的胎儿。如果两个胎儿以同等深度挤入骨盆入口，在母畜站立时，无论先拉哪一个（需推回另一个）都可以；在母畜侧卧时，则应先推回下面的一个，先拉出上面的一个；否则先拉下面的一个时，上面的胎儿对它发生压迫，拉出即受到阻碍。如果有一个胎儿姿势不正，宜拉出姿势正常的胎儿，然后再矫正姿势反常的胎儿。

七、胎头不正

是指在正生时，胎儿头颈姿势异常。包括头颈侧转、后仰、下弯、扭转。其中，以头颈侧弯和胎头下弯最为多见。

胎儿的两前肢伸入产道，而头歪向一侧，无法娩出。这是最多见的一种。

1. 诊断　阴门外伸出一长一短的两前肢，不见胎头露出。产道检查，可在盆腔前缘或子宫内摸到转向胸侧的胎头和胎颈，通常是转向伸出较短前肢的一侧。

2. 助产　按矫正术矫正后拉出胎儿。

胎儿的头部弯于两前肢之间或一侧。根据胎头下弯的程度不同，又有额部前置、枕部前置和颈部前置之分。

1. 诊断　有时两蹄尖露出阴门。产道检查，可摸到堵塞于骨盆入口或抵在耻骨前缘上的额部、枕部；或摸到在两前肢之间下弯的颈部。

2. 助产　按矫正术矫正后拉出胎儿。

八、胎儿四肢不正

是指在生产时，胎儿的四肢中前置的任意一肢或多肢的姿势异常。常见的胎儿四肢不正主要有腕部前置、肩部前置和坐骨前置三种。

1. 腕部前置　指一侧或两侧的腕关节弯曲而朝向产道，致使胎儿不能产出。两侧腕部前置，事先如未拉过，在阴门部什么也看不到；一侧腕部前置可看到一个前蹄。产道检查时，可摸到正常的胎头和屈曲的腕关节位于耻骨前缘附近。

2. 肩部前置　指一侧或两侧的肩关节屈曲而肩部朝向产道，致使胎儿不能产出。胎头已经进入产道，不见一个或两个前肢，能摸到屈曲的肩关节，前腿自肩端一下位于躯干旁。

3. 坐骨前置　指一侧或两侧的髋关节屈曲而坐骨朝向产道，致使胎儿不能产出。一侧坐骨前置时，阴门内可见一蹄底向上的后蹄尖；如为坐生（两侧坐骨前置），阴门内什么都看不到。产道检查时，在骨盆入口处可摸到胎儿的尾巴、坐骨粗隆、肛门，再向前能摸到前伸的后肢。

按矫正术矫正后拉出胎儿。

九、胎位不正

是指无论正生或倒生，胎儿均可能因为未翻正，而使胎位异常。有下位和侧位两种。

前者是胎儿仰卧于子宫内，后者是胎儿侧卧于子宫内。

1. 下位 有正身下位和倒生下位两种。正生下位时，阴门外露出两个蹄底向上的前蹄，产道检查可摸到腕关节、口唇及颈部；倒生下位时，阴门外露出两个蹄底向下的后蹄，产道检查可摸到跗关节和尾巴。

2. 侧位 有正生侧位和倒生侧位两种。正生侧位时，两前肢以上的位置伸出于阴门外，蹄底朝向一侧，产道检查可摸到侧位的头颈；倒生侧位时，两后肢以上的位置伸出阴门外，产道检查可摸到胎儿的臀部、肛门及尾部。

按矫正术矫正后拉出胎儿。

任务五 剖腹产术

随着奶牛养殖业的发展，奶牛难产病例也逐渐增多，当奶牛发生难产时，经过产道助产或药物催产都无效的情况下，应尽早进行剖腹产。

一、麻醉

“846” 合剂肌肉注射全身麻醉。如全身情况恶化可以作局部麻醉。

二、保定

一般采取做左侧卧保定，当牛的胎儿位于腹低壁偏左侧时，可做右侧卧保定。

三、切口定位

一般可考虑以下几种，见图 11。

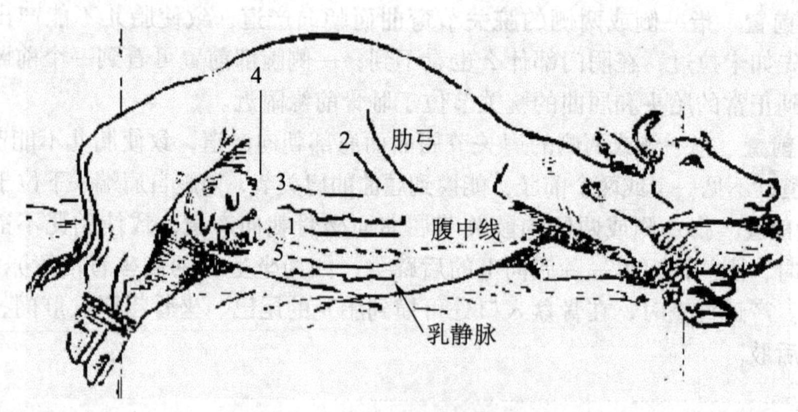

图 11 奶牛剖腹产切口定位

1. 右侧乳静脉与腹白线之间平行腹白线切口；2. 肋弓下斜切口；3. 右乳静脉背面平行乳静脉切口；4. 肷部中下切口；5. 左侧乳静脉与腹白线之间平行腹白线切口

右侧乳静脉与腹白线之间平行腹白线切口。切口后端自乳房基部前缘向前作一平行腹白线的纵切口，切口长度20～30cm，此切口距子宫较近，有利于拉出胎儿。但缝合腹壁切口时困难。

肋弓下斜切口。距肋骨弓20～25cm处，平行肋弓做一后上前下的斜切口，此切口距子宫较远，需将子宫向前移动后切开子宫拉出胎儿，优点是闭合腹壁切口较腹壁切口容易。

右乳静脉背面平行乳静脉切口。此切口距胎儿较近，手术方便。

肷部中下切口。切口上端距腰椎横突15～20cm，向下作20～25cm切口，此切口距离子宫较远，拉出胎儿困难，但闭合腹壁切口容易。

左侧乳静脉与腹白线之间平行腹白线切口。当左侧子宫角怀孕时，可作此切口，拉出胎儿操作方便，肠管不易从腹腔内脱出。

四、手术方法

常采用右乳静脉背面平行乳静脉的水平切口。

术部按常规消毒后，切开皮肤及皮下组织，腹黄筋膜，在切开线上的血管用钳夹法和结扎法进行止血。显露腹腔后，术者手经切口伸入腹腔内，探查胎儿的位置及与切口最近的部位，以确定子宫切开的方法。

术者手经切口向骨盆方向入手，找到网膜上隐窝，用手拉着网膜及其网膜上隐窝内的肠管，向切口前方牵引，使网膜及肠管移入切口前方，并用生理盐水纱布隔离，以防网膜和肠管向后复位，此时切口内可充分显露子宫及其子宫内的胎儿。当网膜不能向前方牵引时，可将大网膜切开，再用生理盐水纱布将肠管向前方隔离后，显露子宫。

术者手伸入腹腔托住怀孕的子宫向切口处移动，使子宫尽量和切口靠近，切口与子宫壁之间用生理盐水纱布隔离，以防子宫切开后胎水流入腹腔。

在子宫大弯上，作一长30cm左右的切口，应注意切开子宫时仅仅切开子宫壁，而不切开胎膜，否则羊水流出污染腹腔。切开子宫壁后，胎膜即从子宫壁切口内膨出，若胎膜不从切口内膨出，可能是没有切透子宫壁，也可能是在分娩过程中胎水已完全排出。前一种情况下需再把没有切透的子宫壁切透，切忌在没有切透子宫壁的情况下，把子宫的黏膜层误认为胎膜，若进行剥离可引起出血。

将切开的子宫壁与胎膜进行钝性分离，分离应充分，切勿剥破胎膜，剥离胎膜的面积距子宫切口缘不少于15cm。

胎膜充分显露后，剪开胎膜，助手立即用双手将胎膜向外牵引，类似翻衣领的动作，将胎膜向外翻转，待羊水放完后，术者手伸入子宫腔内，抓住胎儿的肢体，缓慢地向子宫切口外拉出，此时应严防肠管脱出腹腔外。在胎儿从子宫内拉出的瞬间，用两手掌压迫牛的右腹部以增大牛的腹内压，以防胎儿拉出后由于腹内压的突然降低而引起脑贫血、虚脱等意外情况的发生。

拉出胎儿后，如胎儿还存活，交专人护理，术者与助手立即拎起子宫壁切口，着手剥离胎膜，尽量将胎膜剥离下来，若胎膜与子宫壁结合紧密不好剥离时，也可不剥离。用生理盐水冲洗子宫壁内的血凝块及胎膜碎片，然后向子宫腔内撒入青霉素、链霉素，进行子宫壁的缝合。第一层用连续康乃尔缝合法，缝合完毕，用生理盐水冲洗子宫壁，再转入第二层的连续伦巴特缝合，见图12。缝毕，再用生理盐水冲洗子宫壁，清理子宫壁与腹壁切口之间的填塞纱布后，将子宫还纳入腹腔内。

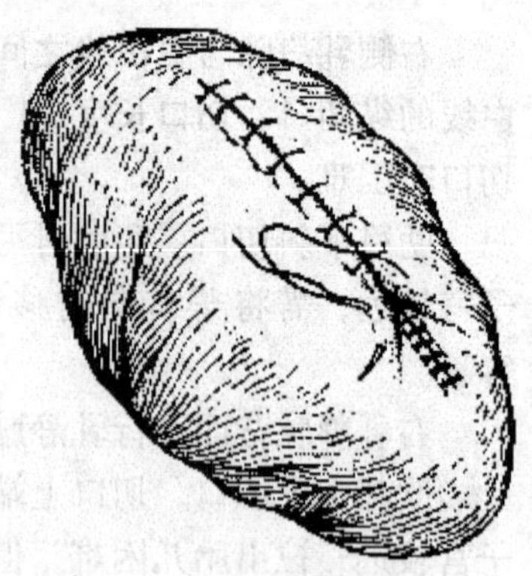

图12　子宫壁缝合示意图

拉出胎儿后，牛的腹内压减小了，腹壁切口比较好闭合，若手术中间因瘤胃臌气使腹内压增大闭合十分困难时，应通过瘤胃穿刺放气减压或瘤胃插管减压后再闭合腹壁切口。首先，对腹膜、腹横肌进行连续缝合，然后行腹直肌连续缝合，腹黄筋膜结节缝合，最后对皮肤及皮下组织进行结节缝合，并打以结系绷带。

五、术后护理与治疗

术后4～5d内全身使用抗生素，如青霉素、链霉素，以预防腹膜炎及子宫内膜炎，在手术中胎衣未剥离者或未完全剥离下胎衣的牛，若术后12h尚未脱落者，应采取措施，促使胎衣脱落。剖腹产的牛一般采用药物疗法，促进子宫收缩，脑垂体后叶素注射液或催产素注射液50～100单位，也可用马来酸麦角新碱5～15mg肌肉注射。也可静脉注射10%氯化钠注射液300～500ml。

术后应防止切口被污染，牛厩舍内的粪便及时清扫，适当进行牵遛运动，以促进胃肠功能恢复。10～12d后拆线。

复习思考题

1. 根据难产发生的原因，常见的难产可分为哪三大类？
2. 难产如何进行检查？
3. 难产的助产原则是什么？
4. 如何进行常见难产的救助？

（本模块编者：俞锦禄）

模块三　常见产科病

任务一　流产

【任务简介】胚胎或胎儿与母体之间的正常生理关系被破坏，致使胚胎在子宫内被吸收或者排出不足月的胎儿或死亡未经变化的胎儿，称为流产。流产不是一种独立的疾病，而是由于各种因素作用于机体所产生的临床表现。它可以发生在妊娠的各个阶段，但以妊娠早期较为多见。奶牛流产的发病率约在10%。

【任务要求】掌握流产的诊断技术及防治措施。

【工作任务】

一、诊断

根据病史和临诊症状，可建立诊断。

流产可归纳为以下四种：

发生在怀孕初期，此时胚胎尚未形成胎儿，胚胎死亡后组织液化，被母体吸收或排出体外，一般不易被发现。一般在胚胎形成约1～1.5月后，经直肠检查确定已怀孕，但过一段时间后雌性反刍动物又重新发情，同时直肠检查原怀孕现象消失，即可诊断为隐性流产。

即排出不足月的活胎。流产前2～3d，母畜乳房突然胀大，乳头内可挤出清亮液体，阴门稍微肿胀，并向外排出清亮或淡红色黏液，流产胎儿体小、软弱，如果胎儿有吸吮反射，能吃奶并精心护理者，有成活的可能。流产前的症状与正常生产相似，如胎动频繁、腹痛不安、时时开张后肢，阴门外翻，拱背、努责，有时从阴门流出血水。

即排出死亡而未经变化的胎儿。是最常见的一种。胎儿死后，它作为母体的异物，可引起子宫收缩反应，于数天之内将死胎及胎衣排出。妊娠初期的流产，因为胎儿及胎膜很小，排出时不易发现，有时可能被误认为是隐性流产。妊娠前半期的流产，事前常无预兆。妊娠末期流产的预兆和早产相同。

也叫死胎停滞。胎儿死亡后由于阵缩微弱，子宫颈口未开张或开张不大，死胎长期停留于子宫内，称为延期流产。依子宫颈是否开放，其结果有以下三种：

1. 胎儿浸溶 怀孕中断后，死亡胎儿的软组织被分解，变为液体流出，而骨骼留在子宫内。牛多见，病牛表现精神沉郁，食欲减废，体温升高，常见腹泻或肚胀，阴道内流出棕褐色恶臭液体，病牛逐渐消瘦，经常努责。阴道检查，发现子宫颈开张，在子宫颈内或阴道内有时可发现骨片。直检子宫如一圆球，可摸到参差不平的胎骨，并有骨片互相摩擦的感觉。

2. 胎儿腐败分解 胎儿在子宫内死亡后，腐败菌通过开张的子宫颈口侵入，引起胎儿腐败分解，产生气体。此时母畜表现严重的全身症状，如精神沉郁，食欲减废，体温升高，腹围增大，呻吟不安，频频努责，阴门中流出污红色恶臭液体，如不及时治疗，多因败血性腹膜炎而死亡。

3. 胎儿干尸化 怀孕中断后，胎儿死亡，但未排出（与黄体不萎缩有关），其组织中水分及胎水被吸收，胎儿变为棕黑色干尸一样（由于子宫颈不开放，细菌未能侵入子宫，胎儿未发生腐败和分解）。母畜全身症状不明显，但如确定母畜已经怀孕，在孕期由于某种原因，母畜怀孕现象渐渐消退，肚腹渐渐变小，直检发现宫颈细硬，子宫呈球状，子宫内有坚硬感，无波动，压之无胎动，摸不到子叶，卵巢上有黄体，母畜不发情，即可确定为本病。有的干尸化胎儿在母畜再次发情时而被排出或卡在产道，经直检或产道检查时被发现。

二、治疗

首先应确定属于何种流产以及妊娠能否继续进行，根据症状确定治疗方案。

如果孕畜表现腹痛不安，时时排尿、努责，并有呼吸、脉搏加快等现象时，则可能流产为先兆。通过阴道检查，若子宫颈口紧闭，子宫颈塞尚未流出，而且胎儿还活着，则治疗以安胎为主，使用抑制子宫收缩药或用中药保胎。

1. 西药疗法

（1）牛肌注黄体酮50～100mg（羊10～30mg），1次/d，连用四次（为预防习惯性流产，可在流产前1个月，定期注射本品），牛也可用0.5%硫酸阿托品2～6ml，皮下注射。

（2）给以镇静剂，如静注安溴注射液100～150ml，或肌注盐酸氯丙嗪300mg或2%静松灵1～2ml。

2. 中药疗法 以补气、养血、固肾、安胎为主。可用党参25g、白术30g、炙甘草20g、当归25g、川芎25g、白芍30g、熟地25g、紫苏25g、黄芩25g、砂仁25g、阿胶珠25g、陈皮25g、生姜25g，研末服。

如果经上述处理，病情仍未稳定，阴道排出物继续增多，孕畜起卧不安加剧；阴道检查，子宫颈口已开张，胎囊已进入阴道或已破水，则应尽快促进胎儿排出，以免胎儿死亡腐败引起子宫内膜炎，影响以后受孕。

先皮下注射或肌注已烯雌酚0.02～0.03g，以促进子宫颈口开张，然后逐块取净胎骨，再后用10%氯化钠溶液冲洗子宫，充分排出冲洗液，子宫内放入抗生素；肌注缩宫药，以促进子宫内容物的排出，并根据全身情况，进行强心补液、抗炎疗法。

先向子宫内灌入0.1%利凡诺或高锰酸钾溶液，再灌入石蜡油作润滑剂，然后拉出胎儿；如胎儿气肿严重，可在胎儿皮肤上作几道深长切口，以缩小体积，然后取出；如子宫颈口开张不全时，牛可连续肌注己烯雌酚或雌二醇10～30mg；静脉滴注地塞米松20mg后平均35h宫口即开张，或于子宫颈口涂以颠茄酊或颠茄流浸膏，也可用2%盐酸普鲁卡因溶液80～100ml，分四点注射于子宫颈周围，后用手指逐步扩大宫颈口，并向子宫内灌入温开水，等待数小时。如拉出有困难，可施行截胎术。拉出胎儿后，子宫腔冲洗、放药及全身处理同上。

如子宫颈口已开张，可向子宫内灌入润滑剂（如石蜡油、温肥皂水）后拉出胎儿，有困难时可进行截胎后拉出胎儿；如子宫颈口尚未开张，可肌注己烯雌酚或雌二醇10～30mg，1次/d，经2～3d后，可自动排出胎儿。如无效，可在注射己烯雌酚2h后再肌注催产素50万IU，或用5%盐水2 500ml灌入子宫，每日1次，连用3次有良效。

三、预防

1. 合理供应日粮　特别注意饲料中矿物质、维生素和微量元素的供给，以防营养缺乏症的发生。饲料品质要好，严禁饲喂发霉、变质饲料。

2. 提高管理水平　兽医、配种员要严格遵守操作规程，防止技术事故的发生。

3. 确诊　对临床病牛要作出正确诊断，并及时采取有效治疗方法，尽早促进其康复，防止因治疗失误或拖延病程而引起继发感染，甚至死亡。

定期进行疫病普查，保证牛群健康、无疫病。

流产后，对流产母畜应单独隔离，全身检查，胎衣及产道分泌物应严格处理，确系无疫病时，再回群混养。

对流产胎儿及胎膜，应注意有无出血、坏死、水肿和畸形等，详细观察、记录。为了了解确切病因与病性，可采取流产母畜的血液（血清）、阴道分泌物及胎儿的真胃、肝、脾、肾、肺等器官，进行微生物学和血清学检查，从而真正了解其流产的原因，并采取有效方法，予以防治。

【知识拓展】

病因　根据引起流产的原因不同，可分为非传染性流产、传染性流产和寄生虫性流产。

1. 饲养性流产　饲料数量严重不足，矿物质、维生素及微量元素含量不足均可引起流产；饲料品质不良或饲喂方法不当，如喂给发霉、腐败变质的饲料，或饲喂大量饼渣、含有亚硝酸盐、农药以及有毒植物的饲料，可使孕畜中毒而流产；饲喂方式的改变，如孕畜由舍饲突然转为放牧，饥饿后喂以大量可口饲料，可引起消化扰乱或疝痛而发生流产。

2. 损伤性及管理性流产 是散发性流产的最重要因素，由于子宫和胎儿受到直接或间接的机械性损伤，或孕畜遭受各种逆境的剧烈危害，引起子宫反射性收缩而流产。如对腹壁的碰撞、抵压和蹴踢，母畜在泥泞、结冰、光滑或高低不平的地方跌倒摔伤以及出入圈门时过度拥挤均可造成流产；剧烈迅速地运动、跳越障碍及沟渠、上下陡坡等，都会使胎儿受到振动而流产。此外，粗暴地鞭打头部和腹部，或打冷鞭、惊群，可使母畜精神紧张，肾上腺素分泌增多，反射性地引起子宫收缩所致。

3. 医疗错误性流产 全身麻醉、大量放血、手术、或服入过量泻剂、驱虫剂、利尿剂，注射某些可引起子宫收缩的药物（如氨甲酰胆碱、毛果芸香碱、槟榔碱或麦角制剂），误给大量堕胎药（如雌激素制剂、前列腺素等）和孕畜忌用的其他药物，注射疫苗，以及对某些穴位长期针灸刺激，粗鲁的直肠、阴道检查等均有可能引起流产。

4. 习惯性流产 多因内分泌失调所致，如孕酮在妊娠早期胚胎的着床和发育中起重要作用，当分泌不足或产生不协调时，均可引起胚胎死亡和流产。

5. 疾病性流产 常继发于子宫内膜炎、阴道炎、胃肠炎、疝痛病、热性病及胎儿发育异常等病过程中。

很多病原微生物和寄生虫都能引起牛羊流产，且危害比较严重。

任务二 妊娠浮肿

【任务简介】妊娠浮肿是指妊娠末期孕畜腹下及后肢发生的水肿，妊娠末期轻度浮肿是正常的生理现象，如果发展为大面积的严重水肿，则为病理状态。临床上以肿胀的部位（乳房、腹下）无热、无痛，按压留痕为特征。

【任务要求】掌握妊娠浮肿的诊断技术及防治措施。

【工作任务】

一、诊断

根据临床症状，可以建立诊断。

浮肿常从腹下及乳房开始，有时可蔓延至前胸、阴门，甚至波及后肢的跗关节及系关节等处。肿胀呈扁平状，左右对称，皮温低，触之如面团，指压有痕，被毛稀少部位的皮肤紧张而有光泽。

二、治疗

1. 改善饲养管理 限制饮水，减少精饲料和多汁饲料喂量，给予雌性反刍动物丰富的、体积小的饲料，按摩或热敷患部，加强局部血液循环。

2. 促进水肿消散，强心利尿 50%葡萄糖500ml、5%氯化钙200ml、40%乌洛托品60ml混合静脉注射；20%安钠咖20ml皮下注射；1次/d，连用5d。

3. 中药疗法 中药以补肾，理气、养血、安胎为原则，肿势缓者，可内服四物加味汤或当归散，肿势急者，可内服白术散。四物加味汤：熟地45g、白芍若干、川芎25g、枳实 20g、青皮 25g、红花 10g 共为细末，开水冲，候温内服。当归散：金当归 20g、破故纸 20g、红花 20g、枯白芍 20g、胡芦巴 20g、南红花 15g、自然铜 20g、骨碎补 20g、益母草 20g、真虎骨 15g、黄酒 100ml 为引，共为细末，候温内服。白术散：白术（炒）50g、砂仁 30g、当归 50g、川芎 30g、白芍 30g、生姜 15g、熟地 34g、党参 30g、陈皮 40g、苏叶 40g、黄芩 40g、阿胶（炒）40g、甘草 15g 为引，共为细末，开水冲，候温内服。

三、预防

母畜在怀孕后期要加强饲养管理，减少精料饲喂量，适当饮水，每天要适当运动。

【知识拓展】

病因

1. 主要是由于母体血液循环障碍导致水肿　怀孕末期胎儿生长迅速，子宫体积也迅速增大，使腹内压增高；乳房肿大、运动量减少，使腹下、乳房、后肢的静脉血液滞缓，引起淤血及毛细血管壁的通透性增高，使水分滞留于组织间隙，导致妊娠浮肿。

2. 也可能是血浆胶体渗透压降低导致水肿　怀孕末期，母畜的血流总量增高，使血浆蛋白浓度降低，若饲料中蛋白质供应不足，可使血浆蛋白胶体渗透压降低，导致妊娠浮肿。

另外，心、肾功能不全或变弱，使静脉血瘀滞，导致妊娠浮肿。

任务三　阴道脱

【任务简介】阴道脱出是阴道壁松弛形成皱襞发生套叠，部分突出于阴门外，或者整个阴道壁翻转脱出于阴门外。多发生于妊娠末期，也有在产后数天或其他时间发生的。

【任务要求】掌握阴道脱的诊断技术及治疗措施。

【工作任务】

一、诊断

根据临床症状，可作出诊断。

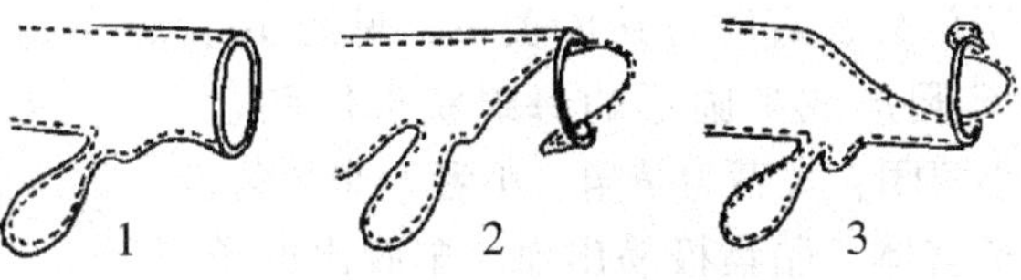

图 13　阴道脱出模式图

1. 正常阴道　2. 阴道下壁脱出　3. 阴道上壁脱

阴道脱出模式图见图 13。轻型阴道脱时，当母畜卧下时，其阴门开张，内中可见肿如球状的阴道脱，站立后仍可自动缩回。阴道外翻时其整个阴道突出于阴门外如球状物，其远端可见子宫颈，阴道黏膜可见损伤出血或污染物，有时膀胱随阴道突出而后移，其尿道开口被压而排尿困难。

二、治疗

1. 阴道内翻 使母畜站立或保持前低后高站立姿势，常可自行恢复。

2. 阴道外翻 阴道外翻时，首先用3%普鲁卡因溶液进行荐尾麻醉，并对突出的黏膜用消毒药水进行清洗，清理及缝合（有破损时），黏膜肿胀时可用3%明矾水收敛，以后用拳握法整复回位（送入阴户），整复后在阴户进行纽扣状缝合（注意在阴门下方留有空隙使小便通畅）。有的也可采用坐骨小孔一阴道缝合固定法或阴道底壁前端和耻骨上缝合固定法。处理后几天内应使雌性反刍动物多保持前低后高站立姿势并隔天进行一次荐尾麻醉，以防再次脱出。

【知识拓展】

病因 阴道脱出的先决条件是阴道组织松弛，腹内压增高和努责过强。妊娠后期多发，亦有在产后发生。病因主要有饲养管理不良，饲料不足，缺乏蛋白质和矿物质；母畜年老、多病，缺乏运动；肠胃臌气；双胎过大，胎水过多等。

任务四　子宫脱

【任务简介】子宫脱出是子宫角的一部分或全部翻转于阴道内（子宫内翻），或子宫翻转并垂脱于阴门之外（完全脱出）。常在分娩后1d之内子宫颈尚未缩小和胎膜还未排出时发病。

【任务要求】掌握子宫脱的诊断技术及治疗措施。

【工作任务】

一、诊断

根据临床症状，可作出诊断。

1. 子宫内翻 即子宫部分脱出，多发生于孕角。母畜表现不安、努责、举尾等类似疝痛的症状，阴道检查，则可发现翻入阴道的子宫角尖端。

2. 完全脱出 对于牛，在阴门外可看到呈不规则的长圆形囊状物体垂吊于阴门外，有时可达跗关节，见图14。脱出的子宫，表面布满圆形或半圆形的海绵状母体胎盘（子宫阜），且分为大小两团，大者为孕角、小者为非孕角，二团之间有一光滑的子宫体，胎盘极易出血。羊脱出的子宫，近似于牛，但其胎盘呈圆形，且中央有一凹陷。脱出的子宫黏膜表面常附着尚未脱落的胎膜，剥去胎膜或自行脱落后呈粉红色或红色，后因淤血而变为紫红色或深灰色。脱出时间久则子宫黏膜充血、水肿呈黑红色肉冻状，且多被粪土污染和摩擦而出血。后结痂、干裂、糜烂、坏死等。

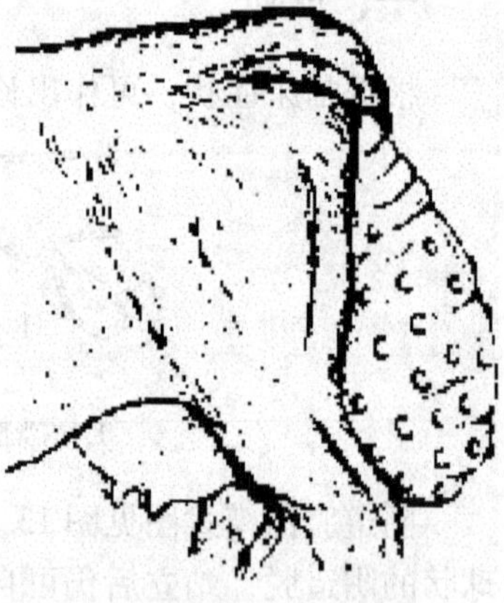

图14 牛子宫全脱示意图

脱出的子宫角类似一长的布袋状，其上有子叶，黏膜潮红，有明显的渗出与出血变化

病初，患畜一般无全身症状，仅有拱腰、努责、不安等表现。若时间过长则脱出的子宫发生糜烂、坏死，甚至

感染而引起败血症而表现出全身症状，精神沉郁，体温升高，呼吸、脉搏加快；反刍减少或消失，食欲减少或废绝；产奶量下降；母畜逐渐消瘦而衰竭死亡。

二、治疗

以整复为主，配以药物治疗。但当子宫严重损伤、坏死及穿孔而不宜整复时，应实施子宫截除术。

整复必须及早施行。病畜取前低后高的姿势站立保定，病畜不能起立时取前低后高的俯卧保定，用温热的淡盐水、2%明矾水或0.1%高锰酸钾液充分清洗脱出的子宫，除净表面的污物；如水肿严重，用3%的温明矾液浸泡或温敷，以缩小体积；如出血时应止血，有伤口进行缝合，然后涂以油剂青霉素或碘甘油，进行整复。整复方法为助手用消毒布或用瓷盘将子宫兜起致阴门等高或稍高于阴门，并从靠阴门的部分开始整复。先将其内包着的肠道压回腹腔，然后将手指并拢或用拳头向阴门内压迫子宫壁。整复也可从下部开始，即将拳头伸入子宫角的凹陷中，顶住子宫角的尖端推入阴门，先推进去一部分，然后助手压住子宫，术者抽出手来，再向阴门压迫其余部分。全部送入后，术者手臂尽量伸入其中，将子宫深深推入腹腔内，然后向宫腔内放入抗生素，以防感染。在整复过程中，病畜努责时，应及时将送回的部分顶住，以免又脱出来。同时，助手须及时协作，四面向一起压迫，才能取得应有的效果。

三、预防

主要是提倡自然分娩，规范接产，杜绝野蛮操作。并重视产后母畜护理，促进子宫平滑肌收缩，减轻腹压，及时喂服产后汤，并及时赶牛站立。

四、注意事项

发病后应及早进行整复。保定要确实，防止由于疼痛不安而造成子宫破裂；整复子宫时要先剥离胎衣、洗清污物后再整复子宫。对于不安静的母畜，可以采取2%普鲁卡因分别于第一、第二、第四腰椎的前、后、前作硬脊膜外麻醉。整复后尽早进行牵遛，在整复4~6小时内，禁止患畜卧地。整复后需要加强护理与跟踪，防止感染。

【知识拓展】

病因　主要原因为母畜体质虚弱，运动不足，胎水过多，胎儿过大和多次妊娠，致使子宫肌收缩力减退和子宫过度伸张所引起的子宫弛缓。分娩过程延滞时子宫黏膜紧裹胎儿，随着胎儿被迅速拉出而造成的宫腔减压；难产和胎衣不下时强烈努责；产后长期站立于向后倾斜的床栏，以及便秘、腹泻、疝痛等引起的腹压增大等是本病的诱因。

任务五　子宫弛缓

【任务简介】产后子宫恢复至未孕时状态的时间延长，称为子宫复旧不全或子宫弛缓。

【任务要求】掌握子宫弛缓的诊断技术及防治措施。

【工作任务】

一、诊断

产后恶露排出时间大为延长。阴道检查可见子宫颈口弛缓开张，有的病牛在产后 7d 仍能将手伸入，产后 14d 还能通过 2 指。直肠检查能感到子宫体积大而下垂。

二、治疗

主要在于增强子宫收缩，促进恶露排出。可肌肉注射麦角新碱 3～4mg 或缩宫素 60～80IU，同时给予钙制剂，并在子宫内放置抗生素。

中药疗法可用加味生化汤或加味归芎汤：党参 40g、黄芪 90g、当归 60g、升麻 30g、川芎 30g、炙草 20g、五味子 30g、半夏 30g、白术 30g。共为末灌服，隔日一剂，连用 3 剂。

【知识拓展】

病因 凡能引起阵缩微弱的原因，均能导致该病，如老龄、肥胖、缺乏运动、胎儿过大，难产时间过长等。胎衣不下、子宫脱出及产后子宫内膜炎可继发本病。

任务六　胎衣不下

【任务简介】胎衣不下，又称为胎膜停滞，是指母畜分娩后不能在正常时间内将胎膜完全排出。一般正常排出胎衣的时间，大约在分娩后，牛为 12h、山羊为 2.5h、绵羊为 4h。本病多发生于具有结缔组织绒毛膜胎盘类型的反刍动物，以不直接哺乳或饲养不良的奶牛多见。

【任务要求】掌握胎衣不下的诊断技术及防治措施。

【工作任务】

一、诊断

1. 全部胎衣不下　胎衣悬垂于阴门之外，呈红色、灰红色或灰褐色的绳索状，且常被粪土、草渣污染，见图 15。如悬垂于阴门外的是尿膜羊膜部分，则呈灰白色膜状，其上无血管。但当子宫高度弛缓及脐带断裂过短时，也可见到胎衣全部滞留于子宫或阴道内。牛全部胎衣不下时，悬垂于阴门外的胎膜表面有大小不等的稍突起的朱红色的胎儿胎盘，随胎衣腐败分解（1～2d）发出特殊的腐败臭味，并有红褐色的恶臭黏液和胎衣碎块从子宫排出，且牛卧下时排出量显著增多，子宫颈口不完全闭锁。部分胎衣不下时，其腐败分解较迟（4～5d），牛耐受性较强，故常无严重的全身症状，初期仅见拱背、举尾及努责；当腐败产物被吸收后，可见体温升高，

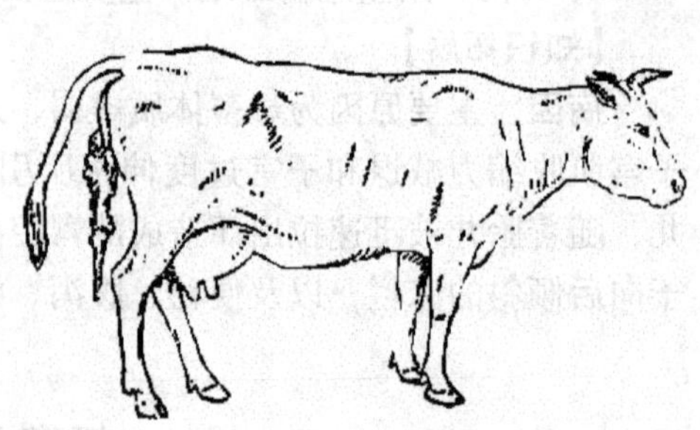

图 15　胎衣不下示意图

阴门外悬吊一部分胎衣，其上有大小不等的胎儿子叶

脉搏增数，反刍及食欲减退或停止，前胃弛缓，腹泻，泌乳减少或停止等。

2. 部分胎衣不下　残存在母体胎盘上的胎儿胎盘仍存留于子宫内。胎衣不下能伴发子宫炎和子宫颈延迟封闭，且其腐败分解产物可被机体吸收而引起全身性反应。

二、治疗

1. 药物疗法　可选用以下促进子宫收缩的药物。

垂体后叶注射液或催产素注射液。牛 50 万~100 万 IU，羊 10 万~50 万 IU，皮下或肌肉注射。也可用马来酸麦角新碱注射液，牛 5 ~ 15mg，羊 5mg，肌肉注射。

己烯雌酚注射液。牛 10 ~ 30mg，羊 1 ~ 3mg，肌肉注射，每日或隔日一次。

10% 氯化钠溶液。牛 300 ~ 500ml，静脉注射，或3 000~5 000ml 子宫内灌注。也可用水乌钙、抗生素、新促反刍液三步疗法具有良好的疗效。

胃蛋白酶 20g、稀盐酸 15ml、水 300ml，混合后子宫灌注，以促进胎衣的自溶分离。

预防胎衣腐败及子宫感染时，可向子宫内注入抗生素（土霉素、四环素等均可）1 ~ 3g，隔日一次，连用 1 ~ 3 次。

2. 手术剥离　是指用手指将胎儿胎盘与母体胎盘进行分离，适用于牛。剥离原则为以不残存胎儿胎盘、不损伤母体胎盘。牛的手术剥离应在产后 10 ~ 36h 内进行。过早，由于母子胎盘结合紧密，剥离时不仅因疼痛而母畜强烈努责，而且易于损伤子宫造成较多出血，过迟，由于胎衣分解，胎儿胎盘的绒毛断离在母体胎盘小窦中，不仅造成残留，而且易于继发子宫内膜炎，同时可因子宫颈口紧缩而无法进行剥离。

术前，确实保定患畜，消毒患畜阴门及其周围、术者手臂。

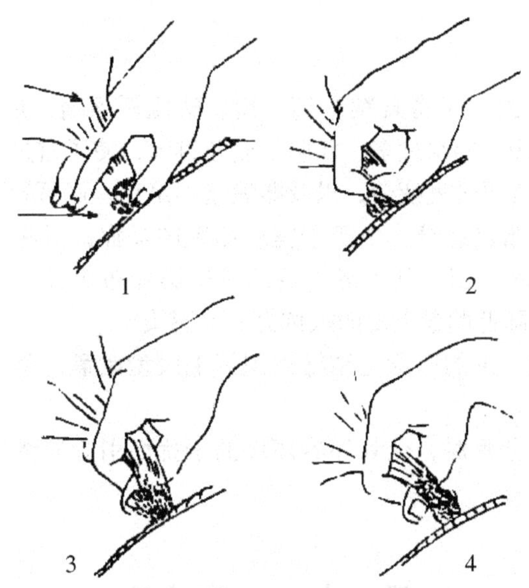

图 16　子宫内剥离胎衣示意图

1. 中指与食指夹住胎儿胎盘，拇指在母体胎盘上剥离胎儿胎盘；2. 用拇指端分离；3. 4. 当分离出 1/2 后，缓慢向外牵引使之完全剥离

剥离时，一手握住悬垂的胎衣并稍牵拉，一手伸入子宫内，沿子宫壁或胎膜找到子叶基部，向胎盘滑动，以无名指、小指和掌心挟住胎儿胎盘周围的绒毛膜成束状，并以拇指

辅助固定子叶；然后以食指及中指剥离开母、子胎盘相结合的周缘，待剥离半周以上后，食、中两指缠绕该胎盘周围的绒毛膜，以扭转的形式将绒毛从小窦中拔出，见图16。若母子胎盘结合不牢或胎盘很小时，可不经剥离，以扭转的方式使其脱离。子宫角尖端的胎盘，手难以达到，可握住胎衣。随患畜努责的节律轻轻牵拉，借子宫角的反射性收缩而上升后，再行剥离。

为防止子宫感染和胎衣腐败而引起子宫炎及败血症，在手术剥离之后，应放置或灌注抗菌防腐药，如金霉素、四环素，亦可用土霉素、雷佛奴尔等。或用下列合剂：尿素1g、磺胺增效剂1g、磺胺噻唑10g、呋喃西林1g，混合后装入胶囊放置；磺胺噻唑10g、磺胺增效剂1g、呋喃西林1g，混合后装入胶囊放置。

3. 中药疗法 以活血散瘀清热理气止痛为主，可用"加味生化汤"：当归100g、川40g、桃仁40g、红花25g、炮姜40g、炙草25g、党参50g、黄芪50g、苍术30g、益母草100g，共研末，开水冲调，加黄酒300ml，同便一碗灌服。或用车前子250～300g，用白酒或者75%的酒精浸湿点燃，边燃边搅拌，待酒精燃尽后，冷却研碎，再加温水适量，一次灌服。

三、预防

加强母畜的饲养管理，增加运动，注意日粮中钙、磷和维生素A及维生素D的补充，做好布氏杆菌病、沙门氏菌病和结核病等的防治工作，分娩时保持环境的卫生和安静，以防止和减少胎衣不下的发生。产后灌服所收集的羊水，按摩乳房；让仔畜吸吮乳汁，均有助于子宫收缩而促进胎衣排出。

【知识拓展】

病因

1. 产后子宫收缩无力 母畜日粮中钙、镁、磷比例不当，运动不足，消瘦或肥胖，致使母畜虚弱和子宫弛缓；胎水过多，双胎及胎儿过大，使子宫过度扩张而继发产后子宫收缩微弱；难产后的子宫肌过度疲劳，以及雌激素不足等，都可导致产后子宫收缩无力。

2. 胎儿胎盘与母体胎盘愈着 由于子宫或胎膜的炎症，引起胎儿胎盘与母体胎盘黏连而难以分离，造成胎衣滞留。其中最常见的是感染如布氏杆菌、胎儿弧菌等病原微生物；维生素A缺乏，可降低胎盘上皮的抵抗力而易感染。

3. 与胎盘结构有关 牛的胎盘是结缔组织绒毛膜型胎盘，胎儿胎盘与母体胎盘结合紧密，故易发生。

4. 环境应激反应 分娩时，受到外界环境的干扰而引起应激反应，可抑制子宫肌的正常收缩。

任务七 生产瘫痪

【任务简介】本病又称为临床分娩低血钙症或产乳热，是指母牛在分娩后，精神沉郁、全身肌肉无力、昏迷、瘫痪卧地不起。本病常见于母牛后躯神经受损，亦可见于钙、磷及维生素V、维生素D缺乏。

【任务要求】掌握生产瘫痪的发病特点、诊断技术及防治措施。

【工作任务】

一、诊断

根据病史及临床症状，可作出诊断。

1. 前驱症状　病牛敏感性增高，四肢肌肉震颤，食欲废绝，站立不动，摇头、伸舌和磨牙。运动时，步态踉跄，后肢僵硬，共济失调，易于摔倒。被迫倒地后，兴奋不安，极力挣扎，试图站立，当能挣扎站起后，四肢无力，步行几步后又摔倒卧地。也有的只能前肢直立，而后肢无力者，呈犬坐样。

2. 瘫痪卧地　病牛几经挣扎后，站立不起便安然卧地。卧地的牛，四肢缩于腹下，颈部常弯向胸部一侧，见图 17。有的常把头转向后方，置于一侧肋部，或置于地上，人为将其头部拉向前方后，松手又恢复原状。侧卧病牛，四肢直伸，头后伸至腹底，此时表示患病较严重。鼻镜干燥，耳、鼻、皮肤和四肢发凉，瞳孔散大，对光反射减弱，对感觉反应减弱至消失，肛门松弛，肛门反射消失。尾软弱无力，对刺激无反应，系部呈佝偻样。体温可低于正常，为 37.5～37.8℃。心音微弱，心率加快可达 90～100 次/min。瘤胃蠕动停止，粪便干、便秘。

图 17　病牛卧地，头弯向胸部

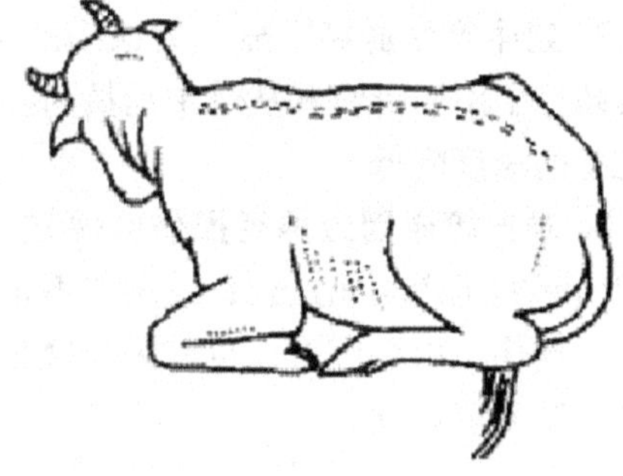

图 18　病牛头颈与躯干呈“S”形状弯曲

3. 昏迷状态　病牛精神高度沉郁，心音极度微弱，心率可增至 120 次/min，眼睑闭合，全身软弱不动，呈昏睡状；颈静脉凹陷，多伴发瘤胃臌气。治疗不及时，常可致死亡。非典型病例，除瘫痪症状外，主要特征为头颈姿势不自然，由头部至鬐甲呈一轻度“S”状弯曲，见图 18。

二、治疗

1. 药物疗法　可缓慢静脉注射 10% 葡萄糖酸钙 500ml，还可加入 20ml 硼酸，注射后 6～12h 如无反应，可重复注射，但不可超过 3 次。注射过程中如出现心动过缓，应立即停止注射。还可结合静脉注射 15% 磷酸二氢钠 250ml 或 3% 次磷酸钙溶液1 000ml，亦可试用 25% 硫酸镁溶液 100ml，皮下注射。

2. 乳房送风法　即向乳房内打入空气，适用于钙剂治疗不良的病例。对乳头、乳头管口、送气导管消毒后，向四个乳区打入过滤过的清洁空气，至乳房饱满、乳部皮肤平展且富有弹性时为止，密封乳管，1h 后缓慢放出气体。乳房送风器及见图 19。应注意避免送气不足或送气过多。

3. 针灸疗法 对由神经麻痹引起的截瘫病例，可采用针灸进行治疗，根据患病部位，针刺或电针相应的穴位，同时在腰荐部进行醋灸，可收到一定的效果。

在治疗过程中应定期翻动患牛，并多垫柔软的干草，以防止发生褥疮。

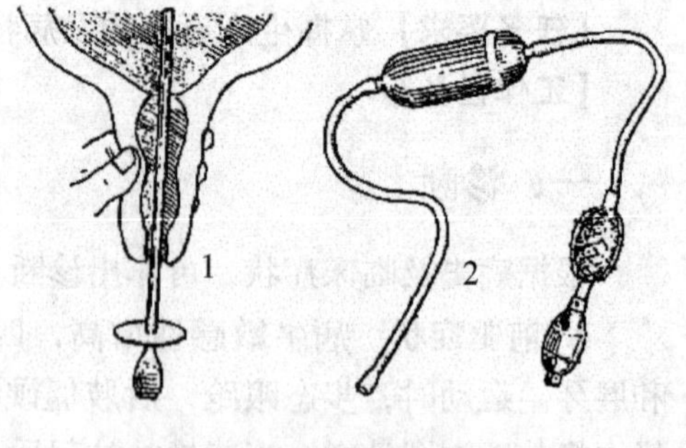

图 19 乳房送风器及其装置

1. 乳房导管插入乳房 2. 乳房送风器

三、预防

对高产牛或以前患过本病的牛，在产前两周减少料中的钙含量，在分娩之前及产后则立即增加钙的补充，可有效防止本病的发生。另外，产后 3d 内不将奶挤尽，适当抑制泌乳，亦可减少本病的发生。治疗 可依实际情况采用相应的方法。

【知识拓展】

病因

1. 饲养管理不当 为引起本病发生的根本原因，特别是日粮不平衡，钙、磷含量及其比例不当。

2. 奶牛产后血钙下降 为该病的主要原因，导致血钙下降的原因主要有钙随初乳丢失量超过了由肠吸收和从骨中动员的补充钙量；由肠吸收钙的能力下降；从骨骼中动员钙的贮备的速度降低。

3. 难产等原因致神经损伤或硬软产道损伤 胎儿过大，胎位、胎势不正，以及产道狭窄引起的难产时间过长；或胎位不正，强力拉出胎儿，使坐骨神经及闭孔神经长时间受压迫或挫伤，引起麻痹；也有因分娩时荐髂韧带剧烈拉伸、骨盆骨折或肌肉拉伤，导致母牛产后躯不能站立。

复习思考题

1. 产生流产原因有哪些？
2. 先兆流产如何进行防治？
3. 流产如何进行预防？
4. 简述生产瘫痪的病因和典型症状。

（编写者：俞锦禄）

模块四　乳房疾病

任务一　乳房炎

【任务简介】乳房炎是各种致病因素引起乳房的炎症，特点是泌奶牛的乳腺组织发生各种类型的炎症反应，乳汁的理化性质发生明显的改变。该病是奶牛最常发疾病之一，凡奶牛饲养区该病均有发生，是严重危害奶牛业发展的疾病之一。

【任务要求】掌握乳房炎的诊断技术及防治措施。

【工作任务】

一、诊断

临床型乳房炎和慢性乳房炎根据乳汁、乳房临床异常结合乳房触诊进行诊断，非临床型乳房炎依靠实验室检查进行诊断。

1. 临床型乳房炎　临床症状明显，在患病乳区有明显的红、肿、热、痛，泌乳量下降或停止泌乳，全身体温升高，食欲降低，反刍减退甚至停止。乳汁在不同性质的炎症有不同变化。一般乳汁较为稀薄，有的内含乳凝块或絮状物，甚至混有血液或脓汁。

（1）浆液性乳房炎　常急性经过，由于大量浆液性渗出物及炎性细胞游出而进入乳小叶间结缔组织内，乳汁变稀薄并含有絮片。

（2）卡他性乳房炎　主要病变为乳腺腺泡上皮及其他上皮细胞变性脱落。如果是乳头管及乳池卡他时，先挤出的奶含有絮片，后挤出的奶不见异常；如果是腺胞卡他时，则表现患区红肿热痛，乳汁水样，含絮片，可能出现全身症状。

（3）纤维素性乳房炎　由于乳房内发生纤维素性渗出。挤不出乳汁或只能挤出少量乳清或挤出带有纤维素的脓性渗出物。为重剧炎症，有明显的全身症状。

（4）化脓性乳房炎　乳房中有脓性渗出物流入乳池和输乳管腔中，乳汁呈黏脓样，混有脓液和絮状物。

（5）出血性乳房炎　输乳管或腺泡组织发生出血，乳汁呈水样淡红或红色。并混有絮状物及凝血块。全身症状明显。

（6）症候性乳房炎　常见于乳房结核。口蹄疫及乳房放线菌病等。

2. 慢性乳房炎　患病乳区组织弹性降低，内有硬结，泌乳量明显减少或停止泌乳。逐渐导致乳腺组织纤维化甚至乳房萎缩。

3. 非临床型乳房炎　又称隐性乳房炎，无临床症状，乳汁也无肉眼可见的异常，但是通过实验室对乳汁检验，被检乳中白细胞数明显增加（白细胞数在每毫升被检乳中超过

50 万）和病原菌数明显增加。

临床型乳房炎及慢性乳房炎应根据乳汁、乳房临床异常结合乳房触诊进行诊断，触诊方法如图 20。非临床型乳房炎在实验室进行诊断，常采用乳中细胞检查法、烷基硫酸盐凝乳试验（加利福尼亚州乳房炎试验）、溴麝香草酚蓝试验、平板凝乳颗粒试验等诊断方法。

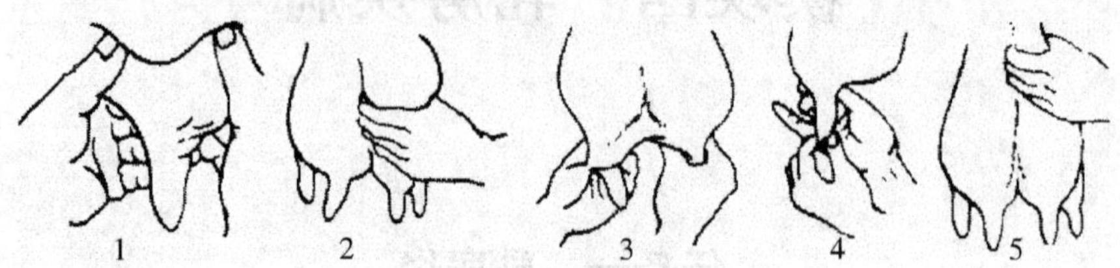

图 20　乳房触诊方法

1. 2. 触诊乳腺　3. 触诊乳池　4. 触诊乳头管　5. 触诊乳上淋巴结

二、治疗

1. 全身治疗　保持厩舍的清洁卫生、干燥，注意乳房的卫生。增加挤乳次数，及时排出乳房内容物，减少精料及饮水量。全身治疗常用青链霉素混合肌肉注射，或采用磺胺类药物及其他抗菌药物静脉注射。

2. 乳房内注入药液　挤净患区乳汁后，将青霉素和链霉素各 100 万 IU，溶于 40ml 注射用水中，用乳导管注入乳房内；或 0.25%～0.5% 盐酸普鲁卡因溶液 30ml，溶解青霉素 320 万 IU，或磺胺嘧啶钠注射液 40ml，用乳导管注入。羊可将药液注入患叶皮下。另外，临床上也可应用六茜素、蒲公英煎剂、洗必泰和蜂胶等注入患区乳房治疗。

3. 乳房神经封闭疗法

（1）会阴神经封闭　在阴唇下连合处消毒，左手食指触到坐骨切迹中央刺入，深 1.5～2cm，注入 0.25%～0.5% 盐酸普鲁卡因溶液 10～20ml，加入青霉素 40 万～80 万 IU。

（2）乳房基部封闭　为封闭前 1/4 乳区，可在乳房间沟侧方，沿腹壁向前、向对侧膝关节刺入 8～10cm；为封闭后 1/4 乳区，可在距乳房中线与乳房基部后缘相距 2cm 刺入，沿腹壁向前，向着同侧腕关节进针 8～15cm。每个乳叶注入 0.25%～0.5% 盐酸普鲁卡因溶液 100～200ml，加入 40 万～80 万 IU 青霉素则可提高疗效。

（3）大小腰肌间封闭　在 3～4 腰椎横突之间，距离背中线 6～9cm 处消毒，用 10～12cm 连接导管的封闭针头，针尖与棘突成 50°～60°刺入，针抵椎体后，稍向回退针，即达到大小腰肌间疏松结缔组织内，注入 0.25%～0.5% 盐酸普鲁卡因，每侧 80～100ml。

4. 冷热敷疗　炎症初期进行冷敷，制止渗出。2～3d 后可进行热敷，促进吸收，消散炎症。乳房上涂擦樟脑软膏复方醋酸铅，可以促进吸收，消散炎症。

5. 中药疗法　治宜清热解毒、疏肝行气、消肿散淤为主。方用肿疡消散饮或黄芪散。

肿疡消散饮。金银花 50g、连翘 50g、归尾 25g、甘草 25g、赤勺 25g、乳香 25g、没药 25g、花粉 25g、防风 20g、贝母 25g、白芷 20g、陈皮 20g，白酒 100ml 为引，水煎灌服。适用于急性乳房炎。

黄芪散。生黄芪 50g、全当归 50g、元参 50g、肉桂 50g、连翘 25g、金银花 25g、乳香 25g、没药 25g、生香附 20g、皂刺 25g，水煎灌服。适用于慢性乳房炎。

三、预防

奶牛要整体清洁，尤其是乳房要保持清洁、干燥。乳头在套上挤奶杯之前，用最少量的水冲洗，用纸巾清洁和擦干。挤乳前先用温水将乳房洗净并进行按摩，挤乳时用力均匀并尽量挤尽乳汁，先挤健畜后再挤病畜。泌乳期末，每头泌奶牛的所有乳区都要应用抗生素。药液注入前，要清洁乳头，乳头末端不能有感染。在每次挤奶后进行，浸液的量不要多，但要能浸没整个乳头。及时淘汰慢性乳房炎病牛，这些病牛不但泌乳量低，而且从中不断排出病原微生物，已成为感染源。

【知识拓展】

病因

1. 病原微生物感染 当畜舍卫生不洁，乳房周围、乳头被粪尿污染，病原菌可侵入乳腺而感染。病原菌主要包括链球菌、葡萄球菌、化脓棒状杆菌、大肠杆菌等。

2. 饲养管理不良 作为诱因，泌乳期间饲喂精料过多导致乳腺分泌功能过强或应用激素不当而引起的激素平衡失调；物理因素如挤压、摩擦、刺伤乳房或犊牛吮乳用力顶撞及挤乳方法不当使乳腺受损。

3. 继发或并发于其他疾病 布鲁氏菌病、结核病、子宫内膜炎、胎衣不下等。

任务二 无乳症

【任务简介】无乳症指母牛产后乳腺功能障碍使分泌乳汁减少或完全停止泌乳的的一种疾病。检查患病牛全身和乳房局部均无明显症状。牛羊均可发生，以初产和年老牛羊多见。

【任务要求】掌握无乳症的诊断技术及治疗措施。

【工作任务】

一、诊断

根据临床症状即泌乳减少或停止可作出诊断。

患畜产后泌乳量下降或停止泌乳。乳房检查松软，局部无红、肿变化，乳头缩小，乳房皮肤松弛，仅能挤出少量奶或挤不出奶，乳汁也无变化。全身症状不明显，食欲、精神无异常。

二、治疗

1. 药物治疗 应用雌二醇 $E_2$20～30mg，一次肌肉注射，或催乳素 80 万 IU，一次静脉注射，每日一次，连用 4d。日粮内每日添加 100g 苏打粉也有下乳作用。

2. 中兽医治疗 应补气益血、行气通络及通乳。

（1）健胃增乳散 白术 25g、川断 20g、阿胶 30g、皂刺 10g、穿山甲 20g、细辛 10g、桔梗 20g、赤勺 20g、木通 10g、杜仲 25g、黄芪 25g、炙龟板 15g，共为末，开水冲调，清油 200ml 为引，一次灌服，隔日一次。

（2）清通生乳散　全当归25g、川芎25g、生芪25g、生白芍40g、麦冬50g、王不留行50g、生地40g、桔梗25g、通草15g、炙山甲25g，共末开水冲调，清油100ml为引，一次灌服，隔天1剂，连服2剂。

三、预防

1. 加强饲养管理。日粮中必须供应丰富的蛋白质精料、青贮饲料和多汁饲料，提高进食量；每次挤乳前，用温水充分擦洗，按摩乳房。

2. 先行治疗相关疾病。对产后患有其他疾病的母畜，应根据病情先行治疗。

【知识拓展】

病因

1. 饲养管理性因素　当饲料中蛋白质、维生素、矿物质等营养物质不足，导致营养不良，使营养发育受阻；当圈舍内嘈杂、受到惊吓、饲养无规律、气候炎热、寒冷以及挤奶无固定时间。

2. 病理性因素　患病牛机体神经、内分泌失调。当垂体功能紊乱，分泌激素功能受阻等使乳腺发育受阻，使分泌乳汁功能降低。

3. 全身或乳腺疾病　均可使泌乳能力降低或完全丧失。

中兽医认为与气血亏虚或气滞血淤有关。

任务三　乳房浮肿

【任务简介】乳房浮肿即乳房浆液性水肿，是因乳腺间质组织液体过量蓄积导致乳房明显肿胀。临床特征是肿胀的乳房无热、无痛，按压有凹陷。以第一胎及高产奶牛发病较多，可导致泌乳量下降，重者可永久损伤乳房的悬韧带和组织，使乳房下垂，并诱发乳房皮肤病和乳房炎。

【任务要求】掌握乳房浮肿的诊断技术及防治措施。

【工作任务】

一、诊断

根据病史和临床症状不难诊断，应与乳房血肿、乳房炎鉴别诊断。

乳房的皮下及间质发生水肿，以乳房下半部较为明显。也有水肿局限于两个乳区或一个乳区的。皮肤发红光亮、无热无痛、指压留痕。严重的水肿可波及到乳房基底前缘、下腹、胸下、四肢，甚至乳镜、乳上淋巴结和阴门。乳头发生水肿时，影响机器挤奶。

二、治疗

1. 加强饲养管理　适当增加运动，每日3次按摩乳房及冷热水交替擦洗，减少精料和多汁饲料，减少饮水。

2. 乳房涂布轻刺激剂，促进血液循环　如20%~50%樟脑软膏、酒精鱼石脂软膏、松节油等，于患部乳房上涂布，1次/d，连续数日。

3. 降低血管渗透压以减少渗出　5%氯化钙500ml静脉注射，（加在50%葡萄糖内），或用5%安钠咖注射液60ml，50%葡萄糖注射液500ml、20%硫酸镁注射液100ml，一次静脉注射。

4. 应用利尿药物　氢氯噻嗪250mg肌肉注射或0.5~1.0g口服，1次/d。也可应用速尿500mg肌肉注射，1次/d。

5. 应用激素类药物　可用保泰松1份、异丙林2份混合，取20~30ml，一次肌肉注射。也可用氯地孕酮1g一次口服，连服3d或100~300mg，肌肉注射。

6. 激素与利尿药合用　可用三氯甲噻嗪200mg，地塞米松5mg，一次内服。

三、预防

加强干奶牛的饲养管理，加强运动，控制饲喂精料，预防低镁血症，降低日粮中钾元素的含量。

【知识拓展】

病因　临产前乳房浮肿与乳静脉血压升高和乳房血流量减少有关。血浆雌激素和孕酮含量、盐类物质、产前精料喂量过大以及运动不足等是本病的诱因。

任务四　乳池及乳头管狭窄和闭锁

【任务简介】乳池及乳头管狭窄和闭锁在奶牛和乳山羊较为常见，多出现在一个乳池的基底部。

【任务要求】掌握乳池及乳头管狭窄和闭锁的诊断技术及治疗措施。

【工作任务】

一、诊断

根据临床症状或乳房及乳头触诊即可确诊。

1. 肉芽肿　主要发生在乳池棚及其附近，由于乳池棚裂口而使结缔组织增生，形成环状或半环状、乳头状、块状隆起，形成乳槽。手指按捏乳头基底部可触到结节。大的肉芽肿，在每挤出头几把奶后，乳头池尚可充满。肉芽肿完全阻塞时，乳汁不能进入乳头乳池，挤不出奶。

2. 乳池闭锁　是组织异常增生的结果，乳汁不能进入乳头乳池，乳头细瘪，挤不出奶。

3. 乳头乳池黏膜泛发性增厚　乳头池壁变厚，池腔狭窄，乳头缩小，贮乳减少，挤奶时射乳量不多。

4. 乳头乳池黏膜面的肿瘤　大的使乳池变窄，小的妨碍挤奶。

5. 乳头管狭窄　表现为挤奶困难，乳汁呈点滴状或细线状排出；乳头管口狭窄时，乳汁射向一方，或射向四方。乳头管闭锁，乳池充满乳汁，但挤不出奶。捏捻乳头末端可以感觉乳头管的不同部位有大小、硬度、形状（豆形、圆柱形、索状或团块状）不同的增生物。

二、治疗

1. 乳池闭锁治疗

（1）手术疗法　可于每次挤奶前用乳导管或粗针头（磨平尖端）穿通闭锁后向外导奶。按照常规方法用冠状刀穿通闭锁部，切割肉芽肿组织，但术后组织会很快增生，继续闭锁。反复进行，还易引起感染，发生乳房炎。

（2）液氮疗法　先将粗导乳管前端锯掉磨光，插入乳头管内，然后将较细的铅丝置于液氮罐中数分钟，取出后立即通过乳导管将闭锁部灼烧穿通，破坏肉芽组织。

2. 乳头管闭锁或狭窄的治疗　可用手术扩张或开通乳头管，但易复发。进行手术时，应先在乳头基部做环状浸润麻醉，每次挤奶时，将棉棒抽出，让奶自然流出或挤奶，挤完奶后再插入棉棒。将乳头管穿通后，关键在于防止复发。为此，可选用以下各种方法：

（1）纸卷法和气门心法　用硬纸卷成细卷或2~3cm气门心，在乳头管闭锁开通或狭窄扩大后插入。纸卷在挤奶时拔出，挤奶后再换新的插入，连续1周。

（2）竹棒法　将长1.5~2cm细竹棍，磨打成橄榄状，似乳头管内腔。粗细随乳头管扩张程度而变。在乳头管开通后插入，3d换一次。

（3）套管烧烙法　用套管针，插入乳头管内，抵在粘连处，直至穿通。烧烙不理想的，3d重复一次。

三、预防

挤奶人员要遵守操作规程，技术要熟练；牛羊舍内不可过于拥挤，防止踏伤乳头，牛舍及运动场围栏高低、质量应符合标准，以防发生乳房及乳头损伤。

【知识拓展】

病因　可由慢性乳房炎或乳池炎引起。粗暴挤奶会导致乳头管或乳池黏膜受到损伤，导致乳头管或乳池棚发炎、黏膜增厚甚至结缔组织增生形成肉芽肿导致狭窄及闭锁。另乳池黏膜面的乳头状瘤、纤维瘤以及乳头管末端疤痕组织增生也会引起该病。

复习思考题

1. 如何治疗奶牛乳房炎？
2. 奶牛无乳症的病因是什么？
3. 乳池及乳头管狭窄和闭锁的主要临床症状是什么？

（本模块编者：王强）

模块五　新生仔畜疾病

任务一　新生仔畜窒息

【任务简介】新生仔畜窒息又称假死，指仔畜刚出生后出现的呼吸微弱或呼吸停止，但仍保持微弱的心跳现象。如抢救治疗不及时，仔畜常会死亡。

【任务要求】掌握新生仔畜窒息的诊断技术及防治措施。

【工作任务】

一、诊断

根据新生犊牛或羔羊呼吸微弱或消失，但有心跳可确诊。

1. 轻度窒息（青紫窒息）　仔畜软弱无力，舌脱出口外、口腔和鼻孔充满黏液；呼吸不匀有时张口呼吸，呈喘气状，肺部听诊有湿啰音，喉及气管处啰音更为明显；心跳快而弱；可视黏膜发绀。

2. 重度窒息（苍白窒息）　仔畜呈假死状态，全身松软，卧地不动，反射消失，黏膜苍白。呼吸停止，仅有微弱心跳。

二、治疗

原则是尽早进行抢救，保持呼吸道畅通，刺激呼吸。

1. 保持呼吸道畅通　如果仔畜还有微弱呼吸，立即提起后肢，轻拍胸腹部，促进排出口腔鼻腔和气管内的黏液和羊水，也可刺激呼吸反射；并用干净布擦干畜体。

2. 刺激呼吸　将仔畜背部垫高，头部降低，有节律地按压仔畜的腹部。同时应用25%尼可刹米注射液，犊牛 1.5ml、羔羊 0.5ml，皮下注射。也可应用盐酸肾上腺素、10%安钠咖或樟脑磺酸钠注射液肌肉注射。

3. 治疗后护理　有条件的立即输氧或者静脉注射 0.3%过氧化氢溶液。同时做好保温工作及补液、补糖和静脉注射碳酸氢钠等措施，但要注意输液的温度。

三、预防

在产仔季节，必须有专人值班，及时进行接产，对初生犊牛、羔羊精心护理。在分娩过程中，如胎儿在产道内停留较久，应及时进行助产，拉出胎儿。如母畜有病，应迅速助产，以免延误而发生窒息。

【知识拓展】

病因 分娩时胎盘过早分离脱落，胎盘破裂过晚、子宫痉挛性收缩导致胎儿得不到充足的氧而发生窒息。母畜患有严重热性病、疲劳、贫血、心衰等疾病导致自身缺氧，从而引起胎儿缺氧，使之过早呼吸而吸入羊水而发生窒息。脐带由于缠绕或挤压导致血液循环障碍而导致窒息。对接产工作组织不当，胎儿产出后未撕破胎膜或寒夜无人照料使新生仔畜受冻过久而导致窒息。

任务二　肺炎

【任务简介】由于新生仔畜的呼吸系统在形态和功能上发育不全，神经反射尚未完全建立，因此易发生肺炎。多发生于40日龄以内的犊牛和1～4月龄的羔羊。

【任务要求】掌握肺炎的诊断技术及防治措施。

【工作任务】

一、诊断

根据病因及临床症状进行诊断，但要区别于其他呼吸道传染病。

患畜精神沉郁，食欲减退；呼吸急促，可达60～80次/min，咳嗽，眼结膜充血、潮红或发绀；体温升高可达40～41℃，脉搏增数，可达170次/min以上。听诊胸部，支气管呼吸音明显，有湿啰音或干啰音；病程延长时，从两鼻孔流出浆液性或黏液性鼻液；后期呼吸困难，张口伸舌呼吸，不及时治疗，往往死亡。

二、治疗

原则为清除病畜呼吸道异物、促进肺组织渗出物吸收及排出、抗菌消炎以及对症治疗。

将患病仔畜放在宽大而通风良好的圈舍，铺足垫草，保持温暖。

1. 清除呼吸道异物　因吸入羊水等异物引起的肺炎，应迅速将犊牛倒置，并立即应用抗菌药物。

2. 促进肺组织渗出物吸收及排出　10%葡萄糖酸钙注射液500ml、25%甘露醇注射液250ml，一次静脉注射；速尿200～300mg，皮下注射（此为犊牛量，羔羊量减少到1/3～1/5）。

3. 抗菌消炎

（1）犊牛　10%葡萄糖注射液500ml、生理盐水500ml、青霉素钠800万IU、链霉素200万IU、10%维生素C注射液10ml、10%安钠咖注射液5ml、地塞米松注射液5ml，一次静脉注射，1次/d，连用2～3d。同时用20%磺胺嘧啶钠注射液10ml，一次肌肉注射，2次/d，连用2～3d。

（2）羔羊　青霉素20万IU、0.25%盐酸普鲁卡因3ml，一次气管内注射，2次/d，连用3～4d。

4. 对症治疗　调节胃肠功能可用鱼石脂乳酸液（乳酸2g、鱼石脂20g、水100ml），犊牛 10ml/次，羔羊 3ml/次，2 次/d；心脏衰弱时可用安钠咖或樟脑磺酸钠肌肉注射、咳嗽剧烈时，可用安茶碱或氯化铵祛痰镇咳药；严重缺氧时可用 3% 双氧水静脉注射。

5. 中医疗法　可用麻杏石甘汤合银翘散加减：麻黄 4g、杏仁 4g、生石膏 20g、甘草 4g、金银花 10g、连翘 8g、桔梗 4g、生地 5g、玄参 5g、黄芩 5g、麦冬 5g、天花粉 5g、知母 5g、板蓝根 5g。共末，水煎候温一次灌服（犊牛剂量）。

三、预防

给予妊娠母畜充足的营养，特别是蛋白质、维生素和矿物质，保证仔畜的发育。保持圈舍清洁、卫生、适当通风，减少饲养密度。给予仔畜足够的初乳，喂奶或灌药时注意不要呛肺。

【知识拓展】

病因　妊娠母畜冬季营养不足，初乳不足、过早断奶、运动不足或维生素缺乏等因素使仔畜抵抗力差，易得病；母畜分娩时羊水破裂较早或接生护理不当，仔畜出生前破水过早，使羊水进入呼吸道，引起吸入性肺炎；圈舍通风不良、过于拥挤、空气污浊、相对湿度高且环境温度低、相对温度低且环境温度高、昼夜温差变化大，贼风侵袭等因素也是诱发因素；也可继发于感冒、链球菌病、犊牛副伤寒、下痢、结核病、巴氏杆菌病等。

任务三　犊牛腹泻

【任务简介】犊牛腹泻是指哺乳期的犊牛由于肠功能障碍导致粪便稀薄呈水样排出，从而使机体脱水和自体中毒现象的一种消化道疾病。该病一年四季均可发生，以 1 月龄犊牛发病率和死亡率最高。

【任务要求】掌握犊牛腹泻的发病特点、诊断技术及防治措施。

【工作任务】

一、诊断

根据病因和临床症状即可确诊。

1. 饲养管理及应激性腹泻　患犊精神沉郁，鼻镜处有干裂的结痂，排粪减少，仅有较软的黄色粪便，粪便表面附有黏液；犊牛走路摇摆，腹围增大，体温升高，听诊心跳加快，肠音高朗。

2. 哺乳不卫生引起的腹泻　患犊精神、食欲无变化，饮食后胀肚，会阴及尾部被粪便污染，有异嗜癖。

3. 微生物及寄生虫引起的腹泻　常呈现水泻，粪便稀薄恶臭，被毛粗乱，严重脱水，眼窝下陷，呈自体中毒。

二、治疗

原则是清理肠道、促进消化、抗菌消炎、排出肠道内毒素，防止脱水和自体酸中毒。

1. 补液　当患犊有食欲，脱水量在 10% 以内时，先禁食 24h，用 5% 葡萄糖生理盐水

1 500ml、5%碳酸氢钠500ml，一次灌服1次/d，连用3d；当患犊无食欲，脱水量在10%以上时，用5%葡萄糖生理盐水1 000ml、复方氯化钠500ml，一次静脉注射，1次/d，连用3d。

2. 对症治疗 一般性消化不良，用乳酸片10片、磺胺胍10片、酵母片5片一次灌服；下痢脱水，用5%葡萄糖500ml、磺胺嘧啶10g、20%安乃近注射液20ml、地塞米松磷酸钠注射液10mg，一次静脉注射；中毒性消化不良，用5%糖盐水500ml、5%碳酸氢钠注射液100ml、维生素C注射液10ml、10%安钠咖4ml，一次静脉注射；伴有下痢带血者，用磺胺胍4g、碳酸氢钠4g、次硝酸铋0.5g、水500m，一次灌服，同时肌肉注射维生素K_3。

3. 中医疗法

（1）对于消化不良，脾虚泻泄病例可用参苓白术散。

党参10g、白术10g、陈皮5g、枳壳5g、苍术5g、防风5g、地榆5g、白头翁5g、五味子5g、荆芥10g、木香5g、苏叶10g、干姜3g、甘草10g，加水500ml，煎30分钟，候温一次灌服，每日1次，连用5d。

（2）对于体温升高，便血等急性腹泻者可用白头翁汤加味。

白头翁20g，黄连、黄柏、秦皮各15g，焦地榆10g、焦荆芥10g、焦蒲黄10g、苦参6g，大黄10g，金银花10g、连翘10g，水煎候温灌服。

【知识拓展】

病因

1. 饲养管理不良 母牛妊娠期营养缺乏，分娩后初乳不足导致犊牛营养不良；矿物质及微量元素缺乏；犊牛哺乳不卫生；圈舍阴暗潮湿、环境不良。

2. 应激反应 长途运输、环境变化、惊吓；环境突然温度变化导致冷、热刺激。

3. 病原微生物或寄生虫侵袭 冠状病毒、轮状病毒；大肠杆菌、沙门氏菌；球虫、绦虫等。

任务四 便秘

【任务简介】新生仔畜便秘，是仔畜出生后一天内不能排出粪便（胎粪）或哺乳后形成的粪便不易排出，粪便滞留于直肠或结肠内而导致的疾病。

【任务要求】掌握便秘的诊断技术及防治措施。

【工作任务】

一、诊断

根据临床症状即可确诊。

1. 仔畜出生后1d内不见排出胎粪，精神沉郁，腹痛不安，躬背，摇尾，不断努责。
2. 食欲减退或废绝，全身无力，卧地不起，听诊心跳加快，肠音消失。
3. 指检直肠和结肠粪便硬固，不易排出。

二、治疗

1. 妊娠后期加强对母畜的饲养管理　喂给富含蛋白质、维生素和矿物质的饲料，适当运动。

2. 及时让仔畜吃足初乳　促进胎粪排出。

3. 温水灌肠　将胃管插入直肠内，边灌水边向前推进，让粪便随水排出。

4. 内服泻剂　用石蜡油 100～200ml，硫酸钠 30～50g。

【知识拓展】

病因

1. 新生仔畜没有及时地吃到初乳，致使肠管弛缓，粪便不易排出。
2. 母畜瘦弱，初乳品质不良，初乳中缺乏镁盐和钠盐。
3. 在羔羊肠套叠可发生便秘。

任务五　脐炎

【任务简介】脐炎是指脐带断端及周围组织感染尤其是脐血管及周围的炎症。在临床上，以脐周围湿润、肿胀，流出黏液性或黏液脓性分泌物为特征。

【任务要求】掌握脐炎的诊断技术及防治措施。

【工作任务】

一、诊断

根据临床症状可以作出诊断。

病初不易被注意，仅见病畜食欲减退，下痢，消化不良，随后出现不愿运动，拱腰等症状。脐部潮红，触摸疼痛，肿胀，肿大的脐管触摸时呈硬索状，用手捏挤可流出血水、脓汁或带有臭味的液体。有时脐部也会出现脓肿或蜂窝织炎等病变。当病情进一步恶化，炎症沿脐血管、脐尿管向上蔓延，可引起肝脓肿、膀胱炎、腹膜炎及败血症，患畜体温升高、呼吸加快，心跳增加等症状。

二、治疗

1. 局部处理　对脐部用 0.1% 高锰酸钾溶液或 0.2% 雷佛奴尔溶液认真清洗，然后涂抹 5% 碘酊，2 次/d。还可以在脐孔周围分点注射盐酸普鲁卡因青霉素溶液（注射用青霉素钾 80 万单位与 1% 盐酸普鲁卡因溶液混合）进行封闭治疗。脐部形成脓肿的病例，应手术切开排出脓汁，用消毒液认真冲洗，然后涂抹碘制剂等。

2. 全身治疗　全身治疗采取抗菌、补液、解毒及对症治疗等治疗原则。可以全身应用抗生素，静脉注射葡萄糖生理盐水，还可以选用安钠咖及解热镇痛药等进行治疗。

【知识拓展】

病因　新生仔畜脐带残段一般在出生后 3～7d 后脱落，在此期内，脐带断端不仅使细菌入侵的门户，也是细菌发育的良好环境。接产时，脐带断端消毒不严，不注意仔畜的卫生和护理，脐带被尿液、污水浸渍感染或因仔畜相互舔吮脐带发生本病。

复习思考题

1. 新生仔畜窒息的病因是什么？
2. 如何治疗新生犊牛腹泻？
3. 新生犊牛肺炎的主要临床症状是什么？

（本模块编者：王强）

项目五

外科病

模块一　损伤

损伤是由各种外界因素作用于机体，引起机体组织器官的形态学改变或生理上的紊乱，并伴有不同程度的局部或全身反应。

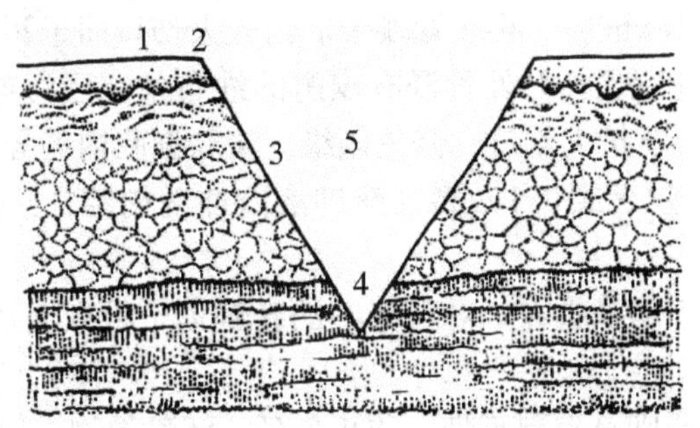

图21　创伤各部分名称（奶牛疾病学，王春璈，2002）
1. 创围　2. 创缘　3. 创面　4. 创底　5. 创腔

任务一　创伤

【任务简介】创伤是皮肤、黏膜、皮下组织和器官受到尖锐物体或钝性物体的强烈作用，而造成的开放性损伤。创伤一般由创围、创缘、创口、创面、创腔、创底构成（见图21）。临床上分新鲜创和化脓性感染创。

【任务要求】掌握创伤的构成、诊断技术及治疗措施。

【工作任务】

一、诊断

根据临床症状，可建立诊断。

一般症状为出血、创口裂开、疼痛和功能障碍。根据伤后经历时间，可分为新鲜创和感染化脓创。

1. 新鲜创　主要表现为伤处出血、血色鲜红，疼痛明显，创口裂开，组织未见明显坏死。因动物咬伤者可见齿痕，咬部多呈管状或撕裂状，可见组织缺损。

2. 感染化脓创　初期伤处疼痛，局部温热、创缘、创面肿胀，创口流脓汁或形成脓性结痂，有时可形成脓肿或继发蜂窝织炎。后期，创内出现新生肉芽组织，而变得比较坚实。

二、治疗

原则是局部结合全身抗菌治疗，防止感染，促进创伤愈合。

1. 新鲜创的治疗 主要是止血、清创、消炎，缝合包扎。

（1）止血 可根据出现特点，采取压迫、钳夹、结扎，亦可用药物止血，如肌肉注射安络血或或静脉注射维生素 K 或氯化钙。

（2）清创 用灭菌纱布盖住创面，由外向内顺序剪毛，用温肥皂水清洗创围，然后用碘酊消毒创围，消毒创围后，再用镊子除掉创腔内的异物及坏死组织，用 0.1% 高锰酸钾或 0.1% 新洁尔灭溶液反复冲洗创腔。再用灭菌纱布吸去冲洗液。

（3）防止感染 清创后可采取下列措施：当较小伤口时，创面撒布磺胺粉，或抗生素粉如青霉素、链霉素、氟哌酸粉，再装置绷带。当较大伤口而未污染者，可在涂布抗生素后施行结节缝合，然后进行包扎，外置浸有碘酊的纱布条；已污染的，在消毒后，局麻，行扩创术，切除挫灭组织，扩大创口，修整创缘，清除创腔内的异物及凝血块，然后开放治疗，定期用 0.1% 新洁尔灭或 0.1% 高锰酸钾溶液冲洗创腔，并作适当引流，至肉芽生长为止。

（4）缝合包扎 对于创缘整齐、对合完好的新鲜创，可在上述处理后进行缝合包扎，以防感染。

2. 化脓创的治疗 原则是控制感染，防止蔓延，清除异物，促进肉芽生长。

首先清洁创围，并用 0.1% 盐水、2% 碳酸氢钠、0.1% 新洁尔灭等冲洗创腔。然后扩大创口，消除异物，排除脓汁，保持患部清洁。用涂布 10% 磺胺乳剂或松碘油膏的纱布条引流。局部及全身抗菌消炎，结合强心、解毒。

3. 肉芽创的治疗 清洁创围、创面，除去脓汁，1 次/2～4d。用松碘油膏或 1% 磺胺乳剂等填塞、引流或灌注。当肉芽成熟时，用氧化锌软膏（氧化锌 10g、凡士林 90g），或氧化锌水杨酸软膏，可促进上皮新生。上皮形成后，定期涂布龙胆紫以防止肉芽过度增生，促使创面结痂。

【知识拓展】

病因 主要是强烈的机械外力，如铁钉、铁丝刺伤，粗糙墙壁及地面的擦伤，铁锹、竹片的切割，也有少数是其他动物造成，如犬的咬伤、牛角顶伤、踩伤等。

任务二 挫伤

【任务简介】挫伤指钝性物体强烈作用于畜体而引起的组织非开放性损伤。

【任务要求】掌握挫伤的诊断技术及治疗措施。

【工作任务】

一、诊断

挫伤部位主要表现为溢血，肿胀，疼痛，以及功能障碍。

1. 溢血 因受伤程度及部位不同而出现皮下充血或溢血，皮肤黏膜处可出现血斑、血肿，肤色较浅处则可见暗红瘀血斑，指压不褪色。

2. 肿胀　伤后不久即可发生，触之坚实，略有升温，淋巴外渗、血肿则有波动感，穿刺物为血液或淋巴液，若感染则可带脓汁，伴有体温上升现象。

3. 疼痛　因渗出物和肿胀压迫的刺激，局部有疼痛表现，触诊敏感。

4. 功能障碍　因受伤部位不同，而表现出相应的功能障碍，有时伴有全身性反应。

二、治疗

原则是防止休克、酸中毒，预防感染，消肿止痛。

1. 轻度挫伤　局部剪毛、消毒。初期，热痛较明显时可行冷敷或冷冻疗法。2～3d 后可行温敷，结合局部按摩以促进消除肿胀。出血较少，可局部涂布龙胆紫溶液或2%碘酊。渗出物较多，可涂布青霉素或环丙沙星粉剂，以消炎和保持创面干燥。

2. 血肿较大时　初期进行冷疗，3～4d 后，无菌穿刺放血后，再注入适量0.02%呋喃西林或0.25%普鲁卡因青霉素溶液，安装压迫绷带。亦可切开血肿除去血凝块。若已发生感染，可按感染创进行开放疗法。

3. 严重挫伤　可适量输血、补液。可静注5%碳酸氢钠溶液300～500ml，以防酸中毒。疼痛剧烈时，可肌注安乃近10～30ml或复方氨基比林20～50ml。

在治疗过程中，应防止继发感染，可依病情采取局部和全身运用抗生素类药物水乌钙疗法，如有外伤应注射破伤风抗毒素以防破伤风的发生。若局部化脓，可按化脓创处理。

【知识拓展】

病因　多由钝性物体机械压迫所致，如打击、冲撞、摔跌、蹴踢、挤压等。也可见于轻度的牙咬、角顶、车轮碾压等。

任务三　血肿

【任务简介】血肿是由于各种外力作用，导致血管破裂，溢出的血液分离周围组织，形成充满血液的腔洞。根据损伤的血管不同，血肿分为动脉性血肿、静脉性血肿和混合性血肿。牛的血肿常发生于胸前和腹部。

【任务要求】掌握血肿的诊断技术及治疗措施。

【工作任务】

一、诊断

特点是肿胀迅速增大，肿胀呈明显的波动感或饱满有弹性。4～5d 后肿胀周围坚实，并有捻发音，中央部有波动，局部增温。穿刺时，可排出血液。有时可见局部淋巴结肿大和体温升高等全身症状。

血肿感染可形成脓肿，注意鉴别。

二、治疗

原则为制止溢血、防止感染和排除积血着手。可于患部涂碘酊，装压迫绷带。经4～

5d后，可穿刺或切开血肿，排除积血或凝血块和挫灭组织，如发现继续出血，可行结扎止血，清理创腔后，再行缝合创口或开放疗法。

【知识拓展】

病因　常见于软组织非开放性损伤，但挤压、棒打、骨折、刺创、火器创也可形成血肿。

任务四　淋巴外渗

【任务简介】淋巴外渗指在钝性外力作用下，由于淋巴管断裂，致使淋巴液聚积于组织内的一种非开放性损伤。

【任务要求】掌握淋巴外渗的发病特点、诊断技术及防治措施。

【工作任务】

一、诊断

肿胀出现缓慢，一般于伤后3～4d出现肿胀，并逐渐增大，有明显的界限和波动感，皮肤不紧张，炎症反应轻微。穿刺可放出橙黄色稍透明的液体，或其内混有少量的血液。时间较久的，析出纤维素块，囊壁增厚，有坚硬感。

二、治疗

使动物安静，有利于淋巴管断端的闭塞。

1. 较小淋巴外渗的治疗　于波动明显处用注射器抽出淋巴液，然后注入95%酒精或1%福尔马林酒精溶液，停留片刻后再将其抽出，打压迫绷带。

2. 较大淋巴外渗的治疗　可行切开术，排出淋巴液及纤维素，将浸有上述药液的纱布块填塞于腔内停留12～24h，取出后创伤按第Ⅱ期愈合进行处理。

长时间的冷敷可能会使皮肤发生坏死，应注意；而温热、刺激剂和按摩疗法，均会促进淋巴液流出和破坏已形成的淋巴栓塞，都不宜应用。

【知识拓展】

病因　由于钝性外力在动物体上强行滑擦，致使皮肤或筋膜与其下部组织发生分离，淋巴管发生断裂，淋巴液流入组织内而发病。淋巴外渗常发生于淋巴管较丰富的皮下结缔组织，而筋膜下、肌间发生较少。

（本模块编者：舒永芳，刘俊栋）

模块二　外科感染

任务一　脓肿

【任务简介】脓肿指在任何组织或器官内形成外有脓肿膜包裹，内有脓汁潴留的局限性肿胀。如果解剖腔（鼻窦、喉囊、胸膜腔及关节腔等）内有脓汁滞留时称为蓄脓。

【任务要求】掌握脓肿的诊断技术及治疗措施。

【工作任务】

一、诊断

浅在脓肿时，局部出现局限性热痛性肿胀，易于发现。深在脓肿如肝、脾、肾、肺的脓肿，诊断困难，可于肿胀最明显处穿刺抽出脓汁而确诊。脓肿诊断需要与外伤性血肿、淋巴外渗、挫伤和某些疝相区别。

1. 浅在脓肿　常发生在皮下，筋膜下及肌间组织内。病初出现急性炎症，患部肿胀，无明显界限，质地坚实，局部温度增高，皮肤潮红，剧痛。继则局部化脓，病灶中央软化有波动感，皮肤变薄，被毛脱落以致化脓，病灶皮肤破溃，排出脓汁，这时脓肿症状缓和。牛皮较厚，脓肿不易破溃。

2. 深在脓肿　多发生在深层肌肉、肌间、骨膜下，腹膜下及内脏器官。局部症状不太明显。患部皮下组织有轻微的炎性水肿，触诊留指压痕，疼痛，病灶中央无波动感。如不及时治疗，脓肿膜可发生坏死、破溃，脓汁溢出向深部蔓延扩散，呈现较明显的全身症状，严重时还可引起败血症。

二、治疗

原则为消除病因，消炎、止痛及促进炎性渗出物消散吸收，增强机体抵抗力。

1. 消炎、止痛及促进炎症渗出物消散吸收　早期制止渗出，冷敷；中后期促进吸收温敷或用刺激药。局部肿胀处于急性炎性细胞浸润阶段时，可局部涂擦樟脑软膏，或用冷疗法（如复方醋酸铅溶液冷敷，鱼石脂酒精、栀子酒精冷敷）；或在局部肿胀周围进行普鲁卡因青霉素封闭。炎性渗出停止后，可用温热疗法、短波透热疗法、超短波疗法以促进炎症产物的消散吸收。局部治疗的同时，可根据病畜的情况配合应用抗生素、磺胺类药物并采用对症疗法。

2. 促进脓肿成熟　在脓肿形成过程中，患部可用鱼石脂软膏、鱼石脂樟脑软膏、超短波疗法、温热疗法等以促进脓肿的成熟。待局部出现明显的波动时，应立即进行手术治疗。

3. 手术疗法 脓肿成熟以后应及时施行手术切开或穿刺抽出脓汁。然后用防腐消毒溶液冲洗脓肿腔，用纱布吸净脓肿腔内残留药液，向脓肿腔内注入抗生素溶液。切开脓肿时，应在波动最明显处切开。如果脓肿腔内压力较高时，应先穿刺，抽出脓汁，减压后再切开脓肿。切口要有一定长度，以利于排脓。切开时不要损伤至脓膜。为了彻底排脓，可另作辅助切口。对于脓肿膜完整的浅在性小脓肿，可行脓肿摘除法，此时需注意勿刺破脓肿膜，预防新鲜手术创被脓汁污染。

【知识拓展】

病因 多由感染引起，常继发于急性化脓性感染的后期。主要病原菌有葡萄球菌、链球菌、绿脓杆菌、大肠杆菌及腐败性菌，通过不完整的皮肤或黏膜进入机体，并在局部生长、繁殖，最后形成脓肿。还可能由于血液或淋巴液将原发性病灶的病原微生物转移到其他组织器官内而形成转移性脓肿。当给动物注射氯化钙、高渗盐水、新肿凡纳明及松节油等刺激性强的药物时，因操作不当而误注或漏入组织可引起无菌性脓肿。

任务二　蜂窝织炎

【任务简介】蜂窝织炎指发生于疏松结缔组织的急性弥漫性化脓性炎症，多伴有明显的全身症状。本病多发生于皮下、筋膜下及肌肉间的疏松结缔组织内，病变扩散迅速，与正常组织无明显界限。

【任务要求】掌握蜂窝织炎的诊断技术及治疗措施。

【工作任务】

一、诊断

可根据临床症状进行诊断。

本病发展迅速，迅速呈现局部和全身症状。

1. 局部症状 短时间内局部呈现大面积肿胀。浅在的病灶起初按压时有压痕，化脓后，肿胀部位有波动感，常发生多处皮肤破溃，排出脓汁，这时症状减轻。深在的病灶呈坚实的肿胀，界线不清，局部增温，剧痛，化脓形成脓汁后，导致患部内压增高，使患部皮肤、筋膜及肌肉高度紧张，但皮肤不易破溃。

2. 全身症状 患畜精神沉郁，食欲下降或废绝，体温升高到40℃以上，呼吸、脉搏增数。循环、呼吸及消化系统都有明显的症状。深部的蜂窝织炎病情严重，可继发败血症而死亡。

二、治疗

原则为局部与全身治疗相结合。目的在于减少炎性渗出、抑制感染扩散、减轻组织内压、改善全身状况、增强机体抗病能力，以防败血症的发生。早期较浅表的蜂窝织炎以局部治疗为主，而部位深、发展迅速、全身症状明显者应尽早全身应用抗生素和磺胺药物。

1. 局部治疗 在于控制炎症发展，促进炎症产物消散吸收。发病2d内，10%鱼石脂酒精、90%酒精、复方醋酸铅冷敷，青霉素普鲁卡因溶液病灶周围进行封闭。发病3~4d以后，用温热疗法，将上述药液改为温敷；或用中药大黄栀子粉（1∶1）、醋酒（1∶1）调敷具有良效。

2. 手术切开　经局部治疗，症状仍不减轻时，特别是形成化脓性坏死时，为了排出炎性渗出物，减轻组织内压，应尽早地切开患部。先行适当麻醉，切口要有足够的长度及深度，可作几个平行切口或反对口。再用3%过氧化氢溶液、0.1%新洁尔灭溶液或0.1%高锰酸钾溶液冲洗创腔，并用纱布吸净创腔药液。最后用中性盐高渗溶液（如50%硫酸镁溶液）纱布条引流，并按时更换引流条。当局部肿胀明显消退，体温恢复正常时，局部创口可按化脓创处理。

3. 全身疗法　原则为尽早应用大剂量抗生素或磺胺类药物治疗，以提高机体抵抗力，预防败血症。可静注5%碳酸氢钠注射液，或40%乌洛托品注射液、葡萄糖注射液或樟酒糖注射液（精制樟脑4g、精制酒精200ml、葡萄糖60g、0.8%氯化钠液700ml，混合灭菌），牛每次用250~300ml。同时，对病畜应加强饲养管理，并供给富含蛋白质和维生素的饲料。

【知识拓展】

病因　主要是溶血性链球菌通过微小伤口感染而引起，其次是金黄色葡萄球菌，有时大肠杆菌、腐败菌也可引起。也可因邻近组织的化脓性感染扩散或通过血液循环和淋巴道的转移形成。偶见于继发某些传染病或刺激性强的化学制剂误注或漏入皮下疏松结缔组织内而引起。

任务三　全身化脓性感染

【任务简介】又称败血症，是外科感染中的一种，指致病菌（主要是化脓菌）侵入血液循环，持续存在，迅速繁殖，产生大量毒素及组织分解产物而引起的严重的全身性感染。

【任务要求】掌握全身化脓性感染的诊断技术及治疗措施。

【工作任务】

一、诊断

首先了解动物是否有原发感染性病灶，再结合上述临床症状，即可作出诊断。但临床表现不典型或原发病灶隐蔽时，诊断可发生困难或延误诊断。因此，对一些临床表现如畏寒、发热、贫血、脉搏细速、皮肤黏膜有淤血点、精神改变等，不能用原发病来解释时，即应提高警惕，密切观察和进一步检查，以免漏诊败血症。确诊可通过血液细菌培养。但有抗菌药物治疗史的病畜，往往影响培养结果。也可进行血液电解质、血气分析、血尿常规检查以及反应重要器官功能的监测。

患畜主要表现出全身中毒症状。病畜体温明显增高，一般呈稽留热，恶寒战栗，四肢发凉，脉搏细数，动物常躺卧，起立困难，运步时步态蹒跚，有时能见到中毒性腹泻。随病程发展，可出现感染性休克或神经系统症状，病畜可见食欲废绝，结膜黄染，呼吸困难，病畜烦躁不安或嗜睡，尿量减少并含有蛋白或无尿，皮肤黏膜有时有出血点，血液学指标有明显的异常变化，死前体温突然下降。最终因衰竭而死亡。

二、治疗

原则为尽早采取综合性治疗。

1. 去除原发局部病灶 彻底清除所有的坏死组织，切开创囊、流注性脓肿和脓窦，摘除异物，排除脓汁，畅通引流，用刺激性较小的防腐消毒剂彻底冲洗败血病灶。然后局部按化脓性感染创进行处理。创围用混有青霉素的盐酸普鲁卡因溶液封闭。

2. 全身疗法 在处理局部的同时，根据病畜的具体情况可以大剂量地使用庆大霉素、青霉素、链霉素或四环素等进行全身治疗。使用磺胺增效剂可取得良好的治疗效果，常用的是三甲氧苄氨嘧啶。也可选用恩诺沙星。积极补液或输血，合理应用碳酸氢钠、维生素和葡萄糖等。

3. 对症疗法 当心脏衰弱时可应用强心剂，肾功能紊乱时可应用乌洛托品，败血性腹泻时静脉注射氯化钙。

【知识拓展】

病因

1. 局部感染治疗不及时或处理不当 如脓肿引流不及时或引流不畅、清创不彻底等；

2. 致病菌繁殖快、毒力大，病畜抵抗力降低 金黄色葡萄球菌、溶血性链球菌、大肠杆菌、绿脓杆菌和厌氧性病原菌等均可引起败血症。有时呈单一感染，有时混合感染。其中革兰氏阴性杆菌引起败血症更为常见。如果败血病灶成为细菌毒素大量生长繁殖和制造的场所，即使机体有较强的抵抗力，也往往容易发生败血症。在使用广谱抗生素治疗全身化脓性感染的过程中，也有继发真菌性败血症的危险。

3. 免疫功能低下的病畜，可并发内源性感染 尤其是肠源性感染，肠道细菌及内毒素进入血液循环，导致本病发生。

（本模块编者：舒永芳，刘俊栋）

模块三　眼病

任务一　角膜炎

【任务简介】角膜炎是角膜上皮的炎症。临床上可分为外伤性、表层性、深层性及化脓性角膜炎数种。如转为慢性，则易形成角膜翳。

【任务要求】掌握角膜炎的诊断技术及治疗措施。

【工作任务】

一、诊断

根据临床症状，可建立诊断。

急性期主要表现为羞明、流泪、怕风、结膜潮红以及肿胀等一般症状。根据损伤程度和性质，临床上分为以下三类：

1. 浅在性角膜炎　即角膜表层损伤，可见角膜表层上皮脱落及伤痕，角膜表面粗糙干燥，无光泽，重则呈灰白色浑浊外观，角膜周围常发生血管增生，外观呈树枝状。

2. 深在性角膜炎　外观角膜表面不粗糙，仍有镜状光泽，但角膜深部出现混浊，可呈点状、小棒状及云雾状，颜色可有灰白色、乳白色、淡蓝色等，角膜周围及边缘血管充血，出现明显新生血管增生，有时与虹膜发生粘连。

3. 化脓性角膜炎　初期角膜周围充血，羞明、流泪，疼痛剧烈，时间延长形成脓肿，角膜上呈现多少不等的粟粒状或豌豆大小的黄色浑浊病灶，在病灶周围生长有灰白色的晕圈，可发生破溃，流出脓液变为溃疡。如脓灶破溃后脓汁流入眼球深部，则形成眼前房蓄脓症。

如治疗不及时，多在角膜上面出现白斑或色素斑，有的呈烟雾状，外观浑浊，称为角膜翳，可出现不同程度的视力障碍，严重者可导致失明。

二、治疗

原则是消除炎症，促进炎性渗出物消散吸收。

1. 消除炎症　可用2%~3%硼酸或0.1%雷佛奴尔溶液冲洗后，再用醋酸可的松或抗生素眼药膏点眼，2~4次/d。化脓性角膜炎，可用生理盐水或者2%硼酸水冲洗后涂布金霉素眼膏。

2. 促进浑浊消散　可眼部热敷，或将甘汞与蔗糖等量的混合粉剂吹入眼内。也可于眼睑皮下注射庆大霉素16万IU、地塞米松5mg、2%盐酸普鲁卡因混合液或自家血液2~

3ml，1 次/3～4d。或于球结膜下注射氢化可的松与 1% 盐酸普卡因等量的混合液 0.5～1ml。继发虹膜炎时，可用 0.05%～0.1% 硫酸阿托品点眼。

急性角膜炎，可施行球后封闭疗法，进行消炎镇痛，用 0.5%～1% 盐酸普鲁卡因 10～15ml，加青霉素 20 万～40 万 IU，在眼窝后缘向面嵴作垂直线，其交点即注射部位。注射用长 10cm 左右的针头，垂直刺入眼球后深部约 7～8cm，缓慢注入药液，每周 2 次。

三、预防

减少不良刺激，及时治疗原发病。

【知识拓展】

病因 原发性角膜炎多由于刺激性化学物质或尖锐异物如碎玻璃、碎铁片、沙石误入眼内引起。另外本病也可继发于细菌感染、维生素 A 缺乏症以及邻近组织炎症的蔓延。牛恶性卡他热等传染病也可继发引起。

任务二 结膜炎

【任务简介】结膜炎是指眼睑结膜和眼球结膜受外界刺激和感染而引起的炎症，是最常见的一种眼病。有卡他性、化脓性、滤泡性、伪膜性及水泡性结膜炎等类型。

【任务要求】掌握结膜炎的发病特点、诊断技术及防治措施。

【工作任务】

一、诊断

根据临床症状，可建立诊断。

共同症状是羞明、流泪、结膜充血、结膜浮肿、眼睑痉挛、渗出物及白细胞浸润。

1. 卡他性结膜炎 是临床上最常见的病型，结膜潮红、肿胀、充血、流浆液、黏液或黏脓性分泌物。卡他性结膜炎可分为急性和慢性两型。

急性型。轻者结膜及穹窿部稍肿胀，呈鲜红色，分泌物较少，初似水，继则变为黏液性。重度时，眼睑肿胀、带热痛、羞明、充血明显，甚至见出血斑。炎症可波及球结膜，有时角膜面也见轻微的浑浊。若炎症侵及结膜下时，则结膜高度肿胀，疼痛剧烈。水牛的急性卡他性结膜炎可波及球结膜，此时结膜潮红、水肿明显，表面凹凸不平，并突出外翻，甚至遮住整个眼球。

慢性型。常由急性转来，症状往往不明显，羞明很轻或见不到。充血轻微，结膜呈暗赤色、黄红色或黄色。经久病例，结膜变厚呈丝绒状，有少量分泌物。

2. 化脓性结膜炎 因感染化脓菌或在某种传染病经过中发生，也可以是卡他性结膜炎的并发症。一般症状较重，常由眼内流出多量纯脓性分泌物，上、下眼睑常被黏在一起。化脓性结膜炎常波及角膜而形成溃疡，且常带有传染性。

二、治疗

原则是除去病因，消炎止痛，清洗患眼，减少分泌。

1. 除去病因　设法将病因除去，若是症候性结膜炎，则应以治疗原发病为主。

2. 遮断光线　将患畜放在暗厩内或装眼绷带。分泌物量多时，不宜装眼绷带。

3. 清洗患眼　用3%硼酸溶液（加庆大霉素和地塞米松更好）。牛患结膜炎时，眼睑痉挛症状显著，眼睑内翻，易造成眼睫毛刺激角膜，可用麻醉剂点眼。当奶牛血镁低时，也经常见到短暂、明显的眼睑痉挛。

4. 对症疗法

（1）急性卡他性结膜炎　初期可应用冷敷，3次/d，每次20min，分泌物变为黏液时，则改为温敷，再用0.5%~1%硝酸银溶液点眼，1~2次/d，10min后用生理盐水冲洗。分泌物已减少或趋于吸收过程时，0.5%~2%硫酸锌溶液，2~3次/d。此外，还可用2%~5%蛋白银溶液、0.5%~1%明矾溶液或2%黄降汞眼膏。疼痛显著时，可用下述配方点眼：硫酸锌0.05%~0.1%、盐酸普鲁卡因0.05g、硼酸0.3g、0.1%肾上腺素2滴、蒸馏水10ml。也可用10%~30%板蓝根溶液点眼。

球结膜下注射青霉素和氢化可的松：0.5%盐酸普鲁卡因液2~3ml、青霉素5万~10万IU、氢化可的松2ml（10mg），作球结膜下注射，1次/1~2d。或0.5%盐酸普鲁卡因液2~4ml、氨苄青霉素10万IU、地塞米松5mg，眼睑皮下注射，上下眼睑皮下各注射0.5~1ml。用上述药物加入自家血2ml眼睑皮下注射，效果更好。并发角膜溃疡时，不可用皮质固醇类药物。

（2）慢性结膜炎　以刺激温敷为主。可用0.5%~1%硝酸银溶液点眼，或用硫酸铜棒涂擦眼结膜表面，然后立即用生理盐水冲洗，1次/d，再施行温敷。不要将硝酸银触及角膜，有假膜形成时忌用。对于比较顽固的结膜炎，可用组织疗法或自家血液疗法，具有一定的疗效。

（3）化脓性结膜炎　可用碘仿0.3g，研成细末，吹入眼内；或用甘汞0.3g、蔗糖0.5g，研匀，吹入眼内，1次/d。病毒性结膜炎时，可用5%乙酰磺胺钠眼膏涂布眼内。

三、预防

注意畜舍清洁卫生，避免眼部受外界刺激。发病后，最好将病畜放在光线较暗的畜舍中，并加强饲养管理及护理工作

【知识拓展】

病因　结膜对各种刺激敏感，常由于外来或内在的轻微刺激而引起炎症，主要由于各种不良刺激造成，如风沙、灰尘、芒刺、谷壳、草棒、花粉以及化学药品、烟雾、毒气等，进入结膜囊，以及日光强射、机械性损伤、压迫、摩擦等。另外流感、恶性卡他热、牛吸吮线虫病及其他高热性疾病也可继发本病。衣原体可引起绵羊滤泡性结膜炎。给放线菌病牛用碘化钾治疗时，由于碘中毒，常引发该病。

（本模块编者：赵永旺，刘俊栋）

模块四　疝

疝又称赫尔尼亚，是指腹腔内脏器官连同腹膜壁层脱至皮下或其他解剖腔内。疝由疝孔、疝囊、疝内容物等组成（疝模式见图22）。疝孔是疝内容物及腹膜脱出时经由的孔道，可能是解剖孔的异常扩大，也可能是腹壁肌肉缺损。疝囊通常由腹膜、腹壁筋膜和皮肤构成。疝内容物多为小肠和网膜，有时是盲肠。

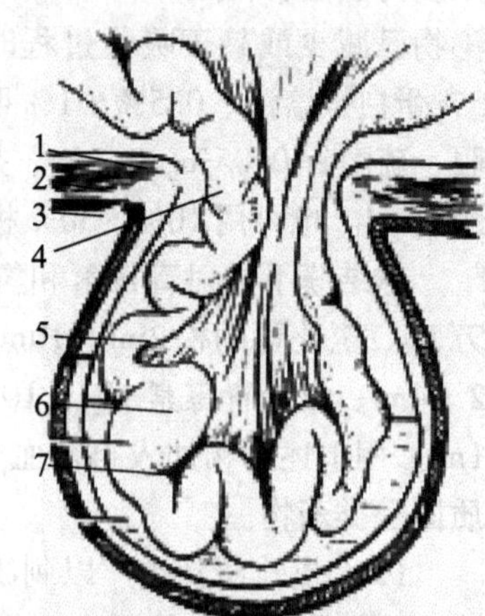

图22　疝的模式图

（家畜外科学，郭铁，1986）

1. 腹膜　2. 肌肉　3. 皮肤　4. 疝轮　5. 疝囊　6. 疝内容物　7. 疝液

先天性疝多见于犊牛，是解剖孔先天性过大引起的；后天性疝因外伤和腹压过大而发生，如分娩时的努责、外伤性的角斗等。当动物体位改变或人们用手推送疝内容物时，能通过疝孔还纳于腹腔的叫可复性疝；如因疝孔过小，疝内容物与疝囊粘连，或疝内容物嵌顿在疝孔内，使脏器遭受压迫，造成局部血液循环障碍甚至发生坏死，出现一系列临床症状时，则称为嵌闭性疝。按照疝的发生部位，最常见的疝有脐疝、腹股沟阴囊疝和外伤性腹壁疝。

任务一　脐疝

【任务简介】脐疝主要发生于犊牛，脐疝内容物是肠襻和网膜。

【任务要求】掌握脐疝的发病特点、诊断技术及治疗措施。

【工作任务】

一、诊断

根据临床症状，可建立诊断。注意与脐部脓肿和肿瘤等相区别，必要时可慎重地作诊断性穿刺。

病畜脐部出现局限性的、柔软无痛的半球形肿胀，大小不定，多为可复性的。犊牛脐疝一般由拳头大小可发展至小儿头大，甚至更大，此时往往摸不清疝轮。在患部听诊可听到肠蠕动音。局部缺乏红、痛、热等炎性反应。陈旧性的病例可发生粘连。当发生嵌闭性脐疝时，动物出现腹痛症状。

嵌闭性脐疝不多见，一旦发生就有显著的全身症状，表现为病畜极度不安，疝痛，食欲废绝，但牛、羊少见呕吐症状。患畜可很快发生腹膜炎，体温升高，脉搏加快，如不及时进行手术则常引起死亡。

二、治疗

1. 保守疗法　适用于疝轮较小，幼龄动物。可用疝带（皮带或复绷带）、强刺激剂（犊牛用重铬酸钾软膏）或用95%酒精（碘液或10%～15%氯化钠溶液代替酒精）等，在疝轮四周分点注射，每点3～5ml，以促使局部炎性增生而闭合疝口。

2. 手术疗法　此法比较可靠。术前禁食。常规无菌术。全身麻醉或局部浸润麻醉，仰卧保定或半仰卧保定（见图23）。在疝囊底部，皱襞切开疝囊皮肤，仔细切开疝囊壁。检查疝内容物有无粘连和变性、坏死。仔细剥离粘连的疝内容物，若有疝内容物坏死，需行切除术。若无粘连和坏死，可将疝内容物直接还纳腹腔内，然后缝合疝轮。若疝轮较小，可做荷包缝合，或纽孔缝合，缝合前将疝轮光滑面作轻微切割，形成新鲜创面。如果病程较长，一方面要修割疝轮，进行纽孔状缝合，另一方面在闭合疝轮后，需分离囊壁形成左右两个纤维组织瓣，将一侧纤维组织瓣缝在对侧疝轮外缘上，然后将另一侧的组织瓣缝合在对侧组织瓣的表面上。修整皮肤创缘，皮肤作结节缝合。

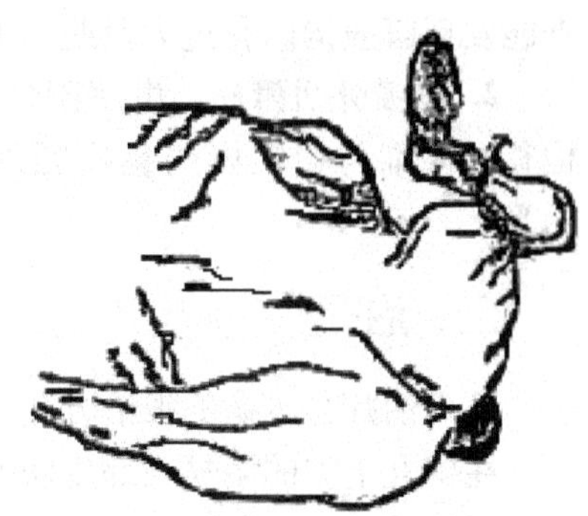

图23　脐疝手术：半仰卧保定
（奶牛疾病学，王春璈，2002）

术后不宜喂得过饱，限制剧烈活动，防止腹压增高。

三、预后

可复性脐疝预后良好，在幼畜经保守疗法常能痊愈，疝孔由瘢痕组织填充，疝囊腔闭塞而疝内容物自行还纳于腹腔内。箝闭性疝预后可疑，如能及时手术治疗，预后良好。

【知识拓展】

病因　主要因为脐孔发育不全、脐孔没有闭锁或腹壁发生缺陷。断脐不正确或脐带感染常使腹壁脐孔闭合不全。若动物出现强烈努责或用力跳跃等原因，使腹内压增加，肠管容易通过脐孔而进入皮下形成脐疝。犊牛的先天性脐疝多数在出生后数月逐渐消失，少数病例愈来愈大。

任务二　阴囊疝

【任务简介】腹腔脏器经过腹股沟管进入鞘膜腔时称为鞘膜内阴囊疝，又称假性阴囊疝；有时肠管经腹股沟内孔稍前方的腹壁破裂孔脱至阴囊皮下、总鞘膜外面时，称为鞘膜外阴囊疝，又称真性阴囊疝。

【任务要求】掌握阴囊疝的发病特点、诊断技术及防治措施。

【工作任务】

一、诊断

根据临床症状，可建立诊断。

1. 鞘膜内阴囊疝 患侧阴囊明显增大，触诊柔软且无热无痛。可复性的有时能自动还纳，阴囊大小不定。如若嵌闭，则阴囊皮肤水肿、发凉，并出现剧烈疝痛症状，直肠检查能发现腹股沟内孔过大及脱出的肠管。若不立即施行手术，病畜有死亡危险。

2. 鞘膜外阴囊疝 患侧阴囊呈炎性肿胀，开始为可复性的，以后常发生粘连。外部检查时很难与鞘膜内阴囊疝区别，只有在直肠检查时，才能发现腹壁破裂孔及脱出的肠管。

二、治疗

手术治疗是本病的根治方法，公牛阴囊疝的治疗方法决定于病情。

在睾丸上方的阴囊颈部皮肤处作切口，钝性分离皮肤与鞘膜，直至腹股沟外环。在尽量靠近外环处环绕鞘膜作结扎，在结扎线下方切除睾丸与总鞘膜，将精索末端推向内环，并用灭菌纱布压住，固定断端于内环处，皮肤作褥状缝合以便固定纱布，48h 内将缝线与纱布拆除。局部按开放创处理。此方法适用于病期较长、有广泛的粘连的病例，在整复内容物返回腹腔以前应将粘连剥离。

公牛阴囊疝也可以采用剖腹术。这种方法可保留睾丸，保持阴囊形状，并可延长优良品种公牛的配种用途，但其后代不宜作种用。即在阴囊疝的同侧作剖腹术，手臂经切口伸向腹股沟环，可触知疝内容物由腹腔经腹股沟环而至患侧阴囊，术者慢慢牵引疝内容物回腹腔，粗大的内容物往往不能立即提起，需要助手协助托起。若发生粘连，妨碍疝的整复，可用手指轻轻剥离。将内容物还纳腹腔后，缝合腹股沟内环。疝环可用大号弯针引缝线穿过，做成一个线圈，拉紧闭合内环。腹膜与腹肌切口用 2 号铬制肠线作连续缝合，皮肤结节缝合，14d 左右拆线。

任务三　外伤性腹壁疝

【任务简介】外伤性腹壁疝由于腹肌或腱膜受到钝性外力的作用而形成的。牛常发生左侧腹壁的瘤胃疝及右侧剑状软骨部的真胃疝，羊多见于肋弓后方的下腹壁。

【任务要求】掌握外伤性腹壁疝的诊断技术及治疗措施。

【工作任务】

一、诊断

可根据病史，视诊、触诊、听诊作出诊断。

主要症状是腹壁受伤后局部突然出现一个局限性扁平、柔软，形状、大小不同的肿胀，触诊时有疼痛，常为可复性，多数可摸到疝轮。伤后 2d，炎性症状逐渐发展，形成越来越大的扁平肿胀并逐渐向下、向前蔓延。病畜受伤后，由腹膜炎引起大量腹水，并形成腹下水肿，此时原发部位变得稍硬。在腹下的水肿常偏于病侧，一般仅达中线或稍过中线，其厚度可达10cm，发病2周内不易摸清疝轮。在腹壁疝病畜肿胀部位听诊时可听到皮下的肠蠕动音。

嵌闭性腹壁疝虽发病比例不高，但一旦发生将出现程度不一的腹痛。病畜的表现可由轻度不安、前肢刨地到时卧时起、急剧翻滚，有的甚至因未及时抢救继发肠坏死而死亡。

二、治疗

1. 保守疗法　适用于初发的外伤性腹壁疝。凡疝孔位置高于腹侧壁的1/2以上，疝孔小，有可复性，尚不存在粘连的病例，可用保守疗法。在疝孔位置安放特制的软垫，用压迫绷带在畜体上绷紧以固定、填塞疝孔。随着炎症及水肿的消退，疝轮即可自行修复愈合。经常检查压迫绷带，使其保持在正确的位置上，经过15d，如已愈合即可解除压迫绷带。

2. 手术疗法　最好在发病后立即手术，术前充分禁食。

（1）保定与麻醉　牛可站立保定或侧卧保定，作局部浸润或腰旁神经传导麻醉，同时配合静松灵等药物进行全身浅麻醉。

（2）术部定位　切口部位的选择决定于是否发生粘连。在病初尚未粘连的，可在疝轮附近作切口；如已粘连须在疝囊处作一皮肤菱形切口。钝性分离皮下组织，将内容物还纳入腹腔，缝合疝轮，闭合手术切口。

（3）疝修补手术

新患腹壁疝。当疝轮小，腹壁张力不大时，若腹膜已破裂首先缝合腹膜和腹肌，然后用丝线作内翻缝合法闭锁疝轮，皮肤结节缝合。当疝轮较大，腹壁张力大，需根据疝轮的大小作若干对双纽孔缝合（见图24）。所有缝线完全穿好后逐一收紧，助手使两边肌肉及皮肤靠拢，分别在皮肤外打结并垫上圆枕，皮肤结节缝合。

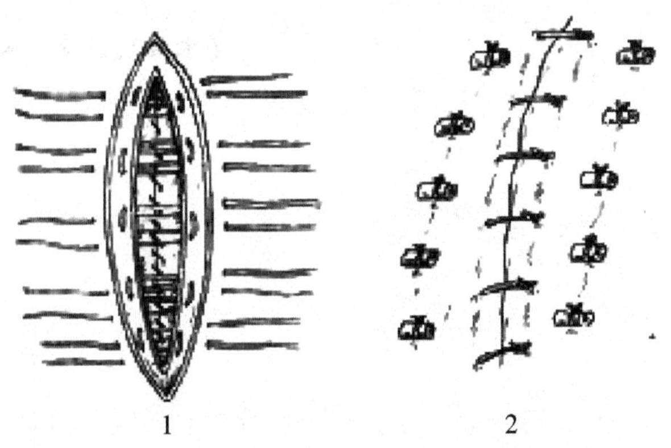

图24　双纽孔状缝合

（郭铁，家畜外科学，1986）

1. 双纽扣缝合疝轮　2. 结节缝合皮肤

陈旧性腹壁疝。切开皮肤后将疝囊的皮下纤维组织与皮肤囊进行分离。然后切开疝囊，还纳疝内容物。用外科刀将疝轮上瘢痕化的结缔组织切削成新鲜创面，如果疝轮过大还需用邻近的纤维组织或筋膜作成瓣以填补疝轮。将一侧的纤维组织瓣用纽孔缝合法缝合在对侧的疝轮组织上，根据疝轮的大小作若干个纽孔缝合；再将另一侧的组织瓣用纽孔缝合法覆盖在上面，最后用减张缝合法闭合皮肤切口。

已发生感染的腹壁疝病例，应在疝的修补术前控制感染，待机进行修补术。

（4）术后护理　术后应保持术部清洁、干燥，防止摔跌；防止过食，以免伤口哆开；如发现疝痛或不安，要及时采取必要的措施，甚至重新做手术。腹壁疝手术部位易伤及膝褶前的淋巴管，常在术后 1 ~ 3d 出现高度水肿，并逐渐向下蔓延，应与局部感染所引起的炎症相区别，并采取相应措施。

【知识拓展】

一、病因

主要由棍棒、牛角的顶击以及高处跳下等强大的钝性暴力所引起，其次是因腹内压过大，如母畜妊娠后期或分娩过程中难产强烈努责等引起。山羊常发生于抵角争斗之后。

二、鉴别诊断

受钝性暴力后突然出现柔软可缩性肿胀，视诊时疝囊体积时大时小，触诊能摸到疝轮，听诊能听到肠蠕动音（如为肠管脱出），有时甚至随着肠管的蠕动而忽高忽低。其炎性肿胀，一般在第 3 ~ 5d 达到最高潮，炎性肿胀常常妨碍触摸出疝的范围，更不易确定疝轮的方向与大小，因此诊断为腹壁疝时应慎重。有时还会误诊为淋巴外渗或腹壁脓肿。淋巴外渗发生较慢，病程长，既无疝痛症状，也无疝轮。靠近后方的肿胀可做直肠检查，从腹腔内探查腹壁有无损伤。凡存在疝轮的肯定是疝；体表炎性肿胀或穿刺出淋巴液，仅能证明腹肌受到损伤的同时淋巴管也发生断裂。此外，还应与蜂窝织炎、肿瘤与血肿等进行区别诊断。

（本模块编者：赵永旺，刘俊栋）

模块五　肢蹄疾病

任务一　关节扭伤

【任务简介】关节扭伤是指关节在突然受到间接的机械外力作用下，瞬间的过度伸展、屈曲或扭转而发生的关节损伤。在牛、羊常发生于系关节、肩关节和髋关节。

【任务要求】掌握关节扭伤的诊断技术及治疗措施。

【工作任务】

一、诊断

根据临床症状和触诊进行诊断。

关节扭伤常突然发生，患畜常表现疼痛、跛行、肿胀、温热和骨质增生等。

1. 疼痛　动物发病后一般立即有疼痛症状。表现为触诊敏感，特别是当触诊被损伤的关节侧韧带时，有明显压痛点，甚至拒绝检查。

2. 跛行　扭伤后立即出现跛行，上部关节扭伤时为悬跛，下部关节扭伤时为支跛。如骨折时则表现为重度跛行，呈三肢跳跃前进或拖拉前进。

3. 肿胀　病初因关节滑膜出血、渗出而表现为炎性肿胀。当该病慢性经过，形成骨赘时，表现硬固肿胀。如四肢上部关节扭伤，常因肌肉丰满而肿胀不明显。

4. 温热　一般伤后经过半天至一天时，患部温热和炎性肿胀、疼痛和跛行并存。在慢性过程关节周围纤维性增殖和骨性增殖阶段仅有肿胀、跛行而无温热。

5. 骨质增生　当转为慢性经过时，可继发骨化性骨膜炎。常在韧带、关节囊与骨的结合部时形成骨赘，并长期跛行。

二、治疗

原则为制止溢血和渗出，促进吸收，镇痛消炎，防止结缔组织增生，避免遗留关节功能障碍，恢复关节功能。

1. 制止溢血和渗出　急性炎症初期 1～2d 内，应冷敷、安装压迫绷带。可选用饱和硫酸镁盐水、10%～20% 硫酸镁溶液、2% 醋酸铅溶液等，亦可用冷醋泥贴敷（黄土用醋调成泥，加 20% 食盐）进行冷敷。症状严重时，静脉注射 10% 氯化钙溶液或肌肉注射维生素 K_3 等。

2. 促进吸收　当急性炎症缓和、渗出减轻后，及时改用温热疗法，如温敷、温脚浴等，2～3 次/d，每次 1～2h。可用鱼石脂酒精溶液、10%～20% 硫酸镁溶液、热酒精绷带等。亦可涂抹中药四三一合剂（大黄4份、雄黄3份、冰片1份，研成细末，蛋清调敷）、扭伤散（膏）、鱼石脂软膏或用热醋泥疗法等。

如关节内积血过多不能吸收时，可行关节腔穿刺排出，同时向腔内注入0.5%氢化可的松溶液，或1%~2%盐酸普鲁卡因溶液2~4ml、加入青霉素40万IU。而后进行温敷，配合压迫绷带；不穿刺排液，直接向关节腔内注入上述药液亦可。

3. 镇痛消炎 局部疗法同时配合封闭疗法，可用0.25%~0.5%盐酸普鲁卡因溶液30~40ml、加入青霉素80万~160万IU，在患肢上方穴位（前肢抢风、后肢巴山和汗沟等）注射；或肌肉或穴位注射安痛定或安乃近20~30ml。也可患部涂擦弱刺激剂，如10%樟脑酒精、碘酊樟脑酒精合剂（5%碘酊20g、10%樟脑酒精80ml），或注射醋酸氢化可的松。在用药的同时适当牵遛运动，加速促进炎性渗出物的吸收。

局部炎症转为慢性时，除继续使用上述疗法外，亦可涂擦刺激剂，如碘樟脑醚合剂（碘片20g、95%酒精100ml、乙醚60ml、精制樟脑20g、薄荷脑3ml、蓖麻油25ml）、松节油、四三一合剂等，用毛刷在患部涂擦5~10min，若能配合温敷，则效果良好。

4. 避免功能障碍、恢复功能 韧带、关节囊损伤严重或怀疑有软骨、骨损伤时，应根据情况包扎绷带。如肢势不良，蹄形不正时，在药物疗法的同时进行合理的削蹄或装蹄。

此外，应用自家血疗法、红外线或氦—氖激光照射、碘离子透入及特定电磁波疗法等均有良好效果。

【知识拓展】

一、病因

由于动物在不平道路上急转、急停、跌倒、失足蹬空、一肢嵌夹于洞穴而急速拔腿，或者跳跃障碍、不合理保定等而使关节的伸、屈或扭转超越其生理活动范围，引起关节周围韧带和关节囊的纤维剧伸，发生部分断裂而导致本病。

二、预后

除重症者外，绝大部分病例预后良好。但是该病常引起关节周围的结缔组织增生，关节的运动范围变窄，多数不能完全恢复功能。重症者，由于关节内外的病变，留下长期的关节痛，外伤性关节水肿、变形性骨关节病及关节僵直等后遗症。

任务二　脱臼

【任务简介】又称关节错位，是由于外力作用，使关节头脱离关节窝，失去正常接触而出现移位的现象。该病常突然发生，有的间歇发生，或继发于某些疾病。牛常发于球关节、肩关节和髋关节。

【任务要求】掌握脱臼的诊断技术及治疗措施。

【工作任务】

一、诊断

依据病史和现症可以确诊。

共同症状包括关节变形、异常固定、关节肿胀、肢势改变和功能障碍等。

1. 关节变形　脱臼关节骨端向外突出，局部呈异常隆起或凹陷。

2. 异常固定　由于关节头离开关节窝而卡住，有关韧带和肌肉高度紧张，使其在异常位置而失去正常活动性。被动运动时受限制，并出现抵抗，表现为他动运动后又恢复异常的固定状态，带有弹拨性。

3. 关节肿胀　脱臼关节常有肿胀、疼痛及增温表现。

4. 肢势改变　患肢可出现内收、外展、屈曲或伸展等姿势。另外，患肢可呈延长或缩短，全脱臼时患肢缩短，不全脱臼患肢延长。

5. 功能障碍　伤后立即出现。表现为患肢发生程度不同的运动障碍，甚至不能运动。

二、治疗

原则是整复、固定、恢复功能和避免外界强力刺激。

整复应在麻醉状态下实施，以减少阻力。可肌肉注射二甲苯胺噻唑或作传导麻醉，再灵活运用按、揣、揉、拉和抬等整复方法，使脱出的骨端复原，恢复关节的正常活动。整复后应安静 1 ~ 2 周，限制活动。整复膝盖骨上方脱臼时，可使病畜骤然急剧后退，在关节伸展时自然复位。或在臀部猛击一鞭，可在突然前进中复位。上法无效时，可用一条圆绳一端在颈处绕圈打结，另一游离端绳套在患肢系部，用力向前方牵引；同时术者以手掌用力向下推压移位的膝盖骨，于此同时使病畜作急剧后退运动（或后坐），使膝关节伸展向前挺出。牵、压、退三者配合使其复位。也可行患肢在上侧卧保定，行全身麻醉后，采用后肢前方转位的方法，用力向前牵引患肢，同时另一人用手推压膝盖骨，使其复位。然后按上述方法进行固定。如整复困难，可切断膝内直韧带，使膝盖骨回复原位，但役用牛应慎用。

整复后，下肢关节可用固定绷带包扎 3 ~ 4 周，上肢关节可涂擦强刺激剂或在关节周围分点注射 5% 盐水 5 ~ 10ml 或酒精 5ml 或自家血液 20ml，引起关节周围急性炎症肿胀，达到固定目的。

【知识拓展】

一、病因

主要由于突然强烈的间接外力作用于关节，使关节韧带和关节囊被破坏所致，直接外力有时也可导致脱臼。少数情况下由先天性因素引起，也可因关节存在解剖学缺陷，或者继发于结核病、产后虚弱、维生素缺乏等疾病。病理性脱位指因关节炎等疾病而引发扩延性脱位、破坏性关节脱位、变形性关节脱位和麻痹性脱位。

二、鉴别诊断

注意与关节骨端骨折鉴别。被动运动检查，关节脱臼时呈基本不动或活动不灵，并在被动运动后仍恢复异常固定状态，带有弹拨性。而骨折脱位时无此特征。关节端骨折的特征是患部剧痛，可有断骨端相互摩擦音，患肢失去运动功能，且不能站立负重。

任务三　黏液囊炎

【任务简介】黏液囊炎即黏液囊由于机械作用引起的浆液性、浆液纤维素性及化脓性炎症。临床上家畜四肢的皮下黏液囊炎较多见，腕前皮下黏液囊炎俗名“膝瘤”或“冠膝”，主要发生于牛。

【任务要求】掌握黏液囊炎的诊断技术及治疗措施。

【工作任务】

一、诊断

根据临床症状，结合穿刺检查，可建立诊断。

共同症状一般为：急性经过时，黏液囊紧张膨胀，容积增大，热痛，波动，有功能障碍。皮下黏液囊炎的肿胀轻微，界限不清，常无波动，功能障碍显著。慢性炎症时，患部呈无热无痛的局限性肿胀，功能障碍不明显。若为浆液性炎症时，黏液囊显著增大，波动明显，皮肤可移动；若为浆液纤维素性炎时，肿胀大小不等，在肿胀突出处有波动，有的部位坚实微有弹性；若纤维组织增多时，则囊腔变小，囊壁明显肥厚，触诊硬固坚实，皮肤肥厚，甚至形成胼胝或骨化。

图 25　牛两侧性腕前皮下黏液囊炎

（家畜外科学，郭铁，1986）

就牛的“膝瘤”而言，病牛腕关节前面发生局限性、带有波动性的隆起，逐渐增大，无痛无热，时日较久，患病皮肤被毛卷缩，皮下组织肥厚。腕前膨大可增至排球大小，脱毛的皮肤胼胝化，上皮角化，呈鳞片状。肿胀的内容物多为浆液性，混有纤维素小块，有时带有血色。如有化脓菌侵入，则形成化脓性黏液囊炎。若腕前皮下黏液囊由于炎症积液多而过度增大，运步时出现机械障碍（见图 25）。

二、治疗

原则是除去病因，抑制渗出，促进吸收，消除积液。

若肿胀过大，渗出不易消除时，可穿刺抽出后，注入10%碘酊或5%硫酸铜溶液或5%硝酸银溶液等进行腐蚀。若囊壁肥厚硬结时，可行手术摘除。化脓性黏液囊炎时，应早期切开，彻底排脓后，再按化脓创处理。

对于牛“膝瘤”，可实行姑息疗法。即穿刺放液后注入适量的复方碘溶液或可的松。局部装置压迫绷带。对特大的腕前皮下黏液囊炎，可实行手术切开或摘除。在肿大的前面正中略下方，作菱形切口。将黏液囊整体剥离。结节缝合手术创口。对过多的皮肤作数行平行的结节缝合。皮肤皱褶于一侧，装置压迫绷带。以后每五天拆除一行结节缝合（先从靠近肢体的一行开始)，最后拆除手术创口的结节缝合。同时肌肉注射青霉素及链霉素，或投以磺胺类药物。

【知识拓展】

一、病因

主要是因黏液囊长期受机械刺激所致，例如地面的压迫、摩擦、蹴踢、跌打、冲撞，以及挽具、饲槽、墙壁等的压迫与摩擦等。当牛厩舍不平、牛栏狭小时，牛起卧时腕关节前面不免反复遭受挫伤而更易发生“膝瘤”。此外，副伤寒、布氏杆菌病可并发或继发腕前皮下黏液囊炎。

二、预后

治疗及时则预后良好，很少有转为化脓性者。若为布氏杆菌病并发或继发，预后要慎重。

任务四　骨折

【任务简介】骨折指骨骼在外力强烈作用下，使其完整性被破坏。根据骨折部是否与外界相通，可分为开放性骨折和非开放性骨折。根据骨折的损伤程度可分为完全骨折、不全骨折和粉碎性骨折。

【任务要求】掌握骨折的诊断技术及治疗措施。

【工作任务】

一、诊断

全骨折依症状结合临床检查可确诊，不全骨折及蹄骨骨折可通过X-射线透视或拍片检查确诊。

特有症状为肢体变形、异常活动和骨摩擦音，其他症状有出血与肿胀、疼痛和功能障碍等，严重病例出现全身症状。

1. 肢体变形　患肢出现弯曲、短缩，延长、折断等异常姿势，全骨折及骨折部组织内大量溢血时最明显。不全骨折则无明显变形。

2. 异常活动　正常情况下，肢体完整而不活动的部位，在骨折后负重或作被动运动时，出现屈曲、旋转等异常活动。但肋骨、椎骨、蹄骨、干骺端等部位的骨折，异常活动不明显或缺乏。

3. 骨摩擦音　肢体发生全骨折时，两断端在运动时相互摩擦而发出噼啪音或沙沙音，以后随着时间的增加逐渐减弱或消失。

4. 出血与肿胀　骨折时骨膜、骨髓及周围软组织的血管破裂出血，经创口流出或在骨折部发生血肿，加之软组织水肿，造成局部肿胀。损伤血管管径大小、出血多少、时间长短以及软部组织及骨组织损伤程度等不同，局部肿胀的程度也不一致。不全骨折或极轻微的骨折，肿胀不明显或不出现肿胀，可用一个手指按压检查，当手指压迫在轻微骨折的上方时，病畜常有疼痛表现。

5. 疼痛 骨折后立即出现剧烈疼痛，以后逐渐减轻或消失。但在自动或他动运动以及触诊骨折部时，剧痛。

6. 功能障碍 多突然发生。四肢骨骨折，出现跛行，患肢屈伸困难，不敢负重，运步时其他三肢跳跃前进；肋骨骨折，出现呼吸困难，呈腹式呼吸；脊椎骨骨折则可发生截瘫或神经麻痹。

7. 全身症状 轻度骨折一般全身症状不明显。严重骨折伴有内出血、肢体肿胀或者内脏损伤时，可并发急性大失血和休克等综合症状。闭合性骨折于损伤 2～3d 后，因组织破坏后分解产物和血肿的吸收，可引起轻度体温上升。骨折部若继发细菌感染时，体温升高，局部疼痛加剧，食欲减退，继发前胃弛缓。

二、治疗

采取综合疗法，即局部整复、固定、病灶上方封闭、固定、内服药物、物理疗法、营养疗法以及增强病畜抵抗力等。另外要作好病期的饲养管理与护理工作。

整复时，患畜取侧卧保定，作全身浅麻醉或局部浸润麻醉，及早使骨折断端正确接触复位；整复后用石膏绷带或夹板绷带固定，绷带须接触地面，以减轻病肢负重。开放性骨折，则应进行外科处理后再装固定绷带，打绷带时应在骨折处留一孔，以便处理创伤。

消除肿胀，加速骨折部愈合，可外敷中药白芨膏，再打夹板绷带。另外，适当补充钙剂，配合内服中药接骨散，以促进骨新生。为了防止感染，可全身和局部运用抗生素：骨折部可用普鲁卡因青霉素进行封闭，全身可用青霉素、链霉素肌注，每日 2～3 次，连用 3～5d。后期要注意进行恢复性的功能锻炼，以利康复。

三、预防

平时要加强饲养管理工作，尤其注意维生素 D 及钙、磷的补充。须及时治疗骨质病，以避免继发本病。

【知识拓展】

病因 多由于外界的机械性暴力作用于骨骼，或肌肉的强烈收缩引起。如强烈碰撞、蹴踢、滑倒、压迫、坠落，急剧的停站或跳障碍的急降，负重物体的快速下压，失足踏入地穴等都可引起骨折。本病也可继发于骨软症、骨髓炎、骨癌等骨质疾病。

任务五 屈肌腱挛缩

【任务要求】 掌握屈肌腱挛缩的诊断技术及治疗措施。

【工作任务】

一、诊断

根据临床症状，可建立诊断。

1. 轻度先天性挛缩 以蹄尖负重，行走时容易猝跌，球节腹屈。重度挛缩病例球节基本不能伸展，球节背面接触地面行走（见图26）。

2. 后天性屈肌腱挛缩　初期以蹄尖负重，随着病势的发展，蹄踵逐渐增高，球节向前方突出。球节前面接触地面后，不久便引起创伤，损伤关节，往往并发化脓性关节炎。

图26　犊牛先天性屈肌腱挛缩
（家畜外科学，郭铁，1986）

二、治疗

1. 先天性幼畜屈肌腱挛缩　包扎石膏绷带或夹板绷带进行矫正。在打绷带时应将患肢的球节拉开至蹄负面完全着地，用石膏绷带固定。

2. 后天性挛缩　首先除去原因，可试用石膏绷带固定矫正，也可以装蹄铁。屈肌腱挛缩较重的幼畜，可行指深屈肌腱切断术。

【知识拓展】

病因

1. 先天性屈肌腱挛缩　由于屈肌腱先天过短，同时伸肌虚弱而发病。犊牛常发生于两前肢，后肢基本不发生。

2. 后天性屈肌腱挛缩　主要是幼畜在发育期间完全舍饲、运动不足、全身肌肉不发达、消化障碍、营养不良所引起。风湿性肌炎、佝偻病也能诱发此病。

任务六　蹄病

蹄变形

【任务简介】蹄变形是由于各种不良因素的作用，使患畜蹄角质异常生长，蹄外形发生改变而不同于正常奶牛的蹄形，又称变形蹄。

【任务要求】掌握蹄变形的诊断技术及防治措施。

【工作任务】

一、诊断

根据临床症状，可建立诊断。

1. 长蹄　即延蹄，指蹄的两侧支超过了正常蹄支的长度，蹄角质向前过度伸延，外观呈长形。

2. 宽蹄　指蹄的两侧支长度和宽度都超过了正常蹄支范围，外观大而宽，又称为“大脚板”。此类蹄角质部较薄，蹄踵部较低，在伫立和运步中，蹄的前缘负重不实，向上稍翻，返回不易。

3. 翻蜷蹄　多见于后蹄的外侧支。从正面看，翻蜷蹄支变的窄小，呈翻蜷状，蹄尖部细长而向上翻蜷；从蹄底面看，蹄磨灭不正，翻蜷侧的蹄支的蹄背部弯曲变成蹄底，靠蹄间沟处的角度增厚，蹄底负重不均，由于变形蹄形的影响，往往见后肢跗关节以下向外侧倾斜，肢势呈“X”状。严重者，两后肢向后方伸展，病牛拱背，运步呈托拽式，又称

"翻蹄、亮掌、拉拉胯"。

二、治疗

最实用是修蹄疗法。补钙、注射维生素 D 及抗生素等疗法，只能阻止病情恶化，不能使蹄形恢复正常。

三、预防

该病预防是关键。

1. 合理饲喂，满足奶牛营养需要 日粮供应要根据奶牛生理状况合理搭配。泌乳高峰牛，尽量缩短能量、钙、磷的负平衡时间，并注意维生素、矿物质给量。钙、磷比以 1.4∶1 为合适，可适当补给维生素 A、维生素 D、鱼肝油。严防片面追加精饲料，保证粗饲料，尤其是干草给量，每头牛每日能进食干草 3～3.5kg，增加瘤胃缓冲能力，维持正常的瘤胃 pH。必要时日粮中可加入 2% 碳酸氢钠（按干物质计），与精料混合饲喂。

2. 改善环境条件 多雨季节，应疏通排水渠道，保持圈舍干燥清洁；运动场低洼处用细沙填平，粪便及时清扫，使牛蹄置于良好的环境之中，防止牛蹄被粪、尿、污物浸渍，保持蹄干净、干燥。

3. 药浴牛蹄，保持牛蹄卫生 坚持每日清刷牛蹄，冬天用毛刷干刷，除去泥土、粪渣等；夏天湿刷，用清水冲洗一次，坚持浴蹄，常用 4% 硫酸铜溶液喷洒蹄部，每 4～5d 喷洒一次，长时间坚持。

4. 定期修蹄 建立定期修蹄制度，定期对牛群蹄形进行普查。凡变形者，一律修正。每年 1～2 次修蹄，修蹄不宜于雨季进行。

5. 调整配种方案 制定选配方案时，要选择肢蹄健壮、蹄形正常的公牛，避免公牛蹄形对后代的影响。

【知识拓展】

病因 主要原因是饲养管理不当。

1. 饲养不当 日粮配合不平衡。喂量精饲料过多，粗饲料不足或缺乏；日粮中矿物质饲料钙、磷不足，或比例不当，致使钙磷代谢紊乱。

2. 管理不当 多见于修蹄不定期、不规范等。

3. 遗传因素 变形蹄具有遗传性，特别是后肢外侧趾呈翻卷状的蹄形。经调查，公牛后肢蹄翻卷状，其后代蹄变形率也较高。

蹄糜烂

【任务简介】又名慢性坏死性蹄皮炎，是指蹄底和球负面糜烂，常因角质深层组织感染化脓，临床上出现跛行，是舍饲奶牛的常发蹄病。

【任务要求】掌握蹄糜烂的诊断技术及防治措施。

【工作任务】

一、诊断

根据临床症状，可建立诊断。四蹄皆可发病，以后蹄多见；全年皆有，但以 7～9 月份最多。蹄底部有黑色小洞，角质糜烂、溶解，从管道内流出黑色脓汁。

多慢性经过，很少引起跛行。轻病例只在底部、球部、轴侧沟有小的深色坑，进行性病例，坑融合到一起，有时形成沟状，坑内呈黑色，外观很破碎，最后，在糜烂的深部暴露出真皮。

糜烂可发展成潜道，偶尔在球部发展成严重的糜烂，长出恶性肉芽，引起剧烈跛行。病牛站立时免负或减负体重，患蹄球关节以下屈曲，频频倒步，并见患蹄打地、踢腹。前蹄患病，见患肢向前伸出。患蹄驻立时间缩短，运步时呈明显的后方短步。

患蹄检查可见蹄变形、蹄底磨灭不正、在球部或蹄底出现小的黑色小洞，有时许多小洞可融合为一个大洞或沟，蹄底常形成潜道，管道内充满黑色浓稠脓汁，污灰色或污黑色，具腐臭、难闻气味。腐烂后，炎症蔓延到蹄冠、球节时，关节肿胀，皮肤增厚，失去弹性，疼痛明显，步行呈“三脚跳”；当化脓后，关节处破溃，流出乳酪样脓汁，病牛全身症状加重，体温升高，食欲减退，产奶量下降，卧地，消瘦。

二、治疗

1. 局部处理　先将患蹄修平，找出角质部糜烂的黑瘢，由糜烂的角质部向内逐渐轻轻搔刮，直到见有黑色腐臭的脓汁流出为止。用4%硫酸铜溶液彻底洗净创口，创内涂10%碘酊，填入松馏油棉球，或放入高锰酸钾粉、硫酸铜粉，装蹄绷带。

2. 全身疗法　如病畜体温升高，食欲减退，或伴有关节炎症时，可用磺胺、抗生素治疗。青霉素500万IU，一次肌肉注射；10%磺胺噻唑钠150～200ml、10%葡萄糖注射液500ml，一次静脉注射，1次/d，连续7d；5%碳酸氢钠500ml，一次静脉注射，连续注射3～5d。金霉素或四环素，剂量为每千克体重0.01g，静脉注射。关节发炎者，可应用酒精鱼石脂绷带包裹。

三、预防

经常保持圈舍、运动场干燥及清洁卫生，粪便及时处理，运动场内的石块、异物及时清除，保护牛蹄卫生，减少蹄部外伤的发生。用4%硫酸铜溶液浴蹄，5～7d进行1～2次蹄部喷洒。已经发病牛，对病牛应加强护理，单独饲喂，根据具体病状采取合理治疗，促使尽早痊愈。

【知识拓展】

一、病因

主要原因是牛舍和运动场潮湿、不洁。过长蹄、芜蹄、蹄叶炎易诱发本病。指（趾）间皮炎与发生在球部的糜烂有直接关系，结节状杆菌也是引起糜烂的微生物。管理不当，未定期修蹄，无完善的护蹄措施，也可发生本病。

二、鉴别诊断

应注意与下列蹄病鉴别诊断：

1. 蹄底溃疡（局限性蹄皮炎）　典型症状是底球结合部的角质呈红色、黄色，角质软，疼痛，角质因溃疡而缺损，真皮暴露，或长出菜花样的肉芽组织。跛行严重、持续时间长。

2. 蹄底刺伤 由锐利物体直接刺伤蹄真皮组织所致。多突然发生疼痛，跛行明显。检查蹄部，可能发现异物存在。蹄部肿胀，蹄抖动，减负体重。

3. 蹄底挫伤 由运动场内地面不平，砖头、石块等钝性物体对蹄底挤压，致使真皮损伤所致。削蹄时，蹄角质有黄色、红色、褐色的血斑，经 1 ~ 3 次削蹄，血斑痕迹即可消除。

4. 白线病 主要是因白线处软角质裂开或糜烂，蹄壁角质与蹄底角质分离，泥沙、粪土、石子嵌入，致使真皮发生化脓过程。病牛患蹄减负体重，蹄壁温度增高，疼痛明显，白线色变深，宽度增大，内嵌异物，当伴发继发感染时，体温升高，食欲减退。

蹄叶炎

【任务简介】又称弥散性无菌性蹄皮炎，可分为急性、亚急性和慢性。通常侵害几个指（趾）。蹄叶炎可发生于奶牛、肉牛和青年公牛。母牛发生本病与产犊有密切关系，年轻母牛、以精料为主饲养的奶牛发病率高。

【任务要求】掌握蹄叶炎的诊断技术及防治措施。

【工作任务】

一、诊断

根据临床症状，可建立诊断。

1. 急性蹄叶炎 症状非常典型。

病牛运动困难，在硬地上更为困难。站立时，弓背，四肢收于一起，如仅前肢发病，症状更加明显，表现为后肢向前伸，达于腹下，以减轻前肢的负重。有时可见两前肢交叉，以减轻患肢的负重。通常内侧指疼痛更明显，常用腕关节跪着采食。后肢患病时，常见后肢运步时划圈。患牛不愿站立，较长时间躺卧，在急性期早期可见明显的出汗和肌肉颤抖。体温升高，脉搏显著加快。

局部检查可见患蹄指静脉扩张，指动脉搏动明显，蹄冠的皮肤发红，蹄壁增温。蹄底角质脱色，变为黄色，有不同程度的出血。发病1周以后放射学摄片时可看到蹄骨尖移位。

急性型蹄叶炎的早期如不抓紧治疗，常转为慢性型。慢性蹄叶炎不仅引起不同程度的跛行，还会发展为其他蹄病。

2. 慢性蹄叶炎 多由急性蹄叶炎转变而来。临床症状轻微，病程长，极易形成芜蹄，病牛站立时以蹄球部负重，患蹄变形，蹄壁角质延长，蹄前壁和蹄底形成锐角；由于蹄角质生长紊乱，在蹄壁上出现异常蹄轮；由于蹄骨下沉、蹄底角质变薄，甚至出现蹄底穿孔。

二、治疗

原则是除去病因、减轻蹄内压、消炎镇痛、促进吸收，防止蹄骨变位。

1. 放血疗法 为改善血液循环，减轻蹄内压，在病后36 ~ 48h 内，可采取颈静脉放血1 000~2 000ml（体弱者禁用），然后静脉注入等量的5% 葡萄糖氯化钠注射液，内加

0.1%盐酸肾上腺素溶液1～2ml或10%氯化钙注射液100～150ml。

2. 冷敷及温敷疗法　病初2～3d内，可行冷敷、冷蹄浴或浇注冷水，2～3次/d，每次30～60min。以后改为温敷或温蹄浴。

3. 封闭疗法　用0.5%盐酸普鲁卡因溶液30～60ml、青霉素80万IU，分别注射于系部皮下指（趾）深屈肌腱内、外侧，1次/2d，连用3～4次。亦可进行静脉或患肢上方穴位封闭。

4. 脱敏疗法　病初可试用抗组织胺药物，如内服盐酸苯海拉明0.5～1g，1～2次/d；或肌肉注射盐酸异丙嗪250mg，或皮下注射0.1%盐酸肾上腺素溶液3～5ml，1次/d；或用盐酸普鲁卡因0.5g、氢化可的松250mg，10%葡萄糖1 000ml，混合一次静脉内缓慢滴注。

5. 为清理肠道和排出毒物　可应用缓泻剂，也可静脉注射5%碳酸氢钠300～500ml，5%葡萄糖注射液500～1 000ml。

6. 自家血疗法　自家血80ml，皮下注射，隔日一次，每次增加20ml，连用3次，可广泛用于各种炎症性疾病治疗。

7. 慢性蹄叶炎，可注意修整蹄形，防止芜蹄　已成芜蹄者，配合矫正蹄铁。

三、预防

合理喂饲和使役，特别是在分娩前后应注意饲料的急剧变化，产后应逐渐恢复精料的饲喂量；长途运输或使役时，途中要适当休息，并进行冷蹄浴，日常要注意护蹄。

【知识拓展】

一、病因

引起蹄叶炎的发病因素很多，一般认为牛蹄叶炎是全身代谢紊乱的局部表现。确切原因尚无定论，倾向于综合性因素所致，包括分娩前后到泌乳高峰时期饲喂过多的碳水化合物精料、不适当运动、遗传和季节因素等。蹄叶炎可能是原发性的，也可能继发于其他疾病，如严重的乳腺炎、子宫炎和酮病、瘤胃积食、瘤胃酸中毒以及胎衣不下等。

二、鉴别诊断

1. 急性型蹄叶炎　根据长期过量饲喂精料，以及典型症状如突发跛行、异常姿势、拱背、步态强拘及全身僵硬，可以作出确诊。类症鉴别诊断时应与多发性关节炎，蹄骨骨折，软骨症、蹄糜烂、腱鞘炎、腐蹄病、乳热、镁缺乏症、破伤风等区分。

2. 慢性型蹄叶炎　往往误认为蹄变形，通过X线检查可确诊。其依据是系部和球节的下沉；指（趾）静脉的持久性扩张；生角质物质的消失及蹄小叶广泛性纤维化。

（本模块编者：刘俊栋，于枫）

模块六　肿瘤

肿瘤是畜禽机体中某些正常组织细胞，在各种致病因素的作用下，异常增殖分化而形成的病理性新生物。它与受累组织的生理需要无关，无规律生长，丧失正常细胞功能，破坏原器官结构，有的可转移到其他组织器官，危及生命。肿瘤组织比正常的组织增殖快，耗损动物体大量的营养，同时还产生某些有害物质，损害机体。

根据肿瘤对患畜的危害程度不同，通常可分为良性肿瘤和恶性肿瘤。在诊断病理学中，根据肿瘤的组织来源、组织形态和性质不同，可区分为上皮组织肿瘤、间叶组织肿瘤、神经组织肿瘤和其他类型肿瘤。良性肿瘤一般称为“瘤”，如纤维组织发生的肿瘤，称为纤维瘤；脂肪组织发生的肿瘤，称脂肪瘤等。在一些情况下，良性肿瘤也可根据其生长的形态而命名，如发生在皮肤或黏膜上，形似乳头的良性肿瘤，称乳头状瘤。恶性肿瘤源于上皮组织的称为“癌”；源于间叶组织的，统称为“肉瘤”。

任务一　眼鳞状细胞癌

【任务简介】鳞状细胞癌是由鳞状上皮细胞转化而来的恶性肿瘤，又称鳞状上皮癌，简称鳞癌。最常发生于动物皮肤的鳞状上皮和有此种上皮的黏膜（如口腔、食道、阴道和子宫颈等)。眼鳞状细胞癌，以牛为最多发，海福特牛种易感性强。

【任务要求】掌握眼鳞状细胞癌的诊断技术及治疗措施。

【工作任务】

一、诊断

根据临床症状（眼睑、结膜或角膜出现灰白色或淡黄色斑点、或局限性突起、光滑、不规则，无药物反应，并见溃烂、流脓或肿瘤增大）可初步诊断。确诊应进行病理学检查。

病初，角膜和巩膜面上出现癌前期的色斑，略带白色，稍突出表面。继而，呈疣状物被覆于结膜面，进一步形成乳头状瘤。最后，在角膜或巩膜上形成癌瘤。有时累及瞬膜或眼睑。

二、治疗

如能及早发现、早诊断往往可治愈，但当癌细胞转移，如转移到颌下腺、淋巴结或骨组织时，无治疗价值。可用手术疗法、放射疗法、激光治疗、化学疗法或免疫疗法，最好选用手术治疗。手术中动作要轻而柔，在健康组织范围内进行，不进入癌组织，尽可能阻断癌细胞扩散的通路，并切除附近的淋巴结，用纱布保护好癌肿和各层组织切口。

【知识拓展】

病因 本病的原因较多，例如遗传因素、紫外线长时照射、昆虫及化学因素作用等均可导致鳞癌的发生。近年来认为病毒如乳头状瘤病毒、牛疱疹病毒也与本病有关。

任务二 纤维乳头状瘤

【任务简介】纤维乳头状瘤是奶牛最常见的肿瘤性疾病，多数为良性、自限性的。该肿瘤可分为传染性和非传染性两种，传染性乳头状瘤多发于牛。2 岁以下，特别是舍饲奶牛最易发。

【任务要求】掌握纤维乳头状瘤的诊断技术及治疗措施。

【工作任务】

一、诊断

根据临床症状，可初步诊断。确诊应进行病理学检查。

感染该病后，潜伏期为 3 ~ 4 个月。以面部、颈部、肩部和下唇，尤以眼、耳的周围最多发；成年母牛的乳头、阴门、阴道有时发生；雄性可发生于包皮、阴茎、龟头部。也有的口、咽、舌、食管、胃肠黏膜病。

乳头状瘤上端常呈乳头状或分支的乳头状突起，表面光滑或凹凸不平，可呈结节状与菜花状等，瘤体可呈球形、椭圆形，大小不一，小者米粒大，大者可达数斤，有单个散在，也可多个集中分布。皮肤乳头状瘤，颜色多为灰白色、淡红或黑褐色。瘤体表面无毛，时间经过较久的病例常有裂隙，摩擦易破裂脱落。其表面常有角化现象。黏膜乳头状瘤还可呈团块状，但黏膜乳头状瘤则一般无角化现象。瘤体损伤易出血。病灶范围大和病程过长的病畜，可见食欲减退，体重减轻。乳房、乳头的病灶，则造成挤奶困难，或引起乳房炎。雄性生殖瘤常因交配感染母畜阴门、阴道。

二、治疗

主要措施为手术切除，或烧烙、冷冻及激光疗法。据报道，疫苗注射可达到治疗和预防本病的效果，目前美国已有市售的牛乳头状瘤疫苗。用鸭蛋子仁合剂（由鸭蛋子仁 20g 研细、普鲁卡因 2ml、病毒灵 10ml、敌百虫 10g、滑石粉 10g，加入少量凡士林混匀而成）涂于患部可得到良好疗效。方法为将鸭蛋子仁合剂涂于患处，每日早晚各 1 次，连用 10d 后，乳头状瘤开始自行脱落，半月后痊愈。

【知识拓展】

病因 病原为牛乳头状瘤病毒，具有严格的种属特异性，不易传播给其他动物。常因吸血昆虫或其他媒介而传染。

（本模块编者：刘俊栋，于枫）

模块七　皮肤病

任务一　湿疹

【任务简介】 湿疹是上皮细胞对过敏物质刺激的一种炎症反应，临床特点为多型性皮疹，倾向渗出，有的对称分布，剧烈搔痒，病程较长，易反复。

【任务要求】 掌握湿疹的诊断技术及治疗措施。

【工作任务】

一、诊断

根据临床症状，可建立初步诊断。确诊很困难，而且与湿疹和皮炎区别也困难。

1. 急性湿疹　常对称分布，开始为弥漫性潮红，可发展为红斑、丘疹、水疱、糜烂、渗液和结痂等形式或常数种皮损并存，病变无明显境界，严重者可泛发全身。因剧痒，动物摩擦或啃咬后可引起感染。病程约2～3周，容易转为慢性，且反复发作。

2. 慢性湿疹　常因急性和亚急性湿疹处理不当，长期不愈转变而来。多局限于某一部位，牛以四肢多见。表现为皮肤增厚粗糙，可呈苔癣样变，脱屑，色素沉着，剧痒。部分皮损上仍可出现新的丘疹或水疱，破损后有少量浆液渗出。当动物受到刺激而紧张时有剧痒表现。

二、治疗

治疗的前提是避免继续接触致敏原，包括搞好环境卫生，改变饲料，垫草，驱除内外寄生虫，避免潮湿和不必要的刺激，以保护皮肤。

1. 急性湿疹　早期，使动物保持安静，防止搔痒起的皮肤损伤。用抗组织胺制剂、非特异性蛋白质（例如自体全血或煮过的脱脂乳）和可的松制剂可以促进痊愈。红肿明显或渗液较多时，可用收敛杀菌洗剂（如3%～4%硼酸溶液或5%醋酸铝溶液）湿敷患部。对红斑、丘疹或水疱，可涂擦炉甘石洗剂或振荡洗剂。或静脉注射普鲁卡因加氢化可的松或钙制剂。

2. 慢性湿疹　可用3%～5%糠馏油软膏外擦，无渗液时，可用地塞米松霜或肤轻松软膏外擦。也可适当灌服苯海拉明等。

【知识拓展】

病因　多由某些外界或体内因素的相互作用所致。

1. 外界因素　过敏原直接接触皮肤而引发，如外寄生虫、化学制剂、清洁剂、动物毒素、蛋类及牛奶等异性蛋白、花粉、尘埃、细菌感染、日晒、寒冷、搔抓等。

2. 体内因素　过敏原通过肠道由血液带到皮肤而引发，如因过食、便秘、内寄生虫被消化造成的自体中毒等。

任务二　皮肤真菌病

【任务简介】俗称为钱癣，是由疣状毛癣菌引起的一种以脱毛、鳞屑为特征的慢性、局部表在性的真菌性皮肤炎。本病传染性强，常造成牛群感染，犊牛更易发生，也传染人。病原菌在失活的角化组织中生长，当感染扩散到活组织细胞时立即停止，一般病程1～3个月，常自行消退。

【任务要求】掌握皮肤真菌病的诊断技术及防治措施。

【工作任务】

一、诊断

结合临床症状以及病原真菌检查和培养可以确诊。

潜伏期1～4周。初期患部损伤轻微，仅见不完全脱毛和鳞屑。随后逐渐从其外缘以同心圆状向外扩散，形成直径达1～5cm的圆形或卵圆形隆起。病灶被毛减少，界线清楚，被覆灰黄色或灰白色痂皮。痂皮坚实、干燥、变厚呈石棉样。痂皮脱剥后，可见到湿润、血样溃烂面。病灶可遍布全身，波及头、颈、胸、腹、乳房和四肢等处，但以眼周围、颈部多见。通常没有全身症状，但在初期和痊愈时期，病牛常与坚硬物体摩擦，导致皮肤出血、溃烂和继发感染，使皮肤增厚和苔藓样硬化。轻症者经月余、重症者经数月后，痂皮脱落，病变部位长出新毛而痊愈。已痊愈牛一般不再感染。

1. 直接镜检　取病灶鳞屑、被毛或痂片，混于10%～20%氢氧化钠溶液中，放置15min以上，稍稍加温使角质溶解，镜检。如见到石垣状或镶嵌状排列的球状节孢子，可确诊。

2. 分离培养　刮取患部鳞屑、断毛或痂皮置于载玻片上，加数滴10%氢氧化钾于载玻片样本上，微加热后盖上盖片。显微镜下见到真菌孢子即可确认真菌感染阳性。真菌的培养可在真菌培养基上进行。

诊断时应注意与皮肤疣和疥癣互相区别。

二、治疗

多数患牛4个月后可自愈，积极治疗可促进痊愈过程。

1. 局部治疗　患部除毛，清除鲜屑、痂皮等污物后，用2%硫硝石灰、1%碘伏或0.5%次氯酸钠液擦洗。然后选用以下药物涂布患部：3%～5%噻苯达唑软膏，1～2次/d；10%水杨酸酒精乳剂（水杨酸10ml、石炭酸1ml，甘油25ml、酒精100.0ml）2～3次/d；克霉唑或双氯苯咪唑乳膏，1～2次/d；10%～30%过氧化氢尿素型软膏，2～3次/d。

2. 全身治疗 维生素A、维生素D注射液5～10ml，一次肌肉注射；灰黄霉素每千克体重6～15mg，一次口服，连服1周；20%碘化钠（钾）溶液150～165ml，一次静脉注射，隔3～4d，再注射1次。

三、预防

加强畜群管理，保持圈舍环境、用具和动物体卫生，保证运动和日照；饲喂全价日粮，注意维生素及矿物质、微量元素的含量，增进牛只体质，提高抗病力。如出现发病，应隔离饲养患牛，并彻底治疗。

【知识拓展】

病因 本病为接触传染，病牛及其所用的刷拭工具和与病牛接触的木栅、墙壁、颈枷、饲槽、牛床等均可将传播疣状毛癣菌。饲养管理不当、环境卫生不良、牛舍狭小、阴暗潮湿、饲养密度过大、营养不良、维生素A、维生素D不足、皮肤创伤等可诱发本病。

（本模块编者：刘俊栋，于枫）

项目六

传染病

模块一　病毒性传染病

任务一　口蹄疫

【任务简介】口蹄疫俗称“口疮”、“蹄癀”，是由口蹄疫病毒所引起的偶蹄兽的一种急性、热性、高度接触性传染病。特征是在口腔黏膜、鼻、蹄和乳房皮肤发生水疱和烂斑。本病传染性极强，发病率几乎达100%，流行广泛，不易控制和消灭，被国际兽医局列为A类家畜传染病之首。人也可感染，但症状较轻。因病毒具有多个血清型和易变异的特性，防制十分困难。

【任务要求】掌握口蹄疫的流行特点、诊断技术及防治措施。

【工作任务】

一、诊断

典型口蹄疫病例，结合临床病学资料不难作出初步诊断。其诊断要点为：发病急、流行快、传播广、发病率高，但死亡率低，且多呈良性经过；大量流涎，呈引缕状；口蹄疮定位明确（口腔黏膜、蹄部和乳头皮肤），病变特异（水疱、糜烂）；恶性口蹄疫时剖检可见虎斑心。但该病的确诊需进行实验室诊断，目前主要有病毒分离技术、血清学检测技术和分子生物学技术等。

潜伏期1~7d，平均2~4d。病牛精神沉郁，闭口，流涎，开口时有吸吮声，体温可升高到40~41℃。发病1~2d后，病牛齿龈、舌面、唇内面可见到蚕豆至核桃大的白色水疱，水疱迅速增大，相互融合成片，水疱约经一昼夜破裂，形成溃疡，呈红色糜烂区，边缘不齐附有坏死上皮。口角流涎增多，呈白色泡沫状挂于嘴边。采食及反刍停止。在口腔发生水疱的同时或稍后，趾间及蹄冠的柔软皮肤上也发生水疱，并很快破溃糜烂，然后逐渐愈合。若病牛衰弱或管理不当或治疗不及时，糜烂部可继发感染化脓、坏死、甚至蹄匣脱落。有时在乳头皮肤上也可见到水疱。本病一般呈良性经过，只是口腔发病，经一周左右即可自愈；若蹄部有病变则可延至2~3周或更久；死亡率1%~2%，该病型叫良性口蹄疫。

有些病牛在水疱愈合病牛趋向恢复健康过程中，病情突然恶化，全身衰弱、肌肉震颤，心跳加快、节律不齐，食欲废绝、反刍停止，行走摇摆、站立不稳，往往因心肌炎引起心脏麻痹而突然死亡，病死率高达25%~50%，这种类型称为恶性口蹄疫。主要是由于病毒侵害心脏所致。

犊牛患病时，往往看不到特征性水疱症状，主要表现为出血性胃肠炎和心肌麻痹，死亡率很高。

除口腔和蹄部的水疱和烂斑外，还可在咽喉、气管、支气管、食道和瘤胃黏膜见到圆形烂斑和溃疡，真胃和小肠黏膜有出血性炎症。肺呈浆液性浸润，心包内有大量混浊而黏稠的液体。恶性口蹄疫可在心肌切面上见到灰白色或淡黄色斑点或条纹与正常心肌相伴而行，质地松软呈熟肉样变，如同虎皮状斑纹，俗称“虎斑心”，这在本病具有重要诊断意义。

二、治疗

目前还没有有效治疗药物。国际动物卫生组织不主张，也不鼓励对口蹄疫患畜进行治疗，重在预防。发生口蹄疫时，也可对疫区和受威胁的家畜使用康复动物血清或高免血清，并进行对症治疗。

三、预防

1. 未发病牛场的预防措施

（1）严格执行防疫消毒制度　牛场要设消毒间、消毒池，进出牛场必须消毒；严禁非本场的车辆入内。严禁将病牛肉及产品带入牛场食用；每月定期用2%苛性钠或其他消毒药对牛栏、运动场进行消毒，消毒要严、要彻底。

（2）坚持进行疫苗接种　定期对所有牛只进行疫苗注射，常用口蹄疫灭活疫苗，牛在注射疫苗后14d产生免疫力，免疫力可维持4～6个月。参考免疫程序如下：

对于种公牛、后备牛。每年注苗2次，每间隔6个月免疫1次，单价苗3ml/头，肌肉注射；双价苗，4ml/头，肌肉注射。

对于生产母牛。分娩前3个月肌肉注射单价苗3ml/头或双价苗4ml/头。

犊牛。出生后4～5个月首免，肌肉注射单价苗2ml/头或双价苗2ml/头。首免后6个月二免（方法、剂量同首免），以后每间隔6个月接种1次，肌肉注射单价苗3ml/头或双价苗4ml/头。

（3）羊的免疫程序参照牛的免疫程序执行，肌肉注射，剂量减半。

2. 已发生口蹄疫的防制措施

发生口蹄疫后，应迅速报告疫情，划定疫点、疫区，按照“早、快、严、小”的原则，及时严格封锁，病畜及同群畜应隔离急宰，同时对病畜舍及污染的场所和用具等彻底消毒。对疫区和受威胁区内的健康易感畜进行紧急接种，所用疫苗必须与当地流行口蹄疫的病毒型、亚型相同。还应在受威胁区的周围建立免疫带以防疫情扩散。在最后一头病畜痊愈或屠宰后14d内，未再出现新的病例，经大消毒后可解除封锁。并做好疫点消毒工作，粪便应堆积发酵处理，或用5%氨水消毒；畜舍、运动场和用具用2%～4%氢氧化钠溶液、10%石灰乳、0.2%～0.5%过氧乙酸等喷洒消毒，毛、皮可用环氧乙烷或福尔马林熏蒸消毒。

【知识拓展】

一、病原

口蹄疫病毒（FMDV）属于微核糖核酸病毒科中的口蹄疫病毒属，是目前所知最小的动物RNA病毒。该病毒由核糖核酸核芯和蛋白壳体组成，无囊膜，成熟的病毒约含30%的RNA，其余70%为蛋白质。其中RNA决定病毒的感染性和遗传性，病毒蛋白质决定其抗原性、免疫性和血清学反应能力，并对病毒中央的RNA提供保护。

已知口蹄疫病毒在全球有七个主型A、O、C、SAT1、SAT2、SAT3（即南非1、2、3型）和Asia（亚洲Ⅰ型）。每个血清型又分若干个亚型，目前已增加至75个以上，亚型内又有众多抗原差异显著的毒株。FMDV具有多型性、易变性的特点。各主型间的抗原性不同，极少产生交互免疫保护，同型口蹄疫的各亚型之间交叉免疫程度变化幅度较大，亚型内各毒株之间也有明显的抗原差异。即感染某一型病毒后，仍可感染其他型病毒或用某一型的疫苗免疫过，当其他型口蹄疫病毒侵袭时照样可发病。我国已发现的有O型、A型和亚洲Ⅰ型。

该病毒对外界环境的抵抗力很强，在自然情况下，含病毒组织或被病毒污染的饲料、皮毛及土壤等可保持传染性数周至数月。在冰冻情况下，血液及粪便中的病毒可存活120～170d。对日光、热、酸、碱敏感。高温和阳光对病毒有杀灭作用，阳光直射下60min即可杀死；加温85℃15min、煮沸3min即可死亡。酸和碱对病毒的作用很强，2%～4%氢氧化钠、3%～5%福尔马林、0.2%～0.5%过氧乙酸、5%氨水、5%次氯酸钠都是该病毒的良好消毒剂。而食盐对病毒无杀灭作用，酚、酒精、氯仿等药物对FMDV也不起作用。

二、流行病学

口蹄疫病毒可侵害多种动物，但主要为偶蹄兽，牛尤其是犊牛对口蹄疫病毒最易感，其次是猪，再次是绵羊、山羊和骆驼，其中仔猪和犊牛死亡率较高，野生动物也可感染发病。该病具有流行快、传播广、发病急、危害大等流行特点，疫区发病率可达50%～100%，犊牛死亡率较高。

病畜和潜伏期动物是传染源，发病初期排毒量最多。在发热期血液内的病毒含量最高。退热后病畜的水疱液、乳汁、尿液、口涎、泪液和粪便中均含有病毒，其中水疱液及淋巴液中含毒量最多，毒力最强。隐性带毒者主要为牛、羊及野生偶蹄动物，猪不能长期带毒。

该病毒经空气广为传播，要经消化道和呼吸道感染，也可经损伤的黏膜和皮肤感染。畜产品、饲料、草场、水源、交通运输工具、饲养管理用具一旦污染病毒，均可传播。传播方式有蔓延式、跳跃式。该病发生无明显的季节性，低温寒冷的冬春两季多见，但有周期性暴发特点，一般每隔1～2年或3～5年流行一次。

三、鉴别诊断

口蹄疫与牛瘟、牛恶性卡他热、传染性水疱性口炎、牛黏膜病等疾病在临床症状上有相似之处，应注意鉴别。

1. 牛瘟　牛瘟传染猛烈，病死率高；舌背面无水疱和烂斑，蹄部和乳房无病变；水疱和烂斑多发生于舌下、颊和齿龈，烂斑边缘不整体呈锯齿状。胃肠炎严重，有剧烈的下痢；真胃及小肠黏膜有溃疡。应用补体结合试验和荧光抗体检查可确诊，也可以此加以区别。

2. 牛恶性卡他热　牛恶性卡他热常散发，无接触传染性，发病牛有与绵羊接触史；病死率高；口腔及鼻黏膜、鼻镜上有糜烂，但不形成水疱；常见角膜混浊。无蹄冠、蹄趾间皮肤病变，这是与口蹄疫的区别所在。

3. 传染性水疱性口炎 传染性水疱性口炎流行范围小，发病率低，极少发生死亡；不侵害蹄部和乳房，马属动物可发病。

4. 牛黏膜病 牛黏膜病常呈地方性流行，羊、猪感染但不发病；牛见不到明显的水疱，烂斑小而浅表，不如口蹄疫严重。白细胞减少，腹泻，消化道尤其是食道糜烂、溃疡。

任务二 牛病毒性腹泻——黏膜病

【任务简介】牛病毒性腹泻——黏膜病是由病毒感染引起的牛的一种急性、热性、接触性传染病。羊、鹿也可感染发病。以发热、厌食、鼻漏、咳嗽、腹泻、消化道和鼻腔黏膜发炎、糜烂、坏死以及流产、胎儿发育异常为特征，简称为牛病毒性腹泻或牛黏膜病。本病呈世界性分布，广泛存在于美国、澳大利亚、英国、新西兰、匈牙利、加拿大、日本、印度和欧洲的许多养牛发达国家，我国自20世纪80年代初从国外引进的绵羊、奶牛和冻精中分离出该病毒。近年来，本病在我国某些地区存在严重感染。该病被OIE列为B类传染病，也被我国列为二类动物传染病。

【任务要求】掌握牛病毒性腹泻——黏膜病的流行特点、诊断技术及防治措施。

【工作任务】

一、诊断

根据临床症状和病理变化可作出初步诊断。确诊必须进行病毒分离及血清学检查来确定。病毒分离应在病牛急性发热期间采血液、尿、鼻液或剖检时采取脾、肠系膜淋巴结等病料，用人工感染易感犊牛或用乳兔来分离病毒或用牛胎肾、牛睾丸细胞分离病毒。血清学试验常用中和试验、琼脂扩散试验和补体结合试验等方法。

潜伏期7～14d，人工感染2～3d。在临床上呈急性、慢性经过。

1. 急性病例 病牛突然发病，体温升高到40～42℃，有的呈双相热。病牛表现精神沉郁，厌食，呼吸加快，鼻腔流出浆液性乃至黏液性液体，眼结膜炎。鼻镜及口腔黏膜表面出现糜烂，舌上皮坏死，此时流涎较多，呼气恶臭。继而发生严重腹泻，初呈水样，以后带有黏液、纤维素性伪膜和血，以致很快死亡。有些病例在蹄冠和蹄叉部位有糜烂，此症状多见于肉牛。重症时孕牛发生流产，乳房形成溃疡，产奶量减少或停止。病母牛所产犊牛发生下痢，在口腔、皮肤、肺和脑有坏死灶。有些病牛在发热的同时，出现血小板减少和出血综合征，呈现出血、血样腹泻和注射部位异常出血等症状。急性病例恢复者少见，多于发病后1～2周内死亡，少数病程可拖延1个月。

2. 慢性病例 发热不明显，逐渐发病，生长发育受阻，以持续性或间歇性腹泻和口黏膜反复发生坏死溃疡为特征，鼻镜糜烂明显。有的发生慢性蹄叶炎和严重的趾间坏死，出现明显的跛行。有的皮肤皲裂，出现局限性脱毛和表皮角化。这种病牛通常呈持续感染，病程较长，发育不良，大多数病牛死于2～4个月内，有的也可拖延到一年以上。

妊娠期母牛患病导致的危害不一致，妊娠120d之内的，引起胎儿持续的毒血症，造成死胎或产下隐性感染和免疫耐受性的犊牛，其中一部分犊牛长成成牛而妊娠，即可产下病毒持续感染的犊牛。怀孕90～120d感染经常出现流产和遗传性神经缺陷，如运动失调，角弓反张，战栗蹒跚，眼球震颤等多种神经症状。

病变主要在消化道和淋巴结。消化道黏膜充血、出血、水肿和糜烂，严重时在喉头黏膜有溃疡及弥散性坏死。特征性病变是食道黏膜有不同形状和大小不规则的烂斑，沿皱褶呈线状纵行排列，如虫蚀样。皱胃炎性水肿和糜烂。小肠急性卡他性炎症，大肠有卡他性、出血性、溃疡性以致不同程度的坏死性炎症，肠淋巴结肿大。流产胎儿的口腔、食道、真胃及气管内有出血斑及溃疡。运动失调的犊牛，严重的可见到小脑发育不全及两侧脑室积水。

二、治疗

目前尚无特效疗法。首先应加强对病牛的护理，改善饲养管理，增强抵抗力，促进恢复。应用收敛剂和补液等保守疗法，可缩短恢复期，减少损失。对病牛采取对症治疗。腹泻、脱水是引起病牛死亡的主要原因，因此，发病开始就应补糖和等渗电解质溶液，防止脱水。为防止继发感染，可使用抗菌药物。

三、预防

为控制本病的流行并加以消灭，必须采取检疫，隔离，净化，预防等兽医防治措施。引进种牛时，必须进行严格的检疫，防止引入带毒牛。一旦发生本病，应及时隔离或急宰，严格消毒，限制牛群活动，防止扩大传播。由于康复牛和慢性病牛可长期带毒，对病牛尽可能予以淘汰，以利于彻底清除传染源。目前国外已选育出弱毒株并制成疫苗，接种后免疫持续时间较长，但有接种反应，孕畜不宜使用。我国生产的弱毒冻干苗，可接种于不同年龄和品种的牛，接种后14d可产生抗体，并维持22个月的免疫力。

【知识拓展】

一、病原

病原为牛病毒性腹泻病毒（BVDV），又名黏膜病病毒，属黄病毒科、瘟病毒属的成员。该病毒与猪瘟病毒（CSFV）和边界病毒（BDV）同属，在基因结构和抗原性上有很高的同源性。病毒基因组为单股RNA，有囊膜，大小为50～80nm，呈圆形。本病毒对外界因素抵抗力不强，pH值3.0以下或56℃很快被灭活，对乙醚、氯仿、胰酶等敏感，但血液和组织中的病毒在低温状态下稳定，在冻干状态下可存活多年。急性高热期病牛的血液中含有大量病毒，常采集流产胎儿的脾和骨髓分离病毒，本病毒能在胎牛肾、睾丸、肺、胎羊睾丸和猪肾细胞上生长。

二、流行病学

自然条件下牛、水牛和鹿对本病易感。各种年龄的牛都可感染，尤以6～18月龄幼牛易感性较高，山羊、绵羊、猪、鹿及小袋鼠也可感染。本病常呈地方性流行，一年四季均可发生，但以冬、春季节多发。在牛群中有时发病率较高，致死率不高。但偶然也出现发病率不高，而致死率很高的现象。新疫区的急性病例多，各龄牛均感染发病，发病率和病死率均比较高；老疫区急性病例少见，发病率和病死率均比较低，而隐性感染率在50%以上。

病畜和带毒动物是主要传染源。健康牛、羊、猪均可发生隐性感染而带毒，成为传染源。耐过的犊牛对病毒具有免疫耐受性且体内始终带毒，是牛群中最危险的传染源。病畜可发生持续性的病毒血症，其血、脾、骨髓、肠淋巴结等组织和呼吸道、眼鼻分泌物、乳汁、精液及粪便、尿等排泄物均含有病毒，可通过直接接触或间接接触方式传播。慢性病牛往往为持续性感染，在血液和眼、鼻分泌物中病毒可长期存在；康复牛可带毒6个月之久。

本病主要经消化道、呼吸道感染，交配、人工授精也能感染。怀孕母牛感染后，病毒可经胎盘传给胎儿，使胎儿产生免疫抑制，引起持续性病毒血症，以致引起流产或死胎。

牛感染该病后，引起牛病毒血症，产生免疫中和保护性抗体，能产生坚强持久的免疫力。吸吮初乳的犊牛可得到母源抗体，产生被动免疫，并大体维持6个月左右，当抗体下降到一定滴度时，犊牛一旦接触抗原，可以受到感染，并出现抗体上升，这种感染和抗体上升，在牛群中约占70%~80%，3岁以上的牛可达90%，它们可以终身免疫。

三、鉴别诊断

当病牛出现口腔糜烂或溃疡，鼻镜有干痂，眼、鼻有分泌物时，应注意与牛瘟、口蹄疫、恶性卡他热和蓝舌病等鉴别；当发现慢性腹泻时，应注意与牛肠型结核病和牛副结核病鉴别。

1. 牛瘟 牛瘟患畜口腔黏膜有坏死性病变，有腹泻，这一点与黏膜病相似，但牛瘟患畜口腔黏膜的烂斑或溃疡出现于小结节之后，表面被覆灰色或黄色伪膜，极易脱落，溃疡面边缘不齐；牛瘟腹泻剧烈，小肠黏膜有坏死性炎症，病死率很高。而黏膜病腹泻粪便从水样逐步变为黏稠，小肠黏膜主要是卡他性炎症，肠淋巴结肿大，病死率不高，病程比牛瘟长。

2. 口蹄疫 口蹄疫患畜在口腔唇内面、齿龈、颊部黏膜以及蹄冠皮肤、趾间、乳头等处出现水疱为特征，水疱病损之后，口腔、蹄部和乳房可发生烂斑。传染性强，但多取良性经过，病死率低。而黏膜病口腔黏膜虽有糜烂病灶，但无明显水疱过程，此外，黏膜病患畜会发生严重的腹泻，腹泻可呈持续性，病程长，有一定的病死率。

3. 牛恶性卡他热 牛恶性卡化热除口腔黏膜糜烂外，鼻黏膜和鼻镜有坏死病变，此点易与黏膜病相混淆。但恶性卡他热有几个主要特点：一是呈散发性；二是全身症状重剧；三是眼睑、头部肿胀，眼球发生特异的上翻状态，角膜浑浊；四是病死率高。这几点可与黏膜病相区别。

4. 蓝舌病 蓝舌病由蠓传播，发生于蠓孳生的地区和季节。主要侵害绵羊，牛多为隐性感染。病牛舌色蓝紫，由于在口唇出现水肿以及硬腭、唇、舌、颊部及鼻镜有轻微糜烂，因而在临床上易于黏膜病相混淆。但黏膜病常发生剧烈腹泻为其特征症状之一，此点蓝舌病是没有的。

5. 牛肠型结核病 肠型结核病也以消瘦和持续性下痢为特征，或者便秘下痢交替出现，但胃肠黏膜上有大小不等的结核结节或溃疡，结核菌素试验阳性。

6. 牛副结核病　牛副结核病的主要症状是顽固性腹泻，腹泻可以从间歇性腹泻发展到持续性腹泻，继之变为水样的喷射状腹泻。由于严重腹泻，病牛高度贫血和消瘦，并伴有下颌、胸垂、腹部水肿，最后多衰竭死亡。从腹泻角度看，在临床上与黏膜病进行鉴别诊断有一定困难。但应注意的是，黏膜病除有持续性或间歇性腹泻外，其口腔黏膜会反复发生坏死和溃疡，以此可与副结核病区别。另外，可用副结核菌素进行皮内反应，黏膜病病牛应为阴性反应，牛副结核患牛肠黏膜涂片可检出抗酸性的副结核分枝杆菌。

任务三　牛流行热

【任务简介】牛流行热是由牛流行热病毒引起的牛的一种急性、热性传染病。本病的特征为突发高热和呼吸道炎症以及因四肢关节疼痛引起的跛行。大部分病牛是良性经过，在 2～3d 内可恢复正常，又称牛“暂时热”、“三日热”。

本病广泛流行于非洲、亚洲和澳洲许多国家和地区。在 1976 年分离鉴定牛流行热病毒之前，曾将本病误认为是牛流行性感冒。本病在我国分布面广，严重影响奶牛产奶量和奶质，种公牛精液质量受损，耕牛使役能力减退或丧失，部分怀孕母牛流产，部分牛因瘫痪被淘汰，给养牛业造成巨大损失。

【任务要求】掌握牛流行热的流行特点、诊断技术及防治措施。

【工作任务】

一、诊断

根据流行特点，结合病牛临床表现，可作出初步诊断。确诊需进行实验室检查。发热初期采血进行病毒分离鉴定，或采取发热初期和恢复期血清进行中和试验和补体结合试验。

潜伏期 3～7d。在临诊上出现一过性突发高热和呼吸器官障碍，并伴有消化道以及运动功能的异常。

病初，体温升高至 41～42℃，持续 1～3d 后，降至正常。在发热期眼睑、结膜充血，浮肿流泪，鼻镜干燥，排出水样鼻漏，口腔炎症流涎显著，口角附有气泡。呼吸迫促，呼吸次数显著增加，可达 80 次/min 以上，喉头和支气管音粗厉，肺泡音高亢尖锐呈现呼吸困难，病畜发出痛苦的吭声。由于肺呈间质性气肿，发出呻吟声，重症病畜可导致窒息死亡。

病牛食欲减退或废绝，反刍停止，瘤胃停止蠕动，肠臌气或缺水，胃内容物干固，肠蠕动功能亢进或停止，排出的粪便呈山羊粪便样或呈水样便。尿量减少，排出暗褐色的混浊尿液。由于四肢关节浮肿和疼痛，病牛站立不动，跛行，伏卧及至起立困难，有的病牛轻瘫或瘫痪。颚凹部，胸下部皮下气肿，重病例呈全身性气肿。皮温不整，特别是角根、耳翼、肢端有冷感。另外，颌下可见皮下气肿。奶牛泌乳量急剧减少甚至停止。妊娠母牛可发生流产、死胎。本病发病率高，病死率低，大部分病例呈良性经过，病程3~4d，很快恢复。病死率在1%以下，部分病牛可因长期瘫痪而被淘汰。

上呼吸道黏膜充血、肿胀、点状出血，气管内充满大量泡沫状的黏液；肺显著肿大、水肿或间质性气肿。肺气肿的肺高度膨隆，间质增宽，重病例全肺膨胀充满胸腔，不能伸缩而导致死亡。肺水肿病例胸腔积有多量暗紫红色液体，两侧肺肿胀，内有胶冻样浸润，肺切面流出大量暗紫红色液体。全身淋巴结充血、肿胀或出血；真胃、肠黏膜卡他性炎和渗出性出血。

二、治疗

迄今无特异疗法。为阻止病情恶化，防止继发感染，需对症治疗。

1. 对体温升高，食欲废绝病牛 5%葡萄糖生理盐水2 000~3 000ml，一次静脉注射，2~3次/d。20%磺胺嘧啶钠50ml，一次静脉注射，2~3次/d。30%安乃近30~50ml，一次肌肉注射，2~3次/d。

2. 对呼吸困难、气喘病牛 25%氨茶碱20~40ml、6%盐酸麻黄素液10~20ml，一次肌肉注射，1次/4h。地塞米松50~75mg、糖盐水1 500ml，混合，缓慢静脉注射。本药可缓解呼吸困难，但可引起妊畜流产，因此，孕牛禁用。也可选择胸侧第6肋间，距背中线20~25cm处，用瘤胃穿刺针直刺入胸腔，进针10~12cm处，气从针孔逸出后，呼吸次数减少，缓解气喘。目的是减轻胸压，缓解呼吸困难。

3. 对兴奋不安的病牛 甘露醇或山梨醇300~500ml，一次静脉注射。氯丙嗪0.5~1mg/kg体重，一次肌肉注射。硫酸镁25~50mg/kg体重，缓慢静脉注射。

4. 对瘫痪卧地不起病牛 25%葡萄糖液500ml、5%葡萄糖生理盐水1 000~1 500ml、10%安钠咖20ml、40%乌洛托品50ml、10%水杨酸钠100~200ml，静脉注射，1~2次/d，连续注射3~5d。20%葡萄糖酸钙500~1 000ml，缓慢静脉注射。多次使用钙剂效果不明显者，可用25%硫酸镁100~200ml，静脉注射。0.2%硝酸士的宁10ml，百会穴注射。

5. 对咽喉、食道麻痹病牛 20%葡萄糖液500~1 000ml、5%葡萄糖生理盐水1 000~1 500ml，一次静脉注射，2次/d。严禁口服灌药，避免发生异物性肺炎。维生素B_1、维生素B_{12} 30~50ml，一次肌肉注射。

此外，也可用清肺，平喘，止咳，化痰，解热和通便的中药，辨证施治。

三、预防

本病应采取综合性预防措施。自然发病康复牛在一定时间内对本病有免疫力，可在流行季节到来之前接种牛流行热病毒亚单位疫苗和灭活苗。供给牛只优质饲料，以提高机体抗病力。增强牛的体质，防止牛过于疲劳。并定期用生石灰、草木灰进行圈舍消毒，并做好消灭蚊、蠓等吸血昆虫工作。保持牛舍清洁卫生，宽敞透明，通风及时，做好防暑降温工作。采取必要的遮阳措施，如种树、设置遮阳棚等，防止奶牛体温突然升高或中暑。全群奶牛应逐头检查体温、食欲、泌乳量。凡体温升高，食欲减退，产奶下降者应尽早治疗。

【知识拓展】

一、病原

牛流行热病毒又名牛暂时热病毒，属弹状病毒科、暂时热病毒属的成员，为单链RNA病毒。病毒粒子呈弹形或圆锥形。病毒对氯仿、乙醚和胰蛋白酶敏感。本病毒耐寒不耐热，对低温稳定，能抵抗反复冻融。对酸、碱均敏感。分离牛流行热病毒时，以母牛血毒脑内接种为宜，适宜接种动物是初生乳鼠或仓鼠，进行脑内接种可分离出病毒。鼠化病毒能在牛胚肾、犊肾和睾丸细胞上生长，并能引起牛胚肾细胞产生病理变化。

二、流行病学

本病主要侵害牛，黄牛、奶牛、水牛均可感染发病。以3～5岁壮年牛、奶牛、黄牛易感性最大，水牛和犊牛发病较少，6月龄以内的犊牛感染后无明显的临床表现。产奶量高的奶牛发病率高。

病牛是本病的主要传染源。病毒主要存在于发热期的血液中，病牛的呼吸道分泌物、粪便及脾、淋巴结、肺和肝等脏器中也存在有大量的病毒。本病多经呼吸道感染。此外，吸血昆虫的叮咬以及与病畜接触的人和用具的机械传播也是可能的。

本病具有明显的季节性，多发生于雨量多和气候炎热的6～9月。本病传染力强，短期内可使很多牛发病，呈地方流行性或大流行性。约3～5年大流行一次，一次大流行之后间隔一次较小的流行。病牛多为良性经过，在没有继发感染的情况下，死亡率为1%～3%。气压急剧上升或下降，温度高或持续的异常干燥以及日温差的差距变化激烈等异常气象为本病的诱因。无论是自然感染病牛还是人工实验感染病牛，在病愈恢复后均能抵抗强毒的攻击而不再发病。

三、鉴别诊断

本病应注意与牛传染性鼻气管炎、牛副流感、恶性卡他热等相区别。

1. 牛传染性鼻气管炎 传染性鼻气管炎多发生于寒冷季节，以发热、流鼻汁、呼吸困难、咳嗽等上呼吸道和气管症状为主。

2. 牛副流感 副流感常发生于冬春寒冷季节，且多在运输后发生。除呼吸道症状外，还可见乳房炎，但无跛行。

3. 恶性卡他热 恶性卡他热发生在与绵羊等反刍动物接触过的牛。临床上除表现高热，还有口鼻黏膜充血、糜烂或形成溃疡，眼结膜炎症剧烈，双眼睑常肿胀闭合，角膜混浊、溃疡乃至失明等症状。

任务四 绵羊痘

【任务简介】绵羊痘是由绵羊痘病毒引起的一种急性、热性、接触性传染病。该病以无毛或少毛的皮肤和黏膜上发生特异的痘疹为特征。典型病例初期为丘疹，后变水疱、脓疱，最后干结成痂，脱落而痊愈。

【任务要求】掌握绵羊痘的流行特点、诊断技术及防治措施。

【工作任务】

一、诊断

可根据典型临床症状和流行特点作出初步诊断，确诊需进一步做实验室诊断。可以用琼脂扩散试验检查血清抗体的存在，必要时需采集痘疱液、痘疱皮或痘疱痂，用双抗处理后，接种鸡胚的绒毛尿囊膜上或易感组织细胞，观察病变。

潜伏期平均为6～8d，病初病羊体温高达40～41℃，呼吸加快，结膜潮红肿胀，流黏脓性鼻汁。经1～4d后进入发痘期，表现为突出于皮肤表面的苍白色坚实结节。痘疹多见于无毛部或被毛稀少部位，如眼睑、嘴唇、鼻部、腋下、尾根以公羊阴鞘、母羊阴唇等处，先呈红斑，1～2d后形成丘疹，突出皮肤表面，随后形成水疱，水疱内容物起初像淋巴液，逐渐增多，中央凹陷呈脐状。在此期间，体温稍有下降。随后，由于白细胞渗入，变为脓疱。化脓期间体温再度上升，一般持续2～3d。在发痘过程中，若无病菌继发感染，脓疱破溃后逐渐干燥，形成痂皮，痂皮脱落遗留一微红色或苍白色的瘢痕后痊愈。全程3～4周。非典型病例，不呈上述典型经过，常发展到丘疹期而终止，呈现良性经过，即“顿挫”型。有的病例有继发感染时痘疱发生化脓、坏疽恶臭，形成较深的溃疡，常为恶性经过，病死率可达20%～50%。

前胃和第四胃的黏膜常发现有大小不等的圆形或半球形坚实结节，有的融合在一起形成糜烂或溃疡。咽和支气管黏膜也常出现痘疹，肺部有干酪样结节和卡他性炎症变化。气管黏膜及其他实质器官，如心脏、肾脏等黏膜或包膜下形成灰白色扁平或半球形的结节。此外，常见细菌性败血症变化，如肝脂肪变性、心肌变性、淋巴结急性肿胀等。

二、治疗

目前无特效的治疗方法。对于良性经过的，一般不用特殊治疗，只需加强护理，必要时进行对症治疗。可用2%来苏儿、0.1%高锰酸钾溶液或0.5%鞣酸溶液冲洗痘区，再涂以碘甘油或抗生素软膏。适当选用青链霉素等抗生素进行治疗，可有效预防继发感染。对于恶性病例，在条件许可的情况下，可皮下或肌注康复羊的血清，1ml/kg体重，治疗效果明显。

三、预防

在绵羊痘常发地区的羊群，平时应加强饲养管理，每年定期预防接种。减少各种应激因素对羊群的刺激，保持羊舍清洁、卫生、干燥、宽敞、温暖；饲喂富含营养的饲料，增强羊只的抵抗力。一旦发现病畜，应及时隔离病羊、封锁疫区，采取紧急、强制性的控制和扑灭措施。扑杀病羊深埋尸体。畜舍、饲养管理用具等进行严格消毒，污水、污物、粪便无害化处理。健康羊群和邻近已受威胁的羊群实施紧急免疫接种。

【知识拓展】

一、病原

绵羊痘病毒为痘病毒科，山羊痘病毒属的成员。该病毒对皮肤和黏膜上皮细胞具有特殊的亲和力。痘病毒对直射阳光、高热较为敏感，55℃20min 或 37℃24h 均可使病毒灭活；病毒对寒冷及干燥的抵抗力较强，在干燥的痂皮中病毒可存活 6～8 周，冻干条件下至少可保存 3 个月以上，在毛中保持活力达 2 个月，在开放羊栏中达 6 个月。烧碱、醛类、氧化剂类、氯制剂类、双链季铵盐类、生石灰等消毒药物可将其杀死。

二、流行病学

自然情况下，绵羊痘只发生于绵羊，不传染给山羊和其他家畜，羔羊易感性高。病羊或带毒羊为传染源，病毒大量存在于病羊的皮肤、黏膜的丘疹、脓疮及痂皮内，鼻黏膜分泌物也含有病毒，发病初期血液中也有病毒存在。本病主要通过呼吸道感染，病毒也可通过损伤的皮肤或黏膜侵入机体。饲养管理人员、护理用具、皮毛产品、饲料、垫草和寄生虫等都可成为传播的媒介。羔羊发病率、死亡率高，妊娠母羊可发生流产，故产羔季节流行，可招致很大损失。本病流行于冬末春初。气候严寒、雨雪、霜冻、枯草和饲养管理不良等因素，都可促进发病和加重病情。常呈地方性流行或广泛流行。

三、鉴别诊断

应与羊传染性脓疱、羊螨病等类似疾病相鉴别。

1. 羊传染性脓疱　羊传染性脓疱全身症状不明显，病羊一般无体温反应，病变多发生于唇部及口腔，很少波及躯体部皮肤，痂垢下肉芽组织增生明显。

2. 羊螨病　羊螨病的痂皮多为黄色麸皮样，而痘疹的痂皮则呈黑褐色，且坚实硬固。此外，从羊螨病皮肤患处及痂皮内可检出螨虫。

任务五　蓝舌病

【任务简介】蓝舌病是由蓝舌病病毒引起的反刍动物的一种急性、非接触性虫媒传染病。主要发生于绵羊，又称绵羊卡他热。病畜舌、齿龈、颊部黏膜膜充血肿胀，淤血后变为青紫色，故此得此病名。病理变化特征为发热、白细胞减少、口腔、鼻腔和胃肠道黏膜有严重的溃疡性炎症。

【任务要求】掌握蓝舌病的流行特点、诊断技术及防治措施。

【工作任务】

一、诊断

依据典型临床症状和病理变化可初步诊断，确诊需做实验室诊断。

潜伏期 3～10d，病羊体温升高到 40℃以上，稽留 5～6d，同时白细胞也明显降低。高温稽留后体温降至正常，白细胞也逐渐回升至正常生理范围。病羊精神委顿，食欲丧失，大量流涎，双唇发生水肿，常蔓延至面颊、耳部；舌及口腔黏膜充血、发绀，出现淤斑呈青紫色，严重者发生溃疡、糜烂，致使吞咽困难（继发感染时则出现口臭）；鼻分泌物初为浆液性后为黏脓性，带血，结痂于鼻孔四周，引起呼吸困难，鼻黏膜和鼻镜糜烂出血。水肿可一直延伸至颈部及胸部，蹄冠淤血、肿胀部疼痛，蹄叶发炎，致使跛行。并常因胃肠道病变而引起血痢。孕畜可发生流产、胎儿脑积水或先天畸形。疾病的严重程度取决于继发感染和羊体的状态。病程一般 6～14d，发病率 30%～40%，病死率 20%～30%，有时高达 90%，多死于肺炎或胃肠炎等并发症。某些病羊痊愈后出现被毛脱落现象。牛、山羊和其他反刍动物症状较轻，一般呈良性经过。发病绵羊还会被毛断裂，甚至全部脱落，严重影响羊毛和肉品质量。

病变主要在口腔、瘤胃、心脏、肌肉、皮肤和蹄部，口腔出现糜烂和深红色区，舌、齿龈、硬腭、颊黏膜和唇水肿。瘤胃黏膜有深红色区和坏死灶。消化道、呼吸道和泌尿道黏膜及心肌、心内外膜均有出血点，重者消化道黏膜有坏死和溃疡。肌肉出血，肌纤维变性，真皮充血、出血和水肿，脾脏通常肿大。肾和淋巴结轻度发炎和水肿，有时有蹄叶炎变化。

1. 病毒分离　包括鸡胚和细胞培养物接种分离。采集发热期的血液或病尸肠系膜淋巴结、脾脏，接种于鸡胚和敏感细胞。Vero、BHK-21 和 C6/36 细胞系为最常用的 BTV 分离细胞。一般接种后 1～3d 会产生蚀斑或细胞病变。

2. 血清学试验　其中琼脂凝胶免疫扩散试验最常用，如被检血清孔与抗原孔之间出现致密的沉淀线，并与标准的阳性血清的沉淀线末端互相连接，则为阳性。中和试验，以分型血清做中和试验以确定病毒型别。免疫荧光试验，蓝舌病毒在荧光镜下可见细胞胞浆着染，出现星状绿色颗粒。感染血或脏器，荧光抗体染色，检出群特异性病抗原。

二、治疗

尚无有效治疗方法。对病羊应加强营养，精心护理。对症治疗。口腔用清水、食醋或 0.1% 的高锰酸钾液冲洗；再用 1%～3% 硫酸铜、1%～2% 明矾或碘甘油，涂糜烂面；或用冰硼散外用治疗。蹄部患病时可先用 3% 来苏儿洗涤，再用碘甘油或土霉素软膏涂拭，以绷带包扎。

三、预防

免疫接种是预防本病的有效办法，每年在昆虫开始活动前 1 个月用疫苗对羊群进行免疫接种，目前所用疫苗有弱毒疫苗、灭活疫苗和亚单位疫苗，以弱毒疫苗比较常用，二价或多价疫苗可产生相互干扰作用，因此二价或多价疫苗的免疫效果会受到一定影响。引入的种羊应进行严格的检疫。定期进行药浴、驱虫，控制和消灭本病的媒介昆虫（库蠓），做好牧场的排水工作。严防用带毒精液进行人工授精。发现病羊及时扑杀，防止本病的扩散。

【知识拓展】

一、病原

蓝舌病病毒属于呼肠孤病毒科、环状病毒属，为该属的代表种。病毒呈圆形颗粒，病毒基因组为双股 RNA。已知病毒有 24 个血清型，各型之间无交互免疫力。在各地区的分布亦不同，但每一地区有自己的主型。本病广泛发生于欧、亚、非、美和大洋洲的 50 多个国家，在 24 个 BTV 血清型中，非洲分离出 23 个，亚洲 16 个，大洋洲 8 个，美洲 12 个，我国分离的血清型主要为 BTV_1、BTV_{10}和 BTV_{16}。

蓝舌病病毒抵抗力较强。可在干燥血清或血液中长期存活，在腐败的血液中可保持活力数年，在康复动物体内能存活 4 个月左右，在 50% 甘油中于室温下可保存多年，对乙醚、氯仿、0.1% 去氧胆酸钠有耐受力；对胰酶敏感；可被 2% 过氧乙酸、3% 氢氧化钠灭活；对酸抵抗力较弱，在 pH 值 5.6～8.0 之间稳定，在 pH 值 3.0 以下被迅速灭活；不耐热，60℃30min 灭活，75～95℃可迅速失活。该病毒可以在鸡胚、羊肾、牛肾细胞、初生哺乳期小鼠和仓鼠体内增殖。蓝舌病病毒有血凝素，可凝集绵羊及人的 O 型红细胞，其血凝活性与 VP_2有关，血凝抑制试验可用于 BTV 分型。

二、流行病学

病畜、带毒动物是本病的传染源。病毒存在于病畜的血液和内脏中，病愈绵羊的血液可带毒达 4 个月之久。主要通过库蠓叮咬传播，病毒可在某些种库蠓体内长期生存和大量增殖。绵羊虱蝇也能机械传播本病。公牛感染后，其精液内带有病毒，可通过交配和人工授精传染给母牛。病毒也可通过胎盘感染胎儿。

绵羊为主要的易感动物，纯种美利奴羊更为敏感。牛、山羊和其他反刍动物，包括鹿和羚羊等野生反刍动物也能患该病。但较轻缓或无明显症状，成为隐性带毒者。猪感染后发生蹄部病变，某些啮齿动物及肉食动物也可感染。

蓝舌病多呈地方性流行，病的发生、流行与库蠓等昆虫的分布、习性和生活史关系密切，具有明显的季节性和地区性，晚夏与早秋及湿热的夏季和早秋，池塘、河流较多的低洼地区多发。

任务六　牛恶性卡他热

【任务简介】恶性卡他热是由恶性卡他热病毒引起牛等反刍动物的一种急性、热性、高致病性传染病。特征为持续性高热，上部呼吸道和消化道黏膜发生卡他性纤维素性炎症，并伴有角膜混浊和严重的神经症状，淋巴结肿大。该病病死率很高，多为散发性，世界各地均有发生，在非洲常呈流行性发生。鹿也可感染发病。

【任务要求】掌握牛恶性卡他热的流行特点、诊断技术及防治措施。

【工作任务】

一、诊断

根据流行病学、临床症状和病理变化等特点，并结合抗生素治疗无效等，可初步诊断，确诊需做病原学鉴定或血清学试验。

潜伏期3～4周或更长。人工感染犊牛通常为10～30d。根据临床症状可分为最急性型、头眼型、肠型和皮肤型。以头眼型最多见。

1. 最急性型 突然发病，体温升高达41～42℃，稽留不退，精神委顿，食欲和反刍减少，饮欲增加。眼结膜潮红，鼻镜干热，全身寒颤，呼吸困难。有的出现急性胃肠炎症状，多在1～2d内死亡。

2. 头眼型 本型多见，病程4～14d。病初体温升高达41～42℃，精神不振，意识不清，食欲、反刍减少或停止，初便秘，后拉稀。特征性变化是双眼剧烈发炎，畏光，流泪，眼睑闭合，进行性角膜炎和角膜混浊，甚至溃疡穿孔。口腔和鼻腔黏膜充血潮红、坏死及糜烂，鼻流脓性恶臭分泌物，口腔中流出带有臭味的涎液。如果黏膜肿胀波及咽喉，会引起窒息；蔓延到额窦，可使头颅上部隆起；炎症也常扩展到呼吸道深部，引起细支气管炎和肺炎。病牛肌肉震颤，共济失调，有时出现兴奋症状（如磨牙、鸣叫等），最后全身麻痹。病程4～14d。

3. 肠型 高热稽留，粪便开始时干燥，继之发生腹泻，粪便如水样，恶臭，混黏液、纤维素性伪膜和血液，后大便失禁。尿频，有时混有血液和蛋白质。晚期，病牛高度脱水，极度衰竭，体温下降，呼吸增数，一般在24h内死亡。多数在5～14d内死亡。

4. 皮肤型 病程较长，在体温升高的同时，皮肤出现丘疹和水疱，关节显著肿大，淋巴结肿胀。

肉眼可见口腔和鼻腔黏膜充血潮红、坏死及糜烂，被覆脓样渗出物全身淋巴结肿胀和出血，皱胃和小肠的黏膜呈弥漫性充血，有时可见散在的点状出血、溃疡和糜烂。肠内容物呈水样，混有血液。肝脏和肾脏肿大，胆囊充血、出血，脾肿大，膀胱壁高度肥厚，有水肿和溃疡。脑膜充血，有时出血，但脑实质眼观不见异常。发病24h内死亡的最急性病例，没有或只有轻微的病理变化，可见心肌变性，肝、肾、脾和淋巴结肿大，心外膜有点状出血，消化道黏膜特别是真胃黏膜有不同程度的炎性变化。头眼型以类白喉性坏死性变化为主，喉头、气管和支气管黏膜充血，有小点出血，常有假膜覆盖。肺充血及水肿。

组织学检查可见全身性淋巴细胞和网状内皮细胞增生，脉管炎，黏膜上皮细胞变性、坏死，淋巴细胞浸润。脑有明显的非化脓性脑炎，病灶部的神经细胞可见形成的核内包涵体。

1. 病原学鉴定 采取病牛或刚刚死的动物脏器组织，做成悬浮液接种牛甲状腺、牛睾丸或牛胚肾原代细胞，培养3～10d后，可出现细胞病变，然后对其培养物做电子显微镜观察病毒形态，也可用中和试验或免疫荧光抗体技术进行鉴定。

2. 血清学试验 一般多采用中和试验、免疫荧光抗体技术、酶联免疫吸附试验效果较好。也可用放射同位素标记及DNA探针等方法检验。

应与牛口蹄疫和牛巴氏杆菌病相鉴别。牛口蹄疫，在黏膜溃烂前形成水疱，无神经症状，一般死亡率不高。牛巴氏杆菌病，在体温和全身症状上有很多相似之处，但牛巴氏杆菌病无角膜炎和神经症状，细菌学检查可发现多杀性巴氏杆菌。

二、治疗

尚无有效的治疗方法，发病时应及时隔离、消毒。可用肾上腺皮质激素、抗生素、磺胺类药物、氯化钙、强心剂和葡萄糖生理盐水等对症治疗，以缓解病情。

三、预防

尚无特异性免疫方法，病愈牛可获得坚强免疫力。临床上应加强饲养卫生管理，防止牛与隐性带毒的绵羊接触，病畜隔离饲养，对畜舍、放牧地做好定期消毒工作。发现病牛应立即隔离及清除同居的绵羊，并避免从发生过本病的地区引入绵羊。

【知识拓展】

一、病原

病原为恶性卡他热病毒，属疱疹病毒科，为双股 DNA 病毒。病毒粒子有囊膜，直径175nm，核衣壳呈20面体对称。病毒主要存在于病牛的血液、脑和脾等组织中，在细胞核内复制。病毒容易在犊牛的甲状腺或肾上腺细胞培养增殖，并形成合胞体和 Cowdry A 型核内包涵体。

本病毒对外界环境抵抗力不强，不耐高温、冷冻和干燥，含病毒的血液在室温存放24h 可完全失活，腐败和冰冻可迅速死亡。本病毒对乙醚和氯仿敏感，常用消毒药能迅速将其杀死。较好保存方法是将枸橼酸盐脱纤的含毒血液保存在5℃环境中。病畜康复后，体内可产生中和、补体结合及沉淀抗体。黄牛病愈后能产生坚强免疫力，可持续2～3 年。

二、流行病学

自然条件下，黄牛和水牛最易感，山羊、鹿次之，绵羊也能感染。传染源是狷羚、角马和绵羊。绵羊是本病毒的自然贮存宿主，带毒绵羊在产羔期最易传播本病。发病牛都与绵羊有接触史，同群放牧、同栏饲养等均可传染本病，病牛的分泌物和排泄物中也含有病毒，但病牛与健牛直接接触不发生本病。在非洲主要是通过狷羚和角马传播。其传播途径多数人认为是呼吸道。吸血昆虫也有传播作用。一年四季均发病，但多见于冬季和早春，呈散发或地方流行性，发病率低，但病死率高达60%～90%。多发于1～4岁的黄牛。

任务七 牛狂犬病

【任务简介】狂犬病俗称“疯狗病”，又名“恐水病”，是由狂犬病病毒引起的多种动物共患的急性接触性传染病。主要侵害中枢神经系统，本病以神经调节障碍、反射兴奋性增高、发病动物表现极度的神经兴奋而致狂躁不安、意识紊乱，最终发生麻痹而死亡。本病人畜共患，严重地威胁着人类的健康和生命安全。

【任务要求】掌握牛狂犬病的流行特点、诊断技术及防治措施。

【工作任务】

一、诊断

通常根据上述临床症状、流行特点可作出初步诊断，确诊需采取病料做包涵体的检查、病毒分离鉴定或血清学试验诊断。也可将病死牛的脑组织接种于小鼠，在接种后的6～14d内小鼠呈现步态不稳、四肢麻痹、全身震颤、最后死亡，也可确诊。

潜伏期平均30～90d，病牛初期精神沉郁，反刍、食欲降低，明显消瘦，腹围变小。很快出现起卧不安，前肢搔地，有阵发性兴奋和冲击动作，神态凶猛，意识紊乱，声音嘶哑，试图挣脱绳索，冲撞墙壁、跃踏饲槽、磨牙、性欲亢进、流涎等，不断哞叫。病牛兴奋发作后，有短暂停歇，稍后再度发作。随后逐渐出现麻痹症状，表现吞咽麻痹，伸颈，流涎，臌气，里急后重等。最后倒地不起，衰竭而死。

病尸消瘦，一般有咬伤、裂伤，口腔黏膜、咽喉黏膜充血、糜烂。胃内充满异物，胃黏膜发炎、出血。组织学检查，脑组织表现为非化脓性脑炎变化。软脑膜的小血管扩张充血，轻度水肿。脑灰质和白质的小血管充血，点状出血。在海马角的神经细胞、小脑的蒲野氏细胞和迷走神经干均可见嗜酸性的胞浆内包涵体即内基氏小体。

病原学检查。将患病动物或可疑感染动物捕杀，采集大脑海马角、小脑以及唾液腺等组织作为病料。病料作触片和超薄切片，用含碱性复红和美蓝的Seller氏染色液染色，于光学显微镜下观察，内基氏小体呈淡紫色。也可将病料涂片或切片用狂犬病荧光抗体染色液染色，置荧光显微镜下观察，胞浆内出现黄绿色荧光颗粒者为阳性。也可用仓鼠肾原代细胞或继代细胞、鼠成神经细胞瘤细胞等进行狂犬病病毒的分离培养，培养细胞可产生细胞病变，甚至出现包涵体，但对不出现细胞病变的培养物，并不否定狂犬病病毒的存在和增殖，仍应进行病毒的鉴定检查。动物接种试验，实验动物以小鼠特别是瑞士小鼠最为敏感，也可选仓鼠和家兔进行接种试验。病料制成1∶10乳剂，脑内接种5～7日龄小鼠，如有狂犬病病毒存在，则于接种后1～2周出现麻痹症状和脑膜脑炎变化，可采集病料进行包涵体检查；或于接种后7d，捕杀小鼠，取病料检查。

血清学试验。常用中和试验、补体结合试验、酶联免疫吸附试验和血凝抑制试验等方法进行病毒鉴定。

二、治疗

无特殊治疗方法，被患病或可疑的动物咬伤后，立即挤压伤口排去带毒液的污血毒。用20%的肥皂水或1%的新洁尔灭彻底清洗，再用清水洗净，继用2%～3%碘酒或75%酒精局部消毒。局部伤口原则上不缝合、不包扎、不涂软膏、不用粉剂以利伤口排毒，如伤及头面部，或伤口大且深，伤及大血管需要缝合包扎时，应以不妨碍引流，保证充分冲洗和消毒为前提，做抗血清处理后即可缝合。可同时使用破伤风抗毒素和其他抗感染处理以控制狂犬病以外的其他感染，但注射部位应与抗狂犬病毒血清和狂犬疫苗的注射部位错开。

三、预防

扑杀狂犬病犬，对健康犬每年定期接种狂犬病疫苗。牛被犬咬伤后立即用肥皂水反复洗伤口并用清水洗净，碘酊消毒，并尽早注射疫苗，间隔3～5d注射两次，每次皮下注射量25～30ml。有条件的可在咬伤后注射狂犬病血清，剂量0.5ml/kg体重。

【知识拓展】

一、病原

病原为狂犬病病毒，狂犬病病毒分类上属弹状病毒科、狂犬病病毒属。病毒的核酸类型为单股RNA，在电镜下观察病毒粒子为圆柱形，底部平，另一端钝圆，呈试管状或子弹状。

狂犬病病毒在动物体内主要存在于中枢神经，特别是海马角、大脑、小脑等细胞和唾液腺细胞内，并于胞浆内形成狂犬病特异的包涵体，称为内基氏小体，呈圆形或卵圆形，染色后呈嗜酸性反应。病毒可在大鼠、小鼠、家兔和鸡胚等脑组织以及仓鼠肾、猪肾等细胞中培育增殖。狂犬病病毒对过氧化氢、高锰酸钾、新洁尔灭、来苏儿等消毒药敏感，1%～2%肥皂水、70%酒精、0.01%碘液、丙酮、乙醚等能使之灭活。

二、流行病学

本病以犬类易感性最高，牛和多种家畜及野生动物均可感染发病，人也可感染。传染源主要是患病动物以及潜伏期带毒动物，野生动物（如野犬、狼、狐、貉、臭鼬和蝙蝠等）是本病毒的主要自然储存宿主。病毒主要存在于患病动物的脑组织、脊髓、唾液腺和唾液之中，经咬伤、呼吸道、消化道和胎盘而传染，也可经损伤的皮肤、黏膜感染。发病牛以犊牛和母牛较多见。

一般呈散发性流行，一年四季都有发生，但以春末夏初多见。

任务八　疯牛病

【任务简介】疯牛病又称牛海绵状脑病，是一种类似脑病毒感染的传染病。为中枢神经系统的一种慢性、退行性、致死性疾病，具有传染性。临床上以行为反常、运动失调、轻瘫、脑灰质海绵状水肿和神经元空泡变性为特征，该病潜伏期长，病情逐渐加重、终归死亡。是严重威胁养牛业的重要传染病之一。本病1986年在英国首次发现，科学家认为，BSE与人的克-雅氏病之间有一定的联系。

【任务要求】掌握疯牛病的流行特点、诊断技术及防治措施。

【工作任务】

一、诊断

根据流行病学特点、典型症状，可初步诊断。确诊尚需组织病理学检查。脑组织切片检查见孤束核，三叉神经脊束核发生空泡样变，神经纤维网呈海绵样变。诊断准确率达99%。脑干神经元及神经纤维网空泡化具有诊断意义。

发病初期除呈现精神沉郁外，一般无特异性的临床症状。但体质差，体重减轻，产奶量下降，常离群独居，不愿走动，随着中枢神经系统渐进性退行性变性加剧，神经症状逐渐明显。

病牛呈现行为异常、感觉过敏、运动失调三种表现。即病牛性情改变，磨牙，恐惧，狂燥而呈现乱踢、乱蹬、攻击行为，神经质，似发疯状，所以称“疯牛病”。对触摸和声音反应强烈，敏感性增高，吼叫，踢蹴，眨眼。步态异常，共济失调以致摔倒。后肢麻痹，震颤。约有95%病牛都会出现上述三种症状中一个以上的症状。病情逐渐恶化，后期全身衰弱导致摔倒和躺卧不起，最后死亡。从发病到死亡的病程为2周至6个月。

无明显肉眼变化，组织病理学特征性变化是神经变性。最主要的病变是脑干灰质神经纤维网呈空泡和海绵状变化，神经元空泡化，出现单个或多个空泡，呈海绵状，造成核偏左。脑干两侧出现呈对称性分布的固定空泡。大脑组织淀粉样变，空泡样变主要分布于延脑、中脑、中央灰质区、丘脑、下丘脑和间脑。

二、防治

目前对本病尚无有效的生物制品及治疗本病的有效药物。应加强海关检疫，禁止从疫区进口牛、羊及其精液、胚胎和肉粉、骨粉。发生本病后，要严格封锁，长期观察，及时捕杀病牛并行焚烧处理，不允许作任何他用。畜舍用2%漂白粉消毒，不能焚烧的物品应经高压蒸汽消毒30min以上。流行期间，禁止在牛饲料中添加反刍动物蛋白。同时，必须切实做好人身防护。

【知识拓展】

一、病原

病原为一种朊病毒，又称蛋白侵染子，其理化特性与羊的痒病因子相似。一般认为，该病是因“痒病相似病原”跨越了“种属屏障”引起牛感染所致。

该病毒对许多理化学因素具有异常高的抗性。对紫外线照射的抵抗力比常规病毒高40～200倍；能耐受121℃加热30min；3.7%甲醛溶液处理4h，不能将之完全灭活。在pH值2.1～10.5时，用2%～5%次氯酸钠溶液或90%石炭酸溶液经24h以上处理，方可灭活。

二、流行病学

传染源为患痒病的绵羊、牛及带毒牛。主要通过摄入混有痒病病羊或病牛尸体加工成的肉骨粉或添加剂而经消化道感染。没有发现牛之间的水平传播，但目前还不能排除垂直传播的可能性。牛发病年龄为3～11岁，多数为4～6岁青壮年牛，2岁以下和10岁以上的牛很少发生。无明显季节流行性。

任务九　牛瘟

【任务简介】牛瘟又名烂肠瘟，是由牛瘟病毒引起的一种急性、高度接触传染性疾病，主要表现为体温升高，病程短，消化道黏膜发炎、出血、糜烂和坏死。该病传染性强，病死率高，给畜牧业带来很大的损失，在公元4世纪就有记载，是古老的家畜传染病之一，OIE将其列为A类疫病。该病曾广泛分布于欧洲、非洲、亚洲，也曾在我国猖獗流行，至1956年我国消灭牛瘟。目前，该病主要流行于中东和南亚、中亚地区，故应警惕由国外传入。

【任务要求】掌握牛瘟的流行特点、诊断技术及防治措施。

【工作任务】

一、诊断

根据临床症状、剖检变化和流行病学资料可作出初诊，确诊需要进行病毒分离鉴定或者进行血清学试验。

潜伏期一般为3～15d，《陆生动物卫生法典》规定，潜伏期为21d。

1. 急性型　新发地区、青年牛及新生牛常呈最急性发作，无任何前驱症状死亡。病畜突发高热，41～42℃，稽留3～5d不退。黏膜充血潮红。流泪流涕流涎，呈黏脓状。在发热后第3～4d口腔出现特征性变化，口腔黏膜潮红，迅速发生大量灰黄色小结节，状如撒层麸皮，互相融合形成灰黄色假膜，脱落后露出糜烂或坏死，呈现形状不规则、边缘不整齐、底部深红色的烂斑，俗称“地图样烂斑”。高热过后严重腹泻，里急后重，粪稀如浓汤，带血，恶臭异常，内含黏膜和坏死组织碎片。尿频，色呈黄红或黑红。从腹泻起病情急剧恶化，迅速脱水、消瘦和衰竭，不久死亡。病程一般4～10d。

2. 非典型及隐性型　长期流行地区多呈非典型性，病牛仅呈短暂的轻微发热、腹泻和口腔变化，死亡率低。或呈无症状隐性经过。

牛瘟病毒对上皮细胞和淋巴细胞有亲和性，所有淋巴器官损害严重，特别是肠系膜和淋巴组织。典型病例尸体外观呈脱水、消瘦、污秽和恶臭。剖检可见消化道黏膜严重炎症并坏死，口腔、第四胃、肠道、上呼吸道黏膜坏死、糜烂，或充血、出血。小肠黏膜潮红、水肿，有出血点；淋巴结肿胀、坏死。大肠呈程度不同的出血或烂斑，覆盖灰黄色假膜，形成特征性的“斑马条纹”。胆囊增大1～2倍，充满大量绿色稀薄胆汁，黏膜有出血点。淋巴结水肿肿胀。

二、治疗

目前尚无治疗该病的有效药物，种畜早期静脉注射抗牛瘟高免血清可起到一定的治疗效果。

三、预防

我国已消灭了牛瘟，因此，预防本病要严格执行兽医卫生检疫措施，特别是对进口的牲畜和畜产品实行严格的隔离检疫。对受邻国疫情威胁的地区，所有的牛应普遍接种牛瘟弱毒疫苗，建立免疫带，以防牛瘟传入。一旦发生牛瘟，应立即报告，病牛及可疑感染牛一律捕杀，并严格执行封锁、检疫、隔离、消毒、焚尸等综合措施。

【知识拓展】

一、病原

牛瘟病毒属副黏病毒科，麻疹病毒属。病毒粒子通常呈圆形，直径120～300nm，为RNA病毒，有囊膜。本病毒和麻疹病毒及犬瘟热病毒有共同抗原性，能产生交互免疫保护作用。该病毒对消化道黏膜和淋巴组织有很强的亲和性。

该病毒比较脆弱，干燥暴晒易使其灭活，56℃60min或60℃30min均能使其灭活，但在湿冷或冷冻的组织中可存活很长时间。对脂溶剂敏感。对多数普通消毒剂如石炭酸、甲酚、氢氧化钠敏感。

二、流行病学

牛、牦牛、水牛对本病均易感，尤以牦牛最易感，黄牛和水牛次之。绵羊、山羊、鹿以及猪也易感。骆驼科动物极少感染。

病牛为主要传染源。病毒存在于发热期的血液和患畜分泌物、排泄物中，健康牛多因吸入病牛粪便污染的空气或食入污染的饲料和饮水经呼吸道和消化道感染。也可经眼结膜、上皮组织等途径侵入。主要通过直接接触传染，也可通过密切接触的物体、昆虫间接传播。无明显的季节流行性，但在老疫区呈现地方性流行，在新疫区通常呈暴发式流行，发病率和死亡率都相当高。

三、鉴别诊断

本病与口蹄疫、水疱性口炎和牛病毒性腹泻均可在口腔黏膜出现糜烂，诊断时应注意鉴别。

1. 口蹄疫的鉴别 口蹄疫病牛于唇、齿龈等黏膜上，先形成水疱，水疱破溃后变为糜烂，并且蹄和乳房等部位亦有相似病变，糜烂部无糠麸样物覆盖。

2. 水疱性口炎 水疱性口炎多发生在夏季，病牛于舌面发生蚕豆大到核桃大的水疱，水疱迅速破溃，形成烂斑。体温短时上升。

3. 牛病毒性腹泻 牛病毒性腹泻的症状与牛瘟类似，但口腔糜烂或溃疡表面并不覆盖糠麸样伪膜，可靠的鉴别有赖于病毒分离或血清学试验。

复习思考题

1. 简述牛场发生口蹄疫时的防制措施。
2. 简述牛病毒性腹泻-黏膜病的主要临床症状。
3. 简述牛流行热的预防要点。
4. 简述牛恶性卡他热的防制措施。

（本模块编者：姜莉莉）

模块二　细菌性传染病

任务一　布鲁氏菌病

【任务简介】布鲁氏菌病是由布鲁氏菌引起的人畜共患传染病。临床特征是生殖器官和胎膜发炎，使母畜流产和不孕，公畜表现为睾丸炎、附睾炎和关节炎。

【任务要求】掌握布鲁氏菌病的流行特点、诊断技术及防治措施。

【工作任务】

一、诊断

根据流产及流产的子宫、胎儿和胎膜病变，公畜睾丸炎及附睾炎，同群家畜发生关节炎及腱鞘炎，可怀疑为本病。可通过细菌学、血清学、变态反应等实验室手段确诊。血清凝集试验是牛羊布鲁氏菌病检疫的标准方法，补体结合试验的特异性和敏感性均高于凝集试验，可检出急性或慢性病畜，广泛用于牛羊的诊断。皮内变态反应适用于绵羊和山羊的检疫。

临床症状不明显，常为隐性经过，一般为2周至半年不等。感染牛常在妊娠的第6～8个月流产，羊多在妊娠后3～4个月流产。流产前母畜腹痛不安、阴唇、阴道黏膜潮红肿胀，流出淡黄色黏液。牛发病严重者可发生子宫内膜炎，病牛可长期不育。流产胎儿多为死胎、弱胎，多数母牛流产后胎衣滞留。患病公畜表现睾丸炎、附睾炎，有的还有后肢关节肿胀、滑液囊炎，跛行或卧地不起。

在子宫绒毛膜间隙有污灰色或黄色胶样渗出物，绒毛上有坏死灶和坏死物；胎膜水肿肥厚，黄色胶样浸润，表面附有纤维素和脓汁，间或有出血；胎儿皮下及肌间结缔组织出血性浆液浸润；黏膜和浆膜有出血斑点，胸腔和腹腔有淡红色液体；肝、脾和淋巴结不同程度肿大，有时有坏死灶；肺有肺炎病灶。公畜的睾丸和附睾有炎症、坏死灶或化脓灶。

牛应注意与牛病毒性腹泻-黏膜病、牛地方性流产、化脓性放线菌病、弯杆菌病及毛滴虫病相区别。羊应与绵羊地方性流产（绵羊衣原体病）、弓形虫病，弯杆菌病、沙门氏菌性流产等区别。

二、治疗

目前尚无理想的药物，无治疗价值。一旦发现患病牛羊应进行隔离，牛用链霉素肌肉注射300万~500万IU/次，连续7d为一疗程。

中药疗法。可应用宣脾汤或三仁汤，15d为一个疗程。

宣脾汤：防己40g、杏仁30g、滑石30g、连翘25g、山栀20g、半夏20g、薏苡仁25g、蚕沙25g、姜黄20g、海桐皮20g，为一头牛剂量，加水煎成500ml，每日1次灌服。

三仁汤：杏仁40g、滑石40g、通草20g、竹叶30g、半夏40g、厚朴20g、薏苡仁40g、加水，煎成500ml，每日1次灌服。

三、预防

1. 自繁自养　养牛场、养羊场实行自繁自养、人工授精。引进种畜或补充畜群时，新购入的牛羊隔离观察2个月以上，并进行两次检疫，确认均为阴性时，方可混群饲养。

2. 定期检疫　对健康畜群每年应检疫1~2次，发现患畜应立即淘汰。疫区内的各种家畜均为被检对象，羊在5月龄以上，牛在8月龄以上检疫为宜。

3. 隔离、淘汰病畜及严格消毒　隔离采取集中圈养或固定草场放牧的方式。对病牛污染的圈舍、运动场、饲槽等用5%克辽林、5%来苏儿、10%~20%石灰乳或2%氢氧化钠消毒，病牛皮用3%~5%来苏儿浸泡24h后利用；乳汁煮沸消毒；粪便发酵处理。

4. 定期防疫　可用羊种布鲁氏菌5号弱毒菌苗（M_5菌苗），或猪种布鲁氏菌2号弱毒菌苗（S_2菌苗），每年免疫1次，应用气雾、肌肉注射、皮下注射、口服均可。19号菌苗对牛两次注射（5~8月龄、10~20月龄各免疫一次）。

【知识拓展】

一、病原

布鲁氏菌为细小的球杆菌，无芽胞，无鞭毛，多数无荚膜，革兰氏阴性。常用的染色方法为柯氏染色，本菌染成红色，其他细菌染成蓝色或绿色。本菌分为6个种和20个生物型。即羊布鲁氏菌3个生物型；牛布鲁氏菌9个生物型；猪布鲁氏菌5个生物型，绵羊布鲁氏菌、沙林鼠布鲁氏菌和犬布鲁氏菌各1个生物型。布鲁氏菌对自然因素抵抗力较强，在患病动物内脏、乳汁、被毛上能存活4个月。常用的消毒药为1%来苏儿、2%福尔马林和1%生石灰乳，对链霉素、庆大霉素和卡那霉素敏感。

二、流行病学

患病动物和带菌动物为传染源，胎儿、胎衣、胎水、阴道分泌物、乳汁、精液及粪尿、污染的饲料、饮水为传播途径。主要经消化道感染，也可经皮肤、黏膜、交配和吸血昆虫传播。各种动物都有感受性，羊、牛和猪最易感。成畜比幼畜易感，母畜比公畜易感，尤其是妊娠母畜最易感。人对羊、牛、猪、犬种布鲁氏菌都有感受性，但羊型布鲁氏菌致病力最强。该病无明显季节性，在产羔、产犊季节多发。在疫区内，大多数第一胎母牛流产后多不再发生流产。本病被我国列为乙类传染病。

任务二　牛结核病

【任务简介】 结核病是由结核分枝杆菌引起的人畜共患的慢性传染病。其特征是患病动物渐进性消瘦和在患病器官组织形成结核结节、干酪样病灶和钙化病变。

【任务要求】掌握牛结核病的流行特点、诊断技术及防治措施。

【工作任务】

一、诊断

根据临床病史和临床症状（不明原因的渐进性消瘦、咳嗽、肺部异常、慢性乳腺炎、顽固性下痢，体表淋巴结慢性肿胀等）可初步诊断。确诊主要依靠变态反应试验。

潜伏期一般2～6周，长的可达数月到数年。大多取慢性经过，初期症状不明显，体温正常或微热，日渐消瘦。绵羊及山羊结核病均不多见。牛肺结核和淋巴结核为最多见，其次是乳房和胸、腹膜结核，也可以见于其他脏器，骨以及关节等。

1. 肺结核　在临床上最为常见。病畜咳嗽，呼吸困难，鼻有黏液或脓性分泌物，肺部听诊有干湿性啰音，严重时有胸膜摩擦音。叩诊有浊音区。体表多处淋巴结肿大，有硬结而无热痛。逐渐消瘦，无力，易疲劳。体温一般正常或略升高，弥漫性肺结核体温升高到40℃，弛张热和稽留热。

2. 乳房结核　乳房上淋巴结肿大，在乳房内可摸到局限性或弥漫性硬结，无热无痛。乳量渐减，乳汁稀薄，甚至含有凝乳絮片或脓汁，乳腺萎缩不对称，泌乳减少或停止。

3. 肠结核　犊牛多见，消瘦和持续性下痢，粪便带血或脓汁，如纵隔淋巴结肿大，压迫食道可引起慢性臌胀。若波及肠系膜淋巴结、腹膜时，直肠检查可摸到粗糙的腹膜表面及肿大的肠系膜淋巴结。

4. 生殖器官结核　母畜可发生于子宫、卵巢和输卵管。性欲亢进，从阴道流出黄白色黏膜分泌物。性功能紊乱，发情频繁，但不妊娠或孕牛流产。公牛睾丸或附睾肿大有硬结。

5. 淋巴结核　淋巴结肿大，常在颌下淋巴结、咽淋巴结、颈淋巴结以及扁桃体发生结核病灶淋巴结肿大，表面凸凹不平。

6. 脑结核　表现多种神经症状，如癫痫样发作，运动障碍等，甚至失明。

患病器官组织发生增生性结核结节和渗出性干酪样坏死，或形成钙化灶。以肺和淋巴结核最为常见。

1. 肺结核　在肺脏可见有针头至鸡蛋大的黄白色圆形或卵圆形结节，切开时有干酪样坏死或钙化灶。有的形成空洞。肺实质呈现结核性肺炎。

2. 胸、腹膜结核病　在胸、腹膜上有密集的粟粒至豌豆大的、半透明的、质地硬实的黄白色结核结节，似珍珠状，故称为“珍珠病”。

3. 肠、肝、脾、肾及乳房结核　肠结核见于小肠和盲肠，有大小不等的结核结节和溃疡。肝、脾、肾的结核与肺相似，有结节及干酪样病灶。乳房结核，在乳房上有大小不等的病灶，内含干酪样物质。

变态反应试验是诊断该病的主要方法。即用牛提纯结核菌素皮内注射和点眼。我国奶牛采用两种方法同时进行，每次分别进行两次、两种方法的任何一种呈阳性反应者，均可判定为阳性反应牛。绵羊、山羊用牛型和禽型结核菌素同时分别作皮内注射，如注射后48～72h注射部位有红肿者为阳性反应。

二、防治

牛结核病一般不予治疗。通常采取加强检疫、防止疾病传入，扑杀病牛，净化污染群，培育健康牛群，同时加强消毒等综合性防疫措施。

1. 无病牛场和牛群加强定期检疫、防疫和消毒措施 引入种畜时必须就地检疫，并隔离观察1～2个月，再进行检疫，确认无病者方可混群。对健康畜群在每年2次检疫中发现阳性反应者及时处理，该牛群按污染群对待。

2. 污染牛群 每年进行4次检疫，不断剔除阳性病畜和淘汰开放性结核病畜，逐步达到净化。阳性病畜产犊后，喂3d初乳后隔离，喂养健康牛乳。1个月、6个月、7.5个月各检疫一次，3次均为阴性者，可假定健康牛群。

3. 假定健康畜群为向健康畜群过渡，牛一年每3个月检疫一次，直到无阳性反应为止 以后再经过1～1.5年连续3次检疫，均为阴性可为健康畜群。

4. 消毒措施 每年定期大消毒3～4次。饲养用具每月消毒一次。养殖场以及牛舍入口设置消毒池。粪便生物热处理方可利用。检出病牛后进行临时消毒。常用消毒药10%漂白粉、3%福尔马林、3%氢氧化钠溶液和5%来苏儿。

【知识拓展】

一、病原

结核分枝杆菌分为牛型、禽型和人型。该菌为专性需氧菌，不产生芽胞和荚膜，革兰氏染色阳性，显微镜下为直或弯的细长杆菌，呈单独或并行排列，多为棍棒状，间有分枝状。结核分枝杆菌对外界环境抵抗力很强，在水中能存活5个月，在粪便和土壤中能存活6～7个月，在干燥的痰中能存活10个月。能耐受一般消毒剂，5%来苏儿和石炭酸中能存活24h。对高温、紫外线、日光和酒精较为敏感。因此，常用消毒药为70%酒精和10%漂白粉。结核分枝杆菌对磺胺类药物、青霉素等及其他广谱抗生素不敏感，但对链霉素、庆大霉素、异烟肼、利福平、对氨基水杨酸和环丝氨酸等药物敏感。

二、流行病学

本病世界各国普遍流行，家畜中牛最易感，尤其是奶牛，其次是黄牛、牦牛、水牛，猪和家禽易感性也很强，羊极少发病。牛型结核杆菌是牛结核病的主要致病菌，也感染其他家畜和人。人型结核杆菌除了导致人结核病外，也可以感染其他家畜和牛。各型结核病畜为传染源，尤其是开放性结核病畜。病畜通过粪便、尿液、乳汁、痰汁和生殖道分泌物向外排菌，污染饲料、饮水、空气和环境而散播本病。主要经呼吸道和消化道感染，也可通过损伤的皮肤、黏膜、胎盘或交配而感染。无明显的季节性和地区性，多为散发。饲养管理不良可促进本病的发生。如饲料营养不足、矿物质、维生素的不足；厩舍阴暗潮湿、牛群密度过大、阳光不足，环境卫生差，消毒不严及不定期检疫等均可促进本病的发生。

任务三　牛副结核病

【任务简介】牛副结核病又称副结核性肠炎，是由结核分枝杆菌引起牛羊的慢性接触性传染病。病的特征是长期顽固性腹泻和逐渐消瘦。死亡剖检肠黏膜增厚并形成皱褶。本病分布广泛，一般养牛地区都可存在。

【任务要求】掌握牛副结核病的流行特点、诊断技术及防治措施。

【工作任务】

一、诊断

根据流行病学和临床症状，特别是长期顽固性反复下痢、渐瘦，剖检回肠黏膜增厚，脑回样皱褶，可初步诊断。确诊需进行实验室检查及变态反应诊断。

潜伏期数月至2年以上。患畜体温不升高，病初症状不明显，只有应用变态反应诊断才能检出，但有30%~50%的牛能向外排菌。逐渐消瘦，泌乳量下降。症状明显后表现顽固性腹泻，喷射状排粥样恶臭粪便，混有气泡、黏液或血凝块。腹泻有时可停止，但能复发。随病情发展高度消瘦和贫血，泌乳停止。下颌胸下水肿。最后衰竭而死亡，病程几个月至二年。

病变主要发生在消化道和肠系膜淋巴结，回肠、空肠和结肠前段呈现慢性肥厚性肠炎，回肠黏膜增厚3~20倍，形成明显皱褶，呈脑回样外观。黏膜黄白或灰黄色，肠系膜淋巴结肿大，切面有黄白色病灶，但无干酪样变化。

细菌学检查。生前检查可采集粪便中的黏液、血凝块或直肠刮取物。死后检查采取肠系膜淋巴结或肠系膜的病变处，制成涂片，经抗酸染色镜检，见到抗酸染色阳性的小杆菌成丛排列，可确认是副结核分枝杆菌。

血清学诊断。补体结合试验对急性和症状明显的检出率较高。

变态反应诊断。对隐性和症状不明显的牛，可用副结核菌素或禽型结核菌素做皮内变态反应诊断。如用禽型结核菌素检查，则先用牛结核菌素检查为阴性后，才可用于诊断副结核病。该病副结核菌素检出率为90%，禽型结核菌素为80%。

该病发展缓慢，应与牛肠结核、牛沙门氏菌病区别。

二、防治

本病目前无有效的免疫和治疗办法，主要在于预防、发病后扑灭患畜。

加强饲养管理和严格的防疫和检疫制度，不从疫区引进牛只。每年进行4次（间隔3个月）的变态反应检疫，连续3次阴性，视为健康牛群。变态反应疑似牛，隔离饲养，定期检查。病牛新生犊牛，立即与母牛隔开，人工哺乳。病牛污染的牛舍、饲槽、用具和运动场等，用生石灰、漂白粉或烧碱等药液进行经常性消毒。明显症状的牛及时扑杀。变态反应阳性牛，集中隔离，分批淘汰。

【知识拓展】

一、病原

副结核分枝杆菌是需氧菌，不形成芽胞，无荚膜和鞭毛，革兰氏染色阳性。本菌对外界环境和消毒药有中等抵抗力。尿液中存活 7d，粪便内存活 125d，乳中可存活 10 个月。常用消毒药有 2% 石炭酸、5% 福尔马林、5% 烧碱溶液。

二、流行病学

传染源主要是病牛和带菌牛。副结核分枝杆菌主要存在于肠道黏膜、肠系膜淋巴结、粪便、尿液及乳汁中，可以大量排出体外，污染饲料、饮水、畜舍和牧场。该病主要引起牛，尤其是奶牛发病，幼龄牛最易感。其次是羊和猪，水牛、马、鹿和骆驼也可发病。主要经过消化道感染，也可由子宫内通过胎盘感染胎儿。本病传播缓慢，犊牛感染后在成年后妊娠、分娩和泌乳时出现临床症状。高产奶牛比低产奶牛发病重，母牛比公牛和阉牛发病率高。

任务四　牛巴氏杆菌病

【任务简介】巴氏杆菌病是由多杀性巴氏杆菌引起的多种动物的一种急性、热性、败血性传染病。急性病例以高热、肺炎间或呈急性胃肠炎以及内脏广泛性出血为主要特征。牛巴氏杆菌病又称牛出血性败血症，简称“牛出败”。

【任务要求】掌握牛巴氏杆菌病的流行特点、诊断技术及防治措施。

【工作任务】

一、诊断

根据流行病学特点、临床症状和病理变化以及采取心血、肝、脾、淋巴结、乳汁等涂片染色镜检，发现有两极浓染的巴氏杆菌，可以诊断为本病。

潜伏期 2 ~ 5d，根据临床症状分为败血型、水肿型、肺炎型和肠炎型。

1. 败血型　最急性经过，突然发病。体温迅速升高到 41 ~ 42℃，精神委顿，食欲及反刍停止，结膜潮红，皮温不整，呼吸、脉搏加快，腹痛、腹泻，粪中有黏液或血液，有时鼻液和尿中带血，濒死期体温下降，1d 内死亡。

2. 水肿型　为最常见，除全身症状外，颈下、喉头皮下组织炎性水肿，甚至扩展到肉垂和前胸。肿胀部有热痛、硬固，后逐渐变冷，疼痛减轻。有时波及舌及其周围组织而发生肿胀，导致呼吸、吞咽困难，大量流涎，故俗称“清水症”。有的舌脱出口外，发出喘鸣，呻吟，口舌黏膜发绀，常窒息死亡，病程多 1 ~ 3d。

3. 肺炎型　主要呈纤维素性胸膜肺炎症状。后期伴有血性下痢。病程 3d 至 1 周以上。

4. 肠炎型　多见于 1 ~ 2 岁犊牛，症状为严重腹泻，粪中带血和黏液，常和肺炎型同时发生。

1. 败血型 各脏器黏膜、浆膜、舌、皮下组织和组织均有出血点。淋巴结显著水肿、出血。心脏、肺脏和胃肠道出血。

2. 水肿型 除有出血性变化外，颈和咽喉部水肿，皮下胶样浸润，切开有黄色透明液体流出。局部淋巴结水肿或有出血。

3. 肺炎型 纤维素性胸膜肺炎病变，胸腔有大量浆液性纤维素性渗出。肺脏有各种不同时期的肝样变，切变呈大理石样外观。

败血型和水肿型主要应与气肿疽、炭疽和恶性水肿相鉴别，肺炎型则应注意与牛肺疫相区别。

二、治疗

早期应用血清、抗生素或磺胺类药物治疗效果理想。

1. 西医疗法 巴氏杆菌抗血清 80ml，一次皮下注射。10%磺胺嘧啶钠注射液 200ml、40%乌洛托品注射液 50ml、10%葡萄糖 500ml，静脉注射，2 次/d。也可应用青、链霉素、头孢类抗生素治疗。进行强心、补液、维持呼吸和心肺功能。肺炎可用新砷矾那明（九一四）按 10mg/kg 体重用注射用水配成 5%溶液静脉注射，现用现配。

2. 中兽医疗法 金银花 50g、连翘 60g、射干 60g、山豆根 60g、天花粉 60g、桔梗 60g、黄连 50g、黄芩 50g、栀子 50g、茵陈 50g、马勃 50g、牛蒡子 30g，水煎取汁，温凉灌服。

三、预防

消除发病诱因，增强牛的抵抗力。加强牛场清洁卫生和定期消毒。每年春秋两季定期用牛出败氢氧化铝甲醛灭菌苗皮下注射，牛 100kg 以上 6ml，100kg 以下 4ml，注射后 21d 产生免疫力，免疫期 9 个月。

【知识拓展】

一、病原

多杀性巴氏杆菌是一种细小、两端钝圆的球状短杆菌，多散在，不能运动，不形成芽胞，无鞭毛，革兰氏染色阴性，用碱性美蓝着染血片或脏器涂片，呈两极浓染。该菌对环境抵抗力弱，在干燥和直射阳光下很快死亡，高温立即死亡，一般消毒剂都有很好的消毒效果。

二、流行病学

患病畜禽和带菌动物为传染源，病原体存在于病畜各器官组织和体液中。本菌在健康家畜的上呼吸道和扁桃体内都存在，且带菌率很高。各种畜禽和野生动物均可感染，以猪、禽、牛、兔最易感，绵羊次之，山羊、马、鹿、骆驼少见。经消化道和呼吸道感染，也可经损伤的皮肤、黏膜和昆虫叮咬传播。无明显季节性，但在气候多变，阴雨连绵，潮湿等情况下多发，一般为散发或地方流行性。

任务五　牛羊链球菌病

【**任务简介**】链球菌病主要是由β-溶血性链球菌引起的多种动物共患传染病的总称。临床症状表现多样，主要引起各种化脓疮和败血症，也可以引起各种局限性感染。

牛肺炎链球菌病是由肺炎链球菌引起的一种急性败血性传染病。以脾脏充血肿大，形成所谓“橡皮脾”为特征。牛链球菌乳房炎主要是由B群无乳链球菌引起的。主要表现是浆液性乳管炎和乳腺炎。羊链球菌病是由C群溶血性链球菌引起的一种急性、热性、败血性传染病。病理学特征是全身出血性败血症及浆液性肺炎与纤维素性胸膜肺炎，胆囊肿大，又称“大胆病”，临床特征是咽喉肿大，颌下淋巴结肿大和大叶性肺炎。

【**任务要求**】掌握牛羊链球菌病的流行特点、诊断技术及防治措施。

【**工作任务**】

一、诊断

根据流行病学特点、症状及病理变化可以作出初步诊断。病原学检查可采取发病或病死动物的脓汁、关节液、鼻咽内容物、乳汁、各脏器、心血等制成涂片，美蓝染色可见到链球菌。

1. 牛肺炎链球菌病

（1）最急性型　病程仅几个小时。衰弱、体温高，停止哺乳，呼吸困难，结膜发绀，心衰、抽搐、痉挛，死亡转归。

（2）急性型　病程1～2d，鼻镜潮红，流脓性鼻汁。腹泻、支气管肺炎、咳嗽、呼吸困难，共济失调，肺部听诊有啰音。

2. 牛链球菌乳房炎　主要表现亚临床型乳房炎，症状不明显，少有急性型。急性型表现乳房肿胀、变硬、发热、有痛感。食欲降低，体温稍高，泌乳减少或停止。严重者从乳房挤出血清样分泌液，含有纤维蛋白絮片和脓块，呈黄色，红黄色或微棕色。

3. 羊链球菌病　发病率20%左右，死亡率80%以上，潜伏期2～7d。精神沉郁，食欲废绝。眼结膜充血、流泪，有黏液性或脓性鼻液。主要症状是咽喉部肿胀，呼吸迫促，卧地不起，磨牙，粪便细软，有黏液和血液。眼睑、乳房肿胀，孕羊流产，体温逐渐下降，伴有抽搐、惊厥以及神经症状死亡。最急性型1d内死亡，急性型2～3d死亡。

1. 牛肺炎链球菌病　剖检可见浆膜、黏膜、心包出血。胸腔渗出液增加并积有血液。特征性病变是脾脏充血性增生性肿大，脾脏髓质呈黑红色，质地坚硬如橡皮，即所谓的“橡皮脾”。肝脏、肾脏充血、出血，有脓肿。成年牛感染子宫内膜炎和乳房炎。

2. 羊链球菌病　尸僵不全，血凝不良。实质器官炎性肿胀和出血，全身淋巴结肿大、出血、坏死，大叶性肺炎，胆囊肿大到2～4倍，胆汁外渗，瓣胃干硬，胃肠黏膜肿胀。

鉴别诊断应注意与炭疽、巴氏杆菌病、羊快疫、羊肠毒血症区别。

二、治疗

注射用青霉素钠，牛 600 万 IU，羊 100 万 IU，肌肉注射，3～4 次/d，至体温下降时停药。硫酸庆大霉素，牛 150 万 IU，羊 20 万 IU，加入 5% 葡萄糖溶液中静脉注射，2 次/d。

三、预防

建立健全消毒隔离制度，保持圈舍清洁、干燥及通风，经常清除粪便。引进动物时必须经过检疫和隔离观察，确保健康才能混群饲养。注意气候变化，增强动物自身抵抗力。应用羊链球菌氢氧化铝甲醛菌苗免疫，大小羊只一律皮下注射 3ml，3 月龄以下羔羊第一次注射后经 2～3 周再注射一次，注射后 14～21d 产生免疫力，免疫期 6 个月以上。一旦发病，尽快作出诊断，上报疫情，划定疫点、疫区，封锁疫区，紧急消毒，妥善处理病死畜。

【知识拓展】

一、病原

链球菌种类很多，一部分对人畜有致病性，另一部分无致病性。溶血性链球菌呈圆形或卵圆形，长排列成链，短者成对，长者几个至上百个细菌呈链状。该菌有荚膜、无芽胞，革兰氏染色阳性，用血清学方法分为 A、B、C 等共 19 个群。本菌抵抗力较强，室温中可存活 100d 以上，直射日光下 6h 死亡，95℃加热 3～5min 死亡，一般消毒药可很快杀死。常用消毒药为 2% 石炭酸、0.1% 来苏儿。

二、流行病学

病畜和带菌畜是本病的传染源，主要存在于病畜的分泌物、排泄物及血液和内脏器官中。该病易感动物很多，牛、绵羊、山羊、猪、马属动物、禽、兔等均有易感性，3 周龄以内的犊牛最易感牛肺炎链球菌，绵羊较山羊易感染。主要经过呼吸道和损伤的皮肤及黏膜感染。幼畜可因断脐时处理不当而引起脐带感染。本病的流行带有明显的季节性，冬春季多发，呈地方性流行或散发，饲养管理不当，环境因素及遗传因素都是本病的诱因。

任务六　大肠杆菌病

【任务简介】大肠杆菌病又称大肠杆菌性腹泻，在犊牛称为犊白痢，在羔羊称为羔白痢，是致病性大肠杆菌引起的犊牛或羔羊的急性传染病，临床特征是败血症和急性胃肠炎。

【任务要求】掌握大肠杆菌病的流行特点、诊断技术及防治措施。

【工作任务】

一、诊断

根据流行病学、症状和剖检变化，可怀疑为本病。确诊需进行细菌学检查（采取血液、内脏、小肠黏膜等部位做病料）。鉴别诊断与犊牛副伤寒、羔羊痢疾相区别。

1. 犊牛大肠杆菌病　潜伏期一般为数小时。分为三种型：

（1）败血型　呈急性败血症经过。病犊表现发热，精神沉郁，间有腹泻，常于出现症状后数小时至1d内死亡，有的未出现腹泻即死亡。

（2）肠毒血型　较少见，见于出生后7d内吃过初乳的犊牛，常突然死亡。病程稍长者，见到中毒性神经症状，先兴奋后抑制，最后昏迷而死，死前多有腹泻症状。

（3）白痢型　见于出生后7～10d吃过初乳的犊牛。病初体温升高达到40℃，数小时后开始下痢，随下痢出现体温降至正常。粪便初为黄色粥样，后呈白色水样，内含气泡和凝乳块、血块、酸臭。后期病犊腹痛，肛门失禁。病程长的有肺炎和关节炎。如及时治疗，一般可治愈，但发育迟缓。

2. 羔羊大肠杆菌病　潜伏期数小时至1～2d。分两种型：

（1）败血型　多发于2～6周龄的羔羊。病初体温升高，临诊常有精神委顿、四肢僵硬、运步失调、视力障碍、卧地磨牙，一肢或数肢做划水动作等神经症状，有的关节肿胀、疼痛。多于24h内死亡。

（2）肠型　多见于2～8d的幼羔，主要表现病初体温升高，随之出现下痢，体温下降。病羔腹痛、拱背、委顿。粪便先呈半液状，色灰黄，以后呈液状，含有气泡，有时混有血液。如果治疗不及时可于24～36h死亡，病死率15%～75%。偶见关节肿胀。

1. 犊牛大肠杆菌病　剖检急性败血型、肠毒血症死亡的犊牛，多无特异病变。有下痢症状的病犊主要表现为急性胃肠炎病变，病程长的有肺炎和关节炎病变。

2. 羔羊大肠杆菌病　剖检败血型病死羔可见胸、腹腔和心包内有大量积液，内有纤维蛋白。某些关节、尤其是肘和腕关节肿大，滑液混浊，内含纤维素性脓性絮片。脑膜出血有小出血点，大脑沟常含有多量脓性分泌物。

肠型大肠杆菌病羔可见尸体严重脱水，真胃、小肠和大肠内容物呈黄灰色半液态，黏膜充血，肠系膜淋巴结肿胀发红，有的病例呈初期肺炎病变。

二、治疗

原则是抗菌、补液、调整胃肠功能。新霉素，犊牛或羔羊0.05g/kg体重，肌肉注射，2～3次/d。病畜有严重肠炎时，粪便呈水样混有血液，迅速出现脱水现象，每天应补液1～2次，静脉输注复方氯化钠、生理盐水、葡萄糖生理盐水2 000~6 000ml。必要时可加入碳酸氢钠、乳酸钠以防酸中毒。

三、预防

孕畜要供给足够的蛋白质饲料和维生素、矿物质、舍饲家畜要适当运动，保持牛羊舍清洁卫生。分娩前和补乳前将母畜的乳房洗净，力争幼畜出生早期吃够足够的初乳。在妊娠后期给母畜注射或口服疫苗，或给初生幼畜注射或口服疫苗，或给初生幼畜注射大肠杆菌高免血清。

【知识拓展】

一、病原

大肠杆菌为革兰氏阴性中等大小的杆菌，有周身鞭毛，无芽胞，无荚膜，能运动。在动物组织抹片中，有时两极着色。致病性大肠杆菌菌株一般能产生一种内毒素和两种肠毒素，从而使动物发病。

二、流行病学

易感动物主要是10日龄以上的犊牛和6周龄以内的羔羊。本菌广泛存在于自然界，凡是能使犊牛、羔羊抵抗力下降的因素均可诱发本病的发生。主要经过消化道感染本病。饲料、饮水、哺乳不洁都可导致本病的发生。冬春舍饲季节多发，呈地方性流行或散发，夏秋季节极少发生。

任务七　沙门氏菌病

【任务简介】沙门氏菌也称副伤寒，是沙门氏菌属的细菌引起的人畜共患传染病。主要表现是败血症和肠炎，孕畜可发生流产。牛的临床特征是体温升高和随之发生腹泻；羊的临床特征是下痢和孕羊流产。

【任务要求】掌握沙门氏菌病的流行特点、诊断技术及防治措施。

【工作任务】

一、诊断

根据流行病学、临床症状和病理变化，可作出初步诊断。确诊需进行细菌学检查，从下痢死亡的牛羊肠系膜淋巴结、胆囊、脾脏、心脏血液和粪便，或从患病母羊的粪便、阴道分泌物及胎盘组织等进行沙门氏菌的分离培养和鉴定。

1. 牛沙门氏菌病

（1）犊牛多于出生1～2周发病，体温升高达40～41℃，24h后排出灰黄色液状粪便，混有黏液和血液，恶臭，病程5～7d，病死率一般为5%～10%。多数病犊可恢复，病程长者，腕关节和跗关节肿胀，或有支气管肺炎症状。

（2）成年牛感染后呈隐性经过，症状轻者可自行恢复。急性病例多见于弱牛，症状与犊牛相似，多于发病后1～5d内死亡。病程延长时，病牛脱水消瘦，剧烈腹痛，孕牛流产。

2. 羊沙门氏菌病

（1）下痢型　病羊体温升高达40～41℃，精神沉郁，食欲减退，排出黏性带血恶臭的粪便，病羊沉郁、虚弱，卧地不起，经1～5d死亡，病死率达25%。

（2）流产型　怀孕绵羊在怀孕后期发生流产。流产前病羊体温生高，有的腹痛，阴道有分泌物。产下病羔表现衰弱，不吮乳，常于生后1～7d内死亡。病母羊可在流产后或无流产时死亡。流产和病死率可达60%。

下痢型病牛羊尸体后躯被毛、皮肤被稀粪玷污，尸体严重脱水，皱胃和肠道空虚，黏膜充血，有稀薄内容物。肠道上附有黏液，并含有小的血块，肠道和胆囊黏膜水肿，肠系膜淋巴结增大，充血。心内外膜下有小出血点。流产的死产的胎儿或出生后一周内死亡的犊牛、羔羊，表现败血症病变。组织水肿、充血、肝脾肿大，有灰色病灶。胎盘水肿、出血。死亡母牛、母羊有急性子宫炎，流产或死产者，其子宫肿胀，常有坏死组织，浆液性渗出物和滞留的胎盘。

二、治疗

病牛羊应隔离治疗，病初应用高免血清效果理想。新霉素，犊牛或羔羊0.05g/kg体重，肌肉注射，2~3次/d。另外金霉素、卡那霉素、链霉素、盐酸环丙沙星及磺胺类药物均有效。对症治疗需采取保护肠道、强心补液等措施。

中药疗法可采用加减承气汤或加减乌梅散。

(1) 加减承气汤　大黄40g、酒黄芩30g、焦山栀30g、甘草40g、枳实30g、厚朴30g、青皮30g、朴硝50g（另包），将上药（除朴硝外）粉碎，加水2 000ml，煎汤500ml，然后加入朴硝。牛一次灌服。

(2) 加减乌梅散　乌梅（去核）30g、诃子肉40g、炒黄连30g、黄芩30g、郁金30g、干柿饼（切细）一个，焦山楂40g、炙甘草30g、神曲50g、猪苓30g、泽泻30g，将上药捣碎后加水1 000ml，红糖100g为引，牛一次灌服。

三、预防

重在加强饲养管理，消除发病诱因，保持饲料和饮水的清洁卫生，并加强灭鼠工作。病牛羊的粪便，堆积发酵，对于死亡的牛羊，应当深埋或焚烧。定期进行免疫接种，肌肉注射牛副伤寒氢氧化铝菌苗，一岁以下每次1~2ml，二岁以上每次2~5ml。

【知识拓展】

一、病原

沙门氏菌是两端钝圆的中等大杆菌，无荚膜，无芽胞，有周身鞭毛，革兰氏阴性。引起牛沙门氏菌病的病原为鼠伤寒沙门氏菌和都柏林沙门氏菌；引起羊沙门氏菌的病原为鼠沙门氏菌、羊流产沙门氏菌和都柏林沙门氏菌。本菌对日光、腐败和干燥等因素有一定的抵抗力，在外界条件下可存活数周至数月，但对化学消毒剂的抵抗力不强。

二、流行病学

患病动物和带菌动物是主要的传染源，病菌通过粪尿乳及流产胎儿、胎衣和羊水等排出，污染饲料和饮水。易感动物为各种年龄的牛和羊，不分性别、品种。断乳不久的牛羊较新生犊牛、羔羊易感。在成年牛羊中，青年牛羊较老龄牛羊易感。妊娠牛羊在妊娠的最后1/3期间，特别是最后1个月最易感。经消化道引起感染，也可经交配或用病公畜的精液人工授精以及胎盘发生感染。鼠类可传播本病。一年四季均可发生，牛多发生于夏季放牧季节；育成羔羊常于夏季和早春发病；孕羊主要在晚冬或早春季节发生流产。本病一般散发或地方性流行。凡是能使牛羊机体抵抗力降低的因素如饲养管理不良、气候恶化、长途运输、寄生虫病等均可促进本病的发生。

任务八　炭疽

【任务简介】 炭疽是由炭疽杆菌引起的人畜共患的急性、热性、败血性传染病。病理变化特点是脾脏显著肿大，皮下和浆膜下结缔组织出血性浆液浸润，天然孔出血，血液凝固不良。

【任务要求】 掌握炭疽的流行特点、诊断技术及防治措施。

【工作任务】

一、诊断

死亡迅速，尸僵不全，天然孔出血，血凝不良呈煤焦油样，尸体迅速膨胀，亚急性型皮肤发生炭疽痈。涂片用瑞氏或美蓝染色、镜检，发现单个、成对或短链状有荚膜的粗大杆菌。血清学诊断，常用环状沉淀反应。本病与牛出血性败血症、气肿疽巴氏杆菌病鉴别诊断。

潜伏期 1 ~ 3d，也有长达 14d 的。根据病程可分为最急性、急性和亚急性三型。

1. 最急性型　发病急剧，多在数分钟到数小时死亡。突然发病，全身颤抖，站立不稳，倒地昏迷，呼吸、脉搏急速，结膜发绀，天然孔出血，迅速死亡。此型见于本病流行初期，尤其以绵羊多见。

2. 急性型　最为常见，病畜体温 40 ~ 42℃，精神沉郁，食欲废绝，肌肉震颤，呼吸困难，黏膜发绀或有小出血点，初便秘，后腹泻带血，有的有血尿。濒死期体温下降，病程 1 ~ 2d。

3. 亚急性型　症状同急性，但病情稍缓和，病程稍长，一般 2 ~ 5d。常在皮肤松软处，直肠、口腔黏膜有局限性肿胀，初热痛、硬固，后热痛消失，指压呈捏粉样。以后中心坏死，有时溃疡，称为炭疽痈。

羊多为最急性型，突然倒地，磨牙，惊叫，天然孔出血，昏迷和迅速死亡。牛多为急性型，有的出现神经症状，兴奋和抑制。有的出现瘤胃臌胀及孕牛流产。

怀疑炭疽的尸体严禁剖检。尸僵不全，尸体极易腐败而导致腹部膨大；从鼻孔和肛门等天然孔流出不凝固的暗红色血液；可视黏膜发绀，并散在出血点；血液浓稠，凝固不良呈煤焦油样；皮下、肌肉及浆膜下有出血性胶样浸润；脾脏肿大 2 ~ 5 倍，呈暗红色，软如泥状；全身淋巴结肿大，出血，切面呈黑红色。炭疽痈常发部位为肠和皮肤，即出现肠痈和皮肤痈；肠痈多见于十二指肠和空肠，皮肤痈常见于颈、胸前、肩胛或腹下、阴囊与乳房等部位。

二、治疗

抗炭疽血清为治疗炭疽特效药物，牛一次剂量为100～300ml，静脉注射，必要时在12h后可重复注射一次。大剂量应用抗生素和磺胺类药物有良好效果。一般青霉素和链霉素合并应用，或青霉素与磺胺嘧啶合用。

三、预防

常发地区应定期与易感家畜进行炭疽预防接种。炭疽Ⅱ号芽胞苗皮下或肌肉注射1ml，无毒炭疽芽胞苗1岁以上皮下注射1ml，1岁以下犊牛、绵羊皮下注射0.5ml，山羊敏感，可用Ⅱ号苗。两种疫苗均在14d产生免疫力，免疫期1年。受威胁区，每年春秋两季预防接种。发生炭疽时，立即上报疫情，采取“封检隔消处”的扑灭措施。紧急预防接种，到最后一头病畜死亡或痊愈后，经15d无新病例可解除封锁。

【知识拓展】

一、病原

炭疽杆菌是革兰氏阳性的大杆菌，本菌无鞭毛、有荚膜，在大气中可形成芽胞。本菌对环境抵抗力不强，但芽胞具有极强的抵抗力，在干燥状态下可存活20年以上。常用消毒剂有0.1%升汞、20%漂白粉、10%热氢氧化钠、10%甲醛溶液和5%碘酊。对抗生素，特别是青霉素和磺胺类敏感。

二、流行病学

易感动物为羊、牛、马和鹿，其次是水牛和骆驼，猪受感性低，犬和猫更低，人可感染该病。传染源主要是病畜，可经带菌尸体及污染的饲料、饮水、牧场、用具和土壤等传播。主要经消化道感染，也可经呼吸道、黏膜创伤及吸血昆虫叮咬等方式感染。该病多为散发，常发生于炎热的夏季，在吸血昆虫多、雨水多，洪水泛滥时易发生传播。

任务九　破伤风

【任务简介】破伤风又名强直症，俗称“锁口风”、“脐带风”，是由破伤风梭菌经伤口感染引起的人畜共患的的急性、中毒性传染病。临床特征为全身肌肉呈持续性痉挛和对外刺激反应性增高。本病散发，无明显季节性。

【任务要求】掌握破伤风的流行特点、诊断技术及防治措施。

【工作任务】

一、诊断

根据临床表现肌肉持续性痉挛，牙关紧闭，瞬膜突出，反射兴奋性增高，体温无大变化，结合创伤史可作出正确诊断。

病畜一般食欲正常、采食和咽下困难，对外界刺激反应性增强，稍有刺激即发生强烈反应，惊恐不安，全身肌肉强直性收缩，四肢僵硬，开张，行走强拘，如木马状，开口困难，两耳竖立，尾向上举，头颈伸展，肚腹蜷缩，后退困难。常发生持续性瘤胃臌气。体温一般正常，死前体温升高（42℃），气喘。病程超过两周，治愈希望很大。以 7～10d 死亡最多。

二、治疗

（1）特异疗法　中和体内毒素，早期使用破伤风抗毒素，牛用 90～120IU，可分成 2～3次静脉注射和肌肉注射。破伤风抗毒素在体内可保留两周。可与乌洛托品及硫酸镁合并静脉注射。

（2）镇静和解痉　成年牛可静脉注射 25% 硫酸镁 100ml，肌肉注射氯丙嗪 1～2mg/kg 体重。咬肌痉挛可用 1% 普鲁卡因于开关、锁口穴注射，每穴 10ml。背腰僵直可用 1% 普鲁卡因在脊柱两侧分点肌肉注射。

（3）消除病原，扩开创口　用 3% 双氧水、1%～2% 高锰酸钾溶液冲洗，涂擦 5% 碘酊。

（4）对症治疗　病牛放入光线暗的畜舍，避免音响等骚扰，保持安静，对于不能采食者可用胃管投入流食强心补液、补糖、补碱、整肠健胃。

（5）中医疗法

甘草蝉蜕汤。甘草 250g、蝉蜕 80g、防风 30g、荆芥 30g、勾藤 80g、木通 30g、大黄 60g、黄芪 45g、川芎 30g、煎服，成年牛每日一剂，连用 3d。

千金散。天麻 25g、乌蛇 30g、蔓荆子 30g、羌活 30g、独活 30g、防风 30g、升麻 30g、阿胶 30g、何首乌 30g、沙参 30g、天南星 30g、僵蚕 20g、蝉蜕 20g、藿香 20g、川芎 20g、桑螵蛸 20g、全蝎 20g、旋复花 20g、细辛 15g、生姜 30g，用法：水煎取汁，化入阿胶，候温一次灌服（牛用量，适用于中期）。

天麻散加减。天麻 30g、黑附子 20g、天南星 20g、乌蛇 30g、蝉蜕 20g、羌活 30g、防风 20g、荆芥 20g、川芎 30g、薄荷 30g、半夏 20g，牛一次煎汁灌服。

针灸。颈脉、风门、伏兔、百会、开关。

三、预防

如动物发生外伤，应及时按外科常规处理。手术、注射、接产等严格消毒，创伤和手术后，尤其公牛、羊去势后及时注射破伤风抗毒素。多发地区，对易感家畜定期注射破伤风类毒素，成年牛、羊 1ml，幼畜 0. 5ml。注射后 3 周产生免疫力，免疫期 1 年。第二年再注射一次，免疫期增加到 4 年。

【知识拓展】

一、病原

破伤风梭菌无荚膜、有鞭毛，芽胞呈圆形或椭圆形，位于菌体一端，形似鼓锤状。本菌为严格的厌氧菌，能产生痉挛毒素、溶血毒素和非痉挛毒素。本菌芽胞抵抗力很强。常用消毒药为 5% 石炭酸、10% 碘酊、10% 漂白粉、3% 双氧水。本菌对青霉素敏感，磺胺类药物有抑菌作用。

二、流行病学

各种家畜均有易感性，马属动物最为敏感，猪、羊、牛次之。人对本病易感性很高。破伤风梭菌广泛存在于土壤内，特别是施肥土壤和腐败淤泥中，也存在于人畜粪便中。主要经皮肤和黏膜的各种创伤感染，如去势、断脐、断角、断尾、剪毛、蹄钉伤、牛的穿鼻以及各种自然损伤和手术创，但厌氧的条件是发病的主要因素。深窄创、污染创对本菌繁殖有利。本病无明显的季节性，家畜不分年龄、品种和性别均易感染。

三、鉴别诊断

破伤风在早期和轻症时应与全身肌肉风湿症相区别。急性风湿症体温升高1℃以上，有疼痛，无牙关紧闭，瞬膜外露和刺激兴奋性增高，用水杨酸制剂有效。另外应与其他神经系统疾病，如狂犬病、脑脊髓炎、李氏杆菌病及中毒等区别。

任务十　气肿疽

【任务简介】气肿疽俗称“黑腿病”或“鸣疽”，是由气肿疽梭菌引起的反刍动物的急性、热性、败血性、非接触性传染病。其特征是突然发病，在肌肉丰满部位发生急性、炎性、气性肿胀，患部皮肤暗黑色，按压有捻发音，伴有跛行。

【任务要求】掌握气肿疽的流行特点、诊断技术及防治措施。

【工作任务】

一、诊断

根据流行病学、临床症状和病理变化可作初步诊断。确诊需进行细菌学诊断、血清学诊断。

潜伏期3～5d，短的1～2d，最长7～9d。本病多呈急性经过，病初体温突然升高，可达41～42℃，精神沉郁，食欲反刍大减，早期即出现跛行，相继在臀、股、腰、背和肌肉丰满部位发生炎性气肿。初期热而痛，后来中央变冷无痛，皮肤干硬暗黑，触诊有捻发音，叩诊鼓音。继而肿胀迅速扩散，附近淋巴结肿大，呼吸急促，脉搏快而弱，黏膜发绀，全身症状恶化，卧地不起，体温降至37℃以下，于1～2d内死亡，极少能自愈。病变还可发生于舌及口腔等部位。

尸体迅速腐败，瘤胃臌胀，全身气肿，天然孔开张，从肛门流出少量泡沫状血样液体。患部肌肉暗褐色，有明显的气性肿胀，切开后，流出暗红褐色带有气泡的液体。皮下有大量黄色胶冻样物，肌肉充满气泡，切面呈海绵状。局部淋巴结肿胀，切面呈红色。

应注意在剖检或采取病料时，都必须进行严格的消毒，防止病原扩散或形成不易消灭的气肿疽疫源地。

本病有高热、局部肿胀和急性死亡等症状，与炭疽、巴氏杆菌病、恶性水肿病有相似之处，注意鉴别。

二、治疗

1. 血清疗法 早期静脉注射抗气肿疽血清，牛 150～200ml，羊 20～30ml，重症患畜 8～12h重复一次。肿胀部位周围分点皮下注射 1%～2% 高锰酸钾溶液、3% 双氧水或 3% 碳酸氢钠 10～20ml，或用 0.25% 盐酸普鲁卡因 10～20ml 溶解青霉素 80 万 IU 于肿胀部位分点注射。

2. 根据病情进行强心、解毒、补液等对症治疗 青霉素牛 320 万～400 万 IU，羊 80 万～100万 IU，肌肉注射，2～3 次/d；复方磺胺-5-甲氧嘧啶注射液牛 100ml，羊 20ml 肌肉注射，1 次/d。

3. 中医疗法 当归 30g、赤芍 30g、连翘 30g、双花 60g、甘草 10、蒲公英 120g，共末，开水冲，牛温凉灌服。紫草 60g、黄柏 30g、栀子 30g、黄芩 30g、升麻（焙焦）10g、白芷 30g、甘草 10g、黄连 30g，共末，开水冲，牛温凉灌服。

三、预防

近 3 年内发生过本病的地区，每年春秋两季预防注射，选用气肿疽明矾菌苗或气肿疽甲醛菌苗，牛 5ml，皮下注射；羊 1ml，免疫期 6 个月。疫区可疑病牛皮下注射抗气肿疽血清 15～20ml，经过 2 周再注射疫苗。病牛尸体及其粪尿、垫料等一起焚毁或深埋，牛舍用具用 10% 氢氧化钠消毒。

【知识拓展】

一、病原

气肿疽是两端钝圆的粗大杆菌，周身鞭毛，能运动，无荚膜，在体外能形成芽胞，呈革兰氏染色阳性，严格厌氧菌。本菌繁殖体对外界抵抗力不强，一般消毒药都能杀死。但芽胞抵抗力很强，在土壤中能存活 5 年以上。常用消毒药为 0.2% 升汞、3% 福尔马林。本菌在病畜肌肉内能产生毒素，可引起局部水肿。

二、流行病学

黄牛最易感，其次是奶牛、水牛和牦牛。尤其以 3～4 岁牛发生最多。绵羊、山羊、鹿和骆驼也可感染。病畜是主要传染源，病原体主要存在病变组织。病畜尸体处理不当，污染土壤和水源，可成为长期疫源地。主要经消化道感染。病菌随污染的饲料、饮水进入畜体，经消化道黏膜创伤入侵组织。呈地方性流行，一年四季均可发生，但以地势低洼、温暖多雨和绵羊剪毛和去势季节多发。

任务十一 羊快疫

【任务简介】 羊快疫是主要发生于绵羊的一种急性传染病，发病突然，病程极短，其特征是真胃和十二指肠呈出血性、炎性损害。该病最早发现于挪威、冰岛等地，现在流行于世界各地。常与猝狙混合感染，在牧区往往于5月间流行。

【任务要求】掌握羊快疫的流行特点、诊断技术及防治措施。

【工作任务】

一、诊断

主要根据流行病学、病理变化和临床症状作初步诊断。但细菌学检查对于确诊有重要意义。因此，把皮下组织水肿性浸润、皱胃、十二指肠和管状骨送实验室进行检查。在肝脏触片中，本菌呈线条状长链，这个特点具有诊断意义。鉴别诊断需与气肿疽区别。

潜伏期只有几个小时，继之突然发病，在10～15min以内迅速死亡，有时可以延长到2～12h，延至1d以上的很少见。死亡率高达30%左右，死前痉挛、腹痛、膨胀、结膜急剧充血。常见的现象是，羔羊完全正常，次日早晨却发现死亡。如果能看到发病，主要变化是体温升高或正常，食欲废绝，离群静卧，磨牙，呼吸困难，甚至发生昏迷，天然孔有红色渗出液，头、喉、舌等部的黏膜肿胀，呈紫红色，口腔流出带血泡沫，有时出现血便，常有不安、兴奋、突跃氏运动及其他神经症状。

尸体极度膨胀、腐败迅速，因此剖检越早越好。天然孔排出带血的分泌物，可视黏膜发绀。皮下组织中好多区域发现有浆液胶性浸润，有时含有气泡。浆膜出血，肺脏水肿。脾脏常无变化。与瘤胃邻接的皱胃胃壁上，常有一片急性炎症区域，直径可达10cm。有时心包和腹膜腔有淡黄色浆液，腹腔有红色浆液性液体。

二、防治

虽然磺胺类药物及抗生素均有疗效，但由于病期短促，在实践中很难施行。因此，必须贯彻“预防为主”的方针，认真做好预防工作：

在本病流行地区，每年在发病季节前，应用羊快疫、猝狙、肠毒血症三联菌苗注射。有些羊在注射后1～2d发生跛行。在舍饲情况下，要加强运动，加喂粗饲料（干草、蒿秆等）；当由舍饲转为放牧时，应特别注意合理的饲养；绝不可在清晨赶出放牧，尤其是不要到污染地区和沼泽地区放牧。

羊群中一旦发病，应当从以下环节扑灭。给病羊全部灌服0.5%高锰酸钾250ml或2%硫酸铜80～100ml，或10%生石灰水溶液100ml，同时用菌苗进行紧急接种。及时把尸体、粪便和污染的泥土一齐深埋（绝不可剥皮吃肉），以断绝污染土壤和水源的机会。将羊的圈棚舍打扫清洁以后，用热碱水浇洒两遍，每遍相隔1h。也可以用20%漂白粉或1%苯酚消毒。有条件的更换牧场和饮水处。

【知识拓展】

一、病原

病原体是腐败梭菌，是一种较大的杆菌，常独立或成对存在，也可形成长链，革兰氏阳性。芽胞的抵抗力很强，可用0.2%升汞、3%福尔马林或20%漂白粉将其杀死。

二、流行病学

绵羊发病较多，山羊也可感染，但发病少。发病多于6～18个月之间的羊。腐败梭菌广泛存在于低洼草地、熟耕地、沼泽地以及人畜粪便中。通过消化道或伤口感染。在自然条件下，如放牧于被羊快疫病尸体污染的牧场或吞食了污染的饲料，都可发生感染。能够降低绵羊抵抗力的因素，都可能促进本病的出现，例如吞食冰冻饲料、受绦虫的侵袭等。有时还会出现于低洼牧场和饮用死水的情况下。

任务十二　羊肠毒血症

【任务简介】羊肠毒血症主要是绵羊的一种急性毒血症，主要是由D型魏氏梭菌在羊肠道内大量繁殖产生毒素所致。死后肾组织易于软化，因此常称为软肾病；在临床上与羊快疫相似，又称类快疫。

【任务要求】掌握羊肠毒血症的流行特点、诊断技术及防治措施。

【工作任务】

一、诊断

根据流行病学、临床症状和病理变化作为初步诊断依据。进行细菌学检查，将小肠内容物、实质器官及腹腔渗出液送往实验室诊断。应与炭疽、焦虫病和绵羊快疫相区别。

可分为最急性型和急性型两种。

1. 最急性型　病羊很快死亡，在个别情况下，呈现疝痛症状，步态不稳，呼吸困难，有时磨牙，流涎，短时间内即倒在地上，痉挛而死。

2. 急性型　病羊食欲消失，表现下痢，粪便带有恶臭味，其中混合有黏液和血液。意识不清，常呈昏迷状态，经过1～3d死亡。成年绵羊的病程有时延长，表现有时兴奋、有时沉郁，黏膜有黄疸或贫血。

突然倒毙的病羊无可见的特征性病变。通常尸体营养良好，死后迅速发生腐败。最特征性病变为肾表面充血，略肿，质地脆弱软如泥，但不能在死亡后立即可见。真胃和十二指肠黏膜呈急性出血性炎症，故有“红肠子病”之称。腹膜、膈和腹肌有大的墨点状出血。心内外膜小点出血。肝脏肿大，质脆，胆囊肿大，胆汁黏稠。全身淋巴结肿大出血，胸腹腔多量渗出液，心包液增加，常凝固。

二、治疗

由于病程急促，药物治疗通常无效。对于病程较慢的病例，可用抗生素或磺胺类药物，结合强心、镇静等对症治疗措施。还可灌服10%的石灰水、大羊200ml，小羊50～80ml，加水适量，一次内服。也可用白茅根9g、车前草15g、野菊花15g、筋骨草12g，水煎温凉灌服。或苍术9g、大黄9g、贯仲4g、龙胆草4g、玉片3g、甘草9g、雄黄1g（另包），以上为1只羊的用量。大群应用时，可按羊数配药，将前6种药先加水煎煮，后加雄黄，分灌羊只。灌后加服少量植物油。

三、预防

促进肠蠕动增强，经常保证羊群的运动，不要喂过多的精料，防止多食青嫩牧草，并常更换牧草。在常发病地区，应在舍饲管理的后期用三联（快疫、猝狙、肠毒血症）菌苗或五联菌苗进行预防接种，共接种两次，间隔为15～20d。有些羊在接种后表现前肢跛行，体温升高0.5～1℃，但3～4d后这些反应即可消失。饲料中加入金霉素（20mg/kg），可以预防肠毒素症。但在大群中长期应用不太经济，只在特别必要时可以喂给金霉素饲料。当羊群中出现该病时，应立即改变饲养方法，以加强肠道的蠕动，例如增喂粗料，减少或停喂精料，并加强运动。

【知识拓展】

一、病原

D型魏氏梭菌又称产气荚膜梭菌，又称绵羊中毒杆菌。为大杆菌，革兰氏阳性，有荚膜、无鞭毛，在羊体内能形成芽孢，一般消毒药均易杀死本菌繁殖体，但芽胞抵抗力较强，95℃需2.5h方可杀死。

二、流行病学

本菌常见于土壤中，由口腔进入羊的消化道，也经常发现于健康羊的消化道内。当细菌获得有利繁殖条件时，即在真胃和小肠内大量繁殖，产生多量毒素，毒素被吸收引起羊的中毒从而发病。

有利于细菌繁殖的因素有：动物缺乏运动，使肠蠕动减弱，甚至变为弛缓。饲喂精料过量，饲养不合理，破坏了肠道的正常活动与分泌功能，例如给予大量的玉米、大麦或豆类等。

任务十三　羔羊痢疾

【任务简介】羔羊痢疾俗称红肠子病，是初生羔羊的一种急性毒血症，以剧烈腹泻和小肠发生溃疡为特征。本病常使羔羊大批死亡，给养羊业带来重大损失。

【任务要求】掌握羔羊痢疾的流行特点、诊断技术及防治措施。

【工作任务】

一、诊断

根据流行病学、临床症状和病理变化一般可以作出初步诊断，确诊需要进行实验室检查，以鉴定病原菌及其毒素。该病应与羔羊的沙门氏菌病、肠球菌性腹泻鉴别诊断。

病初羔羊精神委靡，不吃奶，腹壁紧张，触摸有痛感。继而发生粥状或水样腹泻，排泄物初呈黄色，后变为黄绿色或棕色。严重时眼窝下陷，排粪失禁，粪便带血，甚至全为血液，经1～3d死亡。有些病例腹胀而不泻，或排出带血稀粪，呼吸急促，黏膜发绀，口流泡沫状唾液，最后昏迷而死。

尸体脱水严重。最显著的病变在消化道，皱胃内有未消化的凝乳块，小肠（特别是回肠）黏膜充血发红，常见多数直径为1～2mm的溃疡，溃疡周围有一出血带环绕。有的肠内容物呈血色，肠系膜淋巴结肿胀充血，间或出血。心包积血，心内膜有出血点，脾脏有充血或淤血变化。

二、治疗

（1）抗羔羊痢疾血清疗法　如果在病的初期及早应用，能够获得较好的效果，进行大腿内侧皮下注射，剂量为10～20ml。

（2）西药疗法　发病之后用胃管一次灌服6%硫酸镁20～30ml（内含0.5%福尔马林），经4～6h后，再用胃管灌服0.1高锰酸钾20ml，第二天上午继续服20ml，下午再服10ml。同时每隔4h肌肉注射青霉素10万～20万IU，同时口服磺胺咪1g、鞣酸蛋白0.2g、次硝酸铋0.2g、碳酸氢钠0.2g，3～4次/d，连用2～3d。

心脏衰弱者，5%樟脑磺酸钠注射液或25%安钠咖0.5～1ml，皮下注射。下痢停止后，如不吃奶可以口服胃蛋白酶1～2g，加稀盐酸2～3滴。发现急性流涎而伴有神经症状时，皮下注射0.05%阿托品0.5～1ml，口服水合氯醛0.1～0.2g，颈静脉注射25%～50%葡萄糖溶液15～20ml。

初生羔羊先给酸乳50ml，然后再进行哺乳。若痢疾已经发生，每日可给酸乳100ml，直到痊愈为止。

（3）中药疗法　采用加减承气汤和加减乌梅散。

加减承气汤：大黄6g、芒硝12g（另包）、酒黄芩6g、焦栀6g、甘草6g、枳实6g、厚朴6g、青皮6g，共末加水400ml，煎汤150ml，然后加入芒硝。病初用胃管灌服20～30ml，只服1次。6～8h后再服加减乌梅散。如已腹泻可直接服用加减乌梅散。

加减乌梅散：乌梅（去核）6g、诃子肉9g、炒黄连6g、黄芩6g、郁金6g、干柿饼一个（切细）、焦楂9g、炙甘草6g、神曲12g、猪苓6g、泽泻7g，将上药捣碎，加水400ml，煎成150ml，红糖30ml为引，用胃管灌服30ml，如下痢不止，可再服1～2次。

三、预防

加强孕羊饲养管理，适时抓膘定膘，使胎羔发育良好，出生健壮，以增强抵抗力。在产羔季节前彻底清扫和消毒羊舍及产栏，接羔时特别注意消毒，对新生羔羊特别注意保温，保证吃足初乳。在发病地区的羔羊出生后12h内开始口服土霉素，每次0.15～0.2g，1次/d，连服3～5d。怀孕母羊注射两次厌气四联氢氧化铝疫苗，中间间隔1月，最后一次应在产前2周进行。这样母羊通过初乳将抗体传给羔羊，使其获得保护力。并避开在最冷的季节产羔，以在产羔间歇期做好卫生消毒工作，防止羔痢的发生。一旦发病，迅速隔离病羔，彻底消毒被污染的环境和用具，如果发病羔羊很少，可以考虑将其宰杀，以免扩大传播。

【知识拓展】

一、病原

本病的病原主要为 B 型魏氏梭菌，其次是 A 型、C 型、D 型魏氏梭菌。其他肠道细菌如沙门氏菌、肠球菌也可成为条件性病原。

二、流行病学

细菌来自污染的羊圈或母羊乳头，母羊可成为带菌者。本病主要侵害 7 日龄以内的羔羊，其中又以 2～3 日龄的发病最多。主要传播途径是消化道，也可能通过脐带或伤口传播。气候变化剧烈、产房不洁或过冷以及母羊和羔羊体质衰弱等都容易促进本病的发生。母羊怀孕期营养不良、羔羊体质衰弱；气候寒冷，羔羊饥饱不均都可促进本病的发生。

复习思考题

1. 布鲁氏菌病的临床症状有哪些？
2. 如何防制牛结核病？
3. 牛放线菌病的临床症状是什么？
4. 如何治疗羔羊肠毒血症？

（本模块编者：王强）

模块三　其他病原微生物引起的传染病

任务一　传染性胸膜肺炎

【任务简介】牛传染性胸膜肺炎又称牛肺疫，是由丝状支原体引起的牛的一种高度接触性传染病。主要特征是纤维素性肺炎和胸膜炎。

【任务要求】掌握传染性胸膜肺炎的流行特点、诊断技术及防治措施。

【工作任务】

一、诊断

根据流行病学资料，临床症状及病理变化，牛群中出现高热稽留，典型浆液性纤维素性胸膜肺炎症状和大理石样变，可以作出初步诊断。进一步确诊需进行综合性诊断。采取病变的肺组织、淋巴结、胸腔渗出液或气管分泌物作分离培养和形态学检查，检出丝状支原体即可确诊。血清学诊断，常用补体结合试验。也可特异性诊断，即用纯胸腔渗出液或培养物，接种于犊牛皮下，则发生特征性皮下蜂窝织炎或关节炎。本病应注意与牛巴氏杆菌病和牛肺结核鉴别。

潜伏期一般 2～4 周，最短 7d，最长 4 个月。

1. 急性型　体温升高到 40～42℃，呈稽留热型。鼻孔开张，前肢分开，呼吸极度困难，腹式呼吸，按压肋间有疼痛，带痛短咳，流浆液性或脓性鼻液。胸部听诊有啰音和支气管呼吸音、胸膜摩擦音。叩诊有浊音或水平浊音。后期心衰，胸前、腹下浮肿，脉搏 80～120次/min，多因窒息死亡。病程一周左右。

2. 慢性型　多由急性转来，病牛消瘦，发出带痛的短咳，胸部叩诊浊音区敏感。这种牛经过治疗可以康复成为带菌牛，护理不当可病情恶化而死亡。

典型病理变化是大理石样肺和浆液性纤维素性胸膜肺炎。初期病变以小叶性支气管肺炎为特征，肺炎性充血、水肿，呈鲜红色或紫红色。中期呈浆液性纤维素性胸膜肺炎，肺肿大，增重，灰白色，多为一侧性，以右侧较多，多发生在膈叶，也有在心叶或尖叶。切面有奇特的图案色彩，如大理石，这种变化是由于肺的实质呈不同时期的肝样变所致。后期肺部病灶坏死，被结缔组织包围，有的坏死组织崩解液化，形成脓腔或空洞，有的病灶完全瘢痕化。另外还有腹膜炎、浆液性纤维关节炎等。

二、治疗

本病早期治疗可临床治愈，但是病牛症状消失后肺部病灶被结缔组织包埋或钙化，长期带菌，从长远利益考虑以淘汰病牛为佳。

（1）新砷凡那明（九一四）疗法　奶牛、黄牛 3～4g，溶于 5% 葡萄糖生理盐水 500ml 中，一次静脉注射，视病情间隔 5～7d 再用 1～2 次。注意勿漏注血管外，药液现用现配。

（2）抗生素治疗　丁胺卡那霉素 2～3g，加在 5% 葡萄糖溶液 500ml 内一次静脉注射，1 次/d，连用 5～7d；链霉素 4～7g，肌肉注射，1 次/d，连用 4～6d。根据症状适当采用强心、健胃、利尿等对症治疗措施。

（3）中兽医疗法　紫花地丁 90g、黄芩 60g、苦参 60g、生石膏 60g、甘草 18g，共末，开水冲，温凉灌服，2 次/d。或用归芍散，当归 30g、白芍 35g、白芨 35g、桔梗 30g、贝母 35g、麦冬 40g、百合 40g、黄芩 30g、天花粉 45g、滑石 50g、木通 30g，共末，灌服。体温持高不下者，可加入金银花 35g、连翘 30g、栀子 40g；气喘严重者，可加入杏仁 45g、葶苈子 40g、杷叶 35g；痰多者，可加入前胡 45g、半夏 45g、陈皮 40g。胸水多可加入猪伏苓 40g、泽泻 40g、车前子 45g。胸部疼痛可加入乳香 35g、没药 40g；后期体弱乏力、气虚者，可加入黄芪 45g、党参 50g。

三、预防

不从疫区引进牛只。疫区定期用牛肺疫兔化弱毒菌苗或绵羊化弱毒菌苗注射预防。氢氧化铝菌苗，臀部肌肉注射，大牛 2ml，小牛 1ml；生理盐水疫苗，尾尖皮下注射（距尾尖 2～3cm 处）大牛 1ml，小牛 0.5ml。此两种菌苗均可产生 1 年以上的免疫力。注射菌苗后如发生反应则应按牛肺疫治疗。爆发牛肺疫的地区，要通过临床检查，同时采血送检，检出病牛应隔离、封锁，必要时宰杀淘汰；污染的牛舍、屠宰场应用 2% 来苏儿或 20% 石灰乳消毒。

【知识拓展】

一、病原

病原体为牛肺疫丝状支原体，革兰氏染色阴性，本菌形态多样，有球状、球杆状、纤丝状、分支状、环状及星状等。支原体对外界环境因素抵抗力不强，日光直射、干燥和高温使其迅速死亡。对新砷矾那明（九一四）、链霉素和硫柳汞敏感，对青霉素有抵抗力。常用消毒药为 1% 来苏儿、5% 漂白粉、0.1% 升汞、0.5% 甲醛、1% 石炭酸等。

二、流行病学

除了水牛以外其他品种牛均易感，尤其以 3～7 岁牛多发，犊牛较少发生该病。传染源为病牛和潜伏期带菌牛，以及愈后带菌牛。病畜在胸腔渗出液和淋巴结含菌最多。病原体多存在于病牛肺组织、胸腔渗出液和气管分泌物中，从呼吸道排出体外，也可由尿和乳汁排出，在产犊时子宫渗出物也向外排毒。主要通过呼吸道和消化道感染，病牛咳出的飞沫以及尿所污染的饲料、垫草是主要传播媒介。本病多呈散发式流行，一年四季均可发生，但以冬春季节多发。非疫区常因引进带菌牛而呈暴发式流行。

任务二 牛放线菌病

【任务简介】放线菌病是由牛放线菌和林氏放线菌引起的多种动物和人的一种非接触性慢性传染病。特征是在头颈、颌下和舌组织发生放线菌肿。故又称大颌病、木舌症，牛最多见，常散发。

【任务要求】掌握牛放线菌病的流行特点、诊断技术及防治措施。

【工作任务】

一、诊断

根据临床症状不难作出诊断。

潜伏期数月，慢性经过，牛常发生在上、下颌骨上，在局部形成界限明显的增生性肿胀。发展缓慢，有时经过数月或 1 年以上才形成小的硬块，并逐渐发展增大，硬固而无痛。

林氏放线菌感染引起舌、咽的局部组织肿胀。因舌高度肿大变硬而称为“木舌症”。表现呼吸困难、吞咽和咀嚼极度困难，流涎。可引起窒息。后期局部化脓，皮肤破溃排出脓汁，常形成瘘管，经久不愈。

放线菌肿也可发生在其他组织，如皮肤、下颌间隙部位、乳房等。切开放线菌肿在其中心可发现“硫黄颗粒”是由菌丝密集而成。

必要时可进行细菌学检查，取患部脓汁少许，用水稀释后，找出硫黄颗粒，置载玻片上，加 15% 氢氧化钾溶液一滴，覆盖另一载玻片，加压制成压片，低倍镜下可见辐射状的菌丝。颗粒压片后革兰氏染色，镜检中心部位紫色，外周菌丝放射呈红色。

二、治疗

（1）手术疗法　应及早摘除和彻底清除硬结和瘘管，用 10% 碘酊纱布填塞，1～2d 更换一次。还可采用烧烙疗法。

（2）碘剂疗法　内服碘化钾，2～3 次/d，成年牛 4～8g/次，犊牛 1～3g/次。也可应用 10% 碘化钠静脉注射，每次 50～100ml，隔日一次，共 3～5 次，也可在周围注射 10% 碘仿醚。当出现碘中毒迹象时，停药 1 周。

（3）抗生素疗法　牛放线菌可用青霉素、林氏放线菌可用链霉素，也可将青链霉素注射于患部周围，1～2 次/d，连续 5～7d 为一个疗程。复方磺胺嘧啶钠注射液肌肉注射，0.15～0.2g/kg体重，2 次/d。

（4）中医疗法　可用下列药方及针灸方法治疗。

处方 1：忍冬花、连翘、蒲公英各 100g，牛蒡子、白药子、黄药子、夏枯草、天花粉、山栀子、茜草各 50g，白芷 30g，煎水，分 2 次灌服。

处方2：黄连45g、黄芩45g、郁金45g、大黄45g、栀子45g、甘草25g、生地40g、玄参40g、连翘50g、芒硝100g（后冲），水煎，一次灌服。

针灸疗法：在通关穴泻血。也可火针在肿胀周围或火烙创口及深部放线菌肿。

三、预防

应避免在低湿地放牧。防止皮肤、黏膜发生损伤，有伤口时及时处理。舍饲牛只最好于饲喂前将干草、谷糠等浸软，以免刺伤黏膜。

【知识拓展】

一、病原

本病的病原有牛放线菌、伊氏放线菌和林氏放线菌。牛放线菌是牛骨骼放线菌病的主要病原，伊氏放线菌是人放线菌病的主要病原。牛放线菌、伊氏放线菌均为革兰氏阳性，不能运动，能形成孢子，菌体呈细丝样分支，兼性厌氧。在动物组织中呈现带有辐射状菌丝的颗粒性聚集物——菌芝，外观似硫黄颗粒，其大小如别针、呈灰色，灰黄色或微棕色，质地柔软或坚硬。硫磺样颗粒在载玻片上压平后，镜检呈菊花状，菌丝末端膨大向周围呈放射状排列，革兰氏染色中央可染成紫色，周围放射状菌丝染成红色。林氏放线菌革兰氏阴性，不能运动。在动物组织中形成菌块，无显著放射丝。放线菌对青霉素、红霉素、林可霉素比较敏感；林氏放线菌对链霉素、磺胺类比较敏感。一般消毒药均有效。

二、流行病学

牛最易感，尤其是2～5岁的犊牛，还可侵害马、猪、绵羊、鹿、犬和猫等。放线菌分布广泛，主要存在于禾本科植物，尤其是谷物芒和谷壳上，也是动物口腔常在菌，还存在于土壤、饲料、饮水中。主要经损伤的皮肤和黏膜感染，尤其在小牛的换牙期，或饲料刺破口腔黏膜而感染。

任务三　牛附红细胞体病

【任务简介】附红细胞体病是由附红细胞体寄生于红细胞表面、血浆及骨髓内的一种以红细胞压积降低、血红蛋白浓度下降、白细胞增多、贫血、黄疸、发热为主要临床特征的人畜共患病。

【任务要求】掌握牛附红细胞体病的流行特点、诊断技术及防治措施。

【工作任务】

一、诊断

根据流行病学、临床症状和病理变化可作初步诊断。血液涂片镜检发现病原体后可确诊，当感染率低时，可浓集处理后，再涂片检查。血清学试验可作为定性依据，主要有补体结合试验、荧光抗体试验、间接血凝试验、酶联免疫吸附试验。应注意鉴别诊断于梨形虫病、钩端螺旋体病等。

潜伏期9～40d，很多病例呈隐性感染，当受到应激因素而导致抵抗力下降时（如长途运输、饥饿、调群、去势等）则呈现急性经过而出现明显的临床症状。病牛主要表现为高热、贫血、黄疸、出汗、易疲劳、嗜睡、腹泻、繁殖力下降、肝脾和不同部位淋巴结肿大等症状。常继发和并发其他感染，使病情加重，甚至短期内死亡。感染动物经治愈后，经过一定时间血液中会再次出现数量不等的附红细胞体。不同时期其红细胞感染率及感染强度各异。

实验室检验可出现红细胞减少，红细胞压积、血红蛋白降低，血浆白蛋白、β蛋白、γ蛋白均下降，淋巴细胞及单核细胞上升等变化。

患病牛腹下及四肢内侧多有紫红色出血斑，全身淋巴结肿胀；急性死亡病畜的血液稀薄，不易凝固；黏膜和浆膜黄染，皮下脂肪轻度黄染；腹水增多，肝、脾肿大、质软，有的有针尖大小的黄色点状坏死；胆囊膨大，胆汁浓稠；心肌坏死，心外膜上有小出血点，心包积液，心冠脂肪轻度黄染；肺间质水肿，肾脏混浊肿胀、质地脆，皮髓界限不清；骨髓液和脑脊液增多。

二、治疗

美达欣（主要成分为贝尼尔等）按0.1ml/kg体重，肌肉注射，1次/2d，连用2～3次；新砷凡那明（九一四）3～4g、5%葡萄糖生理盐水500ml，静脉注射，视病情间隔3d再用1～2次，注意勿漏注血管外，药液现用现配；5%葡萄糖生理盐水1 500~2 000ml、10%葡萄糖酸钙100～200ml、10%碳酸氢钠100ml、维生素 B_1 20ml、维生素C 20ml，静脉滴注，2次/d，连用3d；若粪便、尿液呈潜血，止血敏20ml，肌肉注射。

三、预防

保持畜舍适宜的温度、湿度，加强通风，保持空气清新，减少应激。定期消毒驱虫，杀灭蚊蝇。作好针头、注射器的消毒。

【知识拓展】

一、病原

一般将附红细胞体列入立克次氏体目，无浆体科，附红细胞体属成员。附红细胞体为多形态生物体，多数为环形、球形、卵圆形、月牙形，也有呈逗点形和短杆状形等，大小为0.3～0.5μm。。游离于血浆中的附红细胞体作摇摆、扭转、翻滚等运动。但附着于红细胞表面时则看不到运动，当红细胞附有多量附红细胞体时有时能看到红细胞的轻微晃动。一个红细胞上可能附有1～15个附红细胞体，以6～7个最多，大多位于红细胞边缘，被寄生的红细胞变形为齿轮状、星芒状或不规则形状。附红细胞体对于干燥和化学药品比较敏感，0.5%石炭酸于37℃经3h可将其杀死，一般常用浓度的消毒药在几分钟内即可使其死亡。在4℃条件下用柠檬酸钠或柠檬酸葡糖（ACD）抗凝的无菌血液中可保存15～30d，仍有感染力。

二、流行病学

附红细胞体的易感动物鼠、羊、牛、绵羊、山羊、马、骡、驴、黑尾鹿、骆驼、猫、兔、犬、蓝狐、北极狐、鸡等。通常每种附红细胞体都有相对特异性宿主。一般情况下不同年龄和品种的易感动物均可感染，但幼龄动物，新引进品种以及体弱动物发病较多。传染源主要是患病和隐性感染动物，另外耐过附红细胞体病的患畜可长期携带并传播病原体。自然传播途径尚不完全清楚，主要有媒介昆虫传播、血源性传播、垂直传播、消化道传播和接触性传播等。消毒不严的注射器和外科手术器械也可能是造成机械性传播的途径之一。该病多发生于温暖的季节，尤其是吸血性昆虫大量繁殖滋生的夏秋两季。

任务四　钩端螺旋体病

【任务简介】又称为细螺旋体病，是由螺旋体引起的一种人兽共患的传染病。动物多隐性感染，急性病例主要表现发热、贫血、黄疸、血红蛋白尿、皮肤黏膜坏死和孕畜流产。

【任务要求】掌握钩端螺旋体病的流行特点、诊断技术及防治措施。

【工作任务】

一、诊断

根据临床症状和病变，可以作初步诊断，通过实验室检查可确诊。病畜发烧时，可采取新鲜血液（加抗凝剂），发病后6日以后可采集尿液，在暗视野下镜检钩端螺旋体，或是经姬姆萨或镀银染色法染色后置于油镜下镜检。也可培养特性培养、动物接种法及血清学诊断。

1. 急性型　病牛突发高热，黏膜发黄，尿色暗，含有大量的白蛋白，血红蛋白和胆色素，常见皮肤干裂、坏死和溃疡，病程3～7d，病死率很高。

2. 亚急性型　常发，病牛表现为轻热、黄疸、食欲减退，泌乳量显著下降或停止，乳色变黄并有血凝块，经2周后逐渐好转。孕牛常发生流产，有时兼有急性、亚急性症状。

羊发病率低，症状与牛基本相似。

病死牛剖检见皮肤、黏膜和皮下组织黄染，各器官有出血点，肝、脾等有坏死灶。

二、治疗

（1）青霉素　羊，20万～60万IU，肌肉注射，2次/d，连用3～5d。牛，青霉素4 000～8 000IU/kg体重、链霉素15～25mg/kg体重，肌肉注射，2次/d，连用3～5d。

（2）新砷凡那明（九一四）　牛，九一四3～4g、5%葡萄糖生理盐水500ml，一次静脉注射，视病情间隔3d再用1～2次。勿漏注血管外，药液现用现配。

（3）中医疗法　板蓝根、丝瓜络、忍冬藤、陈皮、石膏各15g，前4种煎水后冲石膏粉，分3次拌料喂羊，每天或隔天1剂。

三、预防

注意饲料和饮水卫生，做好灭鼠、消毒工作。在引进牛、羊只时，避免带菌动物混入。发现病畜立即隔离治疗，彻底消毒被污染的场地。在常发地区，可接种钩端螺旋体病多价菌苗。工作人员应注意个人防护，避免接触被病畜粪尿污染的物品，如发热、头痛、全身不适、无力及腹股沟淋巴结肿痛等，应及时就医治疗。

【知识拓展】

一、病原

钩端螺旋体，个体纤细，柔软，呈螺旋状、菌端弯曲呈钩状，能活泼运动，对普通染料不易着色，常用姬姆萨和镀银染色。钩端螺旋体对热、酸和碱非常敏感。常用的消毒药很快将其杀死。

二、流行病学

本病是自然疫源性疾病，几乎所有的温血动物及某些冷血动物都可感染。患病动物和带菌动物是主要传染源。动物经尿排菌，污染土壤、水源、饲料、用具等，主要通过皮肤、黏膜尤其是损伤的皮肤入侵机体引起感染，也可经消化道、交配及昆虫叮咬引起感染。一年四季均可发生，7～9月份为流行高峰期。以气候变暖、雨量较多的热带和亚热带多发。

复习思考题

1. 牛放线菌病的病原有哪些？各有什么症状？
2. 如何鉴别牛传染性胸膜肺炎和牛巴氏杆菌病？
3. 如何鉴别附红细胞体病和钩端螺旋体病？

（本模块编者：王强）

项目七

寄生虫病

模块一　蠕虫病

任务一　吸虫病

肝片吸虫病

【任务简介】肝片吸虫病是由吸虫纲片形科的肝片形吸虫和大片形吸虫所引起的。这两种吸虫除形态上稍有区别外，其他基本相同，均多寄生于黄牛、水牛、绵羊、山羊、鹿和骆驼等的肝脏胆管中，人类也可被感染。本病能引起急性和慢性肝炎和胆管炎，并伴有全身性的中毒现象和营养障碍。

【任务要求】掌握肝片吸虫病的流行特点、诊断技术及防治措施。

一、诊断

根据临床症状、流行病学、粪便检查和死后剖检见到虫体等进行综合判定。

轻度感染往往无明显症状。严重感染时，病畜表现食欲不振，前胃弛缓。渐进性消瘦，贫血，颌下、胸前水肿。下痢，粪便常含有黏液，有恶臭和里急后重现象。奶牛产奶量显著减少，孕畜流产。如不进行治疗，病情逐渐恶化，最后极度衰弱而死亡。

绵羊对肝片吸虫最敏感，主要表现为食欲减退或废绝，精神沉郁，可视黏膜苍白和黄染，触诊肝区有疼痛感，体温升高。红细胞数和血红蛋白显著降低，嗜酸性白细胞数显著增多。多在出现症状后3～5d内死亡。

剖检病死动物，可在肝胆管内、胰管内、肠系膜静脉血管内发现虫体。

二、治疗

1. 药物驱虫　吡喹酮，牛35～45mg/kg体重、羊60～70mg/kg体重，口服，1次/d。三氯苯唑（肝蛭净），牛10mg/kg体重、羊12mg/kg体重，口服，1次/d。丙硫苯咪唑，牛10～15mg/kg体重、羊30～40mg/kg体重，口服，1次/d。上述药物需连用7d。六氯对二甲苯（血防-846），牛300mg/kg体重、羊400～600mg/kg体重，口服，隔天1次，连用3次。

2. 中药治疗　对于牛，贯众50g、苦参40g、槟榔40g、苦楝皮40g、龙胆草40g、大黄30g、伏苓50g、泽泻30g、厚朴30g、苏木20g、肉豆蔻20g，酌情加减，水煎候温灌服，服药前30min灌服蜂蜜250g。对于羊，苏木10g、肉豆蔻5g、茯苓10g、贯众10g、龙胆草 10g、木通 5g、甘草 5g、厚朴 5g、泽泻 5g、槟榔 10g，按体重大小加减药量，连用 3 次。

三、预防

每年在春、冬两季分别进行全群预防性驱虫。不在低洼牧地放牧，动物饮水应清洁，来自流行地区的牧草经晒干后再饲喂。采用化学、物理、生物等方法消灭中间宿主。急性病例随时驱虫。

【知识拓展】

一、病原

成熟虫体呈扁平叶状，活体为棕褐色，固定后为灰白色。成虫的大小约为 25mm × 10mm，虫体前端呈圆锥状突出，称为头锥，头锥变宽，形成所谓的肩，肩后逐渐缩小至尾端呈现“V”形。口吸盘在前端、腹吸盘在口吸盘稍后的肩水平线上，生殖孔在口、腹吸盘之间。成虫寄生在牛、羊肝脏胆管中，所产的卵随胆汁进入肠腔，再随粪便排出体外，在适宜的条件下经 10 ~ 25d 孵出毛蚴并游动于水中，遇到适宜的中间宿主——椎实螺便钻入其中发育为尾蚴。尾蚴离开螺体在水生植物或水面下脱尾形成囊蚴。牛、羊在吃草或饮水时吞入囊蚴而遭感染。囊蚴在十二指肠逸出童虫，童虫穿过肠壁，经肝表面钻入肝内的胆管约需 2 ~ 3 个月发育成熟。

二、流行病学

本病是我国危害最严重的寄生虫之一、分布几乎遍及全国，大片吸虫多见于南方诸省，特别是地势低洼、潮湿、多沼泽及水源丰富的地区。春末、夏、秋季适宜幼虫及螺的生长发育，发病较多。幼虫引起的急性发病多在夏、秋季，成虫引起的慢性发病多在冬、春季节。肝片吸虫主要是以牛、羊、鹿、骆驼等反刍动物为终末宿主，绵羊最敏感。猪、马属动物、兔及一些野生动物和人也可感染。大片形吸虫主要感染牛。中间宿主为椎实螺科的淡水螺，其中肝片形吸虫主要为小土窝螺，还有斯氏萝卜螺；大片形吸虫主要为耳萝卜螺，小土窝螺亦可。

歧腔吸虫病

【任务简介】歧腔吸虫寄生于反刍动物牛、羊、鹿等的肝脏胆管、胆囊内，偶见于人。

【任务要求】掌握歧腔吸虫病的流行特点、诊断技术及防治措施。

【工作任务】

一、诊断

结合临床症状，在粪便中检出虫卵或死后剖检发现大量虫体即可确诊。

轻者无明显症状，严重寄生时，可引起胆管炎，胆管壁增生，肥厚。肝脏肿大，肝被膜肥厚。临床可见黏膜黄疸，逐渐消瘦，颌下和胸下水肿，下痢，甚至死亡。

二、治疗

六氯对二甲苯，牛、羊均为 200 ~ 300mg/kg 体重，口服，连服两次，驱虫率可达

100%；吡喹酮，50～75mg/kg 体重，口服；丙硫苯咪唑 30mg/kg 体重，口服，1 次/d，连用数日。

【知识拓展】

一、病原

常见病原为矛形歧腔吸虫和中华歧腔吸虫。矛形歧腔吸虫的虫体狭长呈矛形，棕红色，大小为 6.67～8.34mm×1.61～2.14mm，体表光滑。口吸盘后紧接咽、食道、和两支简单的肠管。腹吸盘大于口吸盘。睾丸两个，圆形或边缘有缺损，前后排列或斜列于腹吸盘的后方。雄茎囊位于肠分叉与腹吸盘之间。生殖孔开口于肠管分叉处。卵巢圆形，居于睾丸之后。卵黄腺位于体中部两侧。子宫弯曲，充满虫体的后半部，内含大量虫卵。虫卵呈卵圆形，褐色，内含毛蚴。

二、流行病学

本病的分布几乎遍及世界各地，在我国东北、华北、西北和西南各省和自治区均有发生，多呈地方性流行。宿主动物非常广泛，已知哺乳动物达 70 余种，除牛、羊、鹿、骆驼、马、兔等家畜外，许多野生的偶蹄动物均可感染。动物随年龄的增加，其感染率和感染强度也逐渐增加。

任务二　绦虫病

莫尼茨绦虫病

【任务简介】莫尼茨绦虫病是由扩展莫尼茨绦虫和贝氏莫尼茨绦虫寄生于绵羊、山羊和牛的小肠中所引起的绦虫病。本病常以地方性流行，羔羊、犊牛受害严重，发育生长受阻，常引起死亡。

【任务要求】掌握莫尼茨绦虫病的流行特点、诊断技术及防治措施。

【工作任务】

一、诊断

主要根据临床症状，在羔羊和犊牛的粪便中发现的孕卵节片或其碎片可确诊。感染初期，莫尼茨绦虫尚未发育到性成熟，这时在患畜粪便中找不到虫卵或孕卵节片。此时可用药物作诊断性驱虫，必要时也可进行尸体剖俭，检查虫体。

轻度感染不显症状，严重感染时才显症状。病畜表现食欲减退，渴欲增加，常下痢，有时便秘，粪便中混有黄白色绦虫孕卵节片。贫血，淋巴结肿大，体质瘦弱，有时发生抽搐或作回旋运动。病末期，病畜不能站立，头仰向后方，并经常作咀嚼动作，口周围有泡沫，精神极度委顿，反应迟缓，终至死亡。

二、治疗

1. 药物驱虫　丙硫苯咪唑，10mg/kg 体重，口服；吡喹酮：15mg/kg 体重，口服；硫双二氯酚，羊 100mg/kg 体重，牛 40～60mg/kg 体重，一次口服；砷酸铅、砷酸亚锡或砷酸钙，各药剂量均为羔羊 0.5g/只，成年羊或犊牛 1g/只。一次投服，服后给油类泻剂。

2. 中药治疗 川椒 30g、贯仲 9g、皂角 6g、使君子 9g、鹤虱 6g、马鞭草 9g，共为细末，与小米汤共调，候温灌服；烟叶 30g，加水 500ml 浸泡 1d，取烟叶水 250g 加入胆矾 1.5g，再加水 250ml，充分混匀灌服，分为两次，1d 灌完；贯仲 9g、槟榔 6g、南瓜子 30g、鹤虱 6g、苏木 6g，共为细末，开水冲灌。

三、预防

1. 预防性驱虫 在舍饲转放牧前对羊群进行第一次驱虫，以减少牧地的污染。放牧后一个月内进行第二次驱虫，再隔一个月进行第三次驱虫。如此不但可驱成虫防止危害，而且可取得防止污染牧地，预防感染的效果，随着羊只月龄的增长便不易再感染，从而保证了畜体的健康。

2. 控制中间宿主 土壤螨分布广泛，在未耕种的荒草地上密度大，生活力强，生存时间长，且一个土壤螨中可带有多量的似囊尾蚴。土地经过耕种 3～5 年后，土壤螨数量显著下降，长期种植的土地，土壤螨很少或绝迹。播种高质量的牧草，更新牧地，则不但可以提高饲料质量，又能大量杀灭土壤螨。

【知识拓展】

一、病原

1. 扩展莫尼茨绦虫 虫体乳白色，扁平带状，长 1～6m，宽 16mm。头节呈球形，上有四个呈椭圆形的吸盘，无顶突和小钩。有两组生殖器官，各向一侧开口。成熟节片内，卵巢与卵黄腺在节片两侧相互构成菊花状环形。睾丸数百个，分布于整个节片内，子宫呈网状。在节片后缘有一列排列疏松的、环状的节间腺，其两端几乎达到纵排泄管。

2. 贝氏莫尼茨绦虫 与扩展极为相似，但节片较宽，最宽达 26mm。节间腺呈密集的小颗粒状，仅排列于节片后缘的中央部。虫卵，近圆形、四角形成三角形。卵内含有一个三对小钩的六钩蚴。六钩蚴被一个叫做梨形器的结构包围着。

二、流行病学

本病流行与土壤螨的生态特性有密切关系。土壤螨能根据地面温度、湿度及光线强弱而沿牧草上下爬行，当地温高、湿度低而有强光时，便离开牧草向下爬行，甚至可钻入土壤内 4.5cm 深处，反之则爬上牧草。牛羊在清晨、黄昏及雨后采食低湿地牧草或早春未开垦过的地埂嫩草时，最容易感染本病。羔羊最易感扩展莫尼茨绦虫，犊牛最易感贝氏莫尼茨绦虫。扩展莫尼茨绦虫的感染具有季节性，山羊一般在春季 2～3 月份开始，4～6 月份达高峰，8 月份以后逐渐降低。山羊的易感性也有明显的年龄差异，2 个月的新生羔羊就可感染，2～5 月龄感染率最高，7 月龄后，病羊获得了免疫力后，而迅速排出虫体并不再重复感染。一般成年羊和母羊的感染率极低。

棘球蚴病

【任务简介】 棘球蚴病是一种危害极为严重的人畜共患病。成虫是细粒棘球绦虫，寄生狗等肉食动物小肠。病原体棘球蚴是细粒棘球绦虫的中绦期幼虫，寄生在牛、羊、猪、人的肝脏、肺脏等脏器，给人畜造成严重的损害。我国常见的棘球绦虫有细粒棘球绦虫和多房棘球绦虫。

【任务要求】掌握动物棘球蚴病诊断技术及防治措施。

【工作任务】

一、诊断

严重感染羊表现消瘦，被毛脱落，咳嗽，倒地不起。牛严重感染者常见消瘦，衰弱，呼吸困难或轻度咳嗽，剧烈运动时症状加重。各种动物都可因囊泡破裂产生严重的过敏反应而突然死亡。

动物棘球蚴的生前诊断比较困难，往往在尸体剖检时发现。

二、防治

对牛、羊的棘球蚴病治疗价值不大，重点是预防本病的发生。对犬进行定期驱虫，可用氢溴酸槟榔碱，一次内服量为2mg/kg 体重；吡喹酮，一次内服量为5mg/kg 体重；病畜的脏器不得随意喂犬；人与犬接触时，应注意个人卫生。保持畜舍、饲草、饮水的卫生，防止犬粪的污染。

【知识拓展】

病原：细粒棘球绦虫由头节和3～4个节片组成，长2～7mm。头节上有4个吸盘，顶突钩36～40个，排成两圈。成节内含一套雌雄同体的生殖器官，睾丸数35～55个。生殖孔位于节片侧缘的后半部。孕节的长度约占全虫长的一半，子宫侧枝为12～15对，内充满虫卵。犬、狼等终末宿主将细粒棘球绦虫的虫卵和孕节随粪便排出体外，污染饲草和饮水。当牛、羊等中间宿主吞食虫卵后而受感染，进入消化道的六钩蚴，钻入肠壁经血流或淋巴循环至全身各处，以肝、肺两处最多，约经6～12个月的生长方可发育为有感染性的棘球蚴。当犬和其他的食肉动物吞食棘球蚴后，经40～50d的发育即可发育为细粒棘球绦虫。虫体在犬体内寿命为5～6个月。

终宿主活动范围广，孕卵节片大量排出，污染饲料、饮水源和牧场，成为家畜感染的主要原因；病畜内脏处理不当，当人屠宰牲畜时，往往随意丢弃感染棘球蚴的内脏让其饲养犬吞食，导致犬感染，因此加剧恶性流行；用狗牧羊，虫卵污染草原和生活环境，造成家畜和人的感染；人的感染往往通过用手抚摸狗，不注意卫生时感染。

牛羊脑多头蚴病

【任务简介】又称旋回病，是寄生于牛羊脑部的多头绦虫的幼虫所引起的一种绦虫蚴病。俗称“脑包虫病”。绵羊多见，尤其是2岁以下的绵羊易感，往往导致死亡。此外，骆驼也受感染，但较少见。

【任务要求】掌握牛羊脑多头蚴病的诊断技术及防治措施。

【工作任务】

一、诊断

本病诊断应根据特异症状、病史、头部触诊来综合判定，有些病例须在剖检时才能确诊。

多头蚴在牛羊脑部寄生时引起多头蚴病。牛羊感染后 7 ~ 21d 即虫体在脑内移行时，呈现类似脑炎或脑膜炎症状，严重感染的动物常在此时期死亡。耐过的动物上述症状不久消失而在数月内表现完全健康状态。

感染后 2 ~ 7 个月开始出现典型症状。强迫运动是脑包虫病最主要的症状，患畜颈项弯向一侧，或有不同程度的转圈运动现象。转圈运动肢对侧眼视力降低或消失，眼底对光检查时发现中央血管怒张充血、视乳头水肿、且瞳孔开张，对侧肢的蹄冠反射迟钝。颅骨叩诊音调变低、敏感，发病年龄不等。经圆锯术开颅手术治疗时，可发现脑内有不同程度的局限性低密度水肿病变。

在囊泡寄生的初期，囊泡可作为异体蛋白使脑组织产生轻度的免疫反应，脑组织发生水肿，此时出现较为频繁的神经症状。在随后的一定时期内，因脑组织和囊泡相互适应，神经症状减少或暂时停止。随着病程的延长，因孢囊释放出大量的抗原和毒素，周围脑组织的免疫反应明显，水肿加重，炎性渗出，有的出现硬膜下积液，神经症状明显增强。

多头蚴在脑内寄生的部位与转圈运动形式有密切关系。寄生在皮层，尤其是中央前回附近，全身强直、阵挛性发作或简单部分性发作。在额叶，盲目前走，遇到障碍物，将头抵在上面而呆立不动。在顶颞叶，初期向虫体寄生侧作较大直径的转圈运动，随着病情的发展，虫体增大而转圈直径减小，对侧眼视力下降，蹄冠反射迟钝或消失。在枕叶，运动时头高举后仰，身体倾斜，摇晃欲倒，跌倒时头颈后仰，颈部肌肉强直性痉挛。在小脑，运动失调，不能保持平衡，卧地后不能起立或角弓反张。

二、治疗

1. 药物驱虫 吡喹酮 50mg/kg 体重、丙硫咪唑 15mg/kg 体重，内服，每隔 5 ~ 10d 用药一次，连续 3 ~ 6 次。用驱虫药后，部分患牛可能会因为虫体死亡，囊壁破裂，囊液流出而使患畜出现症状加剧，出现精神沉郁或者其他神经症状、体温升高、食欲减退甚至废绝等症状，严重者如果抢救不及时甚至会很快死亡。抢救措施为强心、利尿降低颅内压，可选用安钠咖 2 ~ 5g 和甘露醇1 000~2 000ml。防止继发感染可选用磺胺嘧啶钠 0.07g/kg 体重，一日 2 次或者其他容易透过血脑屏障的广谱类抗生素肌肉注射或者静脉注射。

2. 激素治疗 激素能抑制免疫反应，既能抗炎，又对脑水肿治疗有一定作用。激素还能稳定细胞膜，对于细胞的异常放电可能具有阻止作用。因此一旦确诊为多头蚴而非细菌感染引起的神经症状，在治疗中可及早应用激素，以利于控制强迫运动的发作。另外，激素还能防止因炎症反应所致的蛛网膜粘连，防止脑脊液流通孔道附近的囊虫，因反应所致的蛛网膜粘连而引起的梗阻性脑积水的产生。

三、预防

防止犬吃到带有多头蚴的羊、牛等动物的脑和脊髓。对护羊犬应作定期驱虫；对野犬、狼、狐狸等终末宿主应予捕杀，以逐步杜绝本病的发生。

【知识拓展】

病原：多头蚴呈囊泡状，囊内充满透明液体，囊壁上有许多头节。多头蚴大小由豌豆大至鸡蛋大。多头绦虫与有钩绦虫相似，但较小，体长约 40 ~ 80cm。

多头绦虫的孕卵节片随狗的粪便排到外界，被牛、羊吞食后，虫卵内的六钩蚴逸出，并钻入肠黏膜的毛细血管内，而后随血流到脑内，继续发育成多头蚴。从感染到发育成多头蚴，约需2~3个月。狗吞食了含有多头蚴的牛或羊的脑，即感染多头绦虫。寄生于狗小肠内的多头绦虫可以生存数年之久，它们不断排出孕卵节片，成为牛羊感染多头蚴病的来源。

细颈囊尾蚴病

【任务简介】 细颈囊尾蚴是寄生在牛、羊、猪等动物的肝脏、胃网膜和肠系膜等处的一种寄生虫病。

【任务要求】 掌握细颈囊尾蚴病的流行特点、诊断技术及防治措施。

【工作任务】

一、诊断

因症状无显著特点，主要靠尸检时发现肝脏的孔道和腹膜炎。大面积普查和筛选感染动物时可用细颈囊尾蚴液制成抗原做皮内试验。终末宿主检查以粪便检查虫卵或孕卵节片为主。

初感染时，能引起急性肝炎。若细菌等被带入，可引起局限性或弥漫性腹膜炎。在少量寄生时，不呈现症状。感染严重者可出现贫血，虚弱，黄疸，如发生急性肝炎或腹膜炎时，体温升高，消瘦，寄生在肝内的包囊压迫肝组织，可引起肝功能障碍，有的可寄生在肺脏，而引起呼吸障碍。

二、治疗

吡喹酮，50mg/kg体重，内服，可杀死细颈囊尾蚴。吡喹酮溶于液体石蜡配成20%溶液，深部肌肉注射，隔1d一次，连续2次。

三、预防

中间宿主的家畜屠宰后，应加强肉品卫生检验，检出细颈囊尾蚴及其寄生的内脏需进行无害处理，不得随意丢弃或喂犬。对犬定期检查和驱虫。氢溴酸槟榔碱：犬按1mg/kg体重，停食12~13h，以肠衣片经口给药；盐酸丁奈脒：按25~50mg/kg体重，停食3~4h，口服，用前不得将药捣碎或溶于水，否则会引起中毒；硫酸双氯酚：按200mg/kg体重，1次口服；丙硫咪唑：按400mg/kg体重，1次口服。

【知识拓展】

一、病原

病原为细颈囊尾蚴，寄生于感染动物的肠系膜上，有时寄生于肝脏表面。寄生数目不等，有时可达数十个，一般为豌豆到鸡蛋大，白色，囊内充满透明液体，头节在囊泡上向内凹陷，呈白色高粱粒大颗粒。成虫为白色或淡黄色，长60~500cm，宽1~5mm，分为头节、颈节和体节。虫卵呈无色透明的圆形或椭圆形，薄而脆弱，大小为5~70μm，内有六钩蚴虫。

二、流行病学

该寄生虫在世界上分布很广。犬等动物因吞食动物废弃内脏而感染细颈囊尾蚴，然后随粪便将有绦虫的节片或虫卵排出，污染牧场、饲料和饮水，从而感染牛、羊等动物。细颈囊尾蚴对幼龄家畜致病力强，尤以犊牛、羔羊和仔猪为甚，往往由于六钩蚴虫移行至肝脏时，形成孔道形成急性肝炎。

任务三　线虫病

羊的类圆线虫病

【任务简介】家畜类圆线虫病是由杆形科类圆属类圆线虫引起的寄生虫病，动物除直接接触具有感染性的丝状蚴而经皮肤或黏膜感染外，还可发生自身重复感染。本病有一定地区性，夏、秋季多发。该病给养羊业造成了大的损失。

【任务要求】掌握羊的类圆线虫病的流行特点、诊断技术及防治措施。

【工作任务】

一、诊断

根据虫体及虫卵形态诊断为羊类圆线虫病。

羊只枯瘦，毛焦枯，眼内陷，结膜苍白。剖检可见，脂肪菲薄紧缩，肌肉松弛，皮下组织及可视黏膜苍白贫血，肝、脾、肾脏等器官变软、颜色浅，胃肠空虚，有稀少的褐色粪便，肠壁薄，小肠的部分段有带状和斑状出血。

对羊的小肠黏膜进行涂片镜检，可发现大量虫卵及细小的虫体。

二、治疗

丙硫苯咪唑片，内服，1 次/d，连续 2d，间隔一周再用药 2d。对发病羊要单独隔离，加强管护措施，必要时单独用药。

三、预防

类圆线虫病多发于温暖季节，夏季多雨潮湿是该病发生和传播的主要诱因。因此，加强饲养管理措施，改善饲草、饲料品质，及时清栏垫栏，保持栏圈的清洁干燥，并且定期对栏圈进行消毒，羊群要定期驱虫。

【知识拓展】

一、病原

雄虫长宽约 0.7mm ×（0.04 ~ 0.05）mm，雌虫约 1.0mm ×（0.05 × 0.075）mm。虫卵与钩虫卵相似，长宽约 70μm × 40μm，在温暖潮湿的土壤中，虫卵在数小时内孵出杆状蚴。杆状蚴于 1 ~ 2 月内经数次蜕皮，发育为自由生活的成虫。自生世代可循环多次。杆状蚴也可经 2 次蜕皮发育为丝状蚴，直接经皮肤侵入羊体，营寄生生活。

二、流行病学

患病或带虫羊是感染源，虫卵存在于粪便中。主要是经皮肤感染，其次为经口感染。羔羊可从母乳感染。未孵化的虫卵能在适宜的环境下保持其发育能力达 6 个月以上，感染性幼虫在潮湿环境下可生存 2 个月。主要分布于南方。温暖潮湿的夏季容易流行。

牛吸吮线虫病

【任务简介】又称为“牛眼虫病”，是由吸吮科吸吮属的多种线虫寄生于牛结膜囊、第三眼睑和泪管中引起的疾病。主要特征为眼结膜角膜炎，常继发细菌感染而致角膜糜烂和溃疡。

【任务要求】掌握牛吸吮线虫病的流行特点、诊断技术及防治措施。

【工作任务】

一、诊断

在眼内发现虫体即可确诊。虫体爬至眼球表面时易被发现。打开眼睑，有时可在结膜囊内发现虫体。还可以用橡皮吸耳球，吸取 3% 硼酸溶液，以强力冲洗第三眼睑内侧和结膜囊，同时用弧形盘接取冲洗液，可在其中发现虫体。

虫体机械性地损伤结膜和角膜，引起结膜角膜炎，如继发细菌感染，最终可导致失明。表现眼潮红、流泪和角膜混浊。炎性过程加剧时，眼内有脓性分泌物流出，常使上下眼睑黏合。角膜炎进一步发展，可引起糜烂和溃疡，严重时发生角膜穿孔，水晶体损伤及睫状体炎，最后导致失明。病牛表现极度不安，常将眼部在其他物体上摩擦，摇头，严重影响采食和体息，导致生长发育缓慢、生产力下降。混浊的角膜发生崩解和脱落时，一般能缓慢愈合，但在患处留下永久性白斑，影响视觉。

二、治疗

左咪唑 8mg/kg 体重，口服，1 次/d，连用 2d；伊维菌素或阿维菌素，0.2mg/kg 体重，口服或皮下注射；1% 敌百虫水溶液，点眼；3% 硼酸溶液、2% 海群生、0.5% 来苏儿，强力冲洗眼结膜囊和第三眼睑可杀死或冲出虫体。当继发细菌感染时，需要配合应用抗生素类软膏治疗。

三、预防

搞好环境卫生，搞好灭蝇、灭蛆和灭蛹工作。在疫区秋冬季节，进行有计划驱虫，在蝇类大量出现之前还要进行 1 次驱虫。

【知识拓展】

一、病原

吸吮属线虫体表通常有明显的横纹，口囊小，无唇，边缘上有内外两圈乳突。雄虫有多量的泄殖孔前乳突。雌虫阴门位于虫体前部。罗氏吸吮线虫，是我国最常见种。虫体呈乳白色，口囊呈长方形。食道短呈圆柱状。雄虫长 9～13mm，尾部弯曲，有 17 对小的尾乳突，两根交合刺不等长。雌虫长 14 ~ 18mm，尾端钝圆，尾尖侧面有 1 个小突起，阴门开口于虫体前部，开口处的角皮上无横纹，略有凹陷。胎生。大口吸吮线虫，体表横纹不明显，口囊呈碗状。雄虫长 6 ~ 9mm，2 根交合刺不等长，有 18 对尾乳突。雌虫长 11 ~ 14mm，阴门开口于食道的末端处。期氏吸吮线虫，体表无横纹。雄虫长 5 ~ 9mm，交合刺短近于等长。雌虫长 11 ~ 19mm。

二、流行病学

患病或带虫黄牛和水牛是主要感染来源，虫卵存在于眼分泌物中，主要经眼感染。本病的流行与蝇类活动密切相关，常年流行，但夏、秋季多发。

犊新蛔虫病

【任务简介】犊新蛔虫病是由牛新蛔虫寄生于 4 ~ 5 月龄以内的犊牛小肠引起的以肠炎、下痢、腹痛等消化道症状为特征的寄生虫病。牛新蛔虫分布很广，遍及世界各地，我国多见于南方，常引起犊牛死亡。

【任务要求】掌握犊新蛔虫病的流行特点、诊断技术及防治措施。

【工作任务】

一、诊断

结合临床症状（主要表现腹泻并混有血液、有特殊恶臭、病牛软弱无力等）与流行病学资料综合分析可初诊；在粪便中检查出虫卵或虫体可确诊。

主要是成虫的致病作用，其机械性刺激可以损伤小肠黏膜，引起黏膜出血和溃疡，并继发细菌感染，从而导致肠炎等；大量虫体的寄生可以引起机械阻塞，夺取宿主大量营养，从而使犊牛出现消化障碍；虫体代谢产生的毒素被犊牛吸收，也会引起严重危害，如出现过敏症状、阵发性痉挛等。病初，病牛表现为精神不振，不愿行动，继而消化失调，食欲不佳并腹泻；若并发细菌感染时则出现肠炎、血便、且带有特殊的臭味。后期，病牛臀部肌肉弛缓，四肢无力，站立不稳。当虫体大量寄生时可能导致肠阻塞或肠穿孔，引起死亡。

二、治疗

敌百虫，40 ~ 50mg/kg 体重，一次口服；丙硫咪唑，10 ~ 20mg/kg 体重，一次内服；伊维菌素，0. 2mg/kg 体重，一次皮下注射。

三、预防

犊牛感染高峰为 15 ~ 30 日龄，也有的犊牛带虫但不发病，排出的虫卵可以污染环境，导致母牛感染。因此对犊牛进行预防性驱虫是预防本病的重要措施。

【知识拓展】

一、病原

牛新蛔虫的成虫虫体粗大，呈淡黄色，虫体体表角质层较薄，故虫体较柔软，且透明易破裂。虫体前端有3个唇片，食道呈圆柱形，后端有一个小胃与肠管相接。雄虫长15～25cm部呈圆锥形，弯向腹面；雌虫较雄虫为大，长22～30cm，生殖孔开口于虫体前1/8到1/16处，尾直。虫卵近乎球形，短圆，其大小为70～80μm×60～66μm，壳较厚，外层呈蜂窝状，新鲜虫卵淡黄色，内含单一卵细胞。犊弓首蛔虫卵对药物的抵抗力较强，但虫卵对直射光线的抵抗力较弱，虫卵在阳光的直接照射下，4h即全部死亡。温、湿度对虫卵的发育影响较大。

二、流行病学

仅见于5月龄以内的犊牛。三四周大的犊牛，达到感染的高峰，随着犊牛的长大，感染性逐渐降低，至3～4个月后成虫从犊牛体内排出。在成年牛尚无成虫寄生的报道。

思考题：

1. 如何诊断和防治肝片吸虫病？
2. 怎样预防莫尼茨绦虫病？
3. 简述犊新蛔虫病对宿主的危害。

（本模块编者：刘纪成）

模块二　血液寄生虫病

任务一　牛羊巴贝斯虫病

【任务简介】 牛羊巴贝斯虫病是由巴贝斯科巴贝斯属的原虫寄生于动物红细胞内引起的疾病。患畜主要表现为高热、贫血、黄疸、血红蛋白尿。该病经蜱传播，又称“蜱热”，旧称“焦虫病”。

【任务要求】 掌握牛羊巴贝斯虫病的流行特点、诊断技术及防治措施。

【工作任务】

一、诊断

结合流行病学特点、临诊症状、病理变化和实验室常规检查初步诊断，经血液寄生虫学检查可确诊。还可用特效抗巴贝斯虫药物进行治疗性诊断。

潜伏期为8～15d。病初表现高热稽留，体温可达40～42℃，脉搏和呼吸加快，精神沉郁，食欲减退甚至废绝，反刍迟缓或停止，便秘或腹泻，泌乳减少或停止，妊娠母牛常发生流产。患畜迅速消瘦，贫血，黏膜苍白或黄染，出现血红蛋白尿。重症病牛可在4～8d内死亡，死亡率为50%～80%。慢性病例，体温在40℃上下持续数周，食欲减退，渐进性贫血和消瘦，需经数周至数月才能康复。幼龄病牛中度发热仅数日，轻度贫血或黄染，退热后可康复。

出现血红蛋白尿时，可见血红蛋白减少到25%左右，血液稀薄，红细胞着色淡，大小不均，红细胞数降至200万/mm^3以下，血沉加快显著。病初，白细胞变化不明显，随后数量可增加3～4倍，淋巴细胞增加，嗜中性细胞减少，嗜酸性细胞降至1%以下或消失。

尸体消瘦，血液稀薄，凝固不良。皮下组织、肌间结缔组织及脂肪均有不同程度的黄染和水肿。脾脏肿大2～3倍，脾髓软化呈暗红色。肝脏肿大呈黄褐色，胆囊肿大，胆汁脓稠。肾脏肿大。肺淤血、水肿。心肌松软，心脏内膜及外膜、心冠脂肪、肝、脾、肾、肺等表面有不同程度的出血。膀胱膨大，黏膜有出血点，内有多量红色尿液。皱胃黏膜和肠黏膜水肿、出血。

二、治疗

可选用以下杀虫药物，并及时辅以退热、强心、补液、健胃等对症疗法。

（1）咪唑苯脲 1～3mg/kg 体重，配成10%的水溶液，肌肉注射。对各种巴贝斯虫均有较好效果，但药物在体内残留期较长，休药期不少于28d。

（2）三氮脒（贝尼尔、血虫净） 3.5～3.8mg/kg 体重，配成5%～7%溶液，深部肌肉注射。病畜可能出现毒性反应，表现起卧不安、肌肉震颤、频频排尿等。水牛较敏感，一般1次用药较安全，连续用药应谨慎。妊娠牛、羊慎用。骆驼敏感，不宜应用。

（3）硫酸喹啉脲（阿卡普林） 0.6～1mg/kg 体重，配成5%水溶液，皮下注射。用药后患畜可能出现起卧不安、肌肉振震、流涎、出汗、呼吸困难等不良反应，一般于1～4h 后自行消失。有时导致妊娠牛、羊流产，毒性反应严重者可注射阿托品缓解。

（4）锥黄素（吖啶黄） 体重3～4mg/kg 体重，配成0.5%～1%水溶液，静脉注射，症状未减轻时，24h 后再注射1次。病牛在治疗后数日内避免烈日照射。

三、预防

搞好灭蜱工作，实行科学轮牧。在蜱流行季节，牛、羊尽量不到蜱大量孳生的草场放牧，必要时可改为舍饲。对外地调进的牛、羊，要检疫后隔离观察，患病或带虫者应进行隔离治疗。在发病季节，可用咪唑苯脲进行预防，预防期一般为3～8周。

【知识拓展】

一、病原

巴贝斯虫种类很多，具有多形性的特点，有梨籽形、圆形、卵圆形及不规则形等多种形态。虫体大小也存在很大差异，长度大于红细胞半径的称为大型虫体，长度小于红细胞半径的称为小型虫体。我国已报道牛有3种，羊有1种。

1. 双芽巴贝斯虫 为大型虫体，寄生于牛。虫体长2.8～6μm，有2团染色质块。红细胞染虫率为2%～15%，感染的红细胞内多为1～2个虫体，并位于红细胞中央。姬姆萨氏染色后，胞浆呈淡蓝色，染色质呈紫红色。虫体形态随病程的发展而变化，初期以单个虫体为主，随后双梨籽形虫体所占比例逐渐增多。典型虫体为成双梨籽形，以尖端相连成锐角。

2. 牛巴贝斯虫 为小型虫体，寄生于牛。虫体长1～2.4μm，有1团染色质块。红细胞染虫率一般不超过1%，感染的红细胞内多为1～3个虫体，并位于红细胞边缘。典型虫体为成双梨籽形，以尖端相连成钝角。

3. 卵形巴贝斯虫 为大型虫体，寄生于牛。虫体多为卵形，中央往往不着色，形成空泡。虫体多数位于红细胞中央。典型虫体为双梨籽形，较宽大，两尖端成锐角相连或不相连。

4. 莫氏巴贝斯虫 为大型虫体，寄生于羊。有2团染色质。虫体多数位于红细胞中央，60%以上为双梨籽形（占）。典型虫体为双梨籽形以锐角相连。

牛、羊巴贝斯虫的发育过程基本相似，需要转换反刍动物、硬蜱2个宿主才能完成发育。带有子孢子的蜱吸食动物血液时，子孢子进入红细胞，以裂殖生殖的方式进行繁殖，产生裂殖子。当红细胞破裂后，释放出的虫体侵入新的红细胞，重复上述发育，最后形成配子体。蜱吸食带虫动物或患畜血液后，虫体在硬蜱的肠内进行配子生殖，然后在蜱的唾液腺等处进行孢子生殖，产生许多子孢子。

二、流行病学

主要经蜱媒介感染，双芽巴贝斯虫可经胎盘传播给胎儿。我国南方多在7~9月发生和流行。放牧牛群易发生，舍饲牛发病较少。一般情况下，2岁以内的犊牛发病率高，但症状轻，死亡率低；成年牛发病率低，但症状较重，死亡率高。当地牛对本病有抵抗力，良种牛和外地引入牛易感性较高，症状严重，病死率高。

三、鉴别诊断 应注意和以下疾病进行鉴别

1. 泰勒虫病 以高热稽留、贫血、出血、淋巴结肿大为特征；第四胃黏膜肿胀，有针头至黄豆大暗红色或黄白色结节，有的结节坏死、糜烂后形成边缘不整且稍微隆起的溃病灶，胃黏膜易脱落；血液检查红细胞染虫率高、虫体呈环形或椭圆形。

2. 附红细胞体病 以高热、贫血、黄疸为特征；无明显季节性，应激状态下多发；血液检查附红细胞体附着于红细胞膜表面。

3. 钩端螺旋体病 以高热、贫血、黄疸、血红蛋白尿为特征；病畜之间可横向传播；常见皮肤干裂、坏死，肝脏、脾脏有出血点和坏死灶；血液、尿液检查可发现钩端螺旋体。

任务二 牛羊泰勒虫病

【任务简介】牛羊泰勒虫病是经蜱传播的，由泰勒科泰勒属的原虫寄生于牛、羊的巨噬细胞、淋巴细胞和红细胞内引起的疾病。主要表现为高热稽留、贫血、出血、消瘦和体表淋巴结肿大。

【任务要求】掌握牛羊泰勒虫病的流行特点、诊断技术及防治措施。

【工作任务】

一、诊断

根据流行病学、临诊症状、剖检变化及实验室检查进行综合诊断。高热稽留、贫血、全身性出血、全身淋巴结肿大等具有诊断意义，还可通过淋巴结穿刺检查裂殖体。

潜伏期14~20d，多呈现急性经过。病初，病畜高热稽留，体温高达40~42℃，肩前淋巴结、腹股沟浅淋巴结等体表淋巴结肿大，有痛感。眼结膜初充血、肿胀，后贫血、黄染。心跳加快，呼吸增数。食欲大减或废绝，有的病例有异嗜现象，个别出现磨牙（尤其是羊）。亦可在颌下、胸腹下发生水肿。中后期在可视黏膜、肛门、阴门、尾根及阴囊等处出现出血点或出血斑。病牛迅速消瘦，严重贫血，肌肉震颤，卧地不起，实验室检查可见红细胞数减少，血红蛋白含量下降，血沉加快。多在发病后1~2周内死亡。濒死前体温降至常温以下。耐过病牛成为带虫者。

全身皮下、肌间、黏膜和浆膜上均有大量出血点或出血斑。全身淋巴结肿大，切面多

汁，有暗红色和灰白色大小不一的结节。皱胃黏膜肿胀，有许多针头至黄豆大暗红色或黄白色结节，有的结节坏死、糜烂后形成边缘不整且稍微隆起的溃病灶，胃黏膜易脱落。皱胃的变化具有诊断意义。另外，可见小肠和膀胱黏膜有结节和溃疡，脾、肾、肝脏肿大，胆囊扩张，胆汁浓稠。

二、治疗

对本虫无特效药物。应早诊断、早治疗，同时采取抗菌消炎、退热、输血、止血、利胆、强心、补液等对症疗法。

磷酸伯胺喹啉，0.75～1.5mg/kg 体重，口服，1 次/d，连用 3～5d，对瑟氏泰勒虫效果较好。三氮脒（贝尼尔），7mg/kg 体重，配成 7% 水溶液，肌肉注射，1 次/d，连用 3～5d。

三、预防

关键是灭蜱。尽量避开山地、次生林地等蜱孳生地放牧。在发病季节到来之前，使用磷酸伯胺喹啉或三氮脒对牛羊进行预防。流行区可预防接种环形泰勒虫裂殖体胶冻细胞苗，接种后 20d 产生免疫力，免疫期在 1 年以上。

【知识拓展】

一、病原

主要有环形泰勒虫、瑟氏泰勒虫、山羊泰勒虫，

1. 环形泰勒虫 寄生于红细胞内的虫体称为血液型虫体或配子体，虫体很小，形态多样。有环形、杆形、圆形、卵圆形、梨籽形、逗点形、十字形和三叶形等多种形态。以环形和卵圆形为主，约占总数的 70%～80%。寄生于巨噬细胞和淋巴细胞内进行裂体繁殖所形成的多核虫体称为裂殖体，或称石榴体、柯赫氏蓝体。裂殖体呈圆形、椭圆形或肾形，位于巨噬细胞、淋巴细胞细胞浆内或游离于细胞外，其中包含有许多红紫色颗粒状的核。

2. 瑟氏泰勒虫 寄生于红细胞内的虫体，以杆形和梨籽形为主，约占总数的 67%～90%，但在疾病的上升期，二者的比例有所变化，杆形为 60%～70%，梨籽形为 15%～20%。其他与环形泰勒虫相似。

3. 山羊泰勒虫 寄生于红细胞内的虫体，以圆形多见，直径为 0.6～1.6μm，1 个红细胞内一般只有 1 个虫体，有时可见 2～3 个。红细胞染虫率 0.5%～30%，最高可达 90% 以上。裂殖体可见于淋巴结、脾、肝等涂片中。其他与环形泰勒虫相似。

寄生于牛、羊体内各种泰勒虫的发育过程基本相似。带有子孢子的蜱吸食牛、羊血液时，子孢子随蜱唾液进入动物体内，首先侵入局部单核巨噬系统的细胞内裂殖生殖，形成大裂殖体。大裂殖体发育成熟后破裂，释放出许多大裂殖子，大裂殖子侵入其他巨噬细胞和淋巴细胞内重复裂殖生殖过程。与此同时，部分大裂殖子随淋巴和血液循环扩散到全身，侵入其他脏器的巨噬细胞和淋巴细胞再进行裂殖生殖，经若干世代后，形成小裂殖体，小裂殖体发育成熟后，释放出小裂殖子，进入红细胞中发育为配子体。幼蜱或若蜱吸食病牛或带虫牛血液时，把含有配子体的红细胞吸入体内，配子体由红细胞逸出，变为大

配子和小配子，二者结合形成合子，继续发育为动合子。当蜱完成蜕化时，动合子进入蜱的唾腺变为合孢体开始孢子生殖，分裂产生许多子孢子。蜱吸食牛、羊血液时，子孢子进入其体内，重复上述发育过程。

二、流行病学

环形泰勒虫和瑟氏泰勒虫主要流行于西北、华北、东北等地区。羊泰勒虫在四川、甘肃、青海均有发现。随着牛、羊流动频繁，本病的流行区域也在不断扩大。环形泰勒虫病主要流行于5~8月，6~7月为高峰期，多发生于舍饲牛。瑟氏泰勒虫病主要流行于5~10月，6~7月为高峰期，多发生于放牧牛。羊泰勒虫病主要流行于4~6月，5月为发病高峰期，放牧羊多发。在流行区，1~3岁牛多发，且病情较重。病愈牛可获得2.5~6年的免疫力。从非疫区引入的牛易于发病且病情严重。纯种牛、羊及杂交改良牛、羊易发病。1~6月龄羔羊多发且病死率高，1~2岁羊次之，3~4岁羊发病较少。

（本模块编者：刘俊栋，于枫）

模块三　外寄生虫病

任务一　硬蜱

【任务简介】又称壁虱、草爬子或狗豆子，是寄生于家畜体表的吸血性的外寄生虫。属节肢动物门、蛛形纲、蜱螨目、硬蜱科。硬蜱种类很多，与家畜疾病关系密切的有硬蜱属、牛蜱属、血蜱属、革蜱属、扇头蜱属、璃眼蜱属等。

【任务要求】掌握硬蜱的诊断技术及防治措施。

【工作任务】

一、诊断

硬蜱吸血导致患畜贫血、皮肤炎症，干扰正常采食和休息。硬蜱唾液中的神经毒素可导致宿主运动神经传导障碍，引起上行性肌肉麻痹现象，称为蜱瘫痪，临床常见牛面神经麻痹。还可传播鼠疫、布氏杆菌病、野兔热以及泰勒虫病等。

二、防治

主要是灭蜱。

1. 畜体灭蜱　采用药物灭蜱。冬季和初春，可选用3%马拉硫磷、2%害虫敌或5%西维因粉剂，牛50g～80g/头、羊20g～30g/头，纱布袋盛装在动物体表撒布，每隔10d处理1次。温暖季节，可选用2%敌百虫、0.2%辛硫磷或0.25%倍硫磷乳剂，牛每头400～500ml/头，羊150～200ml/头，动物体表喷洒，每隔2～3周1次。也可选用伊维菌素，0.2mg/kg体重，皮下注射，每隔14d注射1次。

2. 畜舍灭蜱　把畜舍内墙抹平，向槽、墙、地面等裂缝洒杀蜱剂，用新鲜石灰、黄泥或水泥堵塞畜舍墙壁的缝隙和小洞。舍内经常喷洒药物，如0.05%～0.1%的溴氰菊酯，石灰粉，2%敌百虫水等。

3. 草场灭蜱　草原地区可以采取牧地轮换制灭蜱，轮换的时间以一年以上为限，通过隔离可将其饿死。同时注意对蜱的主要宿主啮齿类的控制。

【知识拓展】

病原：虫体一般大小为5～6mm×3～5mm，红褐色，背腹扁平，头胸腹融合在一起，两侧对称，呈长卵圆形。虫体区分为假头和躯体。从背面可见到位于躯体前端的假头，由颚基、螯肢、口下板及须肢组成。躯体分背面和腹面，雄蜱背面的盾板几乎覆盖着整个背面，雌蜱的盾板仅占虫体的1/3，靠近颚基。腹面最显著的构造是附肢，成虫4对，幼虫

3 对；此外有肛门、生殖孔等。硬蜱的发育属不完全变态，分为卵、幼虫、若虫、成虫四个阶段。雌蜱饱血后落地，在阴暗处产卵，产卵后死亡。

根据硬蜱的发育过程及采食方式可把硬蜱分为三类。

1. 一宿主蜱 幼蜱、若蜱、成蜱均在同一个宿主身上吸血、蜕变，成蜱吸饱血落地。如微小牛蜱。

2. 二宿主蜱 幼蜱、若蜱在同一个宿主身上吸血、蜕变，若虫吸饱后落地蜕变为成虫，成虫再爬到另一宿主身上吸血（可为同种宿主或不同种），饱血后落地产卵。如残缘璃眼蜱。

3. 三宿主蜱 幼蜱、若蜱、成蜱依次更换宿主吸血，所有蜕变过程在地面上进行。大多数蜱属此类型，如全沟硬蜱、草原革蜱等。

任务二 螨病

【任务简介】又称疥癣，疥虫病、疥疮或癞，是由疥螨科和痒螨科的虫体寄生于牛羊的皮内或皮表引起的一种慢性皮肤病。临诊上以剧痒，患部皮肤渗出、脱毛、老化、形成痂皮以及逐渐向外周蔓延为特征。

【任务要求】掌握螨病的诊断技术及防治措施。

【工作任务】

一、诊断

根据临床症状、流行病学资料进行综合分析，确诊需进行病原检查。

各种动物都可患螨病，幼畜最易感染。疥螨主寄生于牛、山羊、骆驼，绵羊较少见，痒螨主寄生于绵羊、牛、山羊。主要为病畜与健畜接触传播，也可通过带有螨虫或螨卵的饲槽、饮水器、鞍具等进行传播。当畜舍阴暗潮湿，畜群过于拥挤，皮肤卫生状况不良，牛羊营养缺乏体质瘦弱等都能诱发螨病，且使病情更加严重。疥螨寄生于皮肤的深层挖掘隧道，嚼食细胞液、淋巴液及上皮细胞，痒螨寄生于皮肤的表面（多为毛稠密之处），刺吸组织液、淋巴液及炎性渗出液。共同症状为患畜表现为剧痒，患部皮肤渗出、脱毛、老化、形成痂皮以及逐渐向外周蔓延，迅速消瘦。

1. 疥螨病 牛，多始于面部、尾根、颈、背等被毛较短处逐渐蔓延至全身，山羊，多见于嘴唇四周、眼圈、耳根等处，严重者见到皮肤龟裂，影响采食。绵羊，病变主要局限于头部，如嘴唇周围、口角、耳根、鼻孔等处，病变有如干涸的石灰，故有“石灰头”之称。

2. 痒螨病 牛，初期见于颈、肩和垂肉，严重时波及到全身，病牛常舔患处，其痂垢较硬并有皮肤增厚现象。山羊，常见于耳壳内面，易在耳内生成黄色痂皮，将耳道阻塞。绵羊，多发于被毛稠密之处如背、臀，然后波及全身，脱毛明显。

注意和以下疾病进行鉴别。

1. 湿疹 痒觉不及螨病强烈，在温暖厩舍中痒觉也不加剧，无传染性，皮屑检查无螨。

2. 过敏性皮炎　主要发生于夏季，南方多见，无传染性。大多数病变先从丘疹开始，然后形成散在的干痂和圆形规整的秃毛斑，镜检病料无虫体。

3. 秃毛癣　痒觉不明显或无，主要发生在头、肩、颈部，病变为圆形、椭圆形边界明显的干痂，结痂易脱落。镜检病料可找到癣菌的芽胞或菌丝。

4. 虱和毛虱　症状与螨病相似，但无皮肤增厚，起皱襞和变硬等病变。在患部可找到虱和毛虱，皮肤正常，柔软有弹性。

二、治疗

常用2%敌百虫溶液、0.1%~0.2%杀虫脒溶液或0.1%溴氰菊酯水溶液患部涂擦。也可用伊维菌素，0.2mg/kg体重，颈部皮下注射。

三、预防

每年定期药浴（淋）。要经常检查畜群有无发痒、掉毛现象，及时发现，隔离饲养并治疗。引入家畜应严格检查，事先了解有无螨病的发生和存在，并隔离，确实无螨再并入群中。畜舍应宽敞、干燥、透光、通风良好；畜群数量适中，密度适宜；注意消毒和清洁卫生。

【知识拓展】

病原　疥螨，呈龟形，背面隆起，腹扁平。背面有细横纹、锥突、圆锥形鳞片和刚毛。腹面有4对短粗的足。痒螨，呈椭圆形，透明的浅褐色角皮上有稀疏的刚毛和细横纹，足细长、突出虫体边缘。螨虫的发育过程分为虫卵、幼虫、若虫、成虫四个阶段。平均15~21d完成一个发育周期。螨虫一生都在同一个宿主体上连续繁殖。在宿主体外一般仅能存活3周左右。

任务三　牛皮蝇蛆病

【任务简介】牛皮蝇蛆病是由皮蝇科、皮蝇属昆虫的幼虫寄生于牛的皮下而引起的一类蝇蛆病。临床上以皮肤痛痒、局部结缔组织增生和皮下蜂窝织炎为特征。

【任务要求】掌握牛皮蝇蛆病的诊断技术及防治措施。

【工作任务】

一、诊断

幼虫出现于背部皮下时，易于诊断。最初在牛背部皮肤上可触诊到隆起，上有小孔，隆起内含幼虫，用力挤压出虫体，即可确诊。

成虫一般在晴朗无风的白天侵袭牛只，不叮咬牛，但飞翔产卵时可引起牛只恐惧不安而影响正常的生活和采食，日久牛只变为消瘦，有时出现“发狂”症状，偶尔跌伤或孕畜流产。幼虫钻入皮肤，引起皮肤痛痒，精神不安，幼虫在体内移行，造成移行部组织损伤，特别是第三期幼虫在背部皮下时，引起局部结缔组织增生和皮下蜂窝织炎，有时继发感染可化脓形成瘘管，直到幼虫钻出，才始愈合。皮蝇幼虫产生的毒素，引起患畜贫血，消瘦，肉质降低，乳畜产乳量下降，背部幼虫寄生处留有瘢痕，影响皮革价值。个别患畜幼虫误入延脑或大脑脚寄生，可引起神经症状，甚至造成死亡。偶尔可见幼虫引起的变态反应。

二、防治

主要为消灭幼虫，防止幼虫落地化蛹。采用手指挤压或向肿胀部及小孔内涂擦或注入2%敌百虫、4%蝇毒磷或皮蝇磷等药物。伊维菌素，0.2mg/kg 体重，皮下注射，效果良好。在牛皮蝇、纹皮蝇产卵季节经常擦刷牛体，可减少感染。

【知识拓展】

病原　主要为牛皮蝇和纹皮蝇。牛皮蝇体长 15mm、纹皮蝇 13mm，虫体外观似蜜蜂，有足 3 对、翅 1 对，体表被有密绒毛，翅呈淡灰色。口器退化，也不叮咬牛只。虫卵黄白色。第三期幼虫呈深褐色，长 25～28mm，外形较粗壮，体分 11 节，无口前钩，体表有很多节和小刺，最后两节腹面无刺，有 2 个后气孔，气门板为漏斗状，色泽随虫体渐趋成熟由淡黄、黄褐变为棕褐色。

两种皮蝇的发育规律大致相同，属完全变态。成虫野居，营自由生活，不采食，不叮咬动物，只飞翔，交配，并在牛的被毛上产卵，成蝇仅生活 5～6d，产卵后死亡。牛皮蝇虫卵单个黏附在牛毛上，纹皮蝇虫卵成串粘在牛毛上。虫卵经 4～7d 孵出第一期幼虫，幼虫由毛囊钻入皮下。第二期幼虫沿外围神经的外膜组织移行 2 个月后到达椎管硬膜的脂肪组织中，并停留约 5 个月，然后从椎间孔爬出，到腰背部皮下或臀部、肩部皮下成为第三期幼虫，在皮下形成指头大瘤状突起，上有 0.1～0.2mm 的小孔。第三期幼虫长大成熟后从牛皮中钻出，落地入土化蛹，蛹期约 1～2 个月，最后蛹可化为成虫，整个发育期为 1 年。一般牛皮蝇成虫出现于 6～8 月，纹皮蝇则出现于 4～6 月。

任务四　羊狂蝇蛆病

【任务简介】又称羊鼻蝇，幼虫寄生于羊的鼻腔或其附近的腔窦中，常引起慢性鼻炎，患畜主要表现为流鼻涕。

【任务要求】掌握羊狂蝇蛆病的诊断技术及防治措施。

【工作任务】

一、诊断

根据症状和流行病学，可初诊。确诊，可用药液喷入羊鼻腔，收集鼻腔喷出物，从而发现死亡的幼虫。

成虫为产幼虫侵袭羊群时，羊只表现不安，互相拥挤，频频摇头，喷鼻，或以鼻孔抵于地面，或以头部埋于另一羊的腹下或腿间，严重影响正常的生活和采食，使羊只生长发育不良。当幼虫在羊鼻腔内固着或移动时，鼻黏膜被幼虫的口前钩和体表小刺刺激和损伤，引起黏膜发炎和肿胀，鼻腔流出浆液性或脓性鼻液，干涸后形成鼻痂，并使鼻孔堵塞，呼吸困难，患羊表现为打喷嚏，摇头，甩鼻子，磨牙，磨鼻，眼睛浮肿，流泪，食欲减退，日益消瘦，数日后症状逐渐减轻。当幼虫发育到第三期时，虫体增大，变硬，并逐步向鼻孔移动，症状再度加剧。少数第一期幼虫可移行入鼻窦，致鼻窦发炎，甚或累及脑膜，患羊表现运动失调，做旋转运动。

二、防治

伊维菌素，0.2mg重，皮下注射。氯氰柳胺，5mg，口服；或25mg/kg体重，皮下注射，可杀死各期幼虫。在流行地区，应重点消灭幼虫，每年夏、秋季节，应定期用1%敌百虫喷、擦羊的鼻孔。

【知识拓展】

病原　羊狂蝇属狂蝇科、狂蝇属。成虫形状似蜜蜂，体长10～12mm，淡灰色，略带金属光泽，头大呈黄色，体表密生短细毛，有黑斑纹，翅透明，口器退化。幼虫为羊狂蝇蛆，体长由1mm逐步生长，发育成第三期幼虫时，长达28～30mm，背面隆起，腹面扁平，前端尖，有2个黑色口前钩，虫体背面无刺，成熟后各节上具有深褐色带斑，腹面各节前缘具有小刺数列，虫体后端平齐，凹入处有2个“D”形气门板。

成虫野居，不采食，交配后，雄蝇死亡。当雌蝇体内的幼虫形成后，冲向羊鼻，并产出幼虫（一次产幼虫约20～40只），每只雌虫数天内可产幼虫500～600只。幼虫迅即爬入鼻腔，在其中蜕化2次，变为第三期幼虫，再逐渐移向鼻孔，随羊打喷嚏时，幼虫落地入土化蛹，蛹期约1～2个月，最后从蛹羽化为成虫。在较冷地区，第一期幼虫生活期约9个月，蛹期可长达49～66d；温暖地区，第一期幼虫约需25～35d，蛹期为27～28d。本虫在我国北方每年仅繁殖1代，在温暖地区，则繁殖2代。

（本模块编者：刘俊栋，赵永旺）

项目八

实验实训技能

实训一　奶牛酮病的检验技术

目标　使学生了解奶牛酮病检验的基本原理，熟练掌握酮病的临床及实验室检验方法，具备综合分析检验结果的能力。

实训内容及方法　先由教师示范，边操作边讲解。然后分组进行。

1. 奶牛酮病临床症状概要

2. 亚硝基铁氰化钠法测定血液、尿液、乳汁中的酮体

原理。血液、尿液、乳汁中的酮体与亚硝基铁氰化钠在碱性环境中呈红色，可作为临床上的半定量检验。正常参考值：血酮，1～6mg/L。奶酮，6～8mg/L。尿酮，10mg/L以下。

试剂。将亚硝基铁氰化钠1.0g，无水碳酸钠20.0g，干燥硫酸铵20.0g等三种试剂分别研细后充分混匀，保存于棕色瓶内备用。

操作。取上述混匀的试剂0.2～0.5g于滤纸上或凹面皿内，在其上加血清、血浆、尿、乳汁少许使试剂湿润。当被检物中酮体含量在10mg/L以上时，则呈淡红—紫红色（3min内），即为阳性反应。据此可诊断为酮病。

本法简便、可靠、实用、经济，适宜于大范围推广，且对血清、血浆、尿液、奶汁均可测定，只要呈紫、红色反应者均为阳性（因为三者正常酮体含量均在10mg/L以下，本试剂只有含量在10mg/L以上才呈色反应）。如用滤纸操作，其阳性反应的紫红色可染在滤纸上并能保存一定时间。

3. 尿液分析仪测定尿液中的酮体

原理。低pH值的尿液可提高其反应性和对微量的酮体的检测。正常的尿液样本通常呈阴性反应。假阳性结果（微量）可见于色素样本或含有大量多巴代谢产物的样本。由于该实验对乙酰乙酸的特异性，试纸条上的酮体区不应与质控条以外的质控物起反应。

仪器设备。尿十联试纸，BAYER clinitec50型尿分析仪，小烧杯，滤纸。

操作。将试纸托架按要求插入仪器内，接通电源，仪器首先进行自检，当显示屏提示一切正常后，一手按下绿色按钮，一手迅速将试纸条在尿液中浸湿，并在滤纸上吸掉多余的尿液后，放入试纸托架上，这时仪器自动将托架吸进仪器内进行测定，然后通过打印机或显示屏输出结果。

实训报告　写出实验记录及操作经过。

实训二　反刍动物肠管手术

目标　使学生掌握肠阻塞、肠扭转、肠套叠等肠道疾病的手术治疗方法，深化学生无菌素质，培养学生手术基本操作技术的综合应用能力。

设备与器材　常规麻醉药品、消毒药品，手术器械及敷料，实验羊、牛，或离体肠管。

实训内容及方法 先由教师示范术前准备、手术过程及术后护理，边操作边讲解。然后分组进行。

1. 保定与麻醉 牛，柱栏内站立保定或左侧卧保定；羊，左侧卧保定。846合剂（速眠新）全身麻醉配合局部浸润或腰旁神经传导麻醉。

2. 切口定位 右肷部中切口，髋结节与最后肋骨水平联线中点，腰椎横突下方8～10cm作为切口上角，向下垂直作20～25cm切口（牛）。

3. 术式 分为开腹、腹腔探查、显露病变肠管、肠管固定与隔离、病变肠管处理、肠管缝合及关腹等步骤。

（1）开腹 术部常规消毒后，皮肤、腹外斜肌、腹内斜肌行锐性切开，腹横肌钝性分离，切开腹膜，显露腹腔。

（2）腹腔探查 目的在于寻找病变肠管。术者将手沿大网膜上隐窝伸入、向前探查，或切开大网膜直接探查。将病变肠段缓慢拉出腹壁切口之外，用温生理盐水纱布隔离。

（3）肠管处理 根据肠管病变情况，采取相应的处理方案。若仅为通过挤压不能通畅的肠阻塞、或难以整复的肠套叠，且尚未坏死，可行肠侧壁切开术；若为肠套叠，行肠套叠整复术；若肠管已坏死或发生严重肠粘连，行肠切除吻合术。一般而言将病变肠管拉出腹壁后，用生理盐水温敷5～6min，如肠管颜色变淡、出现蠕动、肠系膜动脉有搏动，说明肠管有活力。反之，肠管颜色暗紫色、黑红色或灰白色，肠系膜动脉搏动消失，没有蠕动，变软无弹性，说明肠管已发生坏死。

肠侧壁切开术。在病变肠管两端健康部位用两把肠钳夹住，与地面呈45°。于肠系膜的对侧平行肠管纵轴（小肠）或沿肠带（结肠）一次切开肠壁，长度以能取出结粪为宜，取出结粪。用青霉素生理盐水冲洗创缘和肠腔，对齐切口，第一层用螺旋缝合法缝合肠壁全层，冲洗、更换器械、术者手臂重新消毒；第二层用库兴氏缝合法缝合浆膜肌层，冲洗。

肠套叠整复术。提起套叠鞘部端肠管，在套叠顶部两手均匀用力向下推挤被套入的肠管，借重力作用使之复位，助手用手握住被套入端向外缓慢牵拉。或向套叠的鞘内涂灭菌润滑剂，用小手指插入鞘内，一边扩张外鞘一边向外牵拉被套入的肠管使之复位。当上述方法无法整复或已发生粘连时，可沿肠管纵轴切开1/2鞘部再行整复。

肠切除吻合术。

肠端端吻合术：在病变肠管两侧健康部位各用两把肠钳斜向夹住，两把肠钳相距3～4cm。两条预定切除线通过两把肠钳之间，肠系膜横过切口的血管双重结扎，切除坏死肠管，肠系膜呈三角形切除，用青霉素生理盐水冲洗断端肠腔。

助手将两把肠钳并拢使两断端靠近，在肠系膜侧和对侧距断端1cm处，用7号丝线穿过浆膜肌层作两条牵引线。第一层从肠系膜对侧向肠系膜侧用螺旋缝合法全层缝合两前壁（即靠近的两侧肠壁），刺点距断端0.2cm，缝至肠系膜侧向肠后壁（即远离的两侧肠壁）折转，将针从一侧肠腔内向外刺出，从另侧肠壁外向内刺入，又从同侧肠腔刺出即转向前壁。继续缝合至起针处与其尾线打结于肠腔内，也可用康乃尔氏缝合前壁。冲洗、更换器械、术者手臂重新消毒，转入无菌手术。第二层从肠系膜对侧开始，用间断伦贝特氏缝合法起针，接着用库兴氏缝合法或连续伦贝特缝合法缝合前壁、后壁浆膜肌层至起针处与其尾线打结。尤其应注意系膜侧和对侧两折转处最易渗漏，必要时可用间断伦贝特氏缝合补充几针。肠浆膜肌层紧密对合、平整光滑，不应有显露的明线和过多的线结，避免损伤浆膜肌层引起粘连。结节或螺旋缝合肠系膜切口（不要刺破血管），冲洗，除去肠钳检查有无渗漏，涂油剂抗生素，准备还纳腹腔。

肠侧侧吻合术：端端吻合术在一定程度上易使缝合部肠腔狭窄，对于羊小肠等较细肠管可选择侧侧吻合术。方法为同端端吻合术截除坏死肠段后，分别吻合两肠断端。用两把肠钳各在近盲端处，沿肠管纵轴方向在肠管1/2处下方夹住，相向重叠靠拢。在相接处作库兴氏缝合，长度超过切口长度。距肠盲端1cm，在缝合线两侧距缝合线0.5cm，各作一切口，其长度为肠管直径的0.5～1倍，形成吻合口，冲洗肠腔。后壁（即先作库兴氏缝合处）作全层螺旋缝合，折转至前壁用康乃尔缝合，与尾线打结，前壁用库兴氏缝合（和肠断端吻合术相同）。将两盲端只穿过浆膜肌层作几针间断伦贝特缝合，固定在对侧肠壁上。检查缝合效果。螺旋缝合法或结节缝合法缝合肠系膜，冲洗，涂油剂抗生素准备还纳腹腔。

通过以上不同处理后，将肠管还纳腹腔。

（4）闭合腹壁　闭合腹壁前先冲洗腹腔，清除创液和残留的血液；器械助手清点纱布、手术器械，勿使遗留腹腔内。一般由切口下角开始向上缝合。腹膜与腹横肌可单独缝合或作为一层用7～10号丝线螺旋缝合，缝至最后2～3针时向腹腔内注入温青霉素生理盐水300～500ml后再密闭缝合。腹壁各层肌肉用螺旋缝合法或结节缝合法（如张力大应用减张类缝合法）分别缝合，每缝合完一层均用青霉素生理盐水冲洗，撒布青霉素。皮肤用12号丝线结节缝合，矫正创缘，涂碘酊，装结系绷带。

4. 术后护理与治疗　术后禁食36～48h，待瘤胃蠕动恢复，出现反刍后开始给予少量优质饲草。术后12h进行缓慢的牵遛运动。当有脱水表现时应给以补液。术后4～5d内，每日2次使用抗生素，如青霉素、链霉素。注意观察原发病是否消退，有无手术并发症，并根据情况进行必要的处理与治疗。

实训报告　写出手术记录及手术操作经过的报告。

实训三　瘤胃切开术

目标　使学生了解瘤胃切开术的适应症，掌握瘤胃切开术的操作方法及步骤，深化学生无菌素质，培养学生手术基本操作技术的综合应用能力。

设备与器材　常规麻醉药品、消毒药品，手术器械及敷料，实验羊、牛或适应症病例。

实训内容及方法　先由教师示范术前准备、手术过程及术后护理，边操作边讲解。然后分组进行。

1. 保定与麻醉　牛，柱栏内站立保定或右侧卧保定；羊，右侧卧保定。846合剂全身麻醉配合局部浸润或腰旁神经传导麻醉。

2. 切口定位　一般可行左肷部中切口或左肷部前切口。

左肷部中切口。于左侧髋结节与最后肋骨连线的中点，距腰椎横突下方6～8cm处，垂直向下作20～5cm的切口，此切口常作为瘤胃积食的手术通路。一般体型的牛还可兼作网胃内探查及瓣、皱胃积食的胃冲洗治疗。

左肷部前切口。在左侧腰椎横突下方8～10cm，距最后肋骨5cm左右，作一与最后肋骨平行的切口，切口长25cm，用于体型较大的牛的网胃探查及瓣胃梗塞、皱胃积食的胃冲洗手术途径。

大体型牛可将最后肋骨或倒数第二肋骨切除后，做左肷部前切口。

3. 术式 一般分为开腹、腹腔探查、显露瘤胃、瘤胃固定与隔离、瘤胃切开与隔离、瘤胃及其他胃腔探查与处理、瘤胃壁缝合及关腹等步骤。

（1）开腹 术部常规消毒，皮肤、腹外斜肌、腹内斜肌行锐性切开，腹横肌钝性分离，切开腹膜，显露腹腔与瘤胃。

（2）腹腔探查 以于排除腹腔内胃肠有无其他病变。

（3）暴露瘤胃 用牵开器拉开腹腔，用舌钳将瘤胃拉出，显露瘤胃，充分瘤胃背囊处。

（4）瘤胃固定与隔离 用10号丝线将瘤胃浆膜肌层与皮肤创缘连续缝合固定，针距1.5cm，每缝一针拉紧一针，切口下角做补充缝合，使瘤胃壁与皮肤创缘紧密贴附。最终暴露瘤胃壁的宽8～10cm，长15～8cm（牛）。在瘤胃预定切开线两侧通过瘤胃壁全层各作三个水平钮扣缝合，缝合针在同侧皮肤切口创缘外10～15cm处的皮肤上缝合，暂不抽紧打结，在瘤胃切开线两侧敷上生理盐水纱布。瘤胃内容物很少的病例，也可采用四角吊线固定法。

（5）瘤胃切开与隔离 瘤胃放气、减压，转入污染术。切开瘤胃18～20cm，抽紧两侧的水平钮扣缝线并打结，使瘤胃黏膜外翻。瘤胃切口内放置洞巾，展平洞巾并用巾钳固定于皮肤上，准备掏取瘤胃内容物和探查。

（6）胃腔探查与处理 瘤胃切开后对瘤胃、网胃、网瓣胃孔、瓣胃及皱胃进行探查，并对各种类型病区进行处理。若为瘤胃积食，可取出胃内容总量的1/2～2/3；缠结成团的饲团尽量取出，剩余部分应掏松并分散在瘤胃各部。若为泡沫性瘤胃臌气，先取出部分胃内容，再进行胃腔冲洗，清除发酵的胃内容物。若为饲料中毒，将有毒胃内容取出，剩余部分用大量等渗温盐水冲洗，并放置相应的解毒药。

（7）瘤胃壁缝合 除去洞巾，用生理盐水冲净瘤胃壁上的胃内容物和血凝块，拆除缝合固定线，对瘤胃壁行自下而上的全层连续缝合。再次用生理盐水冲洗胃壁浆膜上的血凝块，拆除瘤胃浆膜肌层与皮肤创缘的连续缝合线，再次冲洗，彻底清除瘤胃壁上的血凝块、线头等异物，转入无菌术。进行瘤胃壁的第二层连续伦贝特氏缝合。拆除胃壁固定线，青霉素生理盐水冲洗胃壁及腹腔，将瘤胃还纳腹腔。

（8）常规闭腹 腹膜、腹横肌进行连续缝合，腹内腹外斜肌连续缝合，皮肤结节缝合，外打结系绷带。

4. 术后护理与治疗 术后禁食36～48h，待瘤胃蠕动恢复，出现反刍后给予少量优质饲草。术后12h进行缓慢的牵遛运动。病畜有脱水表现时，补液。术后4～5d内，使用抗生素，2次/d。注意观察原发病是否消退，有无手术并发症，并根据情况进行必要的处理与治疗。

实训报告 写出手术记录及手术操作经过的报告。

实训四　奶牛皱位变位整复术

目标　使学生掌握滚转法、手术疗法等皱位变位整复方法，培养学生手术基本操作技术的综合应用能力。

设备与器材　常规麻醉药品、消毒药品，手术器械及敷料，实验牛或适应症病例。

实训内容及方法　先由教师示范术前准备、手术过程及术后护理，边操作边讲解。然后分组进行。

一、滚转法

本法适用于皱胃左方变位早期病例，但成功率不高。施术前，病牛绝食、限制饮水，使瘤胃体积变小。病牛左侧卧，前后肢保定在一起，左右各 2～3 人握住四肢，再转成仰卧。以背部为轴，先向左方滚转 45°，回到正中再向右方滚转 45°，再回到左方，每次回到正中静止 2～5min，如此左右摇摆（如图 27），突然停止，使牛成右侧卧，最后起立检查复位情况。如未复位，可重复进行。其原理是在以 90°振幅的摇摆中，瘤胃内容物逐渐向背部下沉，减轻了对皱胃的压迫，变位的皱胃中含有气体，逐渐上升到腹底部，另外，由于惯性的作用，当停止摇摆时，皱胃继续向右侧运动而复位（如图 27 箭头所示）。实施此术应注意由于腹腔脏器压迫对心、肺功能的影响及瘤胃内容物逆流。

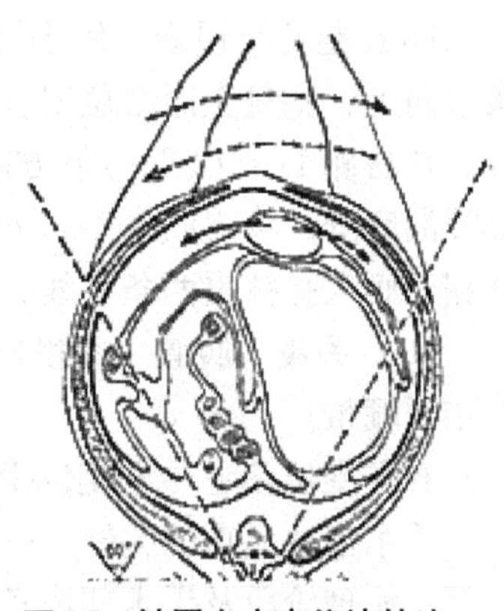

图 27　皱胃左方变位滚转法

此法还可配合药物进行治疗，包括口服轻泻剂、促反刍剂、拟胆碱药、钙制剂等，促进胃肠蠕动和加速胃肠道排空。

二、手术疗法

为便于整复和固定，先行瘤胃穿刺、导胃以排气、排液及过多的内容物，减轻腹压。

1. 保定与麻醉　根据实际情况采取站立保定或仰卧保定。全身浅麻醉或腰旁神经干传导麻醉，配合局部浸润麻醉。

2. 切口定位

左侧手术径路。距最后肋骨弓 6cm，横突下方 15～20cm，作垂直切口，长 25cm。

右侧手术径路。与左侧径路相对或稍偏后，也用于右方变位。

腹中线旁切口。在剑状软骨至脐部，距腹中线偏右侧 5cm 处，作约 20～25cm 切口。

皱胃左方变位可根据具体情况选择手术径路。左侧手术径路靠近位于变位的皱胃，能在直视情况下进行整复，但固定过程较为困难。右侧手术径路便于皱胃固定，但不能在直视情况下进行整复，排气（液）、粘连剥离比较困难。腹中线径路容易确定皱胃变位情况，切口距两侧腹壁等距，有利于整复和固定，但切口承受压力较大，易感染，可能继发疝或瘘。

3. 术式 以左方变位左侧手术径路为例。

（1）开腹 术部剃毛、常规消毒，皮肤、腹外斜肌、腹内斜肌行锐性切开，腹横肌钝性分离，切开腹膜。

（2）腹腔探查 查明皱胃变位情况，如有粘连应仔细剥离。

（3）皱胃减压 把皱胃的一部分引出腹壁切口之外，用浸有温生理盐水的纱布隔离。如是气体可用接有胶管的粗针头刺入放出；如是液体，先在穿刺点作荷包缝合，作一小切口，迅速插入粗导管，抽紧缝线固定，放出液体，随后打结，闭合切口，作浆膜肌层库兴氏缝合；或切口作全层螺旋缝合，再作浆膜肌层库兴氏缝合。

（4）预置牵引线（固定线） 将皱胃大弯拉出切口之外，在近皱胃大弯大网膜处，用长约1m的18#粗丝线，在幽门处依次向前相距3～5cm，作2～3个结节缝合，尾线置于切口外面，分别用止血钳夹住。

（5）整复及固定 用手握住幽门将皱胃沿左侧腹壁向下，经瘤胃底部向右推，沿右侧腹壁向上，整复至原来位置，充分展平，使幽门部与十一指肠畅通。术者将缝线带入腹腔，在右侧11～12肋弓下方固定部位用手指向外顶（由前向后的顺序），助手在此处作局部浸润麻醉，将皮肤作1cm小切口，用倒钩针向腹腔刺入，术者将线挂上，助手将其分别从相应刺入孔拉出两条缝线，打结、固定在切口上，皮肤切口作结节缝合。

（6）关腹 腹膜、腹横肌进行连续缝合，腹内腹外斜肌连续缝合，皮肤结节缝合，外打结系绷带。

右方变位参考左方变位手术疗法。

手术疗法成功的关健，一是早发现、早确诊、并及时手术；二是根据变位类型、全身状况、病理阶段及手术环境条件选择适合的手术径路；三是在术前根据实际情况，采取导胃或洗胃措施；四是术前和术后抗感染，术后补液、强心、纠正酸碱平衡、调整胃肠功能。

实训报告 写出手术记录及手术操作经过的报告。

实训五 牛前胃疾病综合诊断技术

目标 使学生进一步熟悉牛前胃常发疾病，掌握其发病规律，培养学生综合分析能力。

设备与器材 相关病例病历、图片、视频等。

实训内容及方法 主要内容为牛前胃疾病病因分析、综合症候群分析、临床特征分析、原发病和继发病分析以及鉴别诊断等。

牛前胃疾病包括前胃弛缓、瘤胃积食、瘤胃臌气、瘤胃酸中毒、创伤性网胃炎、瓣胃阻塞等。

一、病因分析

原发性前胃疾病多由于饲养管理不当引起。饮喂失宜，饲料调制不当，饲料品质不良，饲料配比不当，管理不当等。长期饲喂粗硬、难以消化的饲料，或缺乏刺激的饲料，或品质不良饲料，易患前胃弛缓；暴饮暴食易患瘤胃积食；大量饲喂精料，尤其是粉碎的谷类饲料，易患瘤胃酸中毒；大量采食粗硬饲料或精料，喂后饮水不足或缺于饮水，或饲料中混有沙土，或热性疾病过程中，易患瓣胃阻塞；采食了麻绳、塑料布、胎衣、袜子等异物，引起网瓣孔阻塞易患瘤胃积食，瓣皱孔阻塞易患瓣胃阻塞。饲料中混有尖锐异物，易患创伤性网胃炎。过度使役、运动不足，气候突然变化，也是前胃疾病常见的诱发因素。

二、综合症候群分析

前胃疾病尽管种类不同，但有其相似的综合症候群，在此基础上结合病因、病史调查，排除代谢病、中毒病、传染病等，即可诊断为前胃疾病。

精神不振或沉郁，忧苦，或惊恐不安；饮食欲降低或停止，反刍减少或停止；鼻镜发干或干燥，严重时龟裂；口腔温度偏高，口色发红或带黄，舌尖黄而燥；嗳气减少或停止；瘤胃蠕动音减弱、不整、消失，其内容物多黏硬，混有多量气体；网胃、瓣胃蠕动音减弱或消失；排便次数少，量少，便干硬或稀薄，颜色、气味有所改变。瘤胃、网胃、瓣胃触诊有不同程度的变化，腹围也有不同程度变化。逐渐出现不同程度的脱水和酸中毒。

三、临床特征分析

以腹围变化为基准，结合疾病的临床特征进一步确定是那一种前胃疾病。当病牛出现上述综合症候群时：

1. 腹围显著增大，发病迅速，左肷窝明显突出，甚至高过脊背，叩诊呈鼓音，并有采食多量易发酵饲料的病史，呼吸极度困难，可诊断为急性瘤胃臌气。

2. 如瘤胃臌气反复发作，病程长，发展缓慢，可诊断为继发性瘤胃臌气。

3. 左侧腹围膨满，左肷窝平坦甚则隆起，触诊内容物多，黏硬、坚实感，呈捏面团样，留有压痕，敏感疼痛，诊断为瘤胃积食。

4. 如腹围不大，肷窝下陷，触诊瘤胃柔软、空虚，内容物稀软或有黏硬感，反刍缓慢，嗳气和食欲减少，便溏，病情缓慢，全身症状多数不明显，可诊断为前胃弛缓。

5. 如腹围不大，触诊网胃区疼痛不安，经常采取前高后低的站立姿势，肘头外展、肘肌颤抖，愿走上坡路不愿走下坡路，可诊断为创伤性网胃炎。如同时出现体温升高，静脉怒张，脉搏增数，心区叩诊疼痛，听诊有心包摩擦音或拍水音，可诊断为创伤性网胃－心包炎。

6. 如腹围不大，瓣胃蠕动音消失，并且鼻镜干燥、龟裂，排粪次数减少，甚至停止，粪便干小成球，呈算盘珠样，瓣胃穿刺阻力大，可诊断为瓣胃阻塞。

7. 如腹围不大，在采食大量谷物饲料后，突然发病，全身症状重剧，触诊瘤胃有荡水音，排粪糊状、稀软、水样粪便，棕色，酸臭味，可诊断为瘤胃酸中毒。

四、原发病和继发病分析

在临床实践中，认识到前胃疾病既可是原发的独立疾病，也可能是某些疾病的一个“症状”，要具体分析。一般而言，当除去病因，给予相应治疗，很快康复的是原发性前胃疾病，如效果不佳，可能是继发性的前胃疾病，在诊断时要找出原发病。

五、鉴别诊断

由于病牛个体不同，病理发展阶段不同，即使是同一疾病所表现出的症状也会有所差异；而不同的疾病也会出现相似的症状。因此，在临诊时必须注意鉴别诊断，具体方法见消化系统疾病概述。

实训报告　要求学生完成一篇综述。

实训六　奶牛剖腹产术

目标　使学生掌握剖腹产手术的操作方法及步骤、注意事项和术后护理措施。

设备与器材　常规麻醉药品、消毒药品及抗生素、缩宫素等，手术器械及敷料，实验牛、羊或难产病例。

实训内容及方法　先由教师示范术前准备、手术过程及术后护理，边操作边讲解。然后分组进行。

具体操作方法步骤见教材。

实训报告　写出手术记录及手术操作经过，阐明剖腹产术的注意事项和手术体会。

实训七　奶牛胎衣不下剥离术

目标　使学生掌握奶牛胎衣不下剥离术。

设备与器材　保定栏，0.1%高锰酸钾消毒液，凡士林，青霉素，生理盐水，胎衣不下母牛或相关视频材料。

实训内容及方法

保定。病牛柱栏内站立保定，牛尾拴于一侧。

术前准备。清洗病牛外阴，并用0.1%高锰酸钾溶液消毒。剪短磨平术者指甲，清洗、消毒手臂，涂擦凡士林。

剥离术。向子宫内输入500ml生理盐水，2min后实施剥离术。

术者左手轻轻拽住外面的胎衣，右手伸进子宫。沿绒毛膜处摸到胎盘附着处，用食指和中指压住子叶，拇指推压胎盘剥离，由近及远，同时剥离周围的胎盘，直至剥离完全。

术后护理。35℃左右无菌生理盐水彻底冲洗子宫，并完全放出冲洗液。然后向子宫腔内注入100ml含640万IU青霉素生理盐水。

注意事项　向子宫腔内注入生理盐水能使子宫收缩减弱、迟缓，便于剥离。剥离时动作要协调，切忌硬拽粗暴剥离，剥离应彻底。剥离结束必须向子宫内注射一定量抗菌素，防止术后感染。本术适合用于发病初期，时间过长最好用西药或中药疗法。

实训报告　写出奶牛胎衣不下剥离术操作过程和体会。

实训八 奶牛阴道和子宫脱出整复术

目标 使学生掌握奶牛阴道脱、子宫脱出整复术及注意事项。

设备与器材 保定栏，塑料布，3%普鲁卡因注射液，0.1%高锰酸钾消毒液，3%明矾水，缩宫素，生理盐水，油剂青霉素或碘甘油，青霉素；链霉素，补中益气汤，双层灭菌纱布，缝合线，缝针，阴门固定器，病牛或相关视频材料。

实训内容及方法

一、阴道脱出整复术

详见项目四模块三任务三：阴道脱。

二、子宫脱出整复术

详见项目四模块三任务四：子宫脱。

三、术后护理

为促进子宫康复，静脉注射复方氯化钠溶液1 500ml，50%葡萄糖溶液1 000ml，碳酸氢钠溶液250ml，维生素C注射液30ml。为防止感染，肌肉注射青霉素800万IU，链霉素400万IU，2次/d，连用7d。同时要加强病牛的营养，调整饲养管理方式，并适当运动。为加快子宫康复可灌服补中益气汤。

实训报告 写出阴道脱、子宫脱出整复术的操作过程及体会。

实训九 牛生产瘫痪诊疗

目标 使学生掌握奶牛生产瘫痪综合诊疗技术，培养学生分析问题能力。

设备与器材 20%～25%的葡萄糖酸钙，4%硼酸，10%的葡萄糖酸钙，10%盐水，10%氯化钙，20%磷酸二氢钠溶液或30%次磷酸钙溶液，25%的硫酸镁溶液，静脉输液器，乳房送风器，乳导管，缝线等。病牛，或病牛病历、相关视频。

实训内容及方法

一、病例（病历、录像）分析

二、治疗方案制定。药物疗法、乳房送风法

三、实施治疗及疗效观察

实训报告 写出生产瘫痪发病特点、主要临床表现及诊疗体会。

实训十　隐性乳房炎检验技术

目标　使学生掌握诊断牛隐性乳房炎的常用检验方法，以指导临床应用。

设备与器材　2ml 吸管、10ml 试管、乳房炎检验盘、显微镜、白细胞计数器、玻璃铅笔、姬姆萨染色液或瑞氏染色液，健康奶牛及乳房炎患牛的新鲜奶样各若干份，每份200ml。其他试剂详见各项检验方法。

实训内容及方法

一、过氧化氢（H_2O_2）玻片法（过氧化氢酶试验法）

此法为间接测定乳中白细胞数的方法，即测定乳中白细胞的过氧化氢酶，以推断白细胞的含量。

1. 试剂配制　取30%双氧水并加入适量中性蒸馏水，配成6%～9%的过氧化氢试剂，待用。

2. 方法　将载玻片置于白色衬垫物上，滴加被检乳3滴，再加过氧化氢试剂1滴，混合均匀后，静置2min后观察。

3. 结果判定

序号	反应	判定符号	结论
1	液面中心无气泡，或有针尖大小的气泡聚积	−	正常乳
2	液面中心有少量如粟粒大小的气泡聚积	±	可疑乳
3	液面中心布满或有大量粟粒大小的气泡聚积	+	感染乳

二、氢氧化钠凝乳检验法

正常乳加入氢氧化钠后无变化，乳房炎乳加入氢氧化钠混合后会变黏稠或有絮片产生。该法不适于初乳及接近干乳期的乳。

1. 试剂　4%氢氧化钠溶液。

2. 方法　将载玻片置于黑色衬垫物上，先滴加被检乳5滴，再加4%氢氧化钠溶液2滴，用细玻璃棒或火柴迅速搅拌，使其扩展成直径2.5cm的圆形，并继续搅拌20～25s观察。如乳样事先经冷藏保存，试剂只加1滴。

3. 结果判定

序号	乳汁反应	细胞总数（万/ml）	判定符号	结论
1	无变化，无凝乳现象	<50	−	阴性
2	出现细小凝乳块	50～100	±	可疑
3	有较大的凝乳块，乳汁略透明	100～200	+	弱阳性
4	大凝块，搅拌有丝状凝结物，乳汁水样透明	200～500	+ +	阳性
5	大凝块，有时全部形成凝块，完全透明	500～600	+ + +	强阳性

三、溴麝香草酚蓝检验法（B. T. B 法）

用于测定乳汁 pH 变化，操作简单。

1. 试剂 47.4%乙醇500ml 加溴麝香草酚蓝1g，再加5%苛性钠溶液1.3～1.5ml，三者混合均匀，试剂呈微绿色。用盐酸和碳酸氢钠校正 pH 为中性。

2. 方法

试管法。向10ml 试管中加入试剂1ml，再加入被检乳5ml，混合均匀，静置1min，观察。

玻片法。将载玻片置于白色衬垫物上，滴加被检乳1滴，再加试剂1滴，混合，观察。

3. 结果判定

序号	乳汁颜色反应	pH	判定符号	结论
1	黄绿色	6～6.5	-	正常乳
2	绿色	6.6	±	可疑乳
3	蓝至青绿色	>6.6	+	感染乳

四、烷基硫酸盐检验法（C. M. T 试验法）

通过检测 DNA 的量来估测乳中白细胞数的方法。该法不适于初乳及接近干乳期的牛乳。

1. 试剂 氢氧化钠15g、烷基硫酸钠30g、溴甲酚紫0.1g、蒸馏水1 000ml，混合溶解备用。

2. 方法 将2ml 被检乳置于乳房炎检验盘中，再加入试剂2ml，缓慢做同心圆搅拌15s，观察。

3. 结果判定

序号	乳汁反应	判定符号	结论
1	液状无变化	-	阴性
2	有微量沉淀物，但不久即消失	±	可疑
3	部分形成凝胶状沉淀物	+	弱阳性
4	全部凝胶状，回转搅动向中心集中，停搅时凝块凹凸状附着于皿底	+ +	阳性
5	全部凝胶状，回转搅动向中心集中，停搅时恢复原状附着于皿底	+ + +	强阳性
6	乳糖分解，乳汁变为黄色	酸性乳	酸性乳
7	深黄色，接近于干乳期或感染乳房炎，泌乳量下降	碱性乳	碱性乳

注意事项 奶样应新鲜，如采集时间已久，即使冷藏也会影响检验结果。配制试剂的各种药品均应为化学纯，所用各种器皿用前必须用中性蒸馏水冲洗干净。尽可能收集足够数量的奶样，进行对照检验。

实训报告 写出检测过程，并将检验结果填于下表中。

被检乳序号	过氧化氢检验法		氢氧化钠凝乳检验法		B. T. B 检验法		C. M. T 试验法	
	反应	判断	反应	判断	反应	判断	反应	判断
1								
2								
3								
4								

实训十一　修蹄技术

目标　使学生掌握修蹄基本技术，了解修蹄技术的用途，即使蹄形整洁，保持蹄最佳生理功能；矫正蹄形，防止蹄变形程度加剧而招致肢势的改变；治疗蹄病，促进趾间腐烂、蹄糜烂及腐蹄病等的痊愈；提高奶产量及奶牛的利用年限。

设备与器材　保定架、保定绳；强力蹄钳、普通蹄钳；正、反蹄刀；小砂石；削蹄铲；消毒棉；来苏儿、硫酸铜、10% 碘酊、松馏油、高锰酸钾及绷带，试验牛或临床病例。

实训内容及方法　先由教师示范术前准备、修蹄过程，边操作边讲解。然后分组进行。

动物二柱栏、四柱栏或修蹄架内，站立保定。

1. 修剪蹄尖及尖部蹄壁边缘角质　使用强力蹄钳修剪，使蹄尖与蹄冠皮肤和蹄角交界处距离为 7.6cm 左右，蹄尖部距蹄底高 0.5cm，蹄底与蹄纵侧面成 45°角左右。长蹄，用蹄刀或蹄钳，将蹄角质过长部分修去，使其为正常形状，同时，也应对蹄底作适当修整。宽蹄，用蹄刀或蹄钳，将过宽的角质部分剪除，对蹄底稍加修整，使其内外侧指（趾）等长、等高。翻蜷蹄，用蹄钳剪去过长角的角质部，将翻蜷侧蹄底内侧缘增厚的角质除去。

2. 正常外侧趾的修剪　清除蹄底污秽，检查蹄底是否有溃疡和潜洞。一般而言，内侧趾长度和蹄形较好，蹄底较薄，因此首先按标准尺寸将之修平，然后以内侧趾为标准修外侧趾。如外侧趾正常，可将外侧趾修至比内侧趾多负重，以减少蹄肿和易患病蹄底中部的负重，后肢站立姿势正常。如外侧趾有溃疡等疾患，则进行下一步。

3. 异常外侧趾的修剪　外趾蹄底患病，将此蹄角质修去更多，使患趾提高，减轻负重。如已溃疡，将溃疡处修干净，暴露活组织，让其自行康复。

4. 将中部蹄弓修成半月形。

5. 修剪蹄周松散角质，清除表面渗出　如蹄叉处有炎症，涂抹碘酊；蹄肿处有溃疡，涂抹 10% 金霉素凡士林软膏。

注意事项

1. 修蹄前，检查好长度、形状和趾高等项目。正常牛前蹄长为 7.5 ~ 8.5cm，后蹄趾长为 8 ~ 9cm，蹄底厚度为 0.5 ~ 0.7cm。

2. 应根据具体情况，决定修剪程度。当趾长度正常时，蹄底部只能稍加切削即可，不要将蹄底削得太薄，否则易伤及知觉部。对变形十分严重者，应防止过削出血。

3. 尽量少削内侧趾，使内侧趾尽量高，使两趾等高。在奶牛站立时，新的蹄负面要和跖骨的长轴有合适的角度。

4. 要注意蹄底的倾斜度。蹄底应向轴侧倾斜，即轴侧较为凹陷，在趾的后半部，越靠近趾间隙，倾斜度也应越大。

5. 发生角质病灶时，应将趾后方尽量削低，除去蹄底、球部和蹄壁的松脱角质；削薄角质缘并使过渡平缓。如果创内真皮增生突出明显而基部狭小，可将增生肉芽组织切除。

6. 对跛行病牛，修蹄时应先修患蹄，再修健蹄，为并对健肢进行功能性修蹄。如跛行严重，健肢不能提起，置病牛于干净、干燥、松软地面的良好舍饲环境；跛行减轻后，再尽快对健肢修蹄。当经修蹄后数日或1周后，跛行仍无明显改善甚至加剧，应对有关趾再行详细检查。

7. 修蹄时间最好安排在土地反浆之后雨季到来前。

8. 凡因蹄病（真皮损伤）而经修整处治后的病牛，应置于干净、干燥的圈舍内饲喂。

9. 一般后蹄为修剪重点，前蹄只需用钳或锉刀修正蹄尖整形即可。

实训报告　写出手术记录及手术操作经过的报告。

实训十二　布鲁氏菌病实验室诊断技术

目标　使学生掌握虎红平板凝集试验、乳牛全乳环状试验、试管凝集试验、试管凝集试验和补体结合试验。熟知虎红平板凝集试验、乳牛全乳环状试验适用于布鲁氏菌病田间筛选试验和乳牛场该病的监测及诊断泌乳母牛布鲁氏菌病的初筛试验，试管凝集试验和补体结合试验适用于诊断布鲁氏菌病感染的羊、牛。

实训内容及方法

一、虎红平板凝集试验

设备及器材　抗原、标准阳性血清、阴性血清；受检血清，应新鲜，无明显蛋白凝块，无溶血和无腐败气味；洁净玻璃板，其上划分成4cm^{2}的方格；吸管或分装器，适于滴加0.03ml；牙签或火柴杆，搅拌用。

操作方法　将玻璃板上各格标记受检血清号，然后加相应血清0.03ml。在受检血清旁滴加抗原0.03ml。用牙签搅动血清和抗原，使之混合。每次试验应设阴、阳性血清对照。

结果判定　在阴、阳性血清对照成立的条件下，方可对被检血清进行判定。

受检血清在4min内出现肉眼可见凝集现象者判为阳性（+），无凝集现象，呈均匀粉红色者判为阴性（-）。

二、乳牛布病全乳环状试验

设备及器材　布病全乳环状抗原，按说明书使用；乳样，须为新鲜的全乳，采乳样时应将母畜的乳房用温水洗净、擦干，然后将乳液挤入洁净的器皿中。夏季，乳样应于当日内检查，保存于2℃时，7d内仍可使用。

操作方法　取乳样1ml，加于灭菌凝集试验管内。取充分振荡混合均匀的全乳环状抗原1滴（约50μl）加入乳样中充分混匀，置37～38℃水浴中60min，加温后取出试管勿使振荡，立即进行判定。

结果判定

强阳性应（+++），乳柱上层乳脂形成明显红色的环带，乳柱白色，临界分明。

阳性反应（++），乳脂层的环带呈红色，但不显著，乳柱略带颜色。

弱阳性反应（+），乳脂层的环带颜色较浅，但比乳柱颜色略深。

疑似反应（±），乳脂层的环带颜色不明显，与乳柱分界不清，乳柱不褪色。

阴性反应（-），乳柱上层无任何变化，乳柱颜色均匀。

三、试管凝集试验

设备及器材　稀释液，0.5%石炭酸生理盐水。检验羊血清时用含0.5%石炭酸的10%盐溶液，如果血清稀释用含0.5%石炭酸的10%盐溶液，抗原的稀释亦用含0.5%石炭酸的10%盐溶液；抗原、阳性血清和阴性血清；凝集试验管（三分管）、试管架、吸管及温箱。

操作方法

受检血清制备及运送　常规采血，分离血清。运送和保存血清样品时防止冻结和受热，以免影响凝集价。若3d内不能送到实验室，按每9ml血清徐徐加入1ml 5%石炭酸生理盐水防腐，也可用冷藏方法运送血清。

受检血清稀释　以羊为例，每份血清用4支凝集试管。第一管标记检验编码后加1.15ml稀释液。第2～4管各加入0.5ml稀释液。然后用吸管取被检血清0.1ml，加入第1管内，并混合均匀。混合方法为将该试管中的混合液吸入吸管内，再沿试管壁吹入试管中，如此吸入、吹出3～4次，充分混匀后以该吸管吸混合液0.25ml弃去。取0.5ml混合液加入第2管，用该吸管如前述方法混合。再吸第2管混合液0.5ml至第3管，如此倍比稀释至第4管，从第4管弃去混匀液0.5ml。稀释完毕后，第1～4管的血清稀释度分别为1∶12.5，1∶25，1∶50和1∶100。牛、鹿、骆驼血清稀释法与上述基本一致，差异是第一管加1.2ml稀释液和0.05ml被检血清。

添加抗原　将0.5 ml20倍稀释的抗原加入已稀释好的各血清管中，并振摇均匀，羊血清稀释则依次变为1∶25，1∶50，1∶100和1∶200，牛、鹿、骆驼的血清稀释度则依次变为1∶50，1∶100，1∶200和1∶400。大规模检疫时也可只用2个稀释度，即牛、鹿、骆驼用1∶50和1∶100，山羊、绵羊用1∶25和1∶50。

置37～40℃温箱24h，取出检查并记录结果。每次试验均应设阳性血清、阴性血清和抗原对照。即阴性血清对照，阴性血清的稀释和加抗原的方法与受检血清同；阳性血清对照，阳性血清须稀释到原有滴度，加抗原的方法与受检血清同；抗原对照，1∶20稀释抗原液0.5ml，再加0.5ml稀释液，观察抗原是否有自凝现象。

结果判定　++++菌体完全凝集，100%下沉，上层液体100%清亮；+++菌体几乎完全凝集，F层液体75%清亮；++菌体凝集显著，液体50%清亮；+凝集物有沉淀，液体25%清亮；-凝集物无沉淀，液体均匀混浊。

牛、鹿和骆驼1∶100血清稀释，山羊、绵羊1∶50血清稀释，出现“++”以上凝集现象时，受检血清判定为阳性。牛、鹿、骆驼1∶50血清稀释，山羊、绵羊1∶25血清稀释，出现“++”以上凝集现象时，受检血清判定为可疑反应。可疑反应家畜经3~4周后重检，如果仍为可疑，该牛、羊判为阳性。

四、补体结合试验

设备及器材　稀释液（0.85%生理盐水）、2.5%成年公绵羊红细胞悬液、抗原、标准阳性血清、阴性血清、溶血素、受检血清、补体。

操作方法　将1：10稀释经灭能的受检血清加入2支三分管内，每管。其中一管加工作量抗原0.5ml，另一管加稀释液0.5ml。上述2管均加工作量补体，每管0.5ml，振荡混匀。置37~38℃水浴20min，取出放于室温（22~25℃），每管各加2单位的溶血素0.5ml和2.5%红细胞悬液0.5ml。充分振荡混匀。再置37~38℃水浴20min，之后取出立即进行第一次判定。每次试验需设阳性血清、阴性血清、抗原、溶血素和补体对照。主试验各要素添加量和顺序如表：

布鲁氏菌病补体结合试验的主试验　ml

血清	被检血清		对照管						
			阳性血清		阴性血清		抗原	溶血素	补体
血清加入量	0.5	0.5	0.5	0.5	0.5	0.5	0	0	0
稀释液	0	0.5	0	0.5	0	0.5	0	1.5	1.5
抗原	0.5	0	0.5	0	0.5	0	1.0	0	0
工作量补体	0.5	0.5	0.5	0.5	0.5	0.5	0.5	0	0.5
37~38℃水浴20min									
2单位溶血素	0.5	0.5	0.5	0.5	0.5	0.5	0.5	0.5	0
0.5%红细胞	0.5	0.5	0.5	0.5	0.5	0.5	0.5	0.5	0.5
37~38℃水浴20min									
结果判定举例	++++	−	++++	−	−	−	−	++++	++++

结果判定　第一次判定，要求不加抗原的阳性血清对照管、不加或加抗原的阴性血清对照管、抗原对照管呈完全溶血反应。初判后静置12h作第二次判定，第二次判定时要求溶血素对照管，补体对照管呈完全抑制溶血。对照正确无误即可对受检血清进行判定，记录结果。判定标准：0%~40%溶血判为阳性反应，50%~90%溶血判为可疑反应；100%溶血判为阴性反应。

实训报告　写出操作过程及结果。

实训十三　牛结核病检疫检验技术

目标　使学生能熟练进行牛结核菌素皮内变态反应试验并能正确判定结果。

设备与器材　游标卡尺、皮内注射器、剪毛剪、消毒盘、鼻钳、点眼管、记录表、带胶塞的灭菌小瓶、牛型提纯结核菌素（PPD）、稀释用水或灭菌的生理盐水等，试验牛。

实训内容及方法　目前常用提纯结核菌素（PPD）皮内变态反应试验。

注射部位。左侧颈中部上1/3处剪毛，直径约10cm，3月龄内犊牛在肩胛部，游标卡尺量皮厚，记录。

剂量。干燥的提纯牛型提纯结核菌素，用无菌蒸馏水溶化并稀释至 10 万 IU/ml，0.1ml/头。

注射与判定。术部皮内注射。72h 后观察结果，测量皮厚，记录。若注射部位发生红肿，皮厚增加 4mm 以上，为阳性。若注射部位红肿不显著，皮厚增加 2～3.9mm，为可疑。若皮厚增加不到 2mm，为阴性。

可疑牛经过 2 个月后用同样方法在原数部重新检验。复检仍呈可疑或阳性反应时，即可判为结核阳性牛。在健康牛群中经第 2 次检疫判定为可疑的牛，应单独隔离。一个月后作第二次检疫，仍为可疑时，经半个月作第三次检疫。仍为可疑，可继续观察一定时间后再进行检疫，根据检疫结果做出适当处理。如果发现开放性结核牛，同群牛如有可疑反应的牛只，视为被感染。通过二次检疫都为可疑者，判为结核菌素阳性牛。

实训报告 记录变态反应的结果并判定。

实训十四 吸虫卵检验技术

目标 熟练掌握吸虫卵粪便检查的操作方法，并能识别肝片吸虫卵、血吸虫卵。

设备与器材 普通光学显微镜、烧杯、粪筛（40 目）、漏斗、试管架、甘油水、火柴杆、载玻片、盖玻片、卫生纸、擦镜纸、二甲苯，相关粪便。

实训内容及方法

一、粪样采集

可选择刚排出的新鲜粪便，用镊子夹取粪堆上、中层的粪便。牛也可用手从直肠掏取。掏取方法按直肠检查的方法进行，腹泻严重者可以用镊子夹取脱脂棉蘸取。羊也可用手指掏取或用镊子夹取脱脂棉蘸取。将粪便置于洁净的培养皿、广口瓶或塑料袋中，密封。

二、直接涂片法

本法操作简单，使用方便，但检出效率较低。流程见图 28，取一洁净载玻片，滴加 1 滴甘油水（甘油和水的等量混合物）。用火柴杆挑取适量粪便放置甘油水处，捣碎、搅匀，将大的粪渣挑到一侧；酌情滴加 1～2 滴甘油水，搅匀成粪液。取一盖玻片，使其一边和粪液接触并和载玻片成 45°角，轻轻放下，使粪液在盖玻片下成均匀的粪膜。低倍镜镜检，按顺序移动视野将盖玻片下的粪膜检查一遍。

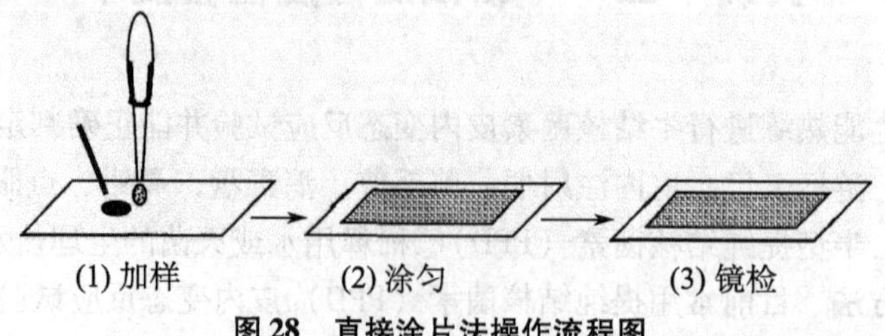

图 28 直接涂片法操作流程图

三、水洗沉淀法

本法可以显著提高吸虫卵的检出效率。流程见图 29，用镊子夹取粪便 5 ~ 10g，置于洁净烧杯中，向烧杯加 10 ~ 20 倍的清水，并将粪便捣碎、搅匀。用 40 目粪筛过滤粪液除去大的粪渣，滤液自然沉淀 20 ~ 40min。缓慢倾去上层液体，再向沉渣中加水，再沉淀，直至上层液透明为止。吸管吸取沉渣、涂片，镜检。每张载玻片可检查 2 ~ 3 滴沉渣，直至所有沉渣检查完为止。

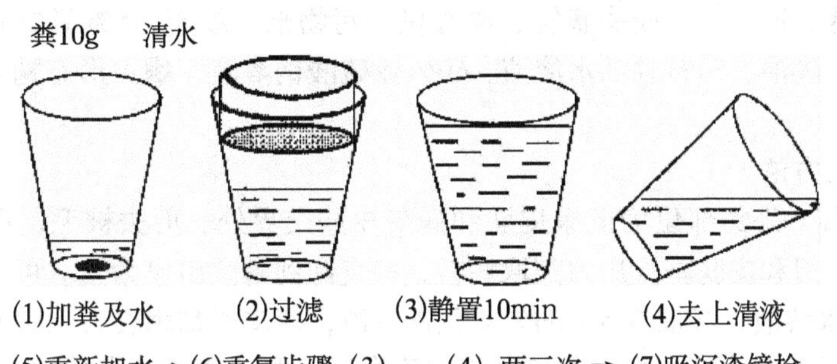

图 29　彻底洗净法操作流程图

实训报告　报告所用检查方法，并画出所见虫卵。

实训十五　绦虫卵和线虫卵检验技术

目标　使学生熟练掌握绦虫卵和线虫卵粪便检查的操作方法，能识别常见相关虫卵。

设备与器材　普通光学显微镜、烧杯、粪筛（60 目）、接种棒（铁丝环）、漏斗、试管架、甘油水、火柴杆、载玻片、盖玻片、卫生纸、擦镜纸、二甲苯，相关粪便

实训内容及方法　饱和盐水漂浮法。

为提高检出效率，多用饱和盐水漂浮法，流程见图 30。

取粪便 5 ~ 10g，置于洁净烧杯中，向烧杯中加 10 ~ 20 倍饱和盐水，将粪便捣碎、搅匀。用 60 目粪筛过滤粪液除去大的粪渣，滤液自然沉淀 20 ~ 40min。将铁丝环深入液面下 3 ~ 5mm，轻轻提起，将钓取的液面抖落于载玻片上。反复钓 2 ~ 3 次。液滴加盖玻片后，镜检。

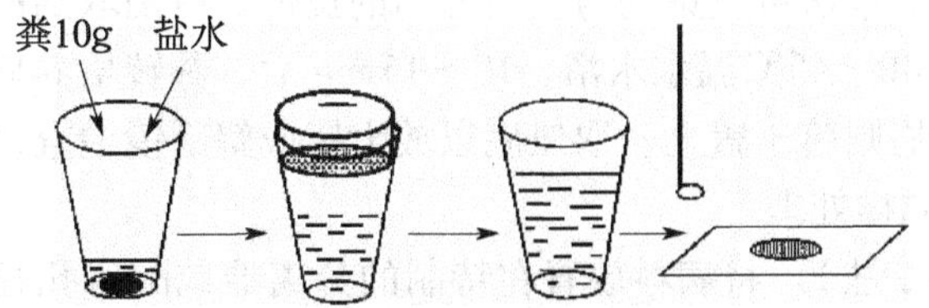

图 30　饱和盐水浮卵法操作流程图

实训报告　报告所用检查方法，画出所见虫卵。

实训十六　螨虫检验技术

目标　使学生掌握相关病料采集方法，明确采取病料的注意事项；掌握螨虫检验的主要方法；进一步熟悉疥螨的形态。

设备与器材　显微镜、实体显微镜、手持放大镜、平皿、试管、试管夹、手术刀、镊子、载片、盖片、温度计、胶头滴管、离心机、污物缸、纱布、5%氢氧化钠溶液、10%氢氧化钠溶液、煤油、50%甘油水溶液、60%亚硫酸钠溶液，螨虫形态构造挂图、患螨病牛、羊或病料。

实训内容及方法

1. 病料采集　采集部位为健康皮肤和病变皮肤交界处。剪去被毛，用火焰消毒过的钝口外科刀，刀刃和皮肤垂直用力刮取病料，一直刮到微微出血为止。可在刀刃上蘸取少量50%的甘油水溶液、煤油或5%的氢氧化钠溶液，使皮屑黏附在刀上。刮取的皮屑应不少于1g，将病料置于洁净的小瓶或带塞的试管中。刮取病料处碘酊消毒。检查蠕形螨时，可用力挤压病变部，挤出脓液，放在载玻片上压片镜检。

2. 检验方法

（1）肉眼直接检查法　适用于检查体型较大的痒螨。将病料置于培养皿中，将培养皿底部放在酒精灯火焰上或用热水加热至37～40℃，将培养皿置于黑色衬景上，肉眼观察。可见白色虫体在黑色背景上移动。

（2）显微镜直接检查法　取供试品肉眼观察，看有无疑似活螨的白点或其他颜色的点状物，再用5～10倍放大镜或双筒实体显微镜镜检。有螨者，用解剖针或小毛笔挑取活螨放在滴有1滴甘油水的载玻片上，置显微镜下观察。也可直接把刮下的皮屑，放在载玻片上，加1滴甘油、10%氢氧化钠溶液或煤油，用牙签调匀或盖上另一载玻片搓压使病料散开，再将载破片分开，盖上盖玻片在低倍镜下检查，发现螨虫体可确诊。煤油对皮屑有透明作用，但虫体在煤油中容易死亡，如欲观察活螨，可用50%甘油水溶液或10%氢氧化钠溶液滴于皮屑上，虫体短期内不会死亡。

（3）加热检查法　适用于对活螨的检查。

温水检查法。将病料浸入40～45℃的水中，置恒温箱内1～2h，用解剖镜观察，活螨在温热作用下，由皮屑内爬出，集结成团，沉于水底部。

培养皿内加热法。本法可收集到与皮屑分离的虫体。将刮取到的干的病料放于培养皿内，加盖。放入盛有40～45℃温水水浴，10～15min后，翻转培养皿，则虫体与少量皮屑黏附在皿底，大量皮屑则落于盖上。取皿底以放大镜或解剖镜检查；皿盖可继续放在温水上，再过15min，作同样处理。

分离法（也称烤螨法）。将病料放置在特制的分离器或配有孔径大小适宜筛网的普通玻璃漏斗中，漏斗细颈下方放置装有适量甘油水的小烧杯。漏斗广口端上方放置1个60～100W的灯泡，照射1～2h。活螨沿着漏斗细颈内壁向下爬，最终落入小烧杯中。

（4）虫体浓集法

漂浮法。将病料放在盛有饱和食盐水的扁形称量瓶，加饱和食盐水至容器的2/3处，搅匀，置10倍放大镜或双筒实体显微镜下检查。或继续加饱和食盐水至瓶口处，用洁净的载玻片盖在瓶口上，沾取液面上的漂浮物，置显微镜下检查。

皮屑溶解法。将病料浸入盛有5%~10%苛性钠溶液中，经1~2min痂皮软化溶解，弃去上层液，用吸管吸取沉淀物，滴于载玻片上加盖片检查。为加速皮屑溶解，可将病料浸入10%苛性钾溶液的试管中，在酒精灯上加热煮沸数分钟，痂皮全部溶解后，离心，2 000r/min，1~2min，虫体沉于管底，倒去上层液，吸取沉淀物制片镜检。也可以向沉淀中加入60%亚硫酸钠溶液（60%硫代硫酸钠溶液）至满，然后加上盖玻片，半小时后轻轻取下盖玻片覆盖在载玻片上镜检。

实训报告　写出检查方法以及疥螨和痒螨在形态构造上的主要差异，画出所见虫体。

主要参考文献

[1] 王建华．家畜内科学（第三版）．北京：中国农业出版社，2004.
[2] 王建辰．羊病学．北京：中国农业出版社，2002.
[3] 王俊东，刘宗平．兽医临床诊断学．北京：中国农业出版社，2006.
[4] 王春璈．奶牛临床疾病学．北京：中国农业科学技术出版社，2007.
[5] 计伦．牛羊病诊治与验方集粹．北京：中国农业科学技术出版社，2004.
[6] 石冬梅，李玉冰．动物普通病学．北京：中国农业大学出版社，2008.
[7] 刘宗平．动物中毒病学．北京：中国农业出版社，2006.
[8] 张进国．牛羊病防治．北京：中国农业出版社，2008.
[9] 李国清．兽医寄生虫学（双语版）．北京：中国农业大学出版社，2006.
[10] 李毓义，杨宜林．动物普通病学．长春：吉林科学技术出版社，1996.
[11] 胡元亮．牛病诊疗与处方手册．北京：化学工业出版社，2007.
[12] 赵兴绪．兽医产科学．北京：中国农业出版社，2002.
[13] 赵福军．牛羊病防治．北京：中国农业出版社，2001.
[14] 倪有煌，李毓义．兽医内科学．北京：中国农业出版社，1996.